ELEKTROPHORESE
AUF PAPIER UND ANDEREN TRÄGERN

ELEKTROPHORESE AUF PAPIER UND ANDEREN TRÄGERN

VON

DR. LILLY VÁMOS

Zentralforschungsinstitut für Lebensmittelindustrie, Budapest

MIT 65 ABBILDUNGEN
UND 53 TABELLEN

AKADEMIE-VERLAG · BERLIN 1972

AKADÉMIAI KIADÓ · BUDAPEST 1972

Ungarischer Originaltitel:
PAPÍRELEKTROFORÉZIS
Műszaki Könyvkiadó, Budapest

Durchsicht und Ergänzung der vom Verlag Akadémiai Kiadó besorgten Übersetzung
DR. HARTMUT NIEDRICH
Institut für Pharmakologie
der Deutschen Akademie der Wissenschaften zu Berlin

Gemeinschaftsausgabe des Akademie-Verlages GmbH, 108 Berlin, Leipziger Straße 3—4
und des Akadémiai Kiadó, Budapest V., Alkotmány utca 21

Gesamtherstellung: Akadémiai Nyomda, Budapest
Bestellnummer: 5759
EDV-Nr.: 761 410 6
Printed in Hungary

INHALTSVERZEICHNIS

3. Die Technik der Papierelektrophorese

4. Die Anwendung der Papierelektrophorese

5. Praktikum zur Papierelektrophorese

6. Sonstige Methoden der Trägerelektrophorese

7. Bibliographische Hinweise

VORWORT

Das vorliegende Buch ist eine erweiterte Fassung des 1967 im Műszaki Kiadó (Verlag Technik), Budapest, in ungarischer Sprache erschienenen Werkes »Papírelektroforézis« (Papierelektrophorese). Die deutschsprachige Ausgabe wurde mit neueren Angaben aus der Literatur der Papierelektrophorese ergänzt. Außerdem enthält sie ein zusätzliches Kapitel über einige, in den letzten Jahren weitläufig angewandte Elektrophoreseverfahren, wie die Dünnschicht-, die Stärkegel- und die Polyacrylamidgel-Elektrophorese.

An dieser Stelle möchte ich folgenden Autoren und Verlagen, die mir freundlicherweise bereits erschienene Abbildungen und Tabellen zur Veröffentlichung überließen, meinen Dank aussprechen:

G. Atfield, K. Blau, E. J. Bourne, M. Chemla, R. Consden, J. D. R. Thomas, M. J. Crumpton, A. Dittmer, K. Dose, J. T. Edward, J. E. Ford, J. L. Frahn, J. Franc, G. Franglen, W. Grassmann, D. Gross, J. Halmekoski, C. Hanot, N. Henning, V. Jokl, H. Kutzim, M. Lederer, A. Lózsa, G. B. Marini-Bettòlo, R. Markham, H. J. McDonald, W. P. McKinley, H. Michl, C. A. Pasternak, H. Peeters, O. Perilä, J. B. Pridham, Ž. Pučar, F. Scheiffarth, P. G. Scheurlen, N. Siliprandi, H. Svensson, H. H. Strain, M. Szwaj, A. Tiselius, C. de Vries, H. E. Wade, Th. Wieland, J. Wilde, F. Wuhrmann, Ch. Wunderly; Acta Chemica Scandinavica, Bulletin des Sociétés Chimiques Belges, Butterworth Legal Medical and Scientific Publishers, Elsevier Publishing Company, Nature Editorial and Publishing Offices, Macmillan & Co. Ltd., Royal Swedish Academy of Science (Arkiv för Kemi), Sauerländer AG., Science American Association for the Advancement of Science, Springer Verlag (Heidelberg), Springer Verlag (Wien), The American Chemical Society, The Biochemical Journal, The Chemical Society, The Rockefeller University Press, The Society for Analytical Chemistry, Urban & Schwarzenberg, VEB Gustav Fischer Verlag, Verlag Chemie GmbH, Year Book Medical Publishers, Inc.

Endlich möchte ich Herrn Dr. H. Niedrich für die sorgfältige Durchsicht des deutschsprachigen Manuskriptes danken.

Budapest, im Sommer 1970 *Dr. Lilly Vámos*

1. EINLEITUNG

1.1. Geschichtliche Übersicht

Die Entdeckung des Elektrophorese-Phänomens wird REUSS [1] zugeschrieben. Seine 1809 veröffentlichte Arbeit enthält einen Versuch, bei dem die Schenkel eines mit nassem Sand gefüllten U-Rohres an ein galvanisches Element angeschlossen werden. An der positiven Seite entsteht infolge der Wanderung der feinen Sandteilchen oberhalb der Sandschicht eine Trübung der ursprünglich klaren Wasserschicht.

Die der Elektrophorese gewidmeten frühen Arbeiten folgten — wenn auch unbewußt — zwei verschiedenen Richtungen. Die sog. »trägerfreie Elektrophorese« (Methode der »beweglichen Grenzflächen« = moving boundaries), bei der sich die Wanderung der elektrisch geladenen Partikel frei in einer Lösung vollzieht, entwickelte sich unabhängig von der »Träger«- oder »Zonen«-Elektrophorese; bei dieser Methode wird das Wanderungsmedium der Teilchen in einen Träger aufgesaugt, d. h. an den Träger gebunden. Interessanterweise befaßt sich der größte Teil der frühen Arbeiten mit der Trägerelektrophorese.

Das Verfahren der *»freien Elektrophorese«* wurde erstmals 1892 von PICTON und LINDNER zur Trennung von Proteinen angewandt [2]. Im Jahre 1909 baute MICHAELIS [3] ein neuartiges Gerät zu diesem Zweck. Das Verfahren wurde jedoch erst durch die Arbeiten und durch das Gerät des Nobelpreisträgers TISELIUS in den Jahren 1925 bzw. 1937 [4, 5] zu einer allgemein verbreiteten analytischen Methode.

Den ersten Schritt zur Entwicklung der *Trägerelektrophorese* soll LODGE gemacht haben, der 1886 die Wanderungsgeschwindigkeiten von Ionen in indikatorhaltiger Gelatine gemessen hatte [6]. MASSON und STEELE [7, 8] bedienten sich ebenfalls der Gelatine, während WHETHAM [9] 1895 zur Stabilisierung der elektrophoretischen Wanderungszone Agar verwendete. In der Eiweißanalyse gebrauchten als erste FIELD und TEAGUE einen mit Agar stabilisierten Elektrolyten [10, 11, 12].

Das *Papier* erschien als Träger ziemlich spät in der Literatur. Erstmalig wurde es von KÖNIG 1937 zu Elektrophoresezwecken herangezogen [13]. 1939 trennten KÖNIG und KLOBUSITZKY [14] das gelbe Pigment aus Schlangengift mittels Papierelektrophorese ab und schafften somit die Grundlagen der eiweißanalytischen Anwendung der Methode.

Bis zur Veröffentlichung der grundlegenden Arbeit über Papierchromatographie von CONSDEN, GORDON und MARTIN [15] waren nur vereinzelt Arbeiten zur Elektrophorese erschienen. Der große Erfolg und die schnelle Verbreitung der Papierchromatographie förderten zugleich die Entwicklung der Papierelektrophorese. 1948 wurden die beiden Verfahren von HAUGAARD und WIELAND zur zweidimensionalen Trennung von Aminosäure- und Peptidgemischen kombiniert [16, 17, 18]. Die Anwendung der Papierelektrophorese zur Trennung makromolekularer Substanzen verbreitete sich seit 1950 durch die Arbeiten von CREMER und TISELIUS, DURRUM, MCDONALD, GRASSMANN, HANNIG und anderen Autoren [19, 20, 21, 22].

Im weiteren entwickelte sich die Trägerelektrophorese besonders hinsichtlich ihrer technischen Vervollkommnung. Auf diesem Gebiete sind die kontinuierlichen elektrophoretischen Verfahren von HAUGAARD, GRASSMANN und SVENSSON [23, 24, 25] sowie die von MICHL [26] eingeführte Hochspannungselektrophorese von hervorragender Bedeutung.

Parallel zu diesen Verfahren wurden ständig neuere Trägermaterialien entwickelt, welche sich mehr oder minder bewährten, so z. B. Agargel [27], Stärkegel [28], Kieselgel [29, 30], Asbestfaser [31], Baumwolle [32], feingemahlene Glaswolle und Glasfaserpapier [33, 34] sowie das in der Literatur der letzten Jahre zweifellos am meisten verbreitete Polyacrylamidgel [35].

Obwohl die Zahl der heutzutage angewandten festen Träger beträchtlich ist und an manchen bessere Trennungen zu erzielen sind als am Papier, ist die Bedeutung der Papierelektrophorese auch heute noch nicht zu unterschätzen. Da bei Anwendung von Papier die Vorbereitung des Trägers keiner besonderen Arbeit bedarf und Fehler bei der Trägervorbereitung ausgeschlossen sind, erfreut sich dieses Verfahren gleichbleibender Popularität.

1.2. Terminologie

Für die Bezeichnung der einzelnen elektrophoretischen und darunter auch der papierelektrophoretischen Verfahren bedient man sich in der Literatur verschiedener Länder und Sprachen unterschiedlicher Ausdrücke. Die Uneinheitlichkeit der Terminologie ist wahrscheinlich darauf zurückzuführen, daß sich die einzelnen Verfahren in den einzelnen Ländern voneinander unabhängig entwickelt haben. Die verschiedenen Bezeichnungen können zu Begriffsverwirrungen führen und erschweren zugleich auch das Studium der Literatur, wie dies auch von STRICKLAND [44] betont wird, deshalb werden im folgenden die häufiger gebräuchlichen Ausdrücke erläutert.

Der Ausdruck »*Elektrophorese*« stammt von MICHAELIS [3]. MARTIN und SYNGE [36] beschränkten den Gebrauch dieser Bezeichnung auf Kolloide und benutzten für Ionen im engeren Sinne den Ausdruck »*Ionophorese*«. Diese Unterscheidung ist jedoch ganz willkürlich. In demselben Sinne werden auch die Bezeichnungen »*Papierelektrophorese*« [37] und »*Papierionophorese*« [38] gebraucht, während »*Ionographie*« [21] und »*Papierographie*« seltener vorkommen. STRAIN [40] und seine Mitarbeiter fanden die Bezeichnung »*Elektrochromatographie*« am treffendsten. Die Trägerelektrophorese, d. h. die Elektrophorese in einem »stabilisierten Elektrolyten« wird in der englischsprachigen Literatur mit Vorliebe »*zone electrophoresis*« [41] genannt, zum Unterschied zur trägerfreien Elektrophorese. Diese Bezeichnung bringt treffend zum Ausdruck, daß bei der Trägerelektrophorese die Komponenten eines Gemisches als scharf getrennte und abgegrenzte Zonen erscheinen, wohingegen bei der freien Elektrophorese nur die am schnellsten und die am langsamsten wandernde Komponente rein erhalten werden kann.

Im weiteren werden die Bezeichungen »*Elektrophorese*« oder »*Papierelektrophorese*« gebraucht. Spezielle Begriffe, wie z. B. »*Agarophorese*« [42], »*Immunelektrophorese*« [43] oder »*Disk-Elektrophorese*« [45] werden in den entsprechenden Kapiteln erklärt.

Jener Papierstreifen, der die durch Elektrophorese bereits getrennten Substanzen trägt, wird als »*Elektropherogramm*« oder »*Pherogramm*« bezeichnet. Die bei der quantitativen Auswertung desselben erhaltene Verteilungskurve wird zum Unterschied »*elektrophoretisches Diagramm*« genannt. In der Literatur wird dieses Diagramm auch oft als »Elektropherogramm« bezeichnet. STRICKLAND [44] hält »Elektrophoregramm« für den aus dem Griechischen richtig abgeleiteten Ausdruck, der in den englischsprachigen Veröffentlichungen der letzten beiden Jahre auch immer häufiger vorkommt. Da aber im deutschen Sprachgebrauch »Elektropherogramm«, »Pherogramm« usw. weit verbreitet sind, wollen wir diese Ausdrücke beibehalten.

Die Wanderung der Substanzen auf dem Papier im Laufe der Elektrophorese wird mit einem der folgenden Meßwerte charakterisiert:

a) Wanderung oder Wanderungs-Strecke [cm oder mm]

b) Wanderungsgeschwindigkeit, d. h. der in der Zeiteinheit zurückgelegte Weg [cm/*h*, mm/*h*, mm/min]

c) elektrophoretische Beweglichkeit, d. h. der Quotient der Wanderungsgeschwindigkeit und der Feldstärke [$cm^2 V^{-1} h^{-1}$].

Die Wanderung wird in Richtung der Anode mit (+), in Richtung der Kathode mit (−) bezeichnet.

Die zur Elektrophorese benutzte Elektrolytlösung wird als *Elektrolytmedium*, *Pufferlösung* oder *Pufferelektrolyt* bezeichnet. Bei der Elektrophorese von pH-empfindlichen Substanzen ist es vorteilhaft, als Elektrolytmedium einen Puffer einzusetzen, da die sich an den Elektroden vollziehenden Elektrolysevorgänge dann den pH-Wert des Mediums weniger beeinflussen. Für die Ergebnisse der Elektrophorese sind außer dem pH-Wert auch die qualitative Zusammensetzung und Molarität oder *Ionenstärke* des Elektrolytmediums von Bedeutung und deshalb anzugeben.

Zur Charakterisierung der Elektrophoresebedingungen wird die *Feldstärke* bzw. das *Spannungsgefälle* entlang der Papierstreifen angegeben [V/cm]. In der älteren Literatur ist oft nur die Klemmspannung angeführt.

Weitere charakteristische Daten sind die auf den Querschnitt bzw. die Breite des Papierstreifens bezogene *Stromstärke* [mA/cm], die *Dauer* der Elektrophorese (Stunde = [h] oder Minute = [min]) und bei Hochspannungsverfahren auch die *Temperatur* des Kühlmediums [°C].

Die Qualität des Filterpapiers wird in der Literatur nicht immer angegeben. Sie spielt – im Gegensatz zur Papierchromatographie – auch keine entscheidende Rolle.

1.3. Symbole

Die Maßeinheiten sind – falls nicht anders vermerkt – im metrischen System zu verstehen.

In dem Kapitel »*Theoretische Grundlagen der Papierelektrophorese*« werden folgende Symbole angewandt:

c = Proportionalitätsfaktor zwischen dem elektrokinetischen Potential und der Beweglichkeit
C = Ionenkonzentration des Elektrolytmediums
d = Wanderung des elektrisch geladenen Teilchens
d' = die im Laufe der Elektrophorese in porösem Träger zurückgelegte Strecke
d^* = Stärke der als Kondensator betrachteten elektrischen Doppelschicht
d_a = die auf dem Papier unmittelbar meßbare Wanderung
d_e = die der elektrophoretischen Wanderung zuzuordnende Strecke
d_0 = die infolge der Elektroosmose zurückgelegte Strecke
D = Dielektrizitätskonstante des Mediums
D_0 = Diffusionskonstante des wandernden Ions
e = Ladung an der Oberflächeneinheit des Teilchens
F = FARADAYsche Konstante
F_e = Kraft, welche die elektrophoretische Wanderung verursacht
H = die sich im Laufe der Elektrophorese entwickelnde Wärme (JOULEsche Wärme)
I = Stromstärke
K = Dissoziationskonstante des wandernden Elektrolyten

K^* = Leitfähigkeit des Elektrolytmediums
K_p = spezifische Leitfähigkeit des Systems Papier—Elektrolytmedium
L = gesamte Streckenlänge im Gerät
L' = Streckenlänge im Gerät bei Anwendung eines porösen Trägers
q = mechanisches Wärmeäquivalent
Q = Gesamtladung eines kolloiden Partikels
r = Radius des elektrisch geladenen Teilchens
R = universelle Gaskonstante
R_e = Widerstand des Elektrolyts
R_p = Widerstand des mit dem Elektrolyten durchtränkten Papierstreifens
S = Querschnitt des mit dem Elektrolyten gefüllten Geräts (Glasrohres) bei freier Elektrophorese
S_p = Querschnitt des Papiers
S'_p = Querschnitt des Weges der Ionen im Papier
t = Dauer der Elektrophorese
T = Temperatur
u = elektrophoretische Beweglichkeit
u_0 = elektroosmotische Beweglichkeit
U = unmittelbar am Papierstreifen gemessene elektrophoretische Beweglichkeit
v = elektrophoretische Wanderungsgeschwindigkeit
V = Spannung
V_p = Volumen der Poren auf dem Papier
X = Feldstärke
z = mittlere Ladung des Ions
Z = Valenz der Ionen des Elektrolytmediums
α = scheinbarer elektrolytischer Dissoziationsgrad
ζ = elektrokinetisches Potential
η = Viskosität des Mediums
λ = Verdünnung
μ = Ionenstärke
ϱ = »Obstruktionsfaktor« des Papiers

Die Symbole der in den anderen Kapiteln vorkommenden wenigen empirischen Formeln wurden nicht vereinheitlicht, sondern aus der Originalliteratur übernommen.

Literatur

[1] Reuss, F. F.: Mém. Soc. Impér. Natural., [Moskau] *2* (1809), 327
[2] Picton, H., Lindner, S. E.: J. chem. Soc. *61* (1892), 148
[3] Michaelis, L.: Biochem. Z. *16* (1909), 81
[4] Tiselius, A.: Naturwissenschaften *37* (1950), 25
[5] Tiselius, A.: Trans. Faraday Soc. *33* (1937), 524
[6] Lodge, O.: Brit. Assoc. Reports 38 (1866)
[7] Masson, O.: Trans. Roy. Soc. [London] *192A* (1899), 331
[8] Masson, O., Steele, B. D.: J. chem. Soc. *75* (1899), 725
[9] Whetham, W. C. D.: Philos. Trans. Roy. Soc. *186A* (1895), 507
[10] Field, C. W., Teague, O.: J. exp. Medicine *9* (1907), 86
[11] Field, C. W., Teague, O.: J. exp. Medicine *9* (1907), 222
[12] Teague, O., Buxton, B. H.: J. exp. Medicine *9* (1907), 254

[13] KÖNIG, P.: Actas e trabalhos do Terceiro Congresso Sul-Americano de Chimica (Rio de Janeiro e Sao Paulo) *2* (1937), 334
[14] KÖNIG, P., KLOBUSITZKY, D.: Naunyn-Schmiedeberg's Arch. exptl. Pathol. Pharmakol. *192* (1939), 271
[15] CONSDEN, R., GORDON, A. H., MARTIN, A. J. P.: Biochem. J. *38* (1944), 224
[16] HAUGAARD, G., KRONER, T.: J. Am. chem. Soc. *70* (1948), 2135
[17] WIELAND, T.: Angew. Chem. *60* (1948), 313
[18] WIELAND, T., FISCHER, F.: Naturwissenschaften *35* (1948), 29
[19] CREMER, D., TISELIUS, A.: Biochem. Z. *320* (1950), 273
[20] DURRUM, E.: J. Am. chem. Soc. *72* (1950), 2943
[21] MCDONALD, H., URBIN, M., WILLIAMSON, M.: Science *112* (1950), 227
[22] GRASSMANN, W., HANNIG, K.: Naturwissenschaften *37* (1950), 93
[23] US Pat. 2 555 487 v. 27. II. 1948; HAUGAARD, G., KRONER, T. D.
[24] BRD Pat. 805 399 v. 25. V. 1949; GRASSMANN, W.
[25] SVENSSON, H., BRATTSTEN, I.: Arkiv Kemi *1* (1949), 401
[26] MICHL, H.: Monatsh. Chem. *82* (1951), 489
[27] KENDALL, J.: Science *67* (1928), 163
[28] SMITHIES, O.: Advances in Protein Chem. *14* (1959), 65
[29] CONSDEN, R., GORDON, A., MARTIN, A.: Biochem. J. *40* (1946), 33
[30] GORDON, A., KEIL, B., SEBESTA, K.: Nature [London] *164* (1949), 499
[31] BUTLER, J., STEPHEN, J.: Nature [London] *160* (1947), 469
[32] STRAIN, H. H.: J. Am. chem. Soc. *61* (1939), 1292
[33] COOLIDGE, T. B.: J. biol. Chem. *127* (1939), 551
[34] BRIGGS, D. R., GARNER, E. F., SMITH, F.: Nature [London] *178* (1956), 154
[35] RAYMOND, S., WEINTRAUB, L. S.: Science *130* (1959), 711
[36] MARTIN, A. J. P., SYNGE, R. L. M.: Advances in Protein Chem. *2* (1945), 31
[37] BISERTE, G.: Biochim. biophysica Acta *4* (1950), 416
[38] WIELAND, T., BAUER, L.: Angew. Chem. *63* (1951), 511
[39] HASHIMOTO, Y., MORI, I.: J. pharmacol. Soc. Japan, *72* (1952), 1532
[40] STRAIN, H. H., SATO, T. R.: Chem. Eng. News *32* (1954), 1190
[41] TISELIUS, A., FLODIN, P.: Advances in Protein Chem. *8* (1953), 461
[42] LEDERER, M.: "*An Introduction to Paper Electrophoresis and Related Methods*". Elsevier Publishing Company, Amsterdam, 1957
[43] GRABAR, P., WILLIAMS, C. A.: Biochim. biophysica Acta *10* (1953), 193
[44] STRICKLAND, R. D.: Analytic. Chem. *38* (1966), 99 R
[45] ORNSTEIN, L., DAVIS, B. J.: Ann. N. Y. Acad. Sci. *121* (1964), 321

2. THEORETISCHE GRUNDLAGEN DER PAPIERELEKTROPHORESE

2.1. Faktoren, welche die Wanderung von Ionen im elektrischen Feld beeinflussen

Das Hauptproblem der Arbeiten, die sich mit der Theorie der Elektrophorese befassen, besteht in der Bestimmung der Faktoren, die die Wanderung der elektrisch geladenen Partikel im elektrischen Feld beeinflussen. Bei der Papier- oder im allgemeinen bei der Trägerelektrophorese ist die Antwort auf diese Frage sehr schwierig, da die unmittelbar am Papierstreifen gemessene Wanderungsgeschwindigkeit des Teilchens von sehr vielen Faktoren abhängt. Hinsichtlich der Deutung einiger Erscheinungen hat die Fachliteratur bis heute noch nicht endgültig Stellung genommen. Die eingehende Erörterung der verschiedenen Theorien würde den Zielsetzungen dieses Buches nicht entsprechen. Deshalb werden wir uns hauptsächlich mit der Auswirkung jener Faktoren befassen, die bei der praktischen Durchführung zur richtigen Wahl der Versuchs- bzw. Meßbedingungen und zum Verständnis des eventuellen anomalen Verhaltens gewisser Substanzen dienen können.

Die Wanderung eines Ions im elektrischen Feld wird nach BLOCK, DURRUM und ZWEIG [1] durch die in folgende drei Gruppen geteilten Faktoren beeinflußt:

1. Die für das Ion charakteristischen Faktoren: Vorzeichen und Größe der Ladung, Gestalt, Teilchengröße, Dissoziationsgrad, eventueller amphoterer Charakter und Diffusionskonstante des geladenen Partikels.

2. Die Eigenschaften der Umgebung des Ions: Konzentration, Ionenstärke, chemische und dielektrische Eigenschaften, pH-Wert, Temperatur und Viskosität des Elektrolytmediums sowie das Vorhandensein unpolarer Moleküle.

3. Die angelegte Feldstärke, die Stromstärke, die Stromverteilung entlang der Wanderungsstrecke des Partikels usw.

Außer diesen Faktoren muß bei der Papierelektrophorese in Betracht gezogen werden, daß das geladene Teilchen in einem *porösen Medium* wandert. Mit der Beeinflussung durch das poröse Medium befaßt sich Kapitel 2.2.

2.1.1. Der Einfluß der Ladung des Ions auf seine Wanderung

Um in einem elektrischen Feld zu wandern, braucht ein Stoffpartikel eine elektrostatische Ladung. Ungeladene Teilchen sowie amphotere Moleküle bei dem pH-Wert ihres isoelektrischen Punktes können infolge der Elektroosmose (s. a. 2.2.2) ebenfalls wandern. Zur elektrophoretischen Trennung nicht dissoziierender Substanzen, wie z. B. Steroide oder Kohlehydrate, wird eine dissoziierende oder eine mit einem Elektrolyten gebildete Komplexverbindung derselben hergestellt [2].

Die einzelnen Ionen sind Träger der Einheit der elektrischen Ladung ($4{,}80 \cdot 10^{-10}$ elektrostatische Einheiten) oder eines Vielfachen derselben. Die direkt gemessene Ladung kann jedoch auch ein Bruchteil davon sein, da der Ladungszustand eines Teilchens nicht konstant bleibt. Deshalb wird mit statistischen Durchschnittswerten gerechnet (1).

In einem unendlich verdünnten, praktisch salzfreien Medium wirkt auf ein Kolloid-Partikel mit der Gesamtladung Q eine die elektrophoretische Wanderung verursachende Kraft

$$F_e = XQ, \tag{1}$$

X = Feldstärke, V/cm.

Die Endgeschwindigkeit eines sich bei konstanter Feldstärke bewegenden Teilchens bleibt wegen der Viskosität des Mediums konstant. Für kugelförmige Partikel kann das STOKESsche Gesetz angewendet werden. Daraus folgt:

$$XQ = 6\,\pi\eta\, rv\,, \tag{2}$$

η = Viskosität des Mediums;
r = Radius des Partikels;
v = elektrophoretische Wanderungsgeschwindigkeit.

Führt man die elektrophoretische Beweglichkeit, u, d. h. die Wanderungsgeschwindigkeit des Partikels bei dem Einheitswert der Feldstärke [V/cm] ein, dann ist

$$u = \frac{v}{X} = \frac{Q}{6\,\pi\eta r}\,. \tag{3}$$

Die Beweglichkeit ist also eine Funktion der Größe und der unmittelbar meßbaren Beweglichkeit des Teilchens. Die mit der Form des Partikels verbundenen Faktoren treten im Nenner der Gleichung (3) auf [3]. Mit entsprechenden Änderungen gilt die Beziehung auch für Teilchen anderer Form.

Die obigen Gleichungen sind für ein unendlich verdünntes Medium gültig. Solche Bedingungen bestehen jedoch bei der praktischen Durchführung der Elektrophorese nie, weshalb man die Wechselwirkung der Ionen des Elektrolytmediums mit den wandernden Ionen nicht außer acht lassen kann.

Offenbar können zwei Ionen umso leichter und schneller voneinander getrennt werden, je größer der Unterschied zwischen ihren Beweglichkeiten ist. Wenn also die Beweglichkeiten der Ionen A und B, welche die Strecken d_A und d_B zurücklegen, gleich u_A bzw. u_B sind, dann ist

$$d_A - d_B = (u_A - u_B)\,Xt\,, \tag{4}$$

X = Feldstärke;
t = Wanderungszeit

2.1.2. *Der Einfluß des Dissoziationsgrades der wandernden Substanz und des pH-Wertes des Elektrolytmediums auf die Wanderung*

Die Wanderungsgeschwindigkeit hängt besonders bei schwachen Elektrolyten und amphoteren Verbindungen vom Dissoziationsgrad ab [4]. Auch bei vollständig dissoziierenden starken Elektrolyten muß der scheinbare Dissoziationsgrad (α) berücksichtigt werden, welcher eine Funktion der Verdünnung ist:

$$\alpha = \frac{\Lambda_v}{\Lambda_\infty}\,, \tag{5}$$

Λ_v = Leitfähigkeit der Lösung vom endlichen Verdünnungsgrad v,
Λ_∞ = Leitfähigkeit der unendlich verdünnten Lösung [5]

Tabelle 1 stellt nach LEDERER [5] die Leitfähigkeitswerte von Kaliumchloridlösungen bei 18 °C dar. Aus der Tabelle ist ersichtlich, daß sich z.B. in einer 0,1 N Lösung das vollständig dissoziierte Kalium-

Tabelle 1
Leitfähigkeit von Kaliumchloridlösungen bei 18 °C nach LEDERER [5]

Konzentration gÄq/l	1 gÄq enthaltendes Volumen, [Liter]	Spezifische Leitfähigkeit	Äquivalente Leitfähigkeit	Scheinbarer Dissoziationsgrad
0			129,9	(1,00)
0,0001	10 000 000	0,00001291	129,1	0,994
0,001	1 000 000	0,0001273	127,5	0,980
0,01	100 000	0,001224	122,4	0,943
0,1	10 000	0,0112	122,0	0,862
1	1 000	0,0983	98,3	0,757

chlorid hinsichtlich der Leitfähigkeit so verhält, als wenn es nur zu 86% dissoziiert wäre. Der Grund dafür liegt in dem DEBYE–HÜCKEL-Effekt. Danach behindert in konzentrierten Lösungen die »ionische Atmosphäre«, d. h. die die einzelnen Ionen umgebenden entgegengesetzt geladenen Ionen, ihre Bewegung im elektrischen Feld. Ähnlich wirkt auch die reversible Bildung von Ionenkomplexen in konzentrierten Lösungen, indem sie die effektive Ladung der Ionen vermindert.

Schwache Säuren und Basen dissoziieren in Abhängigkeit vom pH-Wert des Elektrolytmediums mehr oder weniger. Der dissoziierte und nicht dissoziierte Teil stehen miteinander in reversiblem Gleichgewicht und wandern daher mit gleicher Geschwindigkeit. Diese Geschwindigkeit ist niedriger als es diejenige des dissoziierten Anteiles sein würde. Der Zusammenhang zwischen der Dissoziationskonstante K und dem pH-Wert kann durch folgende Gleichung beschrieben werden

$$\mathrm{pH} = \mathrm{p}K + \log \frac{[\text{dissoziierter Anteil}]}{[\text{nicht dissoziierter Anteil}]}. \tag{6}$$

Ampholyte, wie z. B. Aminosäuren können sich in Abhängigkeit vom pH des Puffermediums als Kationen oder als Anionen verhalten. Bei dem pH, der ihrem isoelektrischen Punkt entspricht, besitzen sie keine Ladung. Ähnlich verhalten sich auch Metall-Ampholyte in komplexbildenden Elektrolyten [6]. Auf dieser Erscheinung beruht die elektrophoretische Trennung der Ampholyte. Wenn nämlich der pH-Wert des Puffers höher ist als der isoelektrische Punkt des Partikels, dann erhält dieses eine negative Ladung und wandert zur Anode. Bei einem niedrigeren pH hingegen wandert es mit positiver Ladung zur Kathode. Bei der Trennung dreier Substanzen mit verschiedenem isoelektrischen Punkt wählt man zweckmäßig einen Puffer, dessen pH-Wert dem mittleren isoelektrischen Punkt entspricht. In diesem Falle wandert die Verbindung mit dem mittleren isoelektrischen Punkt nicht (bzw. nur entsprechend der Elektroosmose), während die Substanz mit dem im mehr basischen Bereich liegenden isoelektrischen Punkt zur Kathode, die mehr saure Substanz hingegen zur Anode wandert.

Zur Trennung schwacher Säuren und Basen oder amphoterer Verbindungen kann der optimale pH-Wert des Elektrolytmediums nach CONSDEN, GORDON und MARTIN [7] auf folgende Weise bestimmt werden.

Es seien HA und HB zwei Säuren mit den Dissoziationskonstanten K_a und K_b und den Ionenbeweglichkeiten u_a und u_b. In diesem Falle ist die im Elektrophorese-Gerät unmittelbar gemessene Beweglichkeit

$$U_a = \frac{u_a[A^-]}{[\mathrm{H}A] + [A^-]} = \frac{u_a K_a}{[\mathrm{H}^+] + K_a}. \tag{7}$$

Das Maß der Trennung ergibt sich aus der Differenz der unmittelbar gemessenen Beweglichkeiten der beiden Säuren

$$U_a - U_b = \frac{u_a K_a}{[\mathrm{H}^+] + K_a} - \frac{u_b K_b}{[\mathrm{H}^+] + K_b}. \qquad (8)$$

Die Differenz der unmittelbar gemessenen Beweglichkeiten ist am größten, wenn

$$[\mathrm{H}^+] = [\sqrt{(K_a + K_b)}]\, \frac{\sqrt{\frac{u_a}{u_b}} - \sqrt{\frac{K_a}{K_b}}}{1 - \sqrt{\frac{u_a K_a}{u_b K_b}}} \qquad (9)$$

oder

$$\mathrm{pH} = \frac{\mathrm{p}K_a + \mathrm{p}K_b}{2} - \lg\left(\frac{\sqrt{\frac{u_a}{u_b}} - \sqrt{\frac{K_a}{K_b}}}{1 - \sqrt{\frac{u_a K_a}{u_b K_b}}}\right). \qquad (10)$$

Wenn $K_a > K_b$, d. h. $\mathrm{p}K_a < \mathrm{p}K_b$ — mit Ausnahme des Falles, wenn K_a/K_b zwischen den Werten u_a/u_b und u_b/u_a liegt — ergibt sich bei der Anwendung des optimalen pH die maximale Differenz der unmittelbar gemessenen Beweglichkeiten als

$$(U_a - U_b) = u_b \frac{\left(\sqrt{\frac{u_a K_a}{u_b K_b}} - 1\right)^2}{K_a/K_b - 1}. \qquad (11)$$

Auf Grund dieser Beziehung wurde von Consden, Gordon und Martin für die Kieselgelelektrophorese von zwei Aminosäuren ein Diagramm aufgestellt, welches die Werte von $(U_a - U_b)/u_b$ als Funktion von $\mathrm{p}K_b - \mathrm{p}K_a$ bei verschiedenen u_a/u_b Werten sowie den optimalen Trennungs-pH darstellt.

Soczewinski und Waksmundzki [42] erarbeiteten eine graphische Methode für organische Säuren und Basen zur Bestimmung der Wirksamkeit der Trennung als Funktion des pH-Wertes. Franc und Kovář [46] benutzten die pH-Abhängigkeit der Wanderungsgeschwindigkeit zur Charakterisierung aromatischer Substanzen mittels sog. »papierelektrophoretischer Spektren«, auf ähnliche Weise, wie es in der Papierchromatographie üblich ist.

2.1.3. Beziehungen zwischen der Diffusionskonstante und der Beweglichkeit des wandernden Partikels

Bei der Wanderung des einwertigen Ammonium-Ions in verdünntem Essigsäure-Elektrolyten fanden Edward und Crawford [31], daß die Beweglichkeit des Ions durch folgende Beziehung zu charakterisieren ist:

$$u_z = u_0 \, \varrho \eta_0 / \eta_a , \tag{12}$$

u_z = Beweglichkeit im Elektrolyten gegebener Konzentration;
u_0 = Beweglichkeit in unendlich verdünnter wäßriger Lösung;
η_0 und η_a = Viskositätswerte des Wassers bzw. der verdünnten Essigsäurelösung;
ϱ = »Obstruktionsfaktor« des Papiers (vgl. 2.2.1.).

Der Wert u_0 kann bei unendlicher Verdünnung aus den Diffusionskonstanten errechnet werden:

$$u_0 = z D_0 F / RT , \tag{13}$$

z = mittlere Ladung des Ions;
D_0 = Diffusionskonstante des Ions bei unendlicher Verdünnung;
F = Faradaysche Konstante;
R = universale Gaskonstante;
T = Temperatur

Im Falle von Ampholyten (z. B. Aminosäuren oder Peptiden) kann der Wert von z bei verschiedenen pH-Werten aus den Dissoziationskonstanten der dissoziierenden Gruppen der Verbindung errechnet werden. Tabelle 2 enthält die errechneten, sowie die durch Versuche ermittelten z-, u_0- und u_z-Werte von Peptiden. Wie ersichtlich, besteht zwischen den errechneten und gemessenen u_z-Werten bei $z \leqq 1$ eine gute Übereinstimmung. Mittels dieses Verfahrens wird die pH-Abhängigkeit der elektrophoretischen Beweglichkeit der Ampholyte von einer anderen Seite beleuchtet.

Tabelle 2

Beweglichkeit von Peptiden in 30%iger wäßriger Essigsäurelösung bei 25 °C (nach Edward *und* Crawford *[15])*

Peptide	z	u_0	u_z errechnet	u_z gemessen
Glycyl-glycin	+0,95	29,3	10,6	10,6
Diglycyl-glycin	+0,97	25,0	9,1	8,6
Leucyl-glycyl-glycin	+0,96	20,6	7,5	7,4
Insulin	+5,8	37,2	13,5	9,6

Einheit der Beweglichkeit: $10^{-5} \cdot cm^2 V^{-1} s^{-1}$; $\varrho = 0{,}59$; pH 1,8

Tabelle 3 veranschaulicht die Änderung der Beweglichkeiten zweier Ampholyte als Funktion des pH-Wertes.

Tabelle 3

Beweglichkeit von Ampholyten in Wasser bei verschiedenen pH-Werten und 25 °C [15]

Ampholyte	pH							
	1		2		3		4	
	z	u_0	z	u_0	z	u_0	z	u_0
Glycin	0,96	3,92	0,69	2,82	0,18	0,74	0,02	0,09
Diglycyl-glycin	0,99	2,58	0,95	2,46	0,65	1,67	0,15	0,40

Einheit der Beweglichkeit $10^{-4} \cdot cm^2V^{-1}s^{-1}$

2.1.4. *Die Wirkung der Ionenstärke des Elektrolytmediums auf die Wanderungsgeschwindigkeit des Teilchens*

Die Definition der Ionenstärke μ einer S verschiedene Ionen enthaltenden Elektrolytlösung geht aus folgender Gleichung eindeutig hervor [13]:

$$\mu = \frac{1}{2} \sum_{i=1}^{i=S} C_i Z_i^2, \qquad (14)$$

μ = Ionenstärke;
C_i = Konzentration der einzelnen Ionen, Mol/l;
Z_i = Valenz der einzelnen Ionen

Zwischen der Ionenstärke des Elektrolytmediums und der Beweglichkeit des wandernden Partikels besteht folgender Zusammenhang [14]:

$$u = c \frac{4 \pi e}{D} \cdot \frac{1}{0{,}327 \cdot 10^8 \sqrt{\mu}}, \qquad (15)$$

u = Beweglichkeit;
c = Proportionalitätsfaktor zwischen dem elektrokinetischen Potential (ζ) und der Beweglichkeit (u);
e = Ladung des Teilchens an der Oberflächeneinheit;
D = Dielektrizitätskonstante.

Es ist ersichtlich, daß die Beweglichkeit mit zunehmender Ionenstärke abnimmt. McDonald u. Mitarb. [9] studierten die Beweglichkeit von Polyvinylpyrrolidon in Pufferlösungen verschiedener Ionenstärke. Die Meßergebnisse sind in Abb. 1 dargestellt.

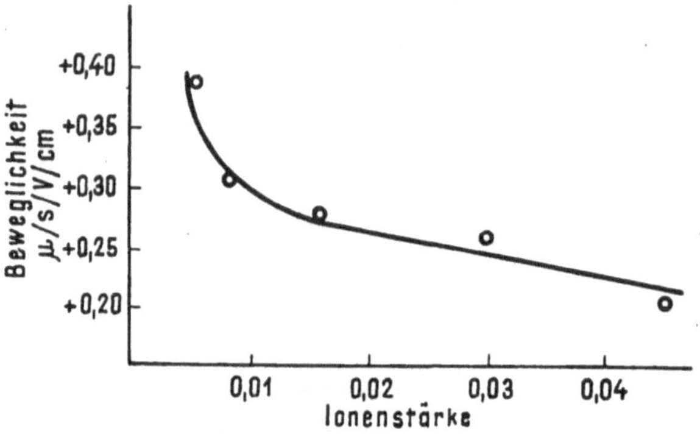

Abb. 1: Die Beweglichkeit von Polyvinylpyrrolidon als Funktion der Ionenstärke des Puffers nach McDonald u. Mitarb. [9] (Veronal-Acetat-Puffer, pH 8,1, 25 °C)

Bei der Wahl des Elektrolyten ist es also zweckmäßig, außer dem pH auch die Ionenstärke zu beachten. In der Praxis wird die Herabsetzung der Ionenstärke dadurch begrenzt, daß bei Elektrolyten sehr niedriger Konzentration die Pufferwirkung nicht befriedigend ist.

2.1.5. Der Einfluß von Feldstärke, Stromstärke und Zeit auf die Wanderung

Der Zusammenhang zwischen Stromstärke und Spannung wird durch das Ohmsche Gesetz ausgedrückt:

$$V = IR\,, \tag{16}$$

V = die Spannung;
I = die Stromstärke;
R = der Widerstand.

Bei der Papierelektrophorese ist der Widerstand durch das System des puffergetränkten Filterpapiers mit der wandernden Substanz gegeben. Nach Harasawa und Sakamoto [16] und nach McDonald und Spitzer [14] ist die Wanderung des Teilchens proportional zur Feldstärke und Zeitdauer der Elektrophorese (Abb. 2). Wenn also das Ohm'sche Gesetz gültig ist, kann die Beweglichkeit als Funktion der Feldstärke ausgedrückt werden:

$$u = \frac{dL}{tV}\,. \tag{17}$$

u = die Beweglichkeit;
d = die vom Teilchen zurückgelegte Strecke;
L = die Gesamtstrecke im Gerät;
t = die Zeit;
V = die Spannung $\left(\frac{V}{L} = \text{die Feldstärke}\right)$.

Danach ist die Beweglichkeit gleich der von dem geladenen Teilchen in der Zeiteinheit gewanderten Strecke, bezogen auf die Einheit der Feldstärke.

Folglich muß die Messung der Beweglichkeit bei konstanter Spannung und gleicher Zeitdauer durchgeführt werden.

Die Gültigkeit des OHMschen Gesetzes bedeutet, daß sich bei der Papierelektrophorese die Stromstärke linear mit der Spannung ändert [17].

Demnach sollte die Beweglichkeitsmessung bei Konstanz sowohl der Stromstärke als auch der Spannung grundsätzlich zu denselben Ergebnissen führen. Die lineare Beziehung der Stromstärke und der Spannung besteht jedoch nur dann, wenn sich die Zusammensetzung (die spezifische Leitfähigkeit) des Elektrolytmediums im Laufe der Elektrophorese nicht ändert. Dies kann in der Praxis im allgemeinen wegen der mehr oder minder auftretenden Verdunstung nicht erreicht werden, da diese eine Konzentrierung des Elektrolyten und dadurch die Änderung seiner Leitfähigkeit herbeiführt.

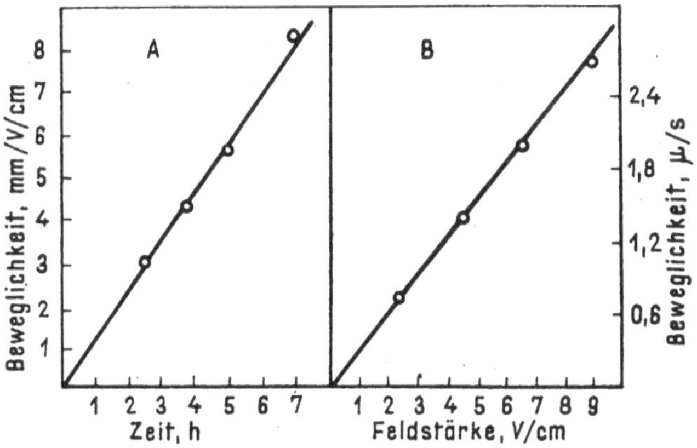

Abb. 2: Die elektrophoretische Beweglichkeit als Funktion der Zeit und der Spannung nach McDONALD u. Mitarb. [9] *A)* Spannungsgefälle 4,6 V/cm, Veronal-Acetat-Puffer pH 8,1, Ionenstärke 0,0075, *B)* Derselbe Puffer, Zeit 5 Std., Temperatur 25 °C, wandernde Substanz: Polyvinylpyrrolidon

McDonald [9], Gosh [18] und Raymond [19] prüften in dieser Hinsicht Typen von Elektrophoresegeräten, solche mit frei hängendem und solche mit zwischen zwei Glasplatten gelagertem Papierstreifen. Falls Verdunstung vermieden werden kann, eignen sich nach Feststellung obiger Autoren beide Gerätetypen gleich gut zur Bestimmung von Beweglichkeiten.

2.1.6. Die Auswirkung der Temperatur und der Verdunstung auf die Elektrophorese

Wenn durch das mit dem Elektrolyten durchtränkte Papier elektrischer Strom fließt, erwärmt es sich infolge der Jouleschen Wärmewirkung:

$$H = \frac{I^2 R_e}{q} \tag{18}$$

und

$$H = I^2 R_e t , \tag{19}$$

H = entstehende Wärmemenge;
I = Stromstärke;
R_e = Widerstand;
q = mechanisches Wärmeäquivalent;
t = Zeit.

Die entstehende Wärme nimmt mit dem Quadrat der Stromstärke, also auch der Spannung zu. Die Anwendung hoher Spannungen führt zu starker Wärmeentwicklung, wodurch der Elektrolyt verdunstet und sich die Ionenstärke ändert. Macheboeuf u. Mitarb. [23] zeigen an einem in umgekehrter V-Form aufgehängten Papierstreifen, daß die Verdunstung in der Nähe des Elektrolytgefäßes am stärksten und an der Spitze des V-s am schwächsten ist. Folglich ist die Ionenstärke der Elektrolyten längs des Streifens nicht konstant. Die Verdunstung führt zu folgenden störenden Erscheinungen: die Wanderungsrichtung der Substanzen kann von der Auftragestelle abhängen, ihre Wanderung ist nicht proportional zur Zeit, die Geschwindigkeit ist nicht konstant. Es kommt vor, daß die Substanz an einem gewissen Punkt des Papiers stehen bleibt [18]. Auch dieser Punkt hängt von der Auftragestelle ab. Bei sehr starker Erhitzung kann sich das Papier entzünden [9, 20].

Zur Vermeidung bzw. Herabsetzung der Verdunstung sind mehrere Verfahren bekannt. Z. B. wird der Papierstreifen zwischen ständig gekühlten Glasplatten gelagert [21] oder es werden dem Elektrolyten 5 bis 15% Glycerin, Glykol oder ähnliche, den Dampfdruck herabsetzende Flüssigkeiten zugesetzt [22]. Wenn die auf dem Papier entstehende elektrische Energie bei 25 °C mehr als 0,005 Watt/cm² beträgt, ist es nach McDONALD [9] zweckmäßig, die Elektrophorese in einer Heliumatmosphäre durchzuführen. Die durch die Verdunstung bedingten Unregelmäßigkeiten führten zur Entwicklung der »Elektrorheophorese« durch MACHEBOEUF [23]. Die elektrorheophoretische Trennung wird an einem in Form eines umgekehrten *V*-s aufgehängten Papierstreifen durchgeführt. Zur Förderung der Verdunstung werden an den Seiten der feuchten Kammer Öffnungen belassen. Unter solchen Bedingungen hört die Wanderung sowohl ungeladener Substanzen (z. B. Glukose) als auch elektrisch geladener anorganischer Ionen und Proteine unabhängig von der Ausgangsstelle an einem bestimmten Punkt des Papiers auf. Bei negativ geladenen Proteinen besteht folgende Beziehung.

$$v_r = v_e - (v_0 + v_v)\,, \tag{20}$$

v_r = unmittelbar gemessene Wanderungsgeschwindigkeit des Eiweißpartikels;
v_e = die Geschwindigkeit infolge Einwirkung des elektrischen Feldes (die elektrophoretische Wanderungsgeschwindigkeit);
v_0 = Geschwindigkeit der durch die Elektroosmose verursachten Wanderung;
v_v = Geschwindigkeit der durch die Verdunstung verursachten Wanderung.

An dem Punkt des Papiers, wo $v_e = v_0 + v_v$, bleibt das Eiweißpartikel stehen, $v_r = 0$. Da der Wert von v_e für die Substanz charakteristisch ist und v_0 und v_v bei demselben Gerät und unter gleichen Versuchsbedingungen konstant sind, ist der Punkt auf dem Papier, für den $v_r = 0$ ist, eine charakteristische Größe für die wandernde Substanz.

DEAVER u. Mitarb. wandten dieses Verfahren auch für waagerechte Papierstreifen an [39].

Wenn keine Verdunstung besteht, dann kann die Abhängigkeit der Beweglichkeit von der Temperatur durch folgende Gleichung beschrieben werden (24):

$$\lg u = m\frac{1}{T} + B\,, \tag{21}$$

u = Beweglichkeit;
m = für die einzelnen Substanzen charakteristischer Faktor, der durch graphische Darstellung aus $\lg u$ und $\frac{1}{T}$ ermittelt werden kann;
T = absolute Temperatur (°K);
B = Konstante.

2.2. *Einige für die Trägerelektrophorese charakteristische Erscheinungen*

Die im Kap. 2.1. behandelten Erscheinungen und Gesetzmäßigkeiten sind sowohl für die freie wie auch für die Trägerelektrophorese gültig. Außer diesen spielen bei der Trägerelektrophorese noch weitere, mit dem Träger verbundene Faktoren eine Rolle, die bei der freien Elektrophorese nicht oder in unbedeutendem Maße auftreten. Solche Faktoren sind z. B. der Einfluß des Trägers auf die Wanderungsgeschwindigkeit, die Elektroosmose, sowie die Adsorption der wandernden Substanz an dem Träger.

Infolge der Wechselwirkung dieser sowie einiger weiterer Faktoren sind die in der Trägerelektrophorese gemessenen Beweglichkeitswerte im allgemeinen von den angewendeten Geräten und den Versuchsbedingungen abhängig [47]. Bei der technischen Durchführung der Trägerelektrophorese müssen besondere Maßnahmen getroffen werden.

2.2.1. *Der Einfluß des Trägermaterials auf die Wanderung*

Nach Gleichung (17) kann bei der Elektrophorese die Wanderungsgeschwindigkeit als Funktion der Spannung ausgedrückt werden:

$$u = \frac{dL}{tV}. \tag{17}$$

Bei der freien Elektrophorese besteht zwischen der Beweglichkeit und der Stromstärke folgender Zusammenhang:

$$u = \frac{dSK^*}{tI}, \tag{22}$$

S = Querschnitt (des mit dem Puffer gefüllten Rohres);
K^* = Leitfähigkeit des Elektrolytmediums;
I = Stromstärke.

Kunkel und Tiselius [8], die Begründer der Theorie der Papierelektrophorese zeigten, daß diese Gleichungen bei der Elektrophorese in porösen Trägern, also z. B. auf Papier nicht anwendbar sind. Den Grund vermittelt Abb. 3. Die von der Substanz zurückgelegte Strecke d' in dem sich windenden Kanal L' ist selbstverständlich nicht mit der am Papier zu beobachtenden Strecke d identisch. Daher ist

$$L' = L\left(\frac{L'}{L}\right). \tag{23}$$

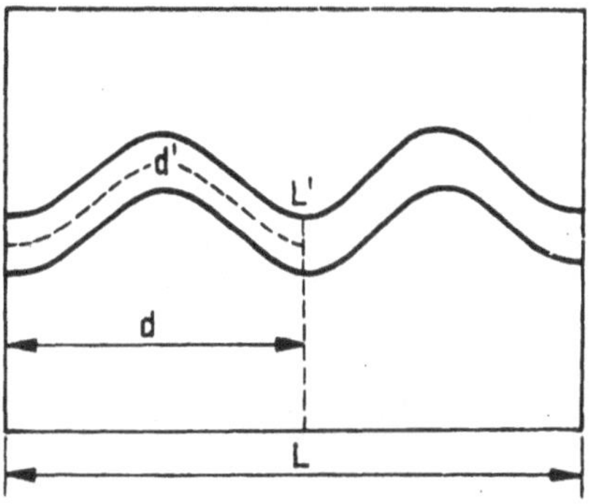

Abb. 3: Der Weg des Partikels bei der Elektrophorese in porösem Medium nach KUNKEL und TISELIUS [8]

$$d' = d\left(\frac{L'}{L}\right). \tag{24}$$

Der bei der freien Elektrophorese aus Gleichung (22) zu errechnenden Strecke d entspricht bei der Papierelektrophorese folgender Ausdruck:

$$d' = \frac{utI}{S_p K}, \tag{25}$$

S_p = Querschnitt des Papiers.

Durch Einsetzen des Wertes von d' aus Gleichung (24) in Gleichung (25) erhält man

$$d\left(\frac{L'}{L}\right) = \frac{utI}{S_p K}, \tag{26}$$

oder

$$d = \frac{utI}{S_p K}\left(\frac{L}{L'}\right). \tag{27}$$

Einsetzen von L' und d' aus den Gleichungen (23) und (24) in Gleichung (17) führt zu

$$d = \frac{utV}{L}\left(\frac{L}{L'}\right)^2. \tag{28}$$

Die auf dem Papier von dem Teilchen zurückgelegte gerade Strecke d (Gleichungen (27) und (28)) unterscheidet sich von der für die freie Elektrophorese (Gleichungen (17) und (22)) um den Faktor $\left(\frac{L}{L'}\right)$. Dieser Faktor kann aus dem Widerstand (R_p) des Papier-Elektrolyt-Systems experimentell ermittelt werden. Nimmt man an, daß sämtliche Ionen denselben Weg verfolgen und S'_p der Querschnitt dieses Weges ist, so ist der Widerstand des Papier-Elektrolyt-Systems

$$R_p = \frac{L'}{S'_p K}. \tag{29}$$

Wenn das Volumen der Poren mit V_p bezeichnet wird, dann ist

$$V_p = L' S'_p, \tag{30}$$

oder

$$S'_p = \frac{V_p}{L'}. \tag{31}$$

Bei Einsetzung dieses Wertes von S'_p in die Gleichung (29) gelangt man endlich zu

$$R_p = \frac{(L')^2}{V_p K} \quad \text{und} \quad L' = \sqrt{R_p V_p K}. \tag{32}$$

Wird der Widerstand R_p des mit dem Volumen V_p einer Lösung von der bekannten Leitfähigkeit K durchtränkten Papierstreifens gemessen, kann L' errechnet werden. Auf Grund dieser Beziehung wurden von KUNKEL und TISELIUS die Werte von L/L' in einem Veronalpuffer vom pH 8,8 bei einer Ionenstärke von 0,1 für mehrere Papiersorten errechnet (Tab. 4).

Hinsichtlich der Theorie von KUNKEL und TISELIUS gibt es jedoch geteilte Meinungen. Nach McDONALD u. Mitarb. [14] ist die Feld-

Tabelle 4

Die Werte von L/L' für verschiedene Filterpapiersorten nach KUNKEL *und* TISELIUS [8]

Papiertyp	L/L'
Munktell 20	0,77 ± 0,03
Löschpapier Ford	0,70 ± 0,04
Schleicher und Schüll No. 413	0,58 ± 0,06

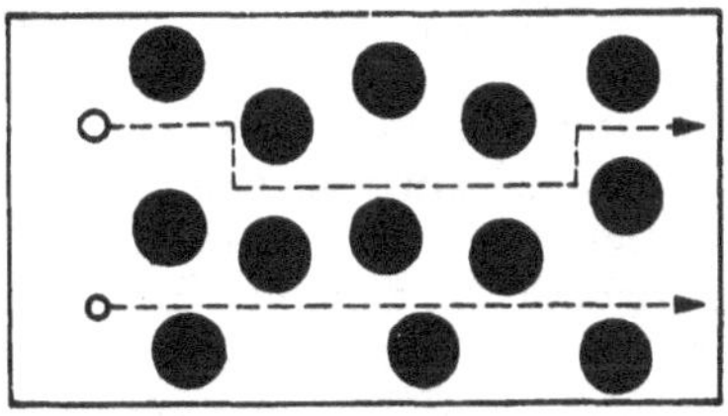

Abb. 4: Die Wanderung von Teilchen verschiedener Größe auf dem Papier nach McDONALD u. Mitarb. [9]

●– Papierfasern; ○– wandernde Stoffpartikel verschiedener Größe

stärke eines Puffer-Papier-Systems gleich V/L oder I/S_pK_p, wobei K_p die spezifische Leitfähigkeit dieses Systems ist. Nach ihrer Theorie ist die Wanderung bzw. die Beweglichkeit außerdem auch eine Funktion der Größe des wandernden Partikels. Diese Vorstellung ist in Abb. 4 wiedergegeben. Der Einfluß der Teilchengröße wird auch »Schrankenwirkung« (barrier effect) genannt. Danach ist die anzuwendende Korrektur – im Gegensatz zu dem Faktor L/L', nicht nur eine Funktion des Papiers, sondern auch der wandernden Substanz. Diese Abhängigkeit wird durch die an verschiedenen Papieren gemessenen Beweglichkeitswerte verschiedener Substanzen gezeigt (Tab. 5). Aus der Tabelle ist ersichtlich, daß die Beweglichkeit der Asparaginsäure auf jedem Papier praktisch dieselbe ist, während die des höhermolekularen Polyvinylpyrrolidons erhebliche Schwankungen aufweist,

Tabelle 5

Der Einfluß der Molekülgröße auf die Beweglichkeit auf verschiedenen Papieren (nach McDONALD *u. Mitarb.* [9]*)*

Wandernde Substanz	Filterpapier		
	Eaton & Dikeman 613	Munktell 20/150	Schleicher & Schüll 413
Ni^{2+}	+1,43 ± 0,10	1,31 ± 0,13	1,61 ± 0,07
Asparaginsäure	−1,05 ± 0,11	0,90 ± 0,05	0,89 ± 0,05
Polyäthylenglykol	+0,25 ± 0,01	0,32 ± 0,01	0,21 ± 0,01
Polyvinylpyrrolidon	+0,20 ± 0,02	0,30 ± 0,01	0,19 ± 0,02

pH des Puffers 8,3; Ionenstärke: 0,0075; Feldstärke 5 V/cm, Einheit der Beweglichkeit μ/s/V/cm was mit Hilfe der Theorie von KUNKEL und TISELIUS nicht zu erklären ist.

Auf Grund der McDONALDschen Theorie wurde von BERMES und McDONALD [26] ein Verfahren zur Umrechnung der papierelektrophoretischen Beweglichkeitswerte von Proteinen in die entsprechenden »freien« Beweglichkeitswerte entwickelt. Es wurde festgestellt, daß die »Schrankenwirkung« nicht nur für die wandernde Substanz, sondern auch für den ungeladenen Elektroosmose-Indikator (s. a. 2.2.2.) besteht. Für die Berechnungen wurde ein Korrekturfaktor eingeführt, der definitionsgemäß mit dem aus der Papierchromatographie bekannten R_f-Wert (dem Quotienten der Wanderungsstrecke der Substanz und der Lösungsmittelfront) übereinstimmt. Der Zahlenwert ist jedoch vom R_f-Wert verschieden, da bei der Elektrophorese die Substanz auf feuchtes, mit Puffer durchtränktes Papier aufgetragen wird.

Nach SYNGE [27] wandern Polypeptide und einfache Proteine, die bei der freien Elektrophorese eine ähnliche Beweglichkeit besitzen, durch feinporige Membranen (z. B. denitriertes Kollodium) mit umso kleinerer Beweglichkeit, je größer ihr Molekulargewicht ist. Diese Erscheinung wird teils der größeren Molekülen gegenüber stärker auftretenden Schrankenwirkung, teils der Adsorption zugeschrieben.

CRAWFORD und EDWARD [28] bestimmten die Leitfähigkeit von an Filterpapier adsorbierten Lösungen und führten einen neuen Koeffizienten K'/K ein, welchen sie »Obstruktionsfaktor« nannten. K ist die Leitfähigkeit einer mit Lösung gefüllten Säule. Dieser Leitfähigkeitswert sinkt auf K', wenn die Lösung in Filterpapier von der Länge der Säule aufgesaugt wird. EDWARD [29] studierte die Größe, die Gestalt und die papierelektrophoretische Beweglichkeit der wandernden Ionenzonen. Er zeigte, daß der von ihm definierte Faktor dem Wert von $(L/L')^2$ und nicht dem von KUNKEL und TISELIUS definierten L/L' entspricht. Bei der Berechnung der Beweglichkeit aliphatischer Ammoniumionen unter Berücksichtigung dieser Korrektur stellte er folgendes fest: Wenn die Adsorption am Papier zu vermeiden wäre, würden die im Laufe der Papierelektrophorese beobachteten Beweglichkeiten den in freier Lösung gemessenen proportional sein. Folglich wird die am Papier gemessene Beweglichkeit mit einem durch das Papier bedingten Obstruktionsfaktor multipliziert. Da diese Proportionalität sehr stark von den Molekülgrößen abhängt, ist nach EDWARD die »Schrankentheorie« von McDONALD nicht auf Papierträger, wohl aber auf Gelträger, die eine feinere Struktur besitzen, anwendbar.

Neuere Arbeiten tschechoslowakischer Autoren [31, 32] unterstützen ebenfalls die Theorie von KUNKEL und TISELIUS, die nach WALDMANN-MEYER [48] durch Versuchsergebnisse verschiedener Autoren vielfältig bestätigt worden ist, während sich McDONALD nur auf eigene Angaben stützt. Für die Berechnung der Beweglichkeit an Zelluloseträgern im Falle nicht adsorbierter Substanzen leitet er folgende Gleichung ab:

$$u = \frac{U}{(L/L')^2}, \qquad (33)$$

u = elektrophoretische Beweglichkeit;
U = hinsichtlich der strukturellen Faktoren und der Adsorption nicht korrigierte Beweglichkeit;
L = Wanderungsstrecke in freier Lösung;
L' = Wanderungsstrecke in porösem Träger.

2.2.2. *Die Auswirkung der Elektroosmose auf die Wanderung des Partikels*

Bei der Wanderung eines Elektrolyten in porösem Medium tritt zwischen den zwei Enden des Mediums eine Potentialdifferenz auf, das Strömungspotential. Infolge dieser Potentialdifferenz entsteht eine Strömung der Flüssigkeit durch das Medium, die *Elektroosmose.*

Zur Deutung dieser Erscheinung kann von der an der Grenzfläche zwischen einer festen und einer flüssigen Phase entstehenden elektrischen Doppelschicht ausgegangen werden. An der Oberfläche einer porösen Substanz mit Kapillarstruktur oder eines Kolloidmoleküls werden von der geladenen festen Oberfläche aus der umgebenden Elektrolytflüssigkeit die Ionen entgegengesetzter Ladung angezogen. An der Oberfläche entsteht eine Ionenschicht, die eine der festen Oberfläche entgegengesetzte Ladung besitzt. Diese elektrische Doppelschicht ist infolge der Bewegung der Flüssigkeitsionen diffus gestaltet (diffuse Doppelschicht). An der fest-flüssigen Grenzfläche entsteht das elektrokinetische oder ζ-Potential, dessen Wert, betrachtet man die Doppelschicht als einen Kondensator, von dessen Stärke, von der auf die Oberflächeneinheit bezogenen Ladung und von der Dielektrizitätskonstanten abhängt:

$$\zeta = \frac{4\pi e d^*}{D}, \qquad (34)$$

e = Ladung pro Oberflächeneinheit;
d^* = Stärke des »Kondensators«;
D = Dielektrizitätskonstante.

Die elektroosmotische Beweglichkeit u_0 ist eine Funktion des ζ-Potentials [1]:

$$u_0 = \frac{\zeta D}{4\pi\eta}, \qquad (35)$$

η = Viskosität der Flüssigkeit.

Während bei der freien Elektrophorese die Elektroosmose im allgemeinen zu vernachlässigen ist, muß sie bei der Trägerelektrophorese, insbesondere bei der Berechnung von Beweglichkeitswerten, durch eine entsprechende Korrektur berücksichtigt werden.

Im Falle eines Trägers aus Filterpapier ist die Oberfläche bei den meisten pH-Werten negativ geladen. Die sie umgebende wäßrige Lösung verhält sich wie positiv geladen und strömt zur Kathode. Auf diese Weise wird die Beweglichkeit positiv geladener Teilchen durch die elektroosmotische Strömung erhöht, die der negativ geladenen hingegen herabgesetzt [33].

Wenn also z. B. ein negativ geladenes Molekül auf dem Papier die Strecke d_a wandert, dann ist

$$d_a = d_e + d_0 \,, \tag{36}$$

d_e = die der elektrophoretischen Wanderung entsprechende Strecke;
d_0 = die infolge der Elektroosmose zurückgelegte Strecke.

Die Beweglichkeit des negativ geladenen Teilchens (z. B. Proteins) ist demnach

$$-u = \frac{d_e + d_0}{Xt}\,, \tag{37}$$

X = die Feldstärke;
t = die Zeit.

Die durch die Elektroosmose verursachte Beweglichkeit ist

$$u_o = \frac{d_0}{Xt}\,. \tag{38}$$

Dividiert man nun Gleichung (38) durch Gleichung (37), so erhält man:

$$\frac{u_0}{-u} = \frac{d_0}{Xt} \cdot \frac{Xt}{d_e + d_0} = \frac{d_0}{d_e + d_0}\,. \tag{39}$$

Die Quotienten $\frac{u_0}{-u}$ und $\frac{d_0}{d_e}$ hängen von der Qualität des Papiers, und nach McDonald u. Mitarb. [9] von der Zusammensetzung, dem pH und der Ionenstärke des Pufferelektrolyten, der Temperatur und dem Feuchtigkeitsgehalt des Papiers ab.

Zur Messung der Elektroosmose werden in der Praxis gewöhnlich Verbindungen eingesetzt, welche unter den gegebenen Bedingungen keine Ladung besitzen. Ihre Wanderung im Laufe der Elektrophorese ist eine Folge der Elektroosmose und wird bei der Bestimmung der Beweglichkeit der elektrophorisierten Substanz als Korrektur berücksichtigt. Die am meisten angewandten Elektroosmose-Indikatoren sind: Dextran, Stärke, Amylose, Saccharose [8], Kreatinin, Xylose, Glukose [34, 35], o-Nitroanilin, 1,3,5-Trinitrobenzol [36], Tetramethyl-glukose [37], N-β-Hydroxyäthyl-2,4-dinitroanilin [38], Formaldehyd, Wasserstoffperoxid, Thioacetamid, Allyl-thiokarbamid, Hydrochinon und radioaktive Saccharose [10], sowie Koffein [40].

Bermes und McDonald [26] machen im Zusammenhang mit der Anwendung von Elektroosmose-Indikatoren darauf aufmerksam, daß die »Schrankenwirkung« für den Indikator und die geprüfte Substanz verschieden sein kann (z. B. wenn ein großer Unterschied zwischen der Größe der Moleküle besteht).

Zur Herabsetzung der elektroosmotischen Strömung sind verschiedene Verfahren bekannt. Z. B. ist bei einem unmittelbaren Kontakt der Elektroden mit dem Papier die Elektroosmose viel geringer, als wenn die Elektroden in ein Elektrolytgefäß getaucht werden [10, 11]. Die Elektroosmose kann auch durch eine zwischen dem waagerechten Teil und dem in das Elektrolytgefäß tauchenden Ende des Papiers angebrachte Zellophan-Brücke herabgesetzt werden [12].

2.2.3. Der Einfluß der Kapillarströmung auf die Wanderung des Partikels

Bei der Papierelektrophorese wird — außer der Elektroosmose — durch die Kapillareigenschaften des Trägers eine weitere Elektrolytströmung auf dem Papier verursacht, und zwar von den Elektrolytgefäßen in Richtung auf die Mitte des Streifens. Die infolge der Jouleschen Wärme auftretende Verdunstung trägt zur Verstärkung dieser Strömung bei. Die Kapillarströmung während der Elektrophorese bewirkt, daß die Wanderungsgeschwindigkeit und manchmal sogar die Richtung der Wanderung von der Auftragungsstelle abhängig sind. So wandert z. B. ein negativ geladenes Protein, das am kathodischen Ende des Papiers aufgetragen ist, unter sonst gleichen Bedingungen weiter in Richtung auf die Anode als das in der Mitte des Streifens aufgetragene. Am anodischen Ende aufgetragen, bleibt dasselbe Protein entweder an der Auftragungsstelle liegen oder wandert wenig zur Kathode [41]. Michl [43] hält diese von ihm als *Dochteffekt* bezeichnete Erscheinung für eine der bedeutendsten Fehlerquellen der Papierelektrophorese. Die Kapillarströmung längs des Papierstreifens ist nicht überall gleich stark, was die Berechnung des Effektes erschwert. Die Kapillarströmung ist besonders bei solchen Geräten stark ausgeprägt, in welchen das Filterpapier unmittelbar in die Elektrolytlösung taucht. Um diese Wirkung zu vermeiden, kann der Elektrolytkontakt des Papierstreifens z. B. über einen puffergetränkten Filterpapierbrei erfolgen. Das

Verhindern der Verdunstung vermindert die Kapillarströmung ebenfalls. Ihr Einfluß auf die Wanderung ist viel bedeutender als der der Elektroosmose, wie auch NAGY [44] fand.

HOLLINGER und LANSING [49] verglichen den Einfluß der Feuchtigkeit und der Temperatur auf die Beweglichkeit von Serumkomponenten in den Geräten nach DURRUM bzw. KUNKEL (s. Kapitel 3.2.). Sie fanden bei dem letzteren Typ sowohl eine Erhöhung der Beweglichkeit mit steigender Feuchtigkeit wie auch mit steigender Temperatur. Nach Korrektur mittels eines Elektroosmose-Indikators zeigten die Beweglichkeiten nur noch eine Temperaturabhängigkeit. Sie waren unabhängig vom Feuchtigkeitsgehalt.

2.2.4. Die Adsorption des wandernden Teilchens an dem Papier

Die Frage der Adsorption ist besonders bei hochmolekularen Substanzen, z. B. Proteinen bedeutend. Nach WEBER [45] führt die Adsorption zu einer Schwanzbildung der Flecke bzw. Zonen. MICHL [43] untersuchte eine Anzahl handelsüblicher Papiere und fand bei Proteinen eine starke Abhängigkeit der Adsorption von der Papiersorte.

Für den Nachweis der Adsorption empfehlen KUNKEL und TISELIUS [8, 25] drei Methoden:

a) Bei der Chromatographie auf dem betreffenden Papier mit dem Elektrolytmedium kann aus der Schwanzbildung der Flecke der Grad der Adsorption gefolgert werden.
b) Bei zweidimensionaler Elektrophorese, in beiden Richtungen in demselben Puffer, weist ebenfalls die Schwanzbildung auf die Adsorption hin.
c) Bei aufeinanderfolgender Elektrophorese in der einen und nach Umpolen in der entgegengesetzten Richtung kehren nicht adsorbierte Substanzen zum Startpunkt zurück, während die adsorbierten an verschiedenen Stellen des Papierstreifens aufzufinden sind.

Es kann vorkommen, daß durch Elektrophorese prinzipiell nicht zu trennende Substanzen (z. B. solche, deren Beweglichkeit und Dissoziationskonstante im gegebenen System gleich sind) gerade infolge ihrer verschieden starken Adsorption am Papier mit verschiedenen Geschwindigkeiten wandern und somit zu trennen sind.

2.2.5. Molekularsieb- und Ionenaustauscheffekte bei der Trägerelektrophorese

Diese Erscheinungen werden nur vollständigkeitshalber kurz erwähnt, da sie bei der Papierelektrophorese weniger bedeutend sind. Das scharfe Trennvermögen der verschiedenen Gele ist jedoch in bedeutendem Maße Molekularsiebeffekten zu verdanken. Dies wurde von SMITHIES [50] durch die Anwendung von Stärkegelen verschiedener Konzentration bewiesen: je höher die Konzentration des Gels, um so langsamer wandern hochmolekulare Partikel · unter sonst gleichen Bedingungen, während die Wanderung kleinerer Moleküle von der Gelkonzentration weniger beeinflußt wird.

Die gewöhnlich kleine Austauschkapazität der Gele kann durch Zusatz eines Ionenaustauschers erhöht werden, was bei gewissen Substanzen zu einer schärferen Trennung führt (z. B. Zugabe von Alginsäure zu Agargel) [51]. Auch bei papierelektrophoretischen Trennungen werden — besonders im Falle anorganischer Ionen — mit Austauschern imprägnierte Papiere vorteilhaft angewandt [52].

Literatur

[1] BLOCK, R. J., DURRUM, E. L., ZWEIG, G.: "*A Manual of Paper Chromatography and Paper Electrophoresis*", Academic Press Inc. Publishers, New York 1958, S. 491
[2] KIRK, P. L., DUGGAN, E. L.: Analytic. Chem. *26* (1954), 163
[3] ALEXANDER, A. E., JOHNSON, P.: "*Colloid Science*", Vol. 1, Oxford, 1949
[4] KÖRÖSI, F., SZÉKELY, GY.: Magyar Kém. Foly. *58* (1952), 174
[5] LEDERER, M.: "*An Introduction to Paper Electrophoresis and Related Methods*", Elsevier Publishing Company, Amsterdam, 1957
[6] YASUMAGA, SH., SHIMOMURA, O.: J. pharmacol. Soc. Japan. *74* (1954), 66; ref.: Chem. Abstr. *48* (1954), 5709i
[7] CONSDEN, R., GORDON, A. H., MARTIN, A. J. P.: Biochem. J. *40* (1946), 33
[8] KUNKEL, H. G., TISELIUS, A.: J. gen. Physiol. *35* (1951), 89
[9] MCDONALD, H. J., LAPPE, R. J., MARBACH, E. P., SPITZER, R. H., URBIN, M. C.: "*Ionography: Electrophoresis in Stabilized Media*", Year Book Publishers, Inc., Chicago, 1955
[10] WOOD, S. E., STRAIN, H. H.: Analytic. Chem. *26* (1954), 1869
[11] ENGELCKE, J. L., STRAIN, H. H., WOOD, S. E.: Analytic. Chem. *26* (1954), 1864
[12] MICHL, H.: Monatsh. Chem. *83* (1952), 737
[13] LEWIS, G. N., RANDALL, M.: J. Am. chem. Soc. *43* (1921), 1112
[14] MCDONALD, H. J., SPITZER, R. H.: Circulation Res. *1* (1953), 396
[15] EDWARD, J. T., CRAWFORD, R.: J. Chromatogr. *1* (1958), 521
[16] HARASAWA, SH., SAKAMOTO, T.: J. chem. Soc. [Japan] Pure Chem. Sect. *75* (1954), 229; ref.: Chem. Abstr. *48* (1954), 11235f
[17] RODRIGUEZ, E., RIBEIRO, L. P.: Hospital [Rio de Janeiro] *46* (1954), 611
[18] GOSH, A. R.: Naturwissenschaften *41* (1954), 257
[19] RAYMOND, S.: Science *120* (1954), 677
[20] VÁMOS, L., DRAGOS, E.: Nicht veröffentl. Angaben
[21] MICHL, H.: Chromatogr. Reviews *1* (1959), 11
[22] MCDONALD, H. J.: Science *121* (1955), 403
[23] MACHEBOEUF, M.: Chem. Weekblad *49* (1953), 237
[24] MCDONALD, H. J., FORESMAN, J. L., BERMES, E. W.: Proc. Soc. exp. Biol. Med. *94* (1957), 493

[25] KUNKEL, H.: "*Methods of Biochemical Analysis,*" Vol. 1., Interscience Publishers, Inc., New York, 1959, S. 141
[26] BERMES, E. W., McDONALD, H. J.: J. Chromatogr. *4* (1960), 34
[27] SYNGE, R. L. M.: Biochem. J. *65* (1957), 266
[28] CRAWFORD, R., EDWARD, J. T.: Analytic. Chem. *29* (1957), 1543
[29] EDWARD, J. T.: Chem. & Ind. [London] *1958*, 276
[30] EDWARD, J. T., CRAWFORD, R.: J. Chromatogr. *1* (1958), 449
[31] VACIK, J., JAKOUBOWSKA, M.: J. Chromatogr. *14* (1964), 456
[32] FIDLER, Z., VACIK, J., DVOŘÁK, J., GRUBNER, O.: J. Chromatogr. *7* (1962) 228
[33] McDONALD, H. J., URBIN, M. C., WILLIAMSON, M. B.: Science *112* (1950), 227
[34] CONSDEN, R., STANIER, W. M.: Nature [London] *170* (1952), 1069
[35] SCHWIMMER, S.: Arch. Biochem. Biophys. 43 (1953), 108
[36] JERMYN, M. A., THOMAS, R.: Nature [London] *172* (1953), 728
[37] FOSTER, A. B.: Chem. & Ind. [London] *1952*, 1050
[38] MOULD, D. L., SYNGE, R. L. M.: Biochem. J. *58* (1954), 585
[39] DEAVER, G. L., CRISP, W. E., FRAJOLA, J.: Proc. Soc. exp. Biol. Med. *98* (1958), 632
[40] CRESTFIELD, A. M., ALLEN, F. W.: Analytic. Chem. *27* (1955), 422
[41] HEINRICH, W. D.: Biochem. Z. *323* (1953), 469
[42] SOCZEWINSKI, E., WAKSMUNDZKI, A.: J. Chromatogr. *5* (1961), 170
[43] MICHL, H.: Monatsh. Chem. *83* (1952), 210
[44] NAGY, G. Á.: Persönliche Mitteilung
[45] WEBER, R.: Helv. chim. Acta *36* (1953), 424
[46] FRANC, J., KOVÁR, V.: J. Chromatogr. *18* (1965), 100
[47] GROSS, D.: Analyst. *90* (1965), 380
[48] WALDMANN-MEYER, H.: Chromatogr. Reviews *5* (1963), 1
[49] HOLLINGER, N. F., LANSING, R. K.: J. Chromatogr. *5* (1961), 38
[50] SMITHIES, O.: Arch. Biochem. Biophys. Suppl. *1* (1962), 125
[51] WAGNER, W.: Z. Lebensmittel-Unters. u. Forsch. *136* (1968), 175
[52] ALBERTI, G., CONTE, A., GRASSINI, G., LEDERER, M.: J. electroanalyt. Chem. *4* (1962), 301

3. DIE TECHNIK DER PAPIERELEKTROPHORESE

3.1. Der feste Träger

Zur Durchführung der Trägerelektrophorese kann eine große Anzahl von festen Trägermaterialien herangezogen werden, die besonders seit der Einführung der Dünnschichtelektrophorese weiter zunimmt. Hier werden nur das Papier bzw. diejenigen Träger, welche auf ähnliche Weise vorbereitet oder in Papierelektrophoresegeräten ohne besondere Änderungen verwendet werden können, eingehender behandelt.

Die sonstigen Träger wie z. B. Gele, bei denen die Vorbereitung, das Auftragen der Substanzen, die angewendeten Elektrophoresegeräte, die Sichtbarmachung der getrennten Verbindungen usw. von den bei der Papierelektrophorese üblichen Verhältnissen abweichen, werden nur kurz erwähnt und in dem Kapitel 6, »Sonstige Methoden der Trägerelektrophorese«, beschrieben.

3.1.1. Das Papier und ähnliche Träger

3.1.1.1. Zellulosepapier

Zur Elektrophorese werden meist die bekannten Chromatographiepapiere verwendet, wie z. B. Whatman No. 1, 2 und 4, sowie die stärkeren Sorten Whatman No. 3 und 3MM, welche in feuchtem Zustande größere Festigkeit besitzen. Ferner werden eingesetzt: das schwedische Fabrikat »Munktell 20/150« [1, 2], die französische Marke d'Arches 302, die japanische Marke Toyo Roshi und die deutschen Fabrikate von Schleicher & Schüll bzw. Macherey & Nagel und Filtrak Niederschlag (FN 1 bis 8).

Eine vergleichende Zusammenstellung der Eigenschaften aller international gebräuchlichen Papiere findet man in I. M. Hais, K. Macek: »*Handbuch der Papierchromatographie*«, 2. Aufl., VEB Gustav Fischer Verlag, Jena, 1963, Seite 106.

Die Eigenschaften des Papiers werden oft durch Vorbehandlungen verbessert, z. B. wird das Papier zur Herabsetzung der Adsorption bzw. Entfernung adsorbierender Substanzen mit 0,1 M HCl oder 0,01 M Äthylendiamin-tetraacetat-Lösung gewaschen [3]. Zur Verringerung der Adsorption und der Elektroosmose bzw. zur Erzielung schärferer Trennungen werden *imprägnierte* Papiere eingesetzt. So wurde bei der

Elektrophorese von Insulin das Papier mit 0,1 bis 0,2% Gelatine [4], bei der Trennung von Nukleotiden mit verdünnter Agarlösung behandelt [5]. Die Adsorption von Serumlipoproteiden an Papier kann durch Imprägnierung mittels einer 5%-igen wäßrigen Stärkelösung herabgesetzt werden [6]. Zur Trennung von Zuckern wurde das Polyvinylchlorid-haltige, säure- und alkali-beständige »Rhovilpapier No. 1001« der Firma Schleicher & Schüll verwendet [7]. Wegen der Benetzung soll das Elektrolytmedium in diesem Fall statt Wasser ein Gemisch von Wasser und Äthylenglykol-monomethyläther (7 : 3) enthalten.

Oft wird die elektrophoretische Trennung durch Kombination mit einem anderen Trenneffekt, meistens Ionenaustausch, verbessert. Austauscherpapiere können sowohl durch die Modifizierung der Zellulose des Filterpapiers als auch durch Imprägnierung mit einem Ionenaustauscher hergestellt werden. LAUTSCH u. Mitarb. [8] bedienten sich zur Trennung von Aminosäuren verschiedener, COOH, SO_3H usw. -Gruppen enthaltender Zellulosepapiere. Besonders erfolgreich können Austauscherpapiere bei der Trennung von anorganischen Substanzen eingesetzt werden (s. a. Kapitel 4.1.). SÉLÉGNY und FENYŐ [9] verwenden phosphat- und carboxylhaltige Papiere zur Trennung von anorganischen Kationen. An zirkoniumphosphathaltigem Austauscherpapier wurden La, Pr und Sm, an mit dem Austauscherharz Amberlite SA-2 imprägniertem Papier die Ionen Ni^{2+} und Cd^{2+} voneinander getrennt [10].

3.1.1.2. Glasfaserpapier

Das Glasfaserpapier eignet sich bei Anwendung von Boratpuffer besonders zur Trennung von Zuckern [11, 12, 13]. Glasfaserpapier wurde zur Elektrophorese von Plasma-Albumin bzw. γ-Globulin [14] sowie zur Trennung anorganischer bzw. komplexer Ionen in Salzschmelzen eingesetzt [15, 16, 17, 18]. Der große Vorteil dieses Trägers ist seine Säure- und Alkalibeständigkeit, ein Nachteil die ungleiche Porengröße und die geringe mechanische Festigkeit in feuchtem Zustand. In den meisten Fällen wird die Sorte Whatman GF/A verwendet.

3.1.1.3. Zelluloseacetat-Folien

Die Anwendung dieses Trägermaterials führte zur Entwicklung eines Mikro-Trennverfahrens, der Membran-Elektrophorese, welche besonders zur Trennung von Proteinen geeignet ist [19, 20, 21, 22]. Die Folienstärke beträgt ungefähr 0,02 cm, die Porendurchmesser liegen zwischen 0,5 und 3 μ; die Folien sind also sehr feinporig. Ein Vorteil besteht darin, daß sie säurebeständig sind [23], und daß sie zur quantitativen densitometrischen Auswertung durch Eintauchen in eine entsprechende Flüssigkeit, vollkommen durchsichtig gemacht werden können. Zelluloseacetat-Folien z. B. »Oxoid« Cellulose Acetate Membranes (Consolidated Laboratories Inc., Chicago) [24], »Millipore HAWP« (Millipore Filter Corp.), Membranfolien Schleicher & Schüll [25], »Sartorius Acetate Strips« (Brinkmann Instruments, Westbury) sind handelsüblich.

Ein ebenfalls aus Zelluloseacetat bestehendes »gelatineartiges« Trägermaterial, das den Acetatfolien gegenüber gewisse Vorteile aufweist [26], wird unter dem Namen »Cellogel« von Chemetron (Mailand) hergestellt.

Zur Membranelektrophorese von Proteinen und Peptiden [27, 28] werden auch Kollodiumfilme [29] verwendet.

3.1.2. Sonstige organische Träger

Die große Anzahl der gebräuchlichen organischen Trägermaterialien ermöglicht zahlreiche Varianten der technischen Ausführung der Elektrophorese. Besonders weitverbreitet ist die Elektrophorese in Gelen. Liogele werden in dünnen Schichten oder in Säulen [30], in Blöcken ein- oder zweidimensional [31] angewandt. Seltener werden auch Xerogele (Kunststoff- oder Gummischaum) als Träger verwendet [32, 33]. Die meistverwendeten organischen Träger sind die folgenden.

3.1.2.1. Agar-Agar

Dieser Träger wird als fester Gelblock in einer Konzentration von ungefähr 1% mit Puffer getränkt zur Eiweißtrennung benutzt [34, 35]. In der *Immunelektrophorese* ist die Anwendung von Agargel von besonderer Bedeutung [36, 37]. Durch aufeinanderfolgende Agargel-Elektrophorese in Puffern von zwei verschiedenen pH-Werten in derselben Richtung oder senkrecht zueinander kann eine scharfe Trennung von Serumproteinen erreicht werden [38, 39]. Die Vor- und Nachteile der Agargel-Elektrophorese in der Eiweißanalytik werden von WUNDERLY eingehend erörtert [40]. Dünne Agarplatten von 1 bis 3 mm Stärke wurden zur Elektrophorese von Vitamin B_1 verwendet. In manchen Fällen wird die Agargel-Elektrophorese auch mit der Papierchromatographie kombiniert [41, 42].

Zur Trennung von Serumproteinen werden auch *flüssige Filme* (0,13 g Agar in 100 ml und ca. 1 mm Schichtdicke) verwendet [43], welche auch Methylglykol enthalten können [44].

Bei Verwendung von Agarose, einem linearen Polysaccharid aus D-Galactose und 3,6-Anhydro-L-galactose als Träger, sind Adsorption und Elektroosmose stark herabgesetzt [45, 46].

3.1.2.2. Stärke

Kartoffelstärke kann in granulierter Form in Blöcken [47, 48] oder anhydrolysiert in Gelform [48, 49, 50, 51, 52] als Träger angewandt werden. Ein Gel von hoher Festigkeit ist aus Amylose durch Zusatz von Hyflo-Super-Cel zu erhalten [53]. Stärke wird auch in der Dünnschichtelektrophorese als Träger verwendet [54]. Stärketräger werden bevorzugt zur Eiweißelektrophorese [55—61], vereinzelt aber auch auf anderen Gebieten, z. B. bei der Trennung von anorganischen Kationen und Anionen, eingesetzt [62].

Das schwach vernetzte Dextrangel »Sephadex G-200« ist ebenfalls zur Dünnschichtelektrophorese eingesetzt worden [63].

3.1.2.3. Synthetische Polymere

In den letzten Jahren gewinnt der Einsatz von synthetischen Polymeren in der Eiweißelektrophorese zunehmend an Bedeutung. Sie werden als Platten bzw. Blöcke sowie als Kolonnenfüllung eingesetzt. Ein solcher Träger ist z. B. »Pevikon-C-870«, ein Gemisch hydrolysierter Stärke mit dem Kopolymer aus Polyvinylchlorid und Polyvinylacetat. Er besitzt Proteinen gegenüber eine geringe Adsorptionsfähigkeit [64]. Granuliertes Polymethylmetacrylat [65] ergab bei der Reinigung von Blutserum-Aminoxydase dieselben Ergebnisse wie Zellulosepulver. Über den Einsatz von Polyvinylalkoholfilmen [66] und Sinterplatten aus dem Kopolymerpulver »Corvic R 51/83« (Polyvinylchlorid-Vinylacetat) [67] wird ebenfalls berichtet.

Die von Ornstein und Davis [68, 69] bzw. von Raymond [70, 71, 72] entwickelte Polyacrylamidgel-Elektrophorese wurde in der Eiweißanalytik in wenigen Jahren zu einem der meistverbreiteten Trennverfahren [73, 74, 75]. Das Trennvermögen des Gels wird dabei durch Molekularsiebeffekte verstärkt [75/a]. Dieses Verfahren wird ausführlich im Kapitel 6.7. behandelt.

3.1.2.4. Zellulosepulver

Dieser Träger wurde als Kolonnenfüllung zur elektrophoretischen Trennung von Proteinen [76], Aminosäuren [77], von Folsäure und Derivaten [78] eingesetzt. Die Trennergebnisse können durch vorhergehende Behandlung des Zellulosepulvers mit 0,1 M HCl-Lösung in Methanol verbessert werden [79]. Zellulosepulver wird auch in der Dünnschichtelektrophorese, besonders zur Trennung von Aminosäuren verwendet [80].

3.1.2.5. Seide

Bei der quantitativen Trennung neutraler Polysaccharide mittels Hochspannungselektrophorese konnten an Seide bessere Ergebnisse erzielt werden als an Zellulose- oder Glasfaserpapier [81].

3.1.3. Anorganische Träger

Anorganische Träger werden in der Elektrophorese weniger häufig angewandt als organische. Zu den am häufigsten gebrauchten anorganischen Trägern gehören das zuerst von CONSDEN, GORDON und MARTIN zur Elektrophorese verwendete Kieselgel [82, 83, 34] und das von CRIDDLE u. Mitarb. [84] auch für die Dünnschichtchromatographie als besonders geeignet befundene Kieselgur [85, 86]. Glaswolle [87] und Glasschrot [88, 89, 90] werden seltener angewandt. Asbest [18, 91, 92] kommt hauptsächlich bei der in Salzschmelzen durchgeführten Elektrophorese als Träger in Betracht. Gips [93, 94] wird sowohl in dünnen Schichten für analytische als auch in Blöcken für präparative Zwecke verwendet. Zur Dünnschichtelektrophorese werden ferner Aluminiumoxid, Titandioxid und Kaolin als Träger benutzt [95].

Literatur

[1] CREMER, H. J., TISELIUS, A.: Biochem. Z. *320* (1950), 273
[2] GORDON, A. H., GROSS, J., O'CONNOR, D., PITT-RIVERS, A.: Nature [London] *169* (1952), 19
[3] BLOCK, R. J., DURRUM, E. L., ZWEIG, G.: "*A Manual of Paper Chromatography and Paper Electrophoresis*", New York, 1958
[4] KALLEE, E.: Z. Naturforsch. *7b* (1952), 661
[5] ZAK, B., WEINER, L. M.: J. Chromatogr. *13* (1964), 255
[6] KÄRKKÄINEN, V. J., HÄRTEL, G.: Naturwissenschaften *43* (1956), 373
[7] STEGEMANN, H.: Naturwissenschaften *43* (1955), 518
[8] LAUTSCH, W., MANECKE, G., BROSER, W.: Z. Naturforsch. *8b* (1953), 232
[9] SÉLÉGNY, E., FENYO, J. C.: Bull. Soc. Chim. France *1966*, 3439
[10] ALBERTI, G., CONTE, A., GRASSINI, G., LEDERER, M.: J. electroanalyt. Chem. *4* (1962), 301
[11] BRIGGS, D. R., GARNER, E. F., SMITH, F.: Nature [London] *178* (1956), 154
[12] BOURNE, E. J., FOSTER, A. B., GRANT, P. M.: J. chem. Soc. *1956*, 4311
[13] LEWIS, B. A., SMITH, F.: J. Am. chem. Soc. *79* (1957), 3929

[14] BERMES, E. W., MCDONALD, H. J.: Biochim. biophys. Acta. *20* (1956), 416
[15] ALBERTI, G., ALLULLI, S., MODUGNO, G.: J. Chromatogr. *15* (1964), 420
[16] ARNIKAR, H. J.: Compt. rend. *244* (1957), 2241
[17] ALBERTI, G., GRASSINI, G., TRUCCO, R.: J. electroanalyt. Chem. *3* (1962), 283
[18] BAILEY, R. A., STEGER, A.: J. Chromatogr. *11* (1963), 122
[19] KOHN, J.: Biochem. J. *65* (1957), 9P
[20] ALBERT-RECHT, F.: Clin. chim. Acta *4* (1959), 627
[21] SMITH, D. C., MURCHISON, W.: J. Med. Lab. Techn. *16* (1959), 197
[22] BRACKENRIDGE, C. J.: Analytic. Chem. *32* (1960), 1353
[23] CLANET, F., CLARENCE, J., VERRY, M.: J. Chromatogr. *13* (1964), 440
[24] LEDERER, M.: J. Chromatogr. *5* (1961), 549
[25] DÉVÉNYI, T., GERGELY, J.: „*Aminosavak, peptidek, fehérjék*" (Aminosäuren, Peptide, Proteine), Budapest, 1963
[26] KELLER, H., SEEGER, H.: Z. analyt. Chem. *212* (1965), 125
[27] MOULD, D. L., SYNGE, R. L. M.: Biochem. J. *58* (1954), 571
[28] SYNGE, R. L. M.: Biochem. J. *65* (1957), 266
[29] FRIEDRICHSBERG, D. A., GUTMAN, K. M.: Kolloidny Zhurnal SSSR *15* (1953), 307
[30] NAPOLSKI, S. A.: Issledowania w Oblasti Chromatogr. Trudi Wsesojusni Sowestschania Chromatogr. Akad. Nauk. SSSR, Otdel. Chim. Nauk *1950*, 147
[31] RAYMOND, S., AURELL, B.: Science *138* (1962), 152
[32] DAVIDSON, H. M.: Federation Proc. *16* (1957), 169
[33] MITCHELL, H. K., HERZENBERG, L. A.: Analytic. Chem. *29* (1957), 1229
[34] GORDON, A. H., KEIL, B., SEBESTA, K.: Nature [London] *164* (1949), 498
[35] BUSSARD, A., PERRIN, D.: J. Lab. clin. Med. *46* (1955), 689
[36] GRABAR, P., WILLIAMS, C. A.: Biochim. biophysica Acta *10* (1953), 193
[37] GRABAR, P., WILLIAMS, C. A.: Biochim. biophysica Acta. *17* (1955), 67
[38] GIRI, K. V.: Naturwissenschaften *43* (1956), 448
[39] GIRI, K. V.: Nature [London] *179* (1957), 632
[40] WUNDERLY, CH.: J. Chromatogr. *3* (1960), 536
[41] MARTEN, G.: Nature [London] *176* (1955), 1064
[42] MARTEN, G.: Pharmazie *10* (1955), 602
[43] RESSLER, N., ZAK, B.: Clin. chim. Acta. *1* (1956), 392
[44] RESSLER, N., JACOBSON, S. D.: Science *122* (1955), 1088
[45] HJERTÉN, S.: Biochim. biophysica Acta *53* (1961), 514
[46] HJERTÉN, S.: Biochim. biophysica Acta *62* (1962), 445
[47] KUNKEL, H. G., SLATER, R. J.: Proc. Soc. exp. Biol. Med. *80* (1952), 42
[48] BLOEMENDAL, H.: J. Chromatogr. *2* (1959), 121
[49] BLOEMENDAL, H.: J. Chromatogr. *3* (1960), 1
[50] BLOEMENDAL, H.: J. Chromatogr. *3* (1960), 509
[51] BLOEMENDAL, H.: "*Zone Electrophoresis in Blocks and Columns*", Amsterdam, 1963
[52] SMITHIES, O.: Biochem. J. *61* (1955), 629
[53] BERNFELD, P., NISSELBAUM, J. S.: J. biol. Chem. *220* (1956), 851
[54] RAMSEY, H. A.: Analyt. Biochem. *5* (1963), 83
[55] SMITHIES, O.: Advances in Protein Chem. *14* (1959), 65
[56] SMITHIES, O.: Arch. Biochem. Biophys. Suppl. *1* (1962), 125
[57] BOURILLON, R., GOT, R.: Bull. soc. chim. biol. *37* (1955), 915
[58] BERNSOHN, J.: J. Lab. clin. Med. *49* (1957), 478
[59] MURRAY, K.: Analyt. Biochem. *3* (1962), 415
[60] MILLER, G. L.: J. Chromatogr. *3* (1960), 570
[61] MILLER, G. L., BIRZGALIS, R.: J. Chromatogr. *7* (1962), 33

[62] CETINI, G.: Ann. chim. [Roma] *45* (1955), 216
[63] INGLIS, N. R., GHOSH, N. K., FISHMAN, W. H.: Analyt. Biochem. *22* (1968), 382
[64] BOCCI, V.: J. Chromatogr. *11* (1963), 515
[65] GORKIN, W. S., AVAKIAN, A. A., WEREWKINA, I. W., KOMISSAROWA, N. W.: Vopr. Med. Chim. *8* (1962), 638
[66] MASLOWSKA, J., MASLOWSKI, E.: Chem. analit. [Warszawa] *10* (1965), 953
[67] PIERCE, T. B., PECK, P. F.: Analyst *89* (1964), 662
[68] ORNSTEIN, L.: Ann. N. Y. Acad. Sci. *121* (1964), 321
[69] DAVIS, B. J.: Ann. N. Y. Acad. Sci. *121* (1964), 404
[70] RAYMOND, S., WEINTRAUB, L.: Science *130* (1959), 711
[71] RAYMOND, S.: Ann. N. Y. Acad. Sci. *121* (1964), 350
[72] RAYMOND, S.: Clin. Chem. *8* (1962), 455
[73] BURNS, D. A., POLLAK, O. J.: J. Chromatogr. *11* (1963), 559
[74] HJERTÉN, S.: J. Chromatogr. *11* (1963), 66
[75] BLOEMENDAL, H., JONGKIND, J. F., WISSE, J. H.: Chem. Weekblad. *58* (1962), 501
[75a] MAURER, H. R.: »*Disk-Elektrophorese. Theorie und Praxis der diskontinuierlichen Polyacrylamidgel-Elektrophorese*«, W. de. Gruyter & Co, Berlin, 1968
[76] DUMAZERT, C., GHIGLIONE, C., BOZZI-TICHADOU, M.: Bull. soc. chim. biol. *37* (1955), 123
[77] PORATH, J.: Biochim. biophysica Acta. *22* (1956), 151
[78] USDIN, E., PORATH, J.: Arkiv Kemi *11* (1957), 41
[79] FLODIN, P., KUPKE, D. W.: Biochim. biophys. Acta *21* (1956), 368
[80] NYBOM, N.: Physiol. Plant. *17* (1964), 434
[81] FULLER, C. W., NORTHCOTE, D. H.: Biochem. J. *64* (1956), 657
[82] CONSDEN, R., GORDON, A. H., MARTIN, A. J. P.: Biochem. J. *40* (1946), 33
[83] CONSDEN, R., GORDON, A. H., MARTIN, A. J. P.: Biochem. J. *44* (1949), 548
[84] CRIDDLE, W. J., MOODY, G. J., THOMAS, J. D. R.: Lab. Pract. *15* (1966), 653
[85] HONEGGER, C. G.: Helv. chim. Acta *44* (1961), 173
[86] PASTUSKA, G., TRINKS, H.: Chemiker-Ztg.-Chem. Apparatur *85* (1961), 535
[87] BREWER, A. K., MADORSKY, S. L., WESTHAVER, J.: Science *104* (1946), 156
[88] BRATTSTEN, I.: Arkiv Kemi *4* (1952), 503
[89] HAGGLUND, H., TISELIUS, A.: Acta chem. Scand. *4* (1950), 957
[90] BRADISH, C. J., SMART, N. V.: Nature [London] *174* (1954), 272
[91] BUTLER, J. A. V., STEPHEN, J. M. L.: Nature [London] *160* (1947), 469
[92] CHEMLA, M., BONNIN, A.: Compt. rend. *241* (1955), 1288
[93] AFFONSO, A.: J. Chromatogr. *31* (1967), 646
[94] BOCKEMÜLLER, W., KAISER, P.: J. Chromatogr. *18* (1965), 86
[95] KOWALCZYK, J.: J. Chromatogr. *14* (1964), 411

3.2. Apparaturen und Arbeitsmethoden

Das Anwendungsgebiet der Papierelektrophorese ist sehr umfangreich. Am meisten wird sie für folgende Zwecke eingesetzt:

a) Trennung von Stoffen;

b) Reinigung von Substanzen (Entfernung von Verunreinigungen bzw. Abtrennung der gewünschten reinen Substanz);

c) Kontrolle der Reinheit von Stoffen;

d) Prüfung der Struktur, der physikalisch-chemischen, bzw. elektrochemischen Charakteristika von Substanzen (z. B. elektrophoretische Beweglichkeit, Bestimmung des isoelektrischen Punktes).

Demgemäß können die Elektrophoreseverfahren in folgende Gruppen unterteilt werden:

analytische
physikalisch - chemische
präparative } Verfahren

Man unterscheidet aufgrund des Trennungsmechanismus rein elektrophoretische Verfahren und mit einem anderen Trenneffekt (z. B. Papierchromatographie, Ionenaustausch, Gelfiltration) gekoppelte Verfahren.

Die verschiedenen Verfahren und Arbeitsweisen erfordern verschiedene Typen von Geräten. Es ist bis heute eine Vielzahl von Gerätetypen entwickelt worden. Außer den von bekannten Firmen hergestellten Apparaten werden in den meisten Laboratorien selbstgebaute, speziellen Zwecken entsprechende Geräte verwendet. Dieser Umstand hat neben offensichtlichen Vorteilen den Nachteil, daß der Vergleich der erhaltenen Ergebnisse miteinander bzw. mit einschlägigen Literaturangaben erschwert wird.

Die Geräte können nach verschiedenen Prinzipien unterteilt werden. Entsprechend ihrer Arbeitsweise gibt es

diskontinuierliche und
kontinuierliche Apparate.

Man unterscheidet fernerhin Geräte für niedrige und mittlere Spannungen von solchen für hohe Spannungen.

Nach der Trennungsrichtung lassen sich Apparate für

eindimensionale Trennung,
Radialelektrophorese und
zweidimensionale Elektrophorese

unterteilen.

Aufgrund der Lage des Trägers sind Geräte mit

waagerechtem Papierstreifen, mit nicht waagerechtem Papierstreifen, andererseits mit frei hängendem bzw. mit zwischen Platten gelagerten Papierstreifen bekannt.

Die angeführten Charakteristika können im allgemeinen miteinander kombiniert werden. Am zweckmäßigsten können die Gerätetypen aufgrund ihrer Arbeitsweise und des Mechanismus der Trennung gruppiert werden. Apparate für Hochspannungselektrophorese werden gesondert behandelt, da diese spezielle technische Ausrüstungen benötigen.

Einfache Trennungen können oft mit primitiven, einfach zu handhabenden Vorrichtungen befriedigend durchgeführt werden. Dagegen muß bei der Messung von elektrophoretischen Beweglichkeiten das Gerät einer Reihe von Anforderungen entsprechen.

U. a. soll die Wanderungsgeschwindigkeit längs der Papierstreifen überall gleich und die Pufferverdunstung sowie die Elektroosmose minimal sein usw.

Es muß betont werden, daß es kein für alle Zwecke mit gleichem Erfolg anwendbares Universalgerät gibt, obwohl Mehrzweckapparate hergestellt werden, die mit Hilfe von einfachen Handgriffen vielseitig eingesetzt werden können.

3.2.1. Diskontinuierliche Verfahren mit niedrigen und mittleren Spannungen

3.2.1.1. Geräte mit frei hängendem Papierstreifen

Diese Geräte können nach der Lage des Papierstreifens in drei Gruppen eingeteilt werden:

a) Geräte mit in Form eines umgekehrten *V*-s aufgehängten Papierstreifen;
b) Geräte mit in *V*-Form aufgehängten Papierstreifen;
c) Geräte mit schräg oder senkrecht aufgehängten, geraden Papierstreifen.

Der bestbekannte Typ der Geräte der Gruppe *a)* ist die Trennkammer von Durrum [1, 2, 3, 4]. Ähnliche Apparate wurden auch von anderen Autoren beschrieben [5, 6, 7, 8]. Ein auf diesem Prinzip beruhendes Gerät wird von der Fa. Pleuger S. A., Wijnegem, Belgien, hergestellt. Der Querschnitt desselben ist in Abb. 5 zu sehen, das Gerät selbst in Abb. 6. In der Kammer können bis zu 8 Papierstreifen von 40 mm Breite und 290 mm nutzbarer Länge, oder 7 Zelluloseacetat-Streifen von 50 mm Breite untergebracht werden. Auch eignet sich dieselbe für zweidimensionale Trennungen auf Bögen vom Format

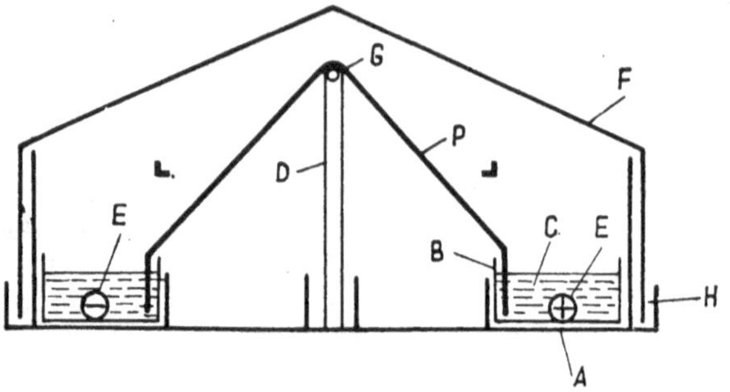

Abb. 5: Querschnitt der Elektrophoresekammer nach DURRUM, der Fa. Pleuger S.A., Wijnegem, Belgien

A — Gestell aus Plexiglas; *B* — Puffertank; *C* — Pufferlösung; *D* — Gestell aus Plexiglas mit Glasstab *G* zum Aufhängen der Papierstreifen; *E* — Elektroden; *F* — Deckel aus Plexiglas; *H* — Kanal, mit destilliertem Wasser gefüllt, zum Abdichten der Kammer

290 × 290 mm. Die sehr einfache Kammer kann auch in einer anderen Anordnung mit waagerechten Streifen benutzt werden. Die beiden Pufferbehälter sind miteinander durch einen Gummischlauch verbunden ,der das Mischen und dadurch den Ausgleich der Pufferlösungen nach den einzelnen Trennungen ermöglicht. Die Kammer ist für Spannungen bis ca. 400 V und einen Stromfluß von ca. 25 mA vorgesehen.

Abb. 6: Die Elektrophoresekammer der Fa. Pleuger S. A., Wijnegem (Belgien), mit senkrecht aufgehängten Streifen

Abb. 7: Die Trennkammer mit senkrechten Papierstreifen der Fa. Shandon Labortechnik G.m.b.H., Frankfurt/Main

Die vertikale Trennkammer der Fa. Shandon Labortechnik G.m.b.H., Frankfurt/M. ist in Abb. 7 wiedergegeben. Das Gerät ist zur Aufnahme von bis zu 6 Papierstreifen von 5 cm Breite und 36 cm Länge geeignet. Der Bodenteil, die in je zwei Teile geteilten Pufferkammern, sowie die Abdeckhaube sind aus Kunststoff gefertigt. Die dazu gehörige Stromquelle liefert 50 bis 300 V bei max. 80 mA.

Auf dem DURRUMschen Prinzip beruhende »Elektrophoresehäuschen« sind sehr einfach auch im Eigenbau herzustellen und finden besonders in der Peptidchemie in einigen Ländern verbreitet Verwendung. Ohne Kühlung sind sie je nach dem angewandten Puffersystem für Klemmenspannungen von 500...900 Volt einsetzbar, das entspricht bei einer Länge des Papierstreifens von 35 cm einer Spannung von 15...25 Volt pro cm. Der Stromfluß sollte dabei 2 mA pro cm Papierbreite nicht überschreiten [9]. Die Pufferbehälter dieser Geräte sind mit einem sog. Labyrinth-System versehen, d. h. durch innere Längswände sind sie in zwei bis drei Kammern getrennt. Die leitende Verbindung ist über möglichst enge Schlitzöffnungen gewährleistet. Auf diese Weise wird die Pufferlösung der Papierstreifen von dem Teil, in welchem sich die Elektrode befindet, hinreichend abgesondert, wodurch die an den Elektroden entstehenden Elektrolyseprodukte wesentlich langsamer zum Papier diffundieren können. Es ist auch vorteilhaft, wenn die Kammern umpolbar sind. Auf diese Weise können die elektrolytischen Vorgänge an den beiden Elektroden umgekehrt und somit die Pufferlösungen längere Zeit genutzt werden.

Eine Anordnung für zweidimensionale Trennungen mit in verkehrter *V*-Form aufgehängtem Papierbogen wurde von DURRUM [4] und später von WILLIAMS [10] beschrieben. Auf dem DURRUMschen Prinzip beruht das von MARINI-BETTOLO und COCH-FRUGONI konstruierte, tragbare Gerät [11].

Die Geräte nach DURRUM [12] haben den Vorteil, daß Pufferüberschüsse vom Papier frei abtropfen können und dadurch eine gleichmäßige Elektrolytverteilung gewährleistet wird. Bei waagerechten, frei hängenden Papierstreifen kann es besonders bei dickeren Papiersorten vorkommen, daß der Streifen durch das Gewicht der Elektrolytlösung durchhängt und der Elektrolyt sich an tiefergelegenen Stellen anreichert. Das führt zu Konvektionsstörungen, wie sie bei der freien Elektrophorese bekannt sind.

Ein Nachteil dieser Geräte besteht — wie bei allen Geräten mit frei hängenden Papierstreifen im allgemeinen — in dem Verdampfen des Elektrolyten infolge Wärmeentwicklung, besonders bei höheren Spannungen und bei Elektrolyten höherer Ionenstärke. Das führt zu den im Kap. 2.1.6. beschriebenen Störungen. Um diesen vorzubeugen, empfiehlt DURRUM [12] längere Elektrophorese bei niederen Spannungen, Puffer geringerer Ionenstärke und das Kühlen der Kammer.

Zur Gruppe *b)* gehört die Trennkammer von MARKHAM und SMITH [13], deren Skizze in Abb. 8 zu sehen ist. Dieses Gerät bildet einen Übergang zwischen den Typen mit frei hängenden und den mit gedeckten Papierstreifen. Das in *V*-Form gefaltete Papier ist zwar frei aufgehängt, jedoch nicht in dem Luftraum der Kammer, sondern in einer Kühlflüssigkeit von höherem spezifischem Gewicht als Wasser, z. B. Tetrachlorkohlenstoff. Der Vorteil dieser Kühlung besteht darin, daß

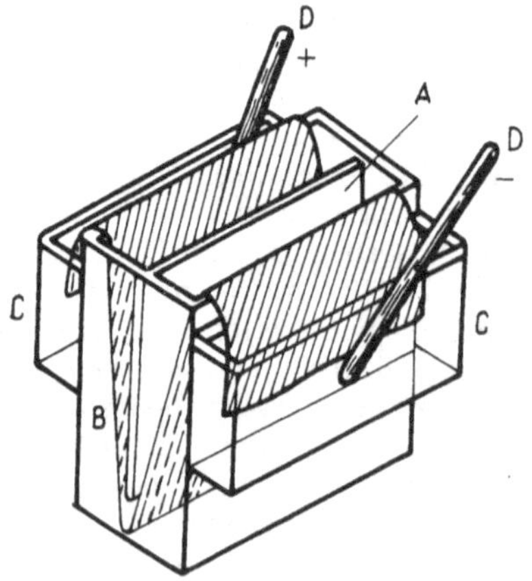

Abb. 8: Trennkammer nach MARKHAM und SMITH [13]

A — Glasplatte zur Befestigung des Papiers; *B* — Kühlflüssigkeit; *C* — Elektrolyttank; *D* — Elektrode auch bei höheren Spannungen nicht mit verdampfungsbedingten Fehlern gerechnet werden muß. Die unmittelbare Flüssigkeitskühlung hat jedoch auch einige Nachteile. Z. B. können die Verunreinigungen der Kühlflüssigkeit die Trennung stören, die Kühlflüssigkeit selbst kann die zu trennenden Substanzen extrahieren oder denaturieren. Sie kann weiterhin einige Komponenten der Elektrolytflüssigkeit selektiv extrahieren, dadurch eine pH-Änderung verursachen oder aber auch zu verteilungschromatographischen Erscheinungen führen usw. [12]. Ähnlich gekühlte Geräte werden auch bei der Hochspannungselektrophorese eingesetzt (s. a. 3.2.5.).

Die zur Gruppe *c)* gehörenden Geräte sind in der Praxis weniger verbreitet. Trennkammern mit vertikalen Papierstreifen und unmittelbarer Flüssigkeitskühlung gelangen bei der Hochspannungselektrophorese zum Einsatz (vgl. 3.2.5.). Gordon u. Mitarb. [8] sowie Wolfson [14] beschreiben Geräte mit schräg aufgehängten Papierstreifen. Die Kammer von Wolfson eignet sich zur Trennung von Substanzen mit ähnlichen Beweglichkeiten. Für diesen Zweck wird ein besonders langer Papierstreifen verwendet und der überschüssige Teil des Papiers in der Nähe der Elektrode, zu welcher die Substanzen wandern, aufgerollt. Bei entsprechender Wärmeentwicklung hört infolge des durch Verdunstung entstehenden Ionenstärkegradienten die Wanderung an einem gewissen Punkte des Papiers auf (vgl. 2.1.6.), ein sog. »Gleichgewicht« stellt sich ein. Nun wird von der Papierrolle soviel abgewickelt, daß die Substanz, die sich bereits fortbewegt hatte, wieder in Starthöhe zu liegen kommt. Die Elektrophorese wird dann bis zu einem neuen Gleichgewichtszustand fortgesetzt. Das Verschieben des Startpunktes kann wiederholt werden. (Vgl. a. 3.2.5.)

3.2.1.2. Geräte mit waagerechtem, frei aufliegendem Papierstreifen

Geräte dieses Typs haben sich in der Praxis viel stärker durchgesetzt, als die unter 3.2.1.1 beschriebenen.

Die erste papierelektrophoretische Trennung wurde in einer solchen Kammer durchgeführt [15]. Von Wieland und Fischer [16] bzw. Grassmann und Hannig [17] stammen weiterentwickelte Konstruktionen solcher Geräte. Abbildung 9*a*–*c* zeigen Längsschnitt, Aufsicht und Gesamtansicht des Gerätes von Grassmann und Hannig. In den zwei äußeren Kammerteilen befinden sich die Platinelektroden *E*1 und *E*2 von den Labyrinthsystemen umgeben. Das Filterpapier *F* wird an den Brücken durch Adhäsion festgehalten. Der Glasdeckel *G* hält den Raum oberhalb des Filterpapiers hermetisch abgeschlossen. Die äußeren Kammerteile hingegen sind nicht abgedichtet, so daß die gasförmigen Elektrolyseprodukte während der Elektrophorese ent-

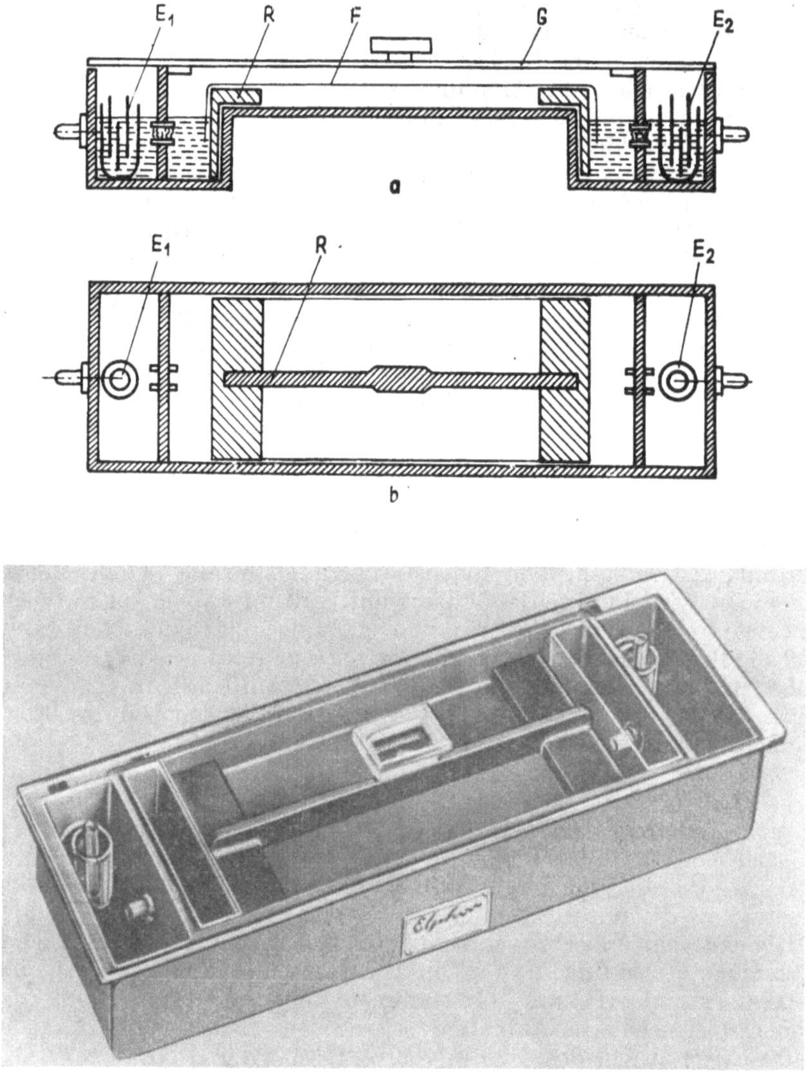

c

Abb. 9: Elektrophoresekammer »Elphor« nach GRASSMANN und HANNIG Fa. Bender & Hobein G. m. b. H., München, aus WUNDERLY »*Die Papierelektrophorese*« [67]

a) Längsschnitt; *b)* Aufsicht; *c)* Photographie der Trennkammer

E_1 und E_2 — Elektroden mit Labyrinthsystem; F — Filterpapier; R — Rahmen aus Kunststoff; G — Glasdeckel

Abb. 10: Trennkammer des Halbmikro-Elektrophoresegeräts der Fa. Laborfelszerelések Gyára, Budapest

weichen können. Das Gerät kann mit einer Klemmenspannung von 110 V arbeiten, was auf dem Papier einem Spannungsgefälle von 80 V entspricht.

Eine Weiterentwicklung o. g. Gerätes ist die »Multelphor«-Kammer der Fa. Bender und Hobein, die zur Aufnahme von 6 Papierstreifen geeignet ist.

In den meisten Geräten mit waagerechten, frei hängenden Papierstreifen wird das Papier nicht durch Adhäsion, sondern durch eine entsprechende Klemmvorrichtung gespannt. Eine einfache Trennkammer mit 250 V maximaler Klemmenspannung für 8 Papierstreifen vom Format 40 × 300 mm wird von der Fa. Zeiss, Jena, hergestellt. Das Gerät eignet sich für die klinische Routineanalyse von Serumproteinen.

Die Fa. Labor Műszeripari Művek, Budapest, Ungarn stellt ein Halbmikro-Elektrophoresegerät für Papierstreifen von 120 mm Länge oder ein Papierblatt vom Format 210 × 120 mm her, das auch für die Agar- bzw. Immunelektrophorese verwendet werden kann. Bei der Gelelektrophorese können auf einmal 8 Objektträger verwendet werden. Die Trennkammer aus Plexiglas (330 × 230 × 90 mm) ist in Abb. 10 zu sehen. Das Speisegerät liefert Gleichstrom bis zu 250 V bei maximal 50 mA.

Da die Herstellung von Trennkammern mit horizontalen, frei hängenden Papierstreifen sehr einfach ist, befinden sie sich im Fabrikationsprogramm fast aller einschlägigen Firmen und lassen sich auch im Eigenbau leicht herstellen [18]. Ihr Vorteil besteht in der einfachen

Handhabung, ihr Nachteil in der Verdampfung der Elektrolytlösung und den damit verbundenen Erscheinungen (vgl. a. 2.2). Besonders bei durchhängenden, längeren Papierstreifen resultiert eine unregelmäßige Pufferverteilung (vgl. 3.2.1.1.). Um diese unerwünschte Erscheinung auszuschalten, wird der Papierstreifen in der Apparatur der Fa. LKB Produkter, Stockholm, auf eine bürstenartige Unterlage gelegt [14].

Die Trennkammern mit frei hängendem Papierstreifen in horizontaler oder anderer Lage werden in der älteren Literatur auch oft »Feuchte Kammer« genannt.

3.2.1.3. Geräte mit waagerechten, zwischen zwei Platten gelagerten Papierstreifen

Bei diesen Geräten lagert das Papier zwischen zwei gewöhnlich aus Glas oder durchsichtigem Kunststoff gefertigten, kühlbaren Platten. Die Kühlung ermöglicht den Einsatz dieses Gerätetyps auch bei den Hochspannungsverfahren. Es ist äußerst wichtig, daß der Druck der Deckplatte auf der ganzen Papierfläche konstant ist, da sonst die Pufferverteilung im Papier ungleichmäßig wird, was die Reproduzierbarkeit der Beweglichkeitswerte beeinträchtigt.

Im Gerät von CREMER und TISELIUS [19] (Abb. 11) wird das mit Puffer getränkte Papier zur Kühlung in Chlorbenzol getaucht. Die Verbindung mit dem Elektrodenraum erfolgt über Glasrohre, die mit Papierschnitzeln gefüllt sind.

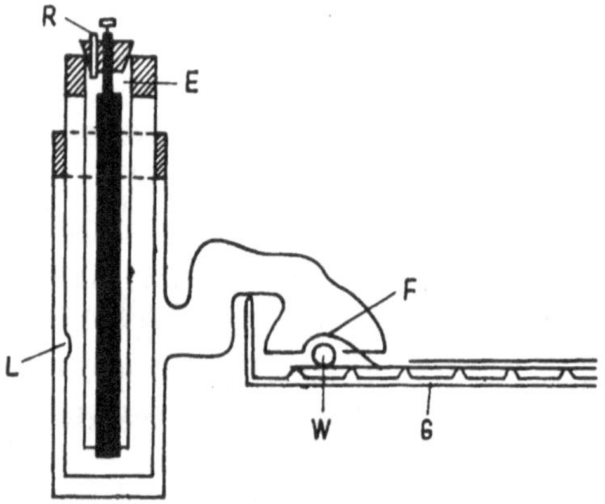

Abb. 11: Die Lage des Papiers im Gerät von CREMER und TISELIUS [19]

F — Filterpapier; *G* — Glasplatte; *W* — Glaswalze; *E* — Elektrode (Kohle); *R* — Röhrchen zum Gasabzug; *L* — Öffnung zum Ausfließen

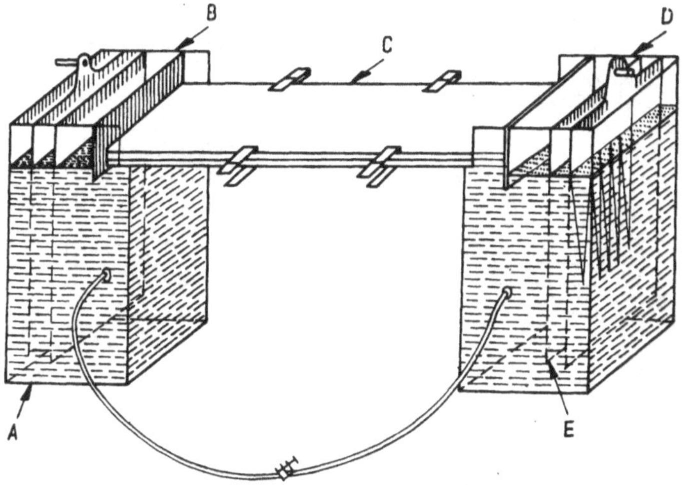

Abb. 12: Elektrophoresekammer nach KUNKEL und TISELIUS [20] mit zwischen Glasplatten gelagertem Papier

A — Elektrodengefäße; *B* — Filterpapierverbindung zwischen dem Trennpapier und den Elektrolytgefäßen; *C* — Glasplatten mit dem dazwischen gelagerten Papier; *D* — Elektrode; *E* — Labyrinthsystem

Im Gerät von KUNKEL und TISELIUS [20] wird das Papier zwischen Glasplatten geklemmt, die an den Seiten mit Silikonfett abgedichtet werden. Dadurch vermindert man die Verdunstung des Puffers (Abb. 12). Die Verbindung zwischen dem Papier und den Elektrodenräumen wird durch vertikale, poröse Papierstreifen hergestellt. Die Größe der Elektrodengefäße gewährleistet die pH-Konstanz der Elektrolytlösung während der Elektrophorese.

Ein verbessertes Gerät dieses Typs [14] setzt das Papier zwischen stärkeren Glasplatten gleichmäßig größerem Druck aus, wodurch die Genauigkeit der Beweglichkeitsbestimmungen erhöht werden kann.

Ein Gerät für mittlere Spannungen (20...40 V/cm) wird von der Fa. Labor Műszeripari Művek, Budapest, hergestellt. Die horizontale Trennkammer (670 × 670 × 250 mm, Gewicht 25 kg) hat eine nutzbare Papierfläche von 450 × 620 mm. Die obere Platte ist mit Schaumgummi belegt, wodurch auf dem ganzen Papier ein gleichmäßiger Druck erreicht wird. Die untere Platte kann gekühlt werden. Das Versorgungsgerät liefert Gleichstrom bis zu 1500 V und 150 mA. Dieses Gerät kann durch eine vertikale Trennkammer mit verstellbaren Pufferküvetten ergänzt werden, welche sich besonders für die zweidimensionale Technik [21] eignet. Der frei hängende Bogen ist nicht kühlbar. Die horizontale Trennkammer ist in Abb. 13 zu sehen.

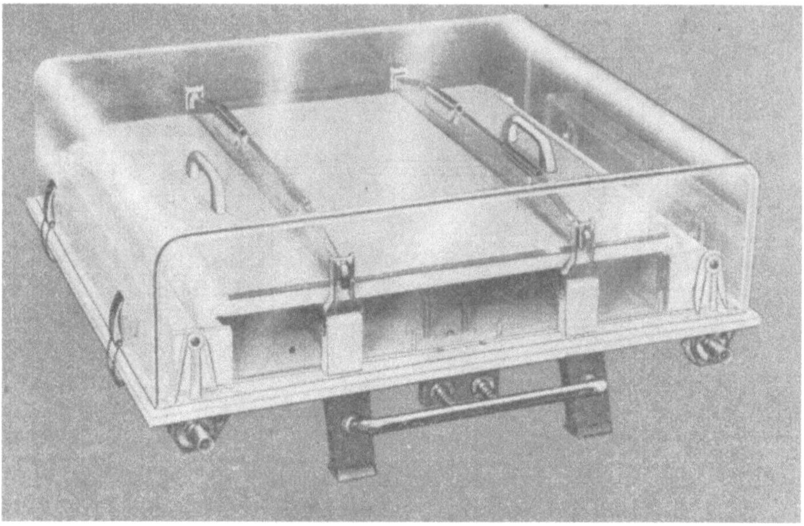

Abb. 13: Horizontale Trennkammer für mittlere Spannungen mit kühlbarem Papierstreifen zwischen den Platten, hergestellt von der Fa. Labor Műszeripari Művek, Budapest

Der Vorteil solcher Geräte besteht darin, daß während der Elektrophorese keine Verdampfung auftritt. Da sie kühlbar sind, bleiben die infolge der Wärmeentwicklung auftretenden Störungen aus. Auch mit der Kapillarströmung braucht in weitaus geringerem Maße gerechnet werden. Prinzipiell kann man mit solchen Vorrichtungen besser reproduzierbare Ergebnisse erzielen. Der Nachteil besteht in der schwierigen Handhabung. Man muß darauf achten, daß der Druck auf der ganzen Papierfläche überall gleich ist. An den Stellen, die unter geringerem Druck stehen, wird mehr Elektrolytlösung nachgesaugt, wodurch Puffergehalt und Leitfähigkeit an einzelnen Stellen des Papiers differieren, was sogar zu lokalen Konvektionserscheinungen führen kann. Hier bewährt sich auch das Auflegen eines nicht zu prall gefüllten beschwerten Luftsackes aus Polyäthylen, der zugleich einen gleichmäßigen, geringeren Feuchtigkeitsgrad des Papiers bewirkt (vgl. 3.2.5/*b*). Nach Beendigung der Elektrophorese muß das Papier mit den Klemmplatten zuerst aus dem Gerät gehoben, bzw. die Verbindung mit dem Elektrolytraum abgebrochen werden, da bei der Wegnahme des Druckes Puffer einströmt und die getrennten Substanzen teilweise fortgeschwemmt werden. Die Trocknung des Papiers nach der Elektrophorese soll aus dem gleichen Grunde ebenfalls in waagerechter Lage erfolgen.

Die Geräte mit zwischen Platten gelagerten Papierstreifen werden wegen der guten Reproduzierbarkeit hauptsächlich zur Bestimmung der Beweglichkeiten eingesetzt. In der englischsprachigen Literatur werden sie auch als »Sandwich-Type«-Geräte bezeichnet.

3.2.1.4. Radialelektrophorese

Das zu trennende Gemisch wird — ähnlich wie bei der Rundfilter-Papierchromatographie — im Mittelpunkt oder entlang eines konzentrisch um den Mittelpunkt gezogenen Kreises von 1 bis 3 cm ∅ eines kreisförmig ausgeschnittenen Papierblattes aufgetragen. Dieses Verfahren hat sich viel weniger durchgesetzt als in der Papierchromatographie, obwohl es von einigen Autoren nicht allein für elektrophoretische, sondern auch für elektrorheophoretische Trennungen erfolgreich eingesetzt worden ist (vgl. 2.1.6.). In der Literatur wird hauptsächlich über Trennungen von Proteinen und anorganischen Ionen mittels dieser Methode berichtet [22—28].

3.2.1.5. Zweidimensionale Papierelektrophorese

Das Verfahren beruht auf dem Prinzip, daß die elektrophoretische Beweglichkeit der Substanzen vom pH-Wert der Elektrolytlösung abhängt. Die Technik ist ähnlich wie bei der zweidimensionalen Papierchromatographie: die zu trennende Substanz wird nahe einer Ecke des möglichst quadratischen Papierblattes aufgetragen und in der ersten Elektrolytlösung elektrophoretisch getrennt. Das schonend getrocknete Blatt wird dann senkrecht zur ersten Richtung in einem Puffer mit einem anderen pH-Wert abermals der Elektrophorese unterworfen. Auf dem Elektropherogramm befinden sich in diesem Falle die getrennten Substanzen auf der ganzen Papierfläche verstreut. In der ersten Laufrichtung werden zweckmäßig flüchtige Elektrolytlösungen verwendet, die sich vor dem zweiten Lauf durch schonende Trocknung vollständig entfernen lassen.

Zur zweidimensionalen Elektrophorese eignen sich solche Geräte, in denen große Papierbogen unterzubringen sind. Das Papier kann waagerecht oder senkrecht [29], frei hängend oder zwischen Platten untergebracht werden. Von den beschriebenen Geräten kann man die Kammern nach Durrum [4] bzw. nach Williams [10] (vgl. 3.2.1.1.) verwenden sowie die vertikale Kammer der Fa. Labor Műszeripari Művek, Budapest (vgl. 3.2.1.3.).

Markham [30] führt die Elektrophorese in der ersten Richtung auf einem Papierstreifen durch, der auf das Papierblatt übertragen wird, auf dem die Trennung in der zweiten Richtung erfolgen soll. Zu diesem Zweck wird in die Mitte des Blattes senkrecht zur zweiten Laufrichtung eine Öffnung entsprechender Größe geschnitten, in die der nicht ganz getrocknete Papierstreifen eingefügt wird. Der Streifen wird am Blatt befestigt und das Blatt mit Ausnahme der Zone, in der sich die Substanzen befinden, mit dem Puffer getränkt. Die Strömung des Puffers in den Papierstreifen drängt die bei der ersten Trennung entstandenen Flecken in dünne Zonen zusammen, wodurch die Schärfe der zweiten Trennung erhöht wird. Die Trennung wird in einem Gerät, in dem das Papier zwischen zwei Platten gelagert ist, durchgeführt.

Die zweidimensionale Elektrophorese wurde zur Trennung von Aminosäuren [31] und Proteinen [30] eingesetzt. Für Serumproteine wurde in der ersten Richtung Papier, in der zweiten Stärkegel als Träger verwendet [32, 33]. Auch Polyacrylamidgel ist eingesetzt worden [34]. Ferner wurde die Kombination von Agargel und Stärkegel erprobt [35]. Eine verbesserte Trennung von Serumproteinen ist zu erzielen, wenn man in der ersten Richtung ein 5%iges und in der zweiten ein 8%iges Acrylamidgel verwendet [36].

3.2.2. Kombination der Papierelektrophorese mit der Papierchromatographie

Mit der zweidimensionalen Technik können dann sehr gute Ergebnisse erzielt werden, wenn in der einen Richtung in einem Lösungsmittelgemisch eine verteilungschromatographische und in der anderen eine elektrophoretische Trennung durchgeführt wird [37]. Die beiden Vorgänge können und werden auch zumeist in umgekehrter Reihenfolge durchgeführt [38]. Nach der ersten Trennung werden die getrennten Substanzen bzw. Substanzgruppen entweder aus dem Papierstreifen herausgelöst und auf neue Streifen zur zweiten Trennung aufgetragen, oder bei Anwendung quadratischer Bögen direkt in senkrechter Laufrichtung erneut getrennt. Ingram [21, 39] hatte diese zweidimensionale Technik als erster für die Trennung der Peptide tryptischer Eiweißhydrolysate angewandt und das auf dem Papier bei dem Nachweis mit Ninhydrin entstandene »Muster« der getrennten Peptide »Fingerprint« (Fingerabdruck) genannt.

Das kombinierte Verfahren von Elektrophorese und Chromatographie wird in erster Linie zur Trennung von Aminosäuren und Aminen [40, 41, 42] eingesetzt. Die Fingerprint-Technik ist auch auf Dünnschichtplatten übertragen worden (vgl. 3.4.3.).

Alberti u. Mitarb. [43] führten die Elektrophorese auf Ionenaustauscherpapier durch und erreichten durch Kombinationen der Ionenaustauscherchromatographie mit der Papierelektrophorese bei anorganischen Ionen in einigen Fällen bessere Trennungen als mit der Chromatographie auf Austauscherpapier oder mit der Elektrophorese auf gewöhnlichem Zellulosepapier.

3.2.3. Kontinuierliche Papierelektrophorese

Über dieses Verfahren und seine Anwendungsgebiete berichtet PUČAR in einer ausführlichen Übersicht [44].

3.2.3.1. Prinzip der kontinuierlichen Elektrophorese

Bei der kontinuierlichen elektrophoretischen Trennung wird senkrecht zur Strömungsrichtung der Elektrolytlösung im porösen Träger ein elektrisches Feld angelegt. Das zu trennende Substanzgemisch wird an einem Punkte des Trägers kontinuierlich und gleichmäßig aufgetragen. (Prinzipiell besteht kein Unterschied zur kontinuierlichen Elektrophorese in einem frei strömenden Elektrolytfilm.)

Die elektrisch geladenen Komponenten des zu trennenden Gemisches werden von der Strömungsrichtung infolge ihrer Ladung und entsprechend ihren Beweglichkeiten abgelenkt und können an verschie-

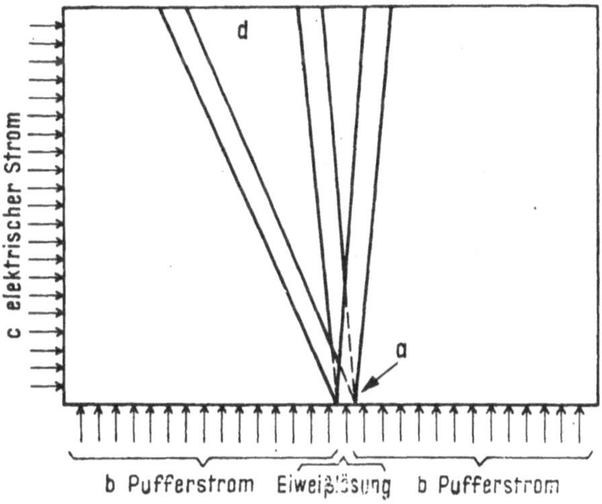

Abb. 14: Das Prinzip der elektrophoretischen Trennung im kontinuierlichen Pufferstrom nach SVENSSON und BRATTSTEN [46]

a — Kontinuierliches Auftragen des zu trennenden Gemisches; *b* — Richtung des Pufferstromes; *c* — Richtung des elektrischen Feldes; *d* — Austritt der getrennten Substanzen denen Stellen des Trägers gesondert kontinuierlich gesammelt werden. Diese Art der Elektrophorese wird auch *Ablenkungselektrophorese* genannt und ermöglicht die Trennung größerer Stoffmengen auch für präparative Zwecke.

Das Prinzip der Trennung ist in Abb. 14 veranschaulicht.

Die Bahnen, in denen sich die einzelnen Komponenten bewegen, verlaufen in verschiedenen Winkeln zu der Strömungsrichtung der Elektrolytflüssigkeit. Die Tangente dieses Winkels ist der Quotient aus den Geschwindigkeiten der elektrophoretischen Wanderung und der Pufferströmung. Bei konstanter Geschwindigkeit der Pufferströmung und konstanter Stromstärke ist auch die Wanderungsrichtung bzw. der Ablenkungswinkel der einzelnen Komponenten der gleiche. Nach PUČAR [44] kann bei der kontinuierlichen Trägerelektrophorese die Bewegung des elektrisch geladenen Teilchens als Vektorsumme der horizontalen, d. h. elektrophoretischen und der vertikalen, d. h. chromatographischen Komponente ausgedrückt werden.

Ist der Unterschied zwischen den Beweglichkeiten zweier Komponenten des zu trennenden Gemisches $\Delta u[\mathrm{cm}^2\, V^{-1} s^{-1}]$ so ist der Unterschied zwischen den Volumengeschwindigkeiten der beiden Komponenten in der Richtung des Flüssigkeitsstromes

$$V_{el} = \frac{\Delta u \, . \, I}{\varkappa} \, cm^3 \, s^{-1} \tag{40}$$

I = Stromstärke
$\varkappa$ = Leitfähigkeit.

Eine vollständige Trennung kann nur dann erzielt werden, wenn die Geschwindigkeit der Substanz in der Richtung der Pufferströmung nicht größer als V_{el} ist [47].

Für die Praxis besteht ein sehr bedeutender prinzipieller Unterschied zwischen der kontinuierlichen Elektrophorese und den diskontinuierlichen ein- oder zweidimensionalen elektrophoretischen, chromatographischen usw. Trennungsverfahren. Während bei letzteren der Weg der sich schneller bewegenden Substanzen über die langsameren hinweg führt, bewegen sich bei der kontinuierlichen Elektrophorese alle Komponenten ihren Beweglichkeiten entsprechend auf verschiedenen Bahnen, so daß eine gegenseitige Beeinflussung während des Laufes und eine Verunreinigung der Komponenten miteinander vermindert wird.

Durch Abb. 15*a* wird das veranschaulicht; dieser Effekt ist u. a. für die Herstellung reiner Radionuklide von Bedeutung [44].

Die Grundlagen zur kontinuierlichen Elektrophorese wurden durch die Arbeiten von HAUGAARD und KRONER [45], SVENSSON und BRATTSTEN [46] sowie GRASSMANN [47] geschaffen.

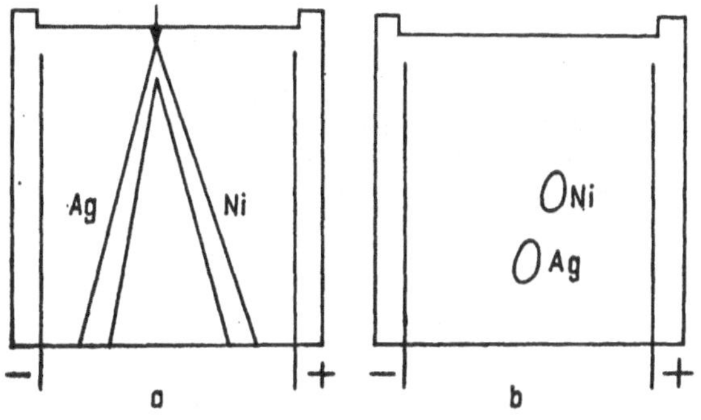

Abb. 15: Die Trennung von Silber und Nickelnitrat nach STRAIN und SULLIVAN [45]
a) mittels kontinuierlicher Papierelektrophorese
b) mittels zweidimensionaler Elektrochromatographie
↓ = Auftragungspunkt des Gemisches

Wird ein aufgetragener Fleck nach dem gleichen Prinzip in einem Pufferstrom von konstanter Geschwindigkeit und einem senkrecht dazu angelegten elektrischen Feld aufgetrennt, so spricht man von zweidimensionaler Elektrochromatographie [48].

Abb. 15*a* und *b* zeigen die Trennung von Ag^+ und Ni^{2+} durch kontinuierliche Papierelektrophorese und mittels diskontinuierlicher zweidimensionaler Elektrochromatographie.

3.2.3.2. Geräte zur kontinuierlichen Papierelektrophorese

Bei den meisten Geräten zur kontinuierlichen Papierelektrophorese ist ein Papierblatt senkrecht in einer feuchten Kammer frei aufgehängt. Die einfachste Vorrichtung dieses Typs ist das Gerät von DURRUM, Abb. 16 [3]. Auf das in den Puffertank *B* eingehängte Papierblatt *A* wird aus dem oberhalb des Puffertanks befindlichen Glasgefäß *C* das zu trennende Gemisch mittels eines Filterpapierdochtes kontinuierlich auf einen bestimmten Punkt des Papiers aufgetragen. Die beiden Papierzungen an den unteren, äußeren Enden des Blattes tauchen in die Elektrolytgefäße *E*, in denen sich die mit der Gleichstromquelle verbundenen Platinelektroden befinden. Die untere Kante des Papierblattes ist zackig ausgeschnitten: jede Zacke taucht in ein Sammelgefäß *G*. Die ganze Vorrichtung befindet sich in einem geschlossenen Raum, der zweckmäßig aus durchsichtigem Material hergestellt ist. Das Pufferniveau im Tank *B* wird mittels einer oberhalb des Geräts befindlichen MARIOTTschen Flasche konstant gehalten, wodurch die

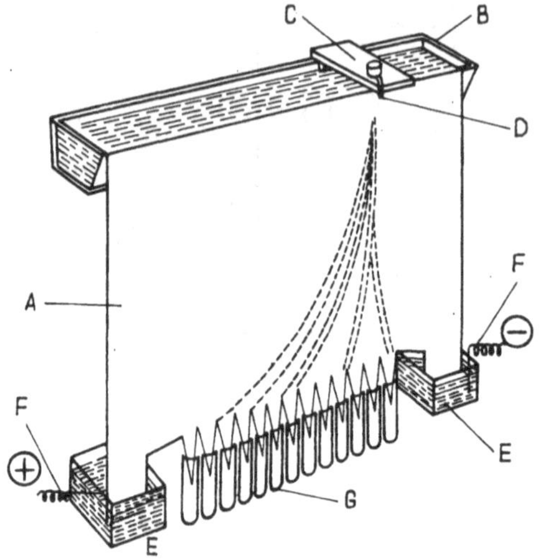

Abb. 16: Skizze des kontinuierlichen Papierelektrophoresegeräts nach DURRUM [3] mit frei hängendem Papierbogen, nach PUČAR [44]

A — Filterpapier; *B* — Puffertank; *C* — das zu trennende Gemisch; *D* — Papierdocht zum Auftragen des Gemisches; *E* — Elektrodengefäße; *F* — Platinelektroden; *G* — Fraktionssammler

gleichbleibende Geschwindigkeit des Pufferstromes gewährleistet wird, die für eine saubere Trennung von äußerster Wichtigkeit ist.

Der Vorteil des DURRUMschen Gerätes besteht in seiner Einfachheit und darin, daß die im Elektrodenraum entstehenden Elektrolyseprodukte- und pH-Änderungen sich nur schwer entgegen dem Pufferstrom in das Papier ausbreiten, — praktisch also in den Pufferbehältern bleiben. DURRUM [12] gibt folgende Nachteile an: da die Spannung nur am unteren Ende des Papiers angreift, nimmt die Intensität des elektrischen Feldes in aufsteigender Richtung ab. Dadurch ist der Weg der getrennten Substanzen, wie auch aus Abb. 16 hervorgeht, leicht gekrümmt. Auf dem Papier stellt sich ein Temperaturgradient ein, und demzufolge entsteht infolge ungleichmäßiger Verdampfung ein Konzentrationsgradient im Papier.

Um ein homogenes elektrisches Feld zu erzielen, wurde das DURRUMsche Grundprinzip mehrfach verändert.

DICASTRO und SAN MARCO [49, 50] schneiden an beiden Längsseiten des Papiers je drei Zungen übereinander aus, die in je ein Elektrodengefäß tauchen. Das Prinzip ist in Abb. 17 dargestellt.

PEETERS u. Mitarb. [51] gebrauchten Kaskadenelektroden (s. Abb. 18), wodurch ein homogenes elektrisches Feld gewährleistet und gleich-

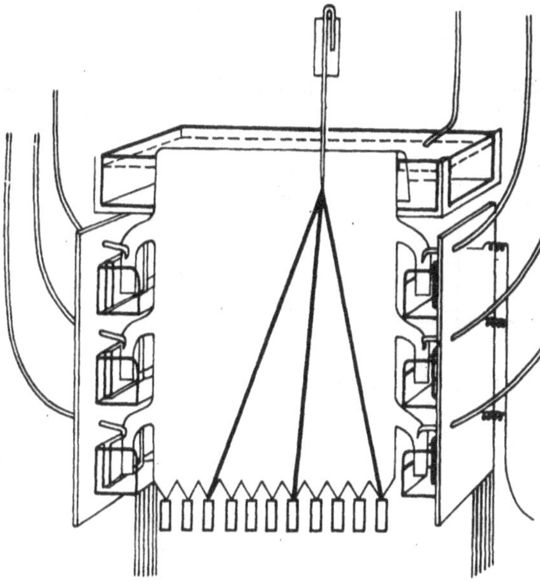

Abb. 17: Skizze des Gerätes von DICASTRO und SAN MARCO [49, 50] mit je drei Elektrodengefäßen

zeitig die Menge der von den Elektroden auf den Papierbogen gelangenden Verunreinigungen gering gehalten wird.

Bei diesem Gerät ist das obere, ausgezackte Ende des Papierblattes über Kapillaren mit Puffer versorgt, wodurch ein elektrischer Nebenschluß über den Puffertank ausgeschaltet wird (Abb. 19). Das kontinuierliche Papier-Elektrophoresegerät Collectophor der Fa. Pleuger S. A. Wijnegem, Belgien, sowie das Gerät Foelfo der Fa. Labor Műszeripari Művek, Budapest, Ungarn, sind ebenfalls mit Kaskadenelektroden versehen.

Ein universales Mikro-Elektrophoresegerät ist von KARLER u. Mitarb. [52] konstruiert worden. Das Gerät eignet sich gleichsam zur diskontinuierlichen und kontinuierlichen Papierelektrophorese, zur ein- und zweidimensionalen Papierchromatographie sowie zur zweidimensionalen Elektrochromatographie. Das ganze Gerät einschließlich eingebauter Gleichrichter ist 19,5 cm hoch, 17,5 cm lang und 13,5 cm breit. Der Papierbogen liegt in der Kammer auf einer Kunststoffplatte, deren Oberfläche mit Nadeln versehen ist. Die Platte kann waagerecht oder schräg (Winkel von 10 bzw. 23°) eingestellt werden, wodurch sich die Geschwindigkeit des Pufferstromes ändert.

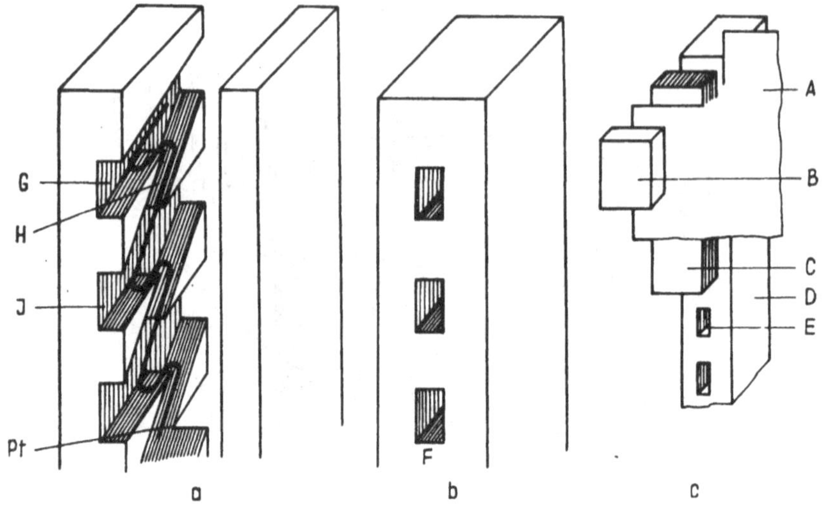

Abb. 18: Kaskadenelektroden nach PEETERS u. Mitarb. [51]
a) Querschnitt des Elektrodenträgers
Die in die Kammer *G* tretende Pufferlösung kommt mit dem Papierblatt über die Öffnung der Kammer in Berührung, fließt dann durch den Überlauf *H* in die zweite Kammer *I* usw.
b) Öffnungen (Fenster) des Elektrodenträgers;
c) Lage des Papierblattes
A zwischen dem Träger *B* und dem Elektrodenträger *D*.
Die mit Puffer gefüllten Öffnungen *E* des Elektrodenträgers sind mit dem Papierblatt *A* über den dicken Papierstreifen *C* verbunden

Im Gerät von GRASSMANN und HANNIG [53] ziehen sich die Platindrahtelektroden an beiden Seiten des Papierbogens in hierzu angebrachten Rillen entlang und werden von der aufwärts strömenden Pufferlösung benetzt. Die Pufferversorgung des Papierbogens sowie die Spülung der Elektroden geschieht mittels Umlaufpumpen. Die Elektrodenanordnung dieses Geräts gewährleistet ein homogeneres elektrisches Feld als der o. g. DURRUMsche Apparat. Die von den einzelnen Substanzen zurückgelegten Strecken sind daher gerade Linien. Abb. 20 zeigt das von der Fa. Bender und Hobein, München, hergestellte Gerät Elphor Va nach GRASSMANN und HANNIG. Die Apparatur besteht aus dem Netzanschlußgerät (bis zu 800 V/30 mA), der Dosierpumpe und der durchsichtigen Trennkammer. Die Dosierpumpe erlaubt durch Verwendung verschiedener Transmissionen oder verschieden großer Injektionsspritzen jede gewünschte Dosierung in der Zeiteinheit. Die Trennkammer enthält außer den Platinelektroden eine Vorrichtung zum Aufspannen des Trennbogens und ein V-förmiges Pufferverteilungsgefäß. Im Kunststoffboden dienen 42 Auffangtrich-

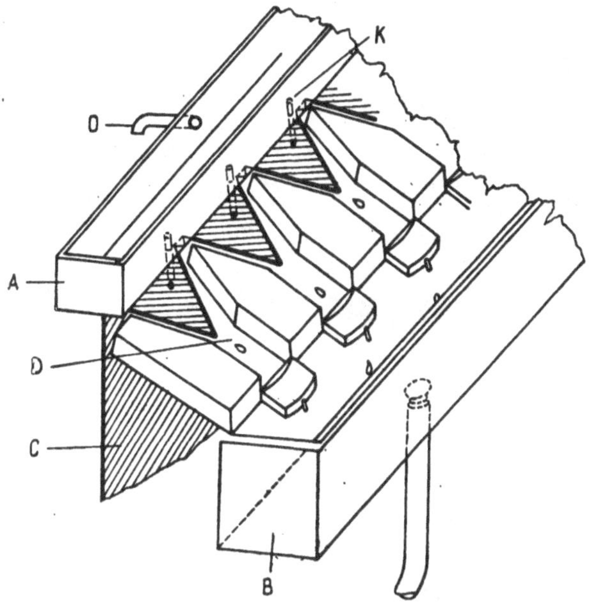

Abb. 19: Die Pufferversorgung im kontinuierlichen Elektrophoresegerät von PEETERS u. Mitarb. [51]

A — Elektrolyttank; *O* — Überlauf; *K* — Kapillaren, durch die der Puffer auf den oberen Teil des Papiers gelangt; *D* — Kanäle, durch die der Pufferüberschuß in den Sammeltrog *B* abtropft; *C*—Papierblatt

ter mit darunter befindlichen Gläsern zum Sammeln der austropfenden Fraktionen.

Eine Weiterentwicklung des Elphor Va ist der Elphor-VaK, ein kontinuierliches Gerät zur präparativen Hochspannungselektrophorese [54]. Es ermöglicht gegenüber dem Elphor Va eine ca. 20 fache Trennleistung. Die Trennkammer ist mit einem Trennkarton versehen, die Trennungen erfolgen bei Klemmenspannungen bis zu 2500 V, wobei ein hinter dem Trennkarton angebrachter besonderer Aufdampfkarton für die gleichbleibende Durchfeuchtung des ersteren sorgt. Die Joulesche Wärme wird durch tiefgekühlte Luft abgeleitet, welche durch ein Zwillingskühlaggregat erzeugt wird.

Von den VEB Glaswerken Ilmenau wird die kontinuierliche Papierelektrophoreseapparatur »Eph 60« hergestellt, die für Spannungen bis zu 500 V vorgesehen ist. Eine Besonderheit ist, daß das zu trennende Gemisch mittels einer Vorrichtung aufgetragen wird, welche auf dem Prinzip des Knallgas-Voltameters beruht [55].

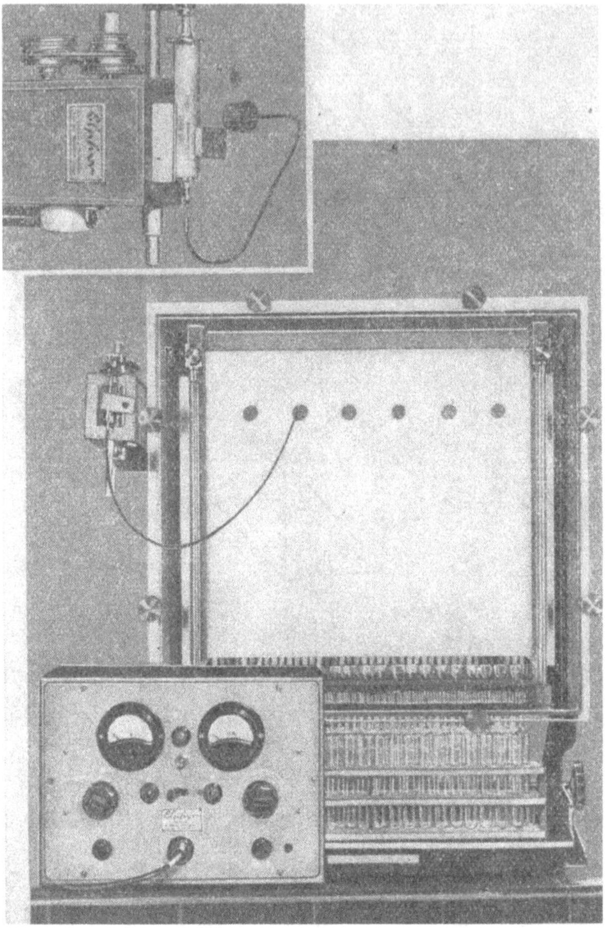

Abb. 20: Die kontinuierliche Papierelektrophorese-Apparatur Elphor Va der Fa. Bender & Hobein G.m.b.H., München, mit Netzanschluß und Dosierpumpe

In der Literatur sind noch folgende Anordnungen mit nicht frei hängendem Papierbogen beschrieben:

Im Gerät von SAROFF [56] ist der Papierbogen in der Trennkammer um einen stehenden Glaszylinder gewickelt, der die Pufferlösung enthält. Die Pufferzuführung und die Verbindung mit den Elektroden erfolgt durch Dochte.

In der Trennkammer von STRAIN [57] wird ein trapezförmiger Papierbogen auf einem schrägen Polystyrolblock angewandt, um auf

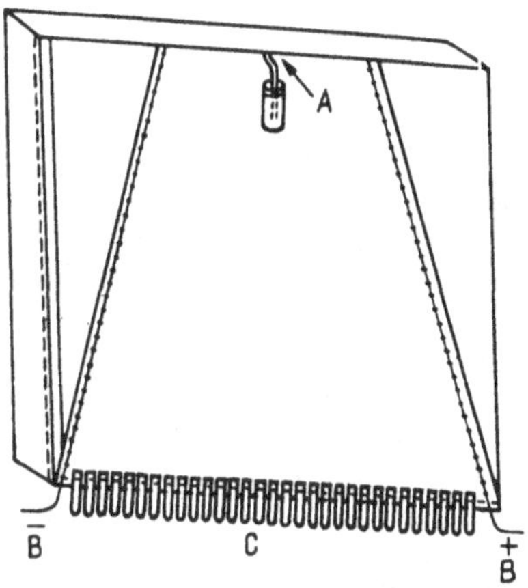

Abb. 21: Trapezförmiger Trennbogen der kontinuierlichen Papierelektrophorese-Apparatur von STRAIN [57]

A — Auftragungsstelle; *B* — Elektroden; *C* — Sammelgläser

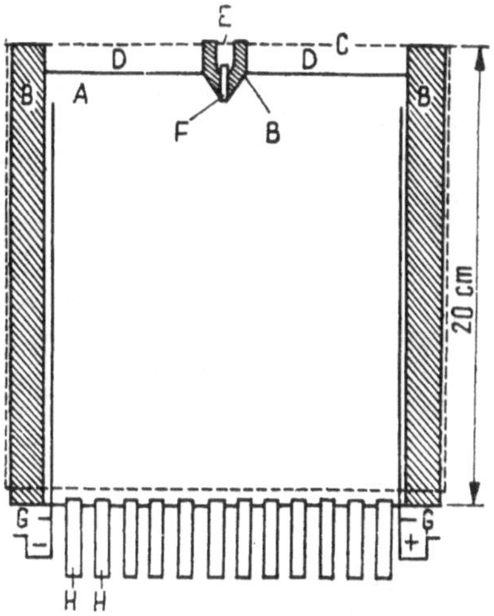

Abb. 22: Skizze der kontinuierlichen Papierelektrophorese-Apparatur nach STRAIN und SULLIVAN [45]

A — Filterpapierbogen; *B* — Paraffinierter Teil des Filterpapierbogens; *C* — Glasplatten; *D* — Die als Pufferreservoir dienenden Teile des Papierbogens; *E* — Auftragungsstelle für das zu trennende Gemisch; *F* — der über den paraffinierten Teil gelegte Verbindungsdocht zwischen den Teilen *D* und *A* des Papiers; *G* — Platinelektroden; *H* — Abtropfstellen mit Filterpapierstreifen

diese Weise eine Spreizung der Trennlinien zu erreichen und durch Verdunstung entstehende Inhomogenitäten des elektrischen Feldes zu kompensieren. Die Elektroden sind an den Längsseiten des Bogens angebracht (s. Abb. 21).

Bei einer weiteren Gruppe der kontinuierlichen Papier-Elektrophorese-Apparaturen — die allerdings weniger gebräuchlich ist — befindet sich der Papierbogen zusammen mit den Elektroden zwischen zwei Glas- oder Kunststoffplatten, die an den Kanten z. B. mit Paraffin gegen Verdunstung abgedichtet sind. Eine einfache Apparatur dieses Typs stammt von STRAIN und SULLIVAN [48], vgl. Abb. 22. Da in diesem Gerät die Elektroden in unmittelbarem Kontakt mit dem Papier stehen, können die Elektrolyseprodukte während des Betriebs nicht entfernt werden.

Die damit verbundenen Störungen sind in dem auf ähnlichem Prinzip beruhenden Gerät von BRATTSTEN und NILSSON [58] größtenteils ausgeschaltet.

In der Anordnung von McDONALD u. Mitarb. [59, 60] liegt das Papierblatt waagerecht. Die gesamte Trennkammer rotiert und die

Elektrolytströmung auf dem Papier wird durch die Rotationsgeschwindigkeit geregelt. Die Kammer besteht aus zwei Trögen, zwischen die der rechteckige Papierbogen gespannt ist. Die Elektrodendrähte verlaufen an den längeren Seiten entlang und an den zackig ausgeschnittenen kürzeren Seiten tropfen die getrennten Fraktionen in die Sammler ab. Die Stromversorgung erfolgt über Kollektoren mittels Graphitbürsten. Die Kammer dreht sich mit einer Geschwindigkeit von 400–900 U/min. Die Pufferlösung und das zu trennende Gemisch werden entlang einer elliptischen Rille dosiert, welche konzentrisch zur Drehwelle steht. Die längere Achse der elliptischen Rille verläuft in Richtung zu der längeren Seite des Papiers und ist an den Enden mit kapillaren Ausflußöffnungen versehen, aus welchen das zu trennende Gemisch auf das Papier gelangt. Die Dosierkapillare ist an der Drehwelle befestigt und dreht sich zusammen mit der Trennkammer. Zur Pufferdosierung dient eine andere Kapillare, welche näher zum Drehzentrum angebracht ist. Das Gerät trennt in zwei gegenüberliegenden Richtungen, die erhaltenen Elektropherogramme sind spiegelbildlich. Die an den Elektroden entstehenden Elektrolyseprodukte werden an die äußeren Enden des Papiers in Sammler zentrifugiert. Der Puffer strömt kreisförmig auf dem Papier.

Von den kontinuierlichen Apparaturen zur Trägerelektrophorese sollen noch die Geräte von Svensson und Brattsten [46] und Grassmann [61] erwähnt werden, in welchen statt Papier kleine Glasperlen bzw. Glaspulver oder Quarzsand als Träger verwendet werden. Die dünne Trägerschicht befindet sich in senkrechten flachen Glströgen.

3.2.4. Sonstige präparative Verfahren

Zu präparativen Zwecken eignen sich außer den kontinuierlichen auch diskontinuierliche Verfahren. Die meisten bisher beschriebenen diskontinuierlichen Geräte können mit dicken Filterpapieren bzw. Karton oder Filterpapierbündeln [20] zur Trennung größerer Substanzmengen (bis zu 100 mg) eingesetzt werden. Für die präparative Elektrophorese werden unter anderem folgende Papiersorten empfohlen: Whatman 3 MM [62], Munktell 20/350 [63], Schleicher und Schüll 2071 [64], sowie Filtrak Niederschlag FN 8. Statt dicker Papierbögen kann auch Papierbrei [65] verwendet werden.

Zur präparativen Trennung hochmolekularer Substanzen hat sich die Elektrophorese in mit Zellulosepulver gefüllten senkrechten Säulen gut bewährt. Ein solches Gerät wird nach den Entwürfen von Porath und Flodin [66] von der Fa. LKB Produkter, Stockholm, hergestellt. Der obere Teil der mit Zellulosepulver gefüllten und mit einem Kühlmantel versehenen Säule wird als Kathode, der untere als Anode geschaltet. Der obere Teil der Kolonnenfüllung wird mit der zu trennenden Proteinlösung beschickt. Die getrennten Komponenten bilden in verschiedenen Höhen der Kolonne Zonen und werden am besten nach beendeter Trennung mit einem entsprechenden Lösungsmittel chromatographisch eluiert. Die Reinheit der einzeln aufgefangenen Fraktionen kann dann mittels Papierelektrophorese geprüft werden. Als Träger können auch Äthylzellulose, Polyvinylchlorid, Acetylzellulose [67] und DEAE-Zellulose [68] verwendet werden. Ähnliche einfache Säulenelektrophoresegeräte wurden auch von Campbell [69] sowie von Dellweg [70] konstruiert.

Für präparativ-elektrophoretische Trennungen wird neuerdings die trägerfreie Elektrophorese auf einem laminar strömenden Elektrolytfilm mit großem Erfolg eingesetzt. Auf der Basis der Entwicklungen von Hannig [96] stellt die Fa. Bender & Hobein, München, für verschiedene Belange, insbesondere der biologischen Forschung, geeignete Geräte her. Für die Trennung von Zellen [97], Zellpartikeln, Kolloiden, Makromolekülen und auch niedermolekularen Verbindungen stehen geeignete Geräte mit verschiedenen Kammeranordnungen zur Verfügung »Elphor VaP_{1-4}«.

Das Gerät »Pheroplan« der Fa. Markgraf, West-Berlin, ist für die Trennung molekulardisperser Systeme, z. B. Peptide [98], geeignet. Die trägerfreie Elektrophorese am Pufferfilm ist dabei, die präparativen Trennverfahren am Papier, besonders ihren Einsatz zur Trennung von Makromolekülen, zu substitutieren, vgl. auch [99].

3.2.5. Hochspannungs-Papierelektrophorese

Wie in Kap. 2.1. beschrieben, ist die Beweglichkeit elektrisch geladener Partikel (Ionen) im elektrischen Feld proportional dem Spannungsgefälle. Demzufolge kann die Dauer der Elektrophorese durch Anlegung höherer Spannungen wesentlich verkürzt werden. Gleichzeitig wird auch die Trennschärfe verstärkt, da während kürzerer Zeit die diffusionsbedingte Ausbreitung der Substanzen geringer ist. Die Vorteile der Hochspannungs-Elektrophorese sind offenkundig. Technische Schwierigkeiten treten jedoch infolge der stärkeren Wärmeentwicklung auf, deren Auswirkungen in Kap. 2.1. behandelt wurden. Die Hochspannungs-Papierelektrophorese benötigt spezielle Geräte mit wirksamer Wärmeableitung. Das erste Hochvolt-Elektrophoresegerät wurde von Michl [71, 72] konstruiert.

Im allgemeinen werden die Papierelektrophoreseverfahren mit mindestens 50 V/cm Feldstärke als Hochspannungsverfahren bezeichnet [72, 73].

Man unterscheidet:

a) Geräte mit flüssigem Wärmeaustauscher,
b) Geräte mit festem Wärmeaustauscher.

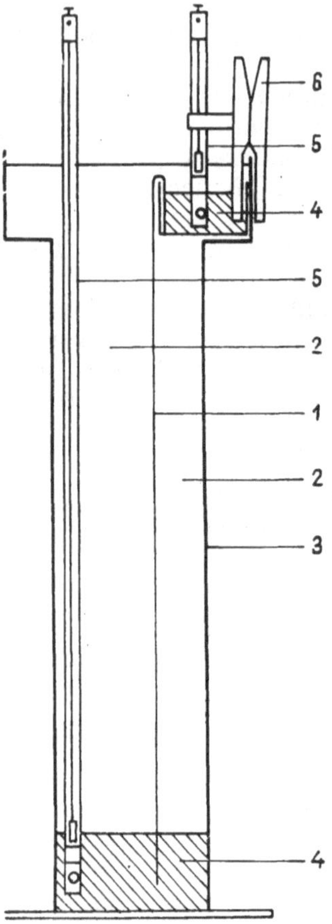

Abb. 23: Hochspannungselektrophoresekammer mit flüssigem Wärmeaustauscher nach MICHL [72]

1 — Filterpapier; *2* — inertes organisches Lösungsmittel (Wärmeaustauscher); *3* — Glaszylinder; *4* — mit Puffer durchtränkter Zellulosebrei; *5* — Elektroden (Ag/AgCl); *6* — Klemmspange zur Fixierung der oberen Elektrodenkammer

Die Vorrichtungen mit flüssigem Wärmeaustauscher können auch im Eigenbau hergestellt werden [74, 75, 76, 77, 78]. Die Skizze des Gerätes von MICHL [71] ist in Abb. 23 zu sehen. Am Boden bzw. am oberen Teil eines stehenden Glaszylinders sind die Elektrodengefäße untergebracht, welche mit einem Brei aus Puffer und Zellulosepulver gefüllt sind. Der mit dem Puffer getränkte Papierstreifen taucht mit den Enden in die Elektrodenräume. Danach wird der Zylinder mit einem mit Wasser nicht mischbaren organischen Nicht-Elektrolyten gefüllt und die Spannung angelegt. Die Joulesche Wärme wird an das organische Lösungsmittel abgegeben. Dadurch entsteht darin eine Konvektionsströmung, die das Papier kühlt. Die Kühlwirkung kann durch äußere Kühlung des Zylinders verstärkt werden. Bei horizontaler Papierlage kann die Kühlwirkung mittels Rühren der inerten Flüssigkeit erhöht werden [74].

Als Kühlflüssigkeit kann Chlorbenzol [19], Schwerbenzin [78], Tetrachlorkohlenstoff [79], Toluol [71] oder Varsol [78] verwendet werden. Die Kühlflüssigkeit soll im Puffer unlöslich und möglichst nicht feuergefährlich sein. Ferner müssen die zu trennenden Substanzen in der Kühlflüssigkeit unlöslich sein.

Bei der Hochspannungs-Elektrophorese soll der Elektrolytgehalt des Papiers niedriger sein als bei dem Niederspannungsverfahren: das Gewicht des mit Puffer getränkten Papiers soll nur etwa 110% des lufttrockenen Streifens betragen. Diese Maßnahme soll die allzu starke Kapillarströmung (Dochteffekt) verhindern, da diese zu Verwischungen der im hochgespannten elektrischen Feld sich schnell bewegenden Zonen führen könnte. Die Elektrolytlösung wird in den Elektrolytgefäßen zur Verhinderung einer zu starken Pufferströmung in Zellulosepulver aufgesogen.

Das Hochspannungs-Elektrophoresegerät von Kickhöfen und Warth [78a] basiert auf dem Michlschen Prinzip und kann auch in einem für zweidimensionale Trennungen geeigneten Format hergestellt werden.

Die Anordnung von Tate [80] stellt eine Variante des Geräts von Markham und Smith dar (s. Abb. 8), indem der Papierstreifen in *V*-Form in die Kühlflüssigkeit taucht. Die nutzbare Papierlänge kann durch langsame, kontinuierliche Bewegung des Streifens in der zur Wanderung entgegengesetzten Richtung verlängert werden.

Bei den Geräten mit festem Wärmeaustauscher werden zur Kühlung des Papierblattes elektrisch isolierte, gekühlte Metallplatten angewandt. Das Papier wird entweder zwischen zwei solche Platten geklemmt [81, 82, 83] oder ruht auf einer Kühlplatte [72, 84]. Die Kühlplatte ist eigentlich ein Kondensator, d. h. ein mit Kunststofffolie oder Lack isolierter Block aus Kupfer, Messing oder einer Aluminiumlegierung, manchmal auch aus PVC oder Glas. Zum Kühlen ist Wasser meist ausreichend. Bei Anwendung von Kühlsole besteht, abgesehen vom apparativen Aufwand, die Gefahr des Einfrierens bei Beginn der Elektrophorese, was zu ungleichmäßigem Stromfluß und sogar lokalen Verbrennungen auf dem Papier führen kann.

Die Skizze der Anordnung von Michl [72] mit einer Kühlplatte ist in Abb. 24 zu sehen. Das mit einer Glasplatte bedeckte Kühlblech sowie die reversiblen Elektroden, welche mit dem Elektrodengefäß durch Stromschlüssel verbunden sind, befinden sich in einem Kunststoffgehäuse. Das mit Puffer getränkte Papier wird auf die Glasplatte gelegt, die zu trennende Substanz aufgetragen, der Papierstreifen mit den Elektrodengefäßen durch in Zellophan eingehüllte Filter-

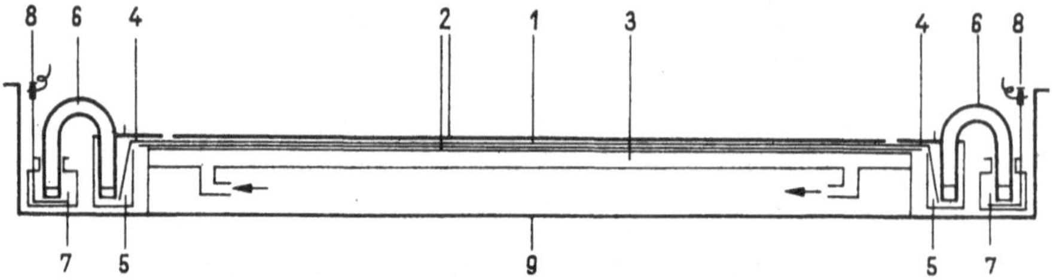

Abb. 24: Hochspannungs-Elektrophoresekammer mit Wärmeaustauscherblock nach MICHL [72]

1 — Filterpapierstreifen; *2* — Glasplatten; *3* — Kühlplatte; *4* — Zellophanmembran; *5* — Puffer trog; *6* — Stromschlüssel; *7* — Elektrodengefäß; *8* — Elektroden ($Cu/CuCl_2$); *9* — Gehäuse

papierdochte verbunden und mit einer Glasplatte abgedeckt. Das Gehäuse wird oben ebenfalls mit einer Glasplatte abgeschlossen.

Hochspannungs-Elektrophoresegeräte mit festem Wärmeaustauscher werden von zahlreichen Firmen hergestellt, so z. B. die Anordnung von WERNER und WESTPHAL [85] sowie der »Pherograph« von WIELAND und PFLEIDERER [86, 87].

Um Konvektionsströmungen zu vermeiden, ist es wichtig, daß der Druck auf der gesamten Papieroberfläche gleich ist. Dafür wird bei den einzelnen Geräten auf verschiedene Weise gesorgt. In der Hochspannungselektrophoresekammer der Fa. Camag, Muttenz, Schweiz, wird der Streifen mit einem aufgeblasenen Kunststoffbeutel belastet, der von oben mit einer gläsernen Schiebeplatte festgedrückt wird. Der Querschnitt der Kammer ist in Abb. 25, die ganze Anordnung mit Speisegerät und fahrbarem Gestell in Abb. 26 zu sehen.

Im Gerät können Papierbögen vom Format 200×400 mm oder

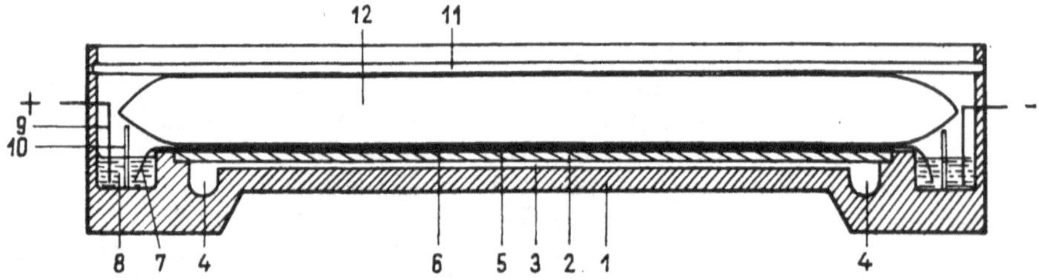

Abb. 25: Querschnitt der Hochspannungs-Elektrophoresekammer HE-68-E der Fa. Camag, Muttenz, Schweiz

1 — Gehäuse aus Araldit; *2* — Kühlplatte aus Aluminium; *3* — Zirkulierende Kühlwasserschicht; *4* — Kühlwasseranschluß; *5* — Isolierplatte aus Glas; *6* — Filterpapier; *7* — Verbindungszungen zwischen Trennbogen und Elektrodengefäß; *8* — Elektrodengefäß mit Puffer; *9* — Elektroden (aus rostfreiem Stahl oder Platin); *10* — Labyrinthsystem zur Trennung des Elektrodenraumes vom Papier; *11* — Glasdeckel; *12* — Polyäthylenbeutel

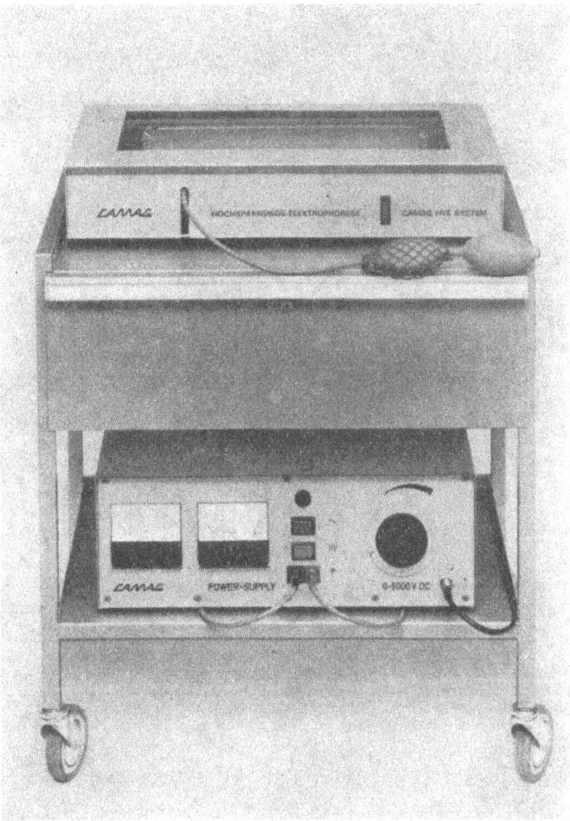

Abb. 26: Hochspannungs-Elektrophoresekammer HE-68-E der Fa. Camag, Muttenz, Schweiz, mit Speisegerät und fahrbarem Gestell

entsprechende Streifen untergebracht werden. Die Wasserkühlung gewährleistet eine Wärmeableitung bis zu 1,0 W/cm^2 und somit das Anlegen von 5000 V Klemmenspannung bei 160 mA. Das Gerät kann auch zu Hochspannungstrennungen auf Dünnschichtplatten eingesetzt werden.

Im Hochspannungs-Elektrophoresegerät der Fa. Labor Műszeripari Művek, Budapest, Ungarn, können Papierbogen vom Format 400 × 450 mm untergebracht werden. Das Speisegerät liefert kontinuierlich regelbaren Gleichstrom bis 5000 V bei max. 300 mA. Der gleichmäßige Druck auf das Papier wird hier durch eine mit Polyurethanschaum gefütterte Metallplatte gesichert.

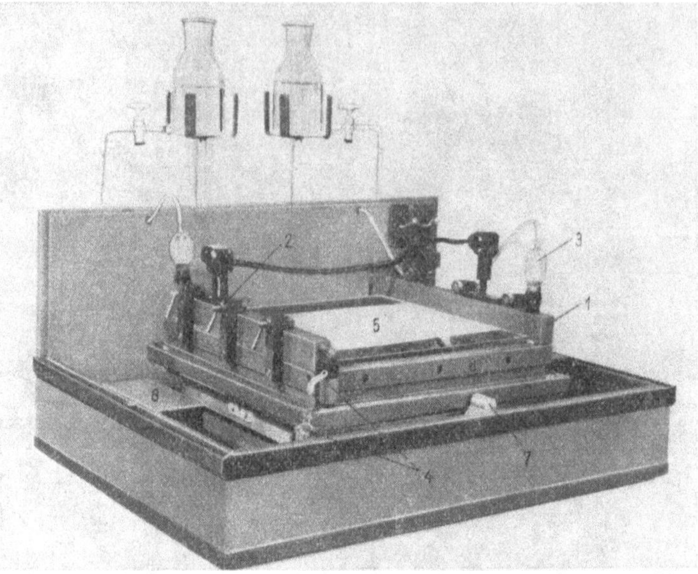

Abb. 27: Hochspannungs-Elektrophoresekammer mit verstellbarem Rahmen für verschiedene Träger nach GENSICKE u. Mitarb. [88, 89, 90]

1 — Aufgesetzte Elektrodenkammer; *2* — Exzenter zum Anpressen der Kammern; *3* — Tropfkammer für den Pufferzufluß; *4* — Puffer-Abtropfsystem; *5* — Trennfläche auf Aluminium-Kühlblock; *6* — Rahmen, in der Höhe gegenüber dem Kühlblock, verstellbar mittels Hebel *7*; *8* — Sicherheitsschalter, der durch das Schließen des Deckels aus Plexiglas (auf der Abb. nicht sichtbar) betätigt wird

Eine universale Trennkammer für die Hochspannungs-Elektrophorese ist auf Abb. 27 zu sehen [88, 89, 90]. Ein isolierter, wassergekühlter Aluminiumblock ist von einem in der Höhe verstellbaren Rahmen umgeben. Dadurch können Träger verschiedener Schichtdicken (nicht nur Papier, sondern z. B. auch Gele und Dünnschichtplatten) eingesetzt werden. Auf den Träger bzw. auf die Dochte werden die unten mit Dialysemembranen abgedichteten Elektrodenkammern aufgepreßt. Durch Umsetzen der Kammern ist auch eine zweidimensionale Trennung möglich, ohne den Träger zu berühren. Dies ist besonders bei empfindlichen Trägern, wie Gelen, von Vorteil. Der ständige Pufferdurchfluß bedingt bei geringem Bedarf an Puffer, hohe pH- und Temperaturkonstanz und geringeren Spannungsverlust bei Hochspannung gegenüber den Labyrinthsystemen, d. h. die angelegte Klemmspannung wird hier fast vollständig auf das Papier übertragen.

Im Hochspannungs-Elektrophoresegerät von OSTROWSKY und KRAWCZYK [91] liegt der für zweidimensionale Trennungen geeignete Papierbogen in der Trennkammer auf einem sattelförmigen Plexiglasträger, welcher von innen durch ein Metallrohr mit Löchern mit der Kühlflüssigkeit bespritzt wird. In diesem Gerät kann bis zu Feldstärken von 100 V/cm (max. 100 mA) gearbeitet werden.

Die Hochspannungs-Elektrophorese wird vorwiegend zur Trennung anorganischer und niedermolekularer organischer Verbindungen eingesetzt und eignet sich besonders zur Trennung von Molekülen gleicher Ladung und nur geringer Massendifferenz. Besonders bei der Aminosäure- und Peptidtrennung hat sie sich ausgezeichnet bewährt. Anwendungsbeispiele sind in den betreffenden Abschnitten des Kap. 4 zu finden.

Eine sehr große Anzahl wertvoller technischer Hinweise und ausführlich beschriebener Anwendungsbeispiele der Hochspannungs-Elektrophorese sind in dem ausgezeichneten Werk von CLOTTEN und CLOTTEN [92] beschrieben.

3.2.6. Die »Crossing«-Papierelektrophorese

Das Prinzip dieser wenig verbreiteten Methode besteht darin, daß zwei verschiedene Substanzen an zwei Punkten des Trägers auf solche Weise aufgetragen werden, daß sich ihr Weg im Laufe der Elektrophorese kreuzt. Falls es sich um zwei miteinander reagierende Substanzen handelt, bildet sich am Treffpunkt ein Reaktionsprodukt, wodurch die Wanderungsrichtung geändert wird [93]. Falls keine Reaktion zustande kommt, wandern die Substanzen nach dem Treffen ohne Änderung der Richtung weiter. Diese Art der Papierelektrophorese, die im Prinzip an die Immunelektrophorese erinnert (s. Kap. 6.5.) kann zum Nachweis von Enzym-Substrat-Reaktionen verwendet werden, z. B. zum Studium der Inhibitoren von Lysozym sowie Desoxyribonuklease [94].

Mit diesem wohl nur begrenzt anwendbaren und umstrittenen Verfahren der Papierelektrophorese befaßt sich die Monographie von NAKAMURA [95].

Literatur

[1] DURRUM, E.: J. Am. chem. Soc. *72* (1950), 2943
[2] DURRUM, E.: Science, *113* (1951), 66
[3] DURRUM, E.: J. Am. chem. Soc. *73* (1951), 4875
[4] DURRUM, E. L.: J. Colloid Sci. *6* (1951), 274
[5] FLYNN, F. V., de MAYO, P.: Lancet *261* (1951), 235
[6] MACHEBOEUF, M., REBEYROTTE, P., BRUNERIE, M.: Bull. soc. chim. biol. *33* (1951), 1543
[7] WUNDERLY, CH., SCHNEIDER, G., HUGENTÖBLER, F.: «*Compte Rendu du IIIe Congrès de la Société Internationale d'Hématologie*», Rome, 1951, 240

[8] GORDON, A. H., GROSS, J., O'CONNOR, D., PITT-RIVERS, R.: Nature [London] *169* (1952), 19
[9] NIEDRICH, H.: Persönliche Mitteilung
[10] WILLIAMS, F. G., PICKELS, E. G., DURRUM, E. L.: Science *121* (1955), 829
[11] MARINI-BETTOLÒ, G. B., COCH-FRUGONI, J. A.: J. Chromatogr. *1* (1958), 182
[12] BLOCK, R. J., DURRUM, E. L., ZWEIG, G.: "*A Manual of Paper Chromatography and Paper Electrophoresis*," Academic Press, Inc. New York, 1958
[13] SMITH, J. D., MARKHAM, R.: Nature [London] *168* (1952), 406
[14] LEDERER, M.: "*An Introduction to Paper Electrophoresis and Related Methods*", Elsevier Publishing Company, Amsterdam, 1957
[15] KÖNIG, P.: Actas e Trabalhos do Terceiro Congresso Sul-Americano de Chimica (Rio de Janeiro e São Paulo) *2* (1937), 334
[16] WIELAND, Th., FISCHER, E.: Naturwissenschaften *35* (1948), 29
[17] GRASSMANN, W., HANNIG, K.: Z. physiol. Chem. *290* (1952), 1
[18] SENIÓW, A.: J. Chromatogr. *3* (1960), 586
[19] CREMER, H., TISELIUS, A.: Biochem. Z. *320* (1950), 273
[20] KUNKEL, H., TISELIUS, A.: J. gen. Physiol. *35* (1951), 89
[21] INGRAM, V. M.: Nature [London] *178* (1956), 792
[22] BERLINGOZZI, S., RAPI, G.: Chimica e Industria *37* (1955), 351
[23] BERLINGOZZI, S., RAPI, G., MAZZA, A.: Chimica e Industria *38* (1956), 87
[24] RAPI, G.: Lab. sci. *4* (1956), 65
[25] CETINI, G.: Atti acad. sci. Torino, *89* (1954/55), 1
[26] GANGULI, N. C.: Analyt. Chem. *28* (1956), 1499
[27] GANGULI, N. C.: Clin. chim. Acta *1* (1956), 413
[28] GANGULI, N. C.: Naturwissenschaften *43* (1956), 326
[29] STREKALOW, A. A.: Labor. delo *1964*, 444
[30] MARKHAM, R. L.: Nature [London] *177* (1956), 125
[31] MEAD, T. H.: Biochem. J. *59* (1955), 534
[32] POULIK, M. D., SMITHIES, O.: Biochem. J. *68* (1958), 636
[33] SMITHIES, O., POULIK, M. D.: Nature [London] *177* (1956), 1033
[34] HERMANS, P. E., MCGUCKIN, W. F., MCKENZIE, B. F., BAIRD, E. D.: Proc. Staff Meetings Mayo Clinic *35* (1960), 792; Ref.: RAYMOND, S., AURELL, B.: Science *138* (1962), 152
[35] ASHTON, G. C.: Nature [London] *180* (1957), 917
[36] RAYMOND, S., AURELL, B.: Science *138* (1962), 152
[37] KICKHÖFEN, B., WESTPHAL, O.: Z. Naturforsch. *76* (1952), 659
[38] HONEGGER, C. G.: Helv. chim. Acta *39* (1956), 1671
[39] INGRAM, V. M.: Biochim. biophysica Acta *28* (1958), 539
[40] BISERTE, G., PLAQUET-SCHOONAERT, TH., BOULANGER, P., PAYSANT, P.: J. Chromatogr. *3* (1960), 25
[41] KÖRMENDY, L., GANTNER, GY.: Fleischwirtschaft *14* (1962), 774
[42] VÁMOS, L., DRAGOS, E.: Branntweinwirtschaft *105* (1965), 28
[43] ALBERTI, G., CONTE, A., GRASSINI, G., LEDERER, M.: J. Electroanal. Chem. *4* (1962), 301
[44] PUČAR, Z.: Chromatogr. Reviews *3* (1961), 39
[45] HAUGAARD, G., KRONER, T. D.: J. Am. chem. Soc. *70* (1948), 2135
[46] SVENSSON, H., BRATTSTEN, I.: Arkiv Kemi *1* (1949), 401
[47] GRASSMANN, W.: Angew. Chem. *62* (1950), 170
[48] STRAIN, H. H., SULLIVAN, J. C.: Analyt. Chem. *23* (1951), 816
[49] DICASTRO, G., SAN MARCO, M.: J. chem. Soc. (1954), 4157
[50] DICASTRO, G., SAN MARCO, M.: Experientia *10* (1954), 27
[51] PEETERS, H., VUYLSTEKE, P., NOË, R.: J. Chromatogr. *2* (1959), 308
[52] KARLER, A., BROWN, C. L., KIRK, P. L.: Mikrochim. Acta *11* (1956), 1585

[53] Grassmann, W., Hannig, K.: Naturwissenschaften *37* (1950), 397
[54] Hannig, K.: Z. physiol. Chem. *311* (1958), 63
[55] Matthias, W.: J. Chromatogr. *3* (1960), 501
[56] Saroff, H. A.: Nature [London] *175* (1955), 896
[57] Strain, H. H.: Analyt. Chem. *30* (1958), 228
[58] Brattsten, I., Nilsson, A.: Arkiv Kemi *3* (1951), 337
[59] McDonald, H. J., Ribeiro, L. P., Banaszak, L. J.: Analyt. Chem. *31* (1959), 825
[60] McDonald, H. J., Bermes, E. W., Shepherd, H. G.: Chromatogr. Methods *2* (1957), 1
[61] Grassmann, W.: Naturwissenschaften *38* (1951), 200
[62] Kunkel, H., Slater, R.: J. clin. Invest. *31* (1952), 677
[63] Hugentöbler, F., Wunderly, Ch., Schneider, G.: Klin. Wochenschr. *29* (1951), 705
[64] Hartmann, F., Müller, H. J.: Naturwissenschaften *39* (1952), 282
[65] Anderson, J. R. A., Lederer, M.: Analyt. Chim. Acta *6* (1952), 472
[66] Flodin, P., Porath, J.: Biochim. biophysica Acta *13* (1954), 175
[67] Wunderly, Ch.: »*Die Papierelektrophorese*«, Verlag R. H. Sauerländer et Co., Aarau, 1959
[68] Peterson, E. A., Sober, H. A.: J. Am. chem. Soc. *78* (1956), 751
[69] Campbell, P. N., Stone, N. E.: Biochem. J. *62* (1956), 9P
[70] Dellweg, H., Becher, E., Bernhauer, K.: Biochem. Z. *328* (1956), 88
[71] Michl, H.: Monatsh. Chem. *82* (1951), 489
[72] Michl, H.: Chromatogr. Reviews *1* (1959), 11
[73] Westphal, O., Lüderitz, O., Kickhöfen, B., Eichenberger, E., Keiderling, W.: Rev. Canad. Biol. *12* (1953), 289
[74] Consden, R., Stanier, W. M.: Nature [London] *169* (1952), 783
[75] Kickhöfen, B., Westphal, O.: Z. Naturforsch. *7b* (1952), 655
[76] Ryle, A. P., Sanger, F., Smith, L. F., Kitai, R.: Biochem. J. *60* (1955), 541
[77] Turba, F., Pelzer, H., Schuster, H.: Z. physiol. Chem. *296* (1954), 97
[78] Pučar, Z.: Analyt. chim. Acta *17* (1957), 476
[78a] Kickhöfen, B., Warth, R.: J. Chromatogr. *33* (1968), 558
[79] Markham, R., Smith, J. D.: Biochem. J. *52* (1952), 552, 558
[80] Tate, M. E.: Analyt. Biochem. *23* (1968), 141
[81] Michl, H.: Monatsh. Chemie *83* (1952), 737
[82] Gross, D.: Nature [London] *172* (1953), 908
[83] Gross, D.: J. Chromatogr. *5* (1961), 194
[84] Dose, K.: J. Chromatogr. *2* (1959), 575
[85] Werner, G., Westphal, O.: Angew. Chem. *67* (1955), 251
[86] Wieland, Th., Pfleiderer, G.: Angew. Chem. *67* (1955), 257
[87] Wieland, Th., Pfleiderer, G.: Angew. Chem. *69* (1957), 199
[88] DDR Patentschrift 48572 v. 05. VI. 1966; Fenske, H., Gensicke, F., Mai, G., Gernat, H.
[89] DDR Patentschrift 50572 v. 05. X. 1966; Gensicke, F., Fenske, H., Mai, G.
[90] DDR Patentschrift 50573 v. 05. X. 1966; Gensicke, F., Fenske, H., Mai, G.
[91] Ostrowsky, W., Krawczyk, A.: Acta Biochim. Pol. *13* (1966), 121
[92] Clotten, R., Clotten, A.: »*Hochspannungs-Elektrophorese*«, Georg Thieme Verlag, Stuttgart, 1962
[93] Nakamura, S., Takeo, K., Tanaka, K., Ueta, T.: Z. physiol. Chem. *318* (1960), 115
[94] Madecka-Borkowska, I., Deptuch, A.: J. Chromatogr. *13* (1964), 251
[95] Nakamura, S.: "*Cross electrophoresis, its principle and applications*",

Igaru Shoin Ltd., Tokyo and Elsevier Publishing Company, Amsterdam—London—New York, 1966
[96] Hannig, K.: Hoppe-Seylers Z. physiol. Chem. *338* (1964), 221
[97] Hannig, K., Krüsmann, W. F.: Hoppe-Seylers Z. physiol. Chem. *349* (1968), 161
[98] Schröder, E., Matth, S.: J. Chromatogr. *17* (1965), 189
[99] Hannig, K.: »*Die Ablenkungselektrophorese*«, Jahrbuch der Max-Planck-Gesellschaft *1968* 117

3.3. Die Ausführung der Arbeitsphasen der Papierelektrophorese

Die Ausführung der elektrophoretischen Analyse besteht aus den folgenden wichtigeren Arbeitsphasen:

Die Vorbereitung der zu trennenden Substanzen;
die Bereitung der Elektrolytlösung, die Vorbereitung des Trägers zur Analyse,
die elektrophoretische Trennung;
der Nachweis und die quantitative Bestimmung der getrennten Substanzen.

Der zentrale Prozeß, die elektrophoretische Trennung wurde in Kapitel 3.2. bei der Beschreibung der einzelnen Gerätetypen behandelt. Ein Teil der übrigen Arbeitsphasen wird ähnlich wie bei der Papier- bzw. Dünnschichtchromatographie durchgeführt. Da diese Trennverfahren heute schon in den meisten Laboratorien bekannt sind und laufend angewendet werden, sollen hier die analogen oder wenig abweichenden Arbeitsphasen nur kurz beschrieben werden. Einzelheiten können u. a. den deutschsprachigen Monographien von Hais und Macek [1], Stahl [2], Randerath [3] und Waldi [4] entnommen werden.

3.3.1. Die Vorbereitung der zu trennenden Substanzen

Die zu trennenden Substanzen werden in Wasser, Puffer oder in einem geeigneten Lösungsmittel gelöst, in Flecken- oder Streifenform auf das Papier aufgetragen. Das Lösungsmittel soll keine Komponenten enthalten, welche die elektrophoretische Trennung, die Beweglichkeit der zu trennenden Substanzen beeinflussen. Organische Substanzen können zweckmäßig in flüchtigen Lösungsmitteln, z. B. in Alkohol oder Aceton, gelöst, aufgetragen werden. Bei anorganischen Substanzen ist das Lösungsmittel oft mit der Elektrolytlösung identisch. Das Auftragen der Substanz kann in der Mitte des Papierstreifens, in gleicher Entfernung von der Anode und der Kathode erfolgen, oder aber in der Nähe einer der beiden Elektroden. Z. B. ist die Wanderung in Richtung der Kathode zu erwarten, so kann die Lösung nahe zum anodischen Ende des Streifens aufgetragen werden. Man muß sorgfältig darauf achten, daß der Startpunkt in entsprechender Entfernung von dem Flüssigkeitsspiegel im Elektrolytgefäß liegt, damit die auf das Papier strömende Elektrolytlösung die aufgetragene Substanz nicht fortschwemmt. Wenn die Wanderungsrichtung der zu trennenden Komponenten unbekannt ist, liegt der Startpunkt zweckmäßig in der Mitte. Wenn sämtliche Komponenten in dieselbe Richtung wandern, trägt man das Substanzgemisch am besten in der Nähe der entgegengesetzten Elektrode auf, da dadurch die Trennstrecke verlängert werden kann. Hierbei muß man jedoch beachten, daß infolge der Elektroosmose und der Kapillarströmung die Wanderungsgeschwindigkeiten nicht unabhängig von der Auftragungsstelle sind (s. Kap. 2.2.2. und 2.2.3.).

Zum Auftragen des Substanzgemisches können Mikropipetten mit 0,001 *ml*-Einteilung verwendet werden. Verschiedene automatische Mikropipetten werden in der papierchromatographischen Literatur beschrieben [5, 6, 7]. Auch Injektionsspritzen werden eingesetzt. Da bei der Papierelektrophorese die zu trennenden Substanzen in vielen Fällen auf die elektrolytgetränkte feuchte Trägerfläche aufgetragen werden, wird das Auftragen mit der Pipette oft durch Auflegen eines mit dem Substanzgemisch getränkten Filterpapierstreifchens an der Startlinie ersetzt [8].

Die Menge der aufgetragenen Substanz beträgt bei der diskontinuierlichen Papierelektrophorese im allgemeinen 10 bis 100 μg. Bei stark verdünnten Lösungen muß diese Menge in mehreren Portionen wiederholt aufgetragen werden, da das Auftragen größerer Lösungsmengen auf einmal zu große Flecken ergeben und dadurch die Trennschärfe verringern würde. Nach jedem Auftragen muß das Papier getrocknet werden. Dies wird zweckmäßig durch Heißluftstrom beschleunigt [9, 10]. Zu konzentrierte Lösungen können oft wegen allzu hoher Viskosität nicht ohne Verdünnung aufgetragen werden, da hochviskose Flüssigkeiten auf dem Papier unregelmäßige Flecken mit verzerrten Rändern ergeben. Die untere Grenze der aufzutragenden Substanzmenge wird im allgemeinen durch die Nachweisbarkeit der einzelnen Komponenten bedingt, die obere durch die Schichtstärke des Trägers. Mit Papierbündeln oder dickem Karton können in diskontinuierlichen Geräten Substanzmengen in der Größenordnung bis zu 100 mg getrennt werden.

Das aufzutragende Gemisch muß in vielen Fällen von Begleitstoffen, welche die Beweglichkeit der zu trennenden Substanzen beeinflussen, befreit werden. Z. B. kann die Reihenfolge der getrennten Serumeiweißkomponenten am Papier durch die Elektrolyten des Blutes beeinflußt werden, da letztere die Ladung der Kolloide ändern. In solchen Fällen pflegt man die zu trennenden Kolloide durch Dialyse [11] oder Gelfiltration von den störenden niedermolekularen Begleitsubstanzen zu befreien. Oft müssen niedermolekulare organische Substanzen (Aminosäuren, Vitamine, Purin- und Pyrimidinbasen usw.) in Gegenwart größerer Eiweißmengen elektrophoretisch getrennt werden. In solchen Fällen können Zentrifugal-Ultrafiltration [12] durchgeführt oder noch einfacher Kollodiumdialysierbrücken [13] am Papier angebracht werden. Dadurch können die bei den üblichen Enteiweißungsverfahren, wie z. B. Fällung, infolge Adsorption auftretenden Stoffverluste vermieden werden. Die Gegenwart von Begleit-Ionen kann auch bei der Papierelektrophorese von anorganischen Substanzen eine bedeutende Rolle spielen. In stark sauren Elektrolyten können sich Übergangsmetall-Ionen in Abhängigkeit von der Säurekonzentration als Kationen oder als Anionen verhalten. Hierüber wird in Kap. 4 1. berichtet.

3.3.2. *Die Vorbereitung des Trägers*

Nach dem Auftragen des zu trennenden Substanzgemisches wird das Papier — mit Ausnahme jenes Teiles, auf dem sich das aufgetragene Gemisch befindet — in die Elektrolytlösung eingetaucht. Das Papier kann auch vor dem Auftragen mit dem Puffer getränkt werden. In diesem Falle wird das zu trennende Gemisch auf feuchtes Papier aufgetragen und nicht eingetrocknet. Da ein zu hoher Elektrolytgehalt des Papiers zu Konvektionsstörungen führen kann, muß der Elektrolytüberschuß vom Papier entfernt werden. Dies kann am einfachsten durch Abpressen zwischen zwei Filterpapierbögen erfolgen. Ein gleichmäßigerer und besser reproduzierbarer Elektrolytgehalt wird durch das Anwenden einer beim Trocknen von Photographien gebräuchlichen Gummirolle gewährleistet. Größere Papierbögen, wie sie bei zweidimensionalen Trennungen verwendet werden, werden besser mittels eines Kapillarsprühers gleichmäßig mit dem Elektrolyten benetzt.

Das feuchte Filterpapier wird in die Trennkammer gelegt, die Enden sollen in die Elektrolytgefäße tauchen. Die Elektrolytlösung wird durch die Kapillarkräfte auch in den nicht befeuchteten Teil, der das zu trennende Gemisch enthält, aufgesaugt. Wenn der ganze Papierstreifen feucht ist, muß die Spannung sofort angelegt und somit die Elektrophorese gestartet werden, da sonst die zu trennende Substanz im Elektrolyten chromatographiert.

3.3.3. *Hilfsmittel*

Im Prinzip eignen sich für Elektrophoresezwecke alle allgemein gebräuchlichen Pufferlösungen. Die Zusammensetzung einer großen Anzahl von Puffergemischen ist im »*Biochemischen Taschenbuch*« von

RAUEN [14] und im Nachschlagewerk von DAWSON u. Mitarb. [15] zu finden.

Über prinzipielle Fragen der Wahl des Elektrolyten wurde in Kap. 2.1. gesprochen. Hier sollen einige praktische Hinweise folgen. Nach PORATH [16] eignen sich zur Trennung von nichtflüchtigen niedermolekularen Substanzen flüchtige, leicht zu entfernende Elektrolyten am besten. WERUM, GORDON und THORNBURG [17] empfehlen harnstoff- und formamidhaltige Elektrolyten. Da die Leitfähigkeit organischer Ionen bei gleicher Ionenstärke niedriger ist als die anorganischer Ionen, kann man auf diese Weise Puffer von hoher Ionenstärke bei Hochspannung ohne allzustarke Erwärmung und Verdunstung anwenden. Puffer von hoher Ionenstärke bewähren sich besonders bei der Trennung von Aminosäuren, Peptiden, Proteinen und Zuckern, die in Lösung mit hohem Gehalt an Salzen bzw. Fremdelektrolyten vorliegen. Man erhält in diesem Falle wohldefinierte, nicht verzerrte Zonen.

Zur Trennung organischer Nichtelektrolyte müssen Puffer gewählt werden, mit denen diese dissoziierende Verbindungen bilden, z. B. wird zur elektrophoretischen Trennung von Kohlehydraten zumeist ein Boratpuffer von pH 10 verwendet.

Die zur Trennung der einzelnen Stoffgruppen am besten geeigneten Elektrolytlösungen sind in den entsprechenden Kapiteln beschrieben.

Zur Garantie einer hohen Wirksamkeit und Reproduzierbarkeit der elektrophoretischen Trennung muß der pH-Wert des Puffers oder Elektrolyten bei der Herstellung, im Laufe der Elektrophorese bzw. nach den einzelnen Trennungen und vor abermaligem Gebrauch überprüft werden. Die häufigsten Gründe der Änderung seines pH-Wertes sind die Anhäufung der Elektrolyseprodukte und die Verdunstung [18]. Um zuverlässige Ergebnisse zu erzielen, ist es empfehlenswert, den Puffer nach zwei bis drei Trennungen auch dann zu wechseln, wenn sich sein pH nicht geändert hat. Vor dem Einfüllen des neuen Puffers müssen selbstverständlich das ganze Gerät und auch die Elektroden gereinigt werden.

Für besondere Zwecke, z. B. um die Wirksamkeit der Trennung von Serum- und Plasmaproteinen zu erhöhen, kann durch gleichzeitiges Anwenden zweier Puffer von verschiedenen pH-Werten an den beiden Elektroden, am Papier ein pH-Gradient erzielt werden [19].

3.3.4. Die Sichtbarmachung der getrennten Substanzen

Nach Beendigung der Trennung wird die Spannung abgeschaltet, das Papier *sofort* aus dem Gerät herausgenommen, um chromatographische Effekte zu vermeiden, und getrocknet. Die Trocknungstemperatur richtet sich nach der Stabilität der getrennten Substanzen. Zur Trocknung wird der Streifen an einem Ende aufgehängt. Wenig reißfeste Papiere sollten besser horizontal auf einem Gestell aus Glasstäben getrocknet werden [20].

Die Trennung farbiger Substanzen kann am Papier unmittelbar beobachtet werden. Farblose Substanzen können mit einer entsprechenden Reagenzlösung durch Besprühen, Eintauchen, Bedampfen oder Begasen nachgewiesen werden.

Die UV-Fluoreszenz bzw. Absorption kann zum Nachweis dazu geeigneter Substanzen herangezogen werden. Die UV-Photographie wird ebenfalls empfohlen [21].

Die wichtigsten Nachweisreagenzien für die einzelnen Stoffgruppen sind in den folgenden Kapiteln beschrieben. Die Bereitung einer großen Anzahl von Reagenz-Lösungen ist im Buche von Hais und Macek [1], in der Broschüre der Fa. Merck [22] sowie für Substanzen von biochemischer Bedeutung in der Zusammenstellung von Dawson u. Mitarb. [15] zu finden.

Bei der Analyse von Serumlipoproteiden führten Ribeiro und McDonald [23] die Anfärbung am Papier vor der elektrophoretischen Trennung durch und erhielten auf diese Weise sehr gut reproduzierbare Ergebnisse.

3.3.5. *Die quantitative Analyse*

Die quantitative Analyse der auf dem Papier getrennten Substanzen kann nach zweierlei Prinzipien durchgeführt werden:

1. Bestimmung nach Elution
2. Bestimmung unmittelbar auf dem Papier.

3.3.5.1. *Bestimmung nach Elution*

Der Papierstreifen wird den getrennten Substanzzonen entsprechend zerschnitten und die Substanzen einzeln aus dem Papier herausgelöst. Eine quantitative Elution mit geringster Menge Lösungsmittel erreicht man, indem man die Substanz absteigend herauschromatographiert und abtropfen läßt. Die Bestimmung erfolgt mittels eines geeigneten Mikroverfahrens, zumeist kolorimetrisch aufgrund einer Eichkurve.

Die Verteilung farbloser Substanzen kann — falls diese im UV-Licht sichtbar sind — unter der analytischen Quarzlampe mit einem Graphitstift markiert werden. Es können auch zwei, an beiden äußeren Enden des Papiers aufgetragene Proben mit einem Farbreagenz sichtbar gemacht und die dazwischen liegenden Zonen markiert werden. In vielen Fällen wird auf dem Papier erst angefärbt und dann eluiert.

Hierbei muß man sich von der quantitativen Umsetzung der Substanz zum farbigen Produkt überzeugen! Eventuell kann das Papier mit einer sehr verdünnten Reagenzlösung behandelt werden, die nur mit einem kleinen Teil der Substanzen reagiert und somit bei der quantitativen Bestimmung nur unbedeutende Verluste verursacht. Letzteres Verfahren sollte bei krummen oder verzerrten Zonen angewandt werden, da in solchen Fällen die an beiden seitlichen Enden erhaltene Farbreaktion nicht unbedingt der Zonenverteilung in der Mitte des Papiers entspricht.

3.3.5.2. Bestimmung unmittelbar auf dem Papier

Die Elutionsverfahren sind langwierig und arbeitsaufwendig, deshalb wird bei der Papierelektrophorese und besonders bei den klinischen Routineanalysen von Eiweißen die photometrische Auswertung unmittelbar auf dem Papier bevorzugt.

Die Extinktion der mittels Farbreagentien sichtbar gemachten Flecken wird mit den sog. Densitometern bestimmt. Eine große Anzahl solcher Geräte wird von verschiedenen Firmen hergestellt, wie z. B. das in Abb. 28 wiedergegebene Modell »ERI 10« der Fa. Zeiss, Jena, oder die Vorrichtungen »Elphor Integraph« und »Elphor« der Fa. Bender & Hobein, München (vgl. Abb. 29). Die Densitometer sind sowohl zur Messung von *reflektiertem* wie auch von *absorbiertem* Licht geeignet. Letztere Methode ergibt im allgemeinen genauere Resultate. Hierzu muß jedoch der Papierstreifen vorher

Abb. 28: Das photoelektrische Densitometer »ERI 10« der Fa. Zeiss, Jena, mit automatischer Extinktions-Registrier- und Integrations-Vorrichtung

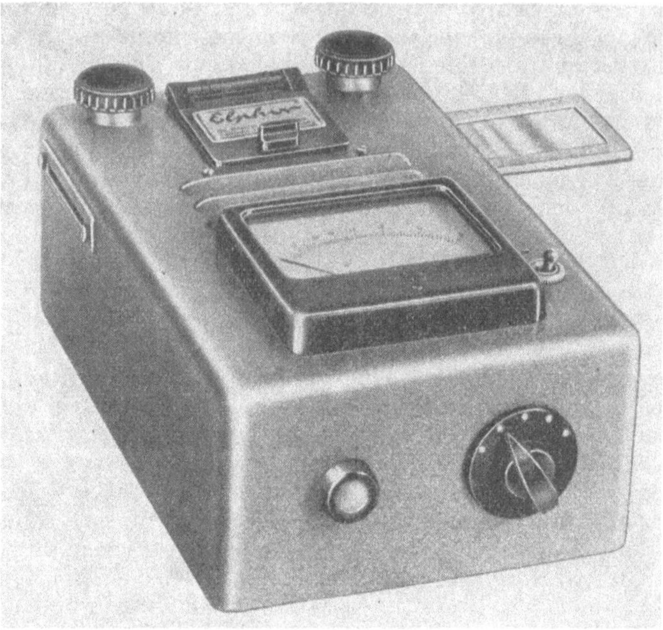

Abb. 29: Handauswertungsgerät »Elphor« der Fa. Bender & Hobein, G.m.b.H., München

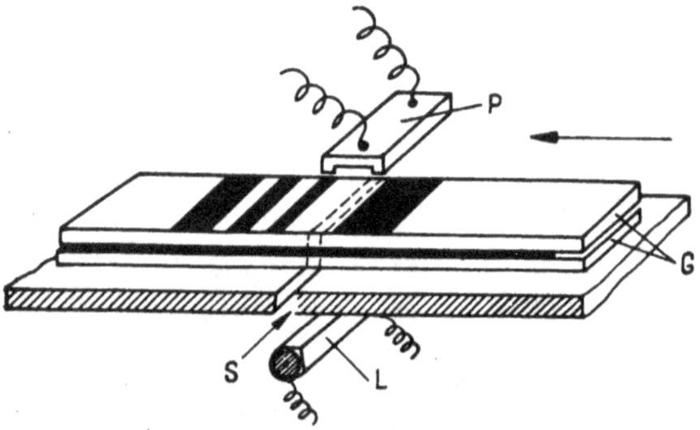

Abb. 30: Prinzip der photometrischen Auswertung von Elektropherogrammen unmittelbar auf dem Papier nach GRASSMANN, HANNIG und KNEDEL [28] (aus WUNDERLY: »*Die Papierelektrophorese*« [35])

G – Glasplatten; *S* – Meßspalt, *L* – Lichtquelle zur Beleuchtung des Spaltes; *P* – Photozelle transparent gemacht werden (daher der Name »Transparenzverfahren«). Dies kann durch Eintauchen in Paraffinöl, eventuell in ein Gemisch von Paraffinöl und α-Bromnaphthalin (Brechungsindex 1,51) erreicht werden [23] (1,51 ist der Brechungsindex des Papiers). Die Anwendung von Anisol ist vorteilhafter [25], da es mit der Zeit verdampft, und das Elektropherogramm nachher ohne weitere Maßnahmen aufzubewahren ist. Die in Paraffinöl getauchten Papierstreifen können nach der quantitativen Bestimmung zur Aufbewahrung mit Benzin entparaffiniert werden. WINTER [26] empfiehlt zur Transparentmachung das praktisch geruchlose Dimethylphthalat, das mit Äther ausgewaschen werden kann. Zelluloseacetatstreifen werden

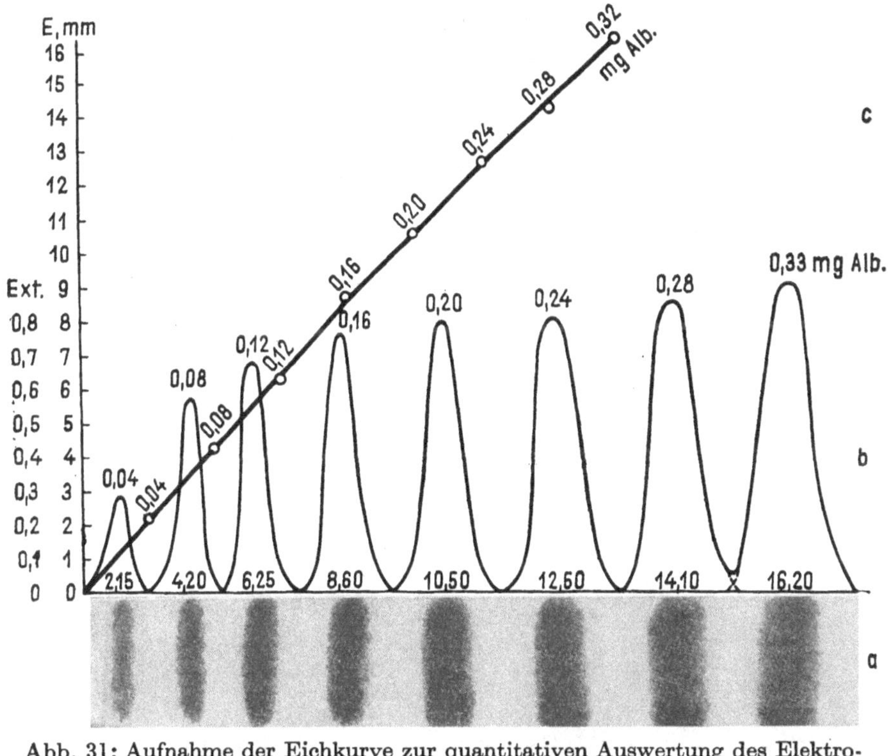

Abb. 31: Aufnahme der Eichkurve zur quantitativen Auswertung des Elektropherogramms nach GRASSMANN und HANNIG [30]

a) Konzentrationsserie der mit Amidoschwarz 10B gefärbten Albuminlösungen, *b)* die bei der densitometrischen Auswertung der Albuminzonen erhaltenen Glockenkurven (die über den Maxima stehenden Zahlen bedeuten die aufgetragene Albuminmenge in mg, die Zahlen über der Abszisse das planimetrisch bestimmte Flächenintegral in E/mm). *c)* die aufgrund der Flächenintegrale aufgenommene Eichkurve verläuft zwischen den Albuminwerten von 0 bis 0,16 mg gerade, d.h., die Anfärbung folgt dem LAMBERT-BEERschen Gesetz nach der Eiweißfärbung mit Eriochromschwarz mittels einer 15 Vol. %igen Essigsäure in Äthanol von dem überschüssigen Farbstoff befreit und auf einer Plexiglas-Platte getrocknet. Nach dem Trocknen sind sie durchsichtig und können quantitativ ausgewertet werden [27].

Die transparent gemachten Streifen müssen luftblasenfrei zwischen zwei Glasplatten geklemmt in das Auswertungsgerät gelegt werden. Im Densitometer bewegt sich der Papierstreifen über einen beleuchteten Spalt hinweg (s. Abb. 30) [28]. Das durch den Papierstreifen dringende Licht betätigt eine Photozelle. Die quantitative Eiweißauswertung mit dem Transparenzverfahren wurde von GRASSMANN und HANNIG erarbeitet [29]. Obwohl zwischen Proteinkonzentration und Farbintensität eine lineare Beziehung nicht oder nur in einem gewissen Konzentrationsbereich besteht, kann durch Aufnahme einer Eichkurve auch in solchen Fällen mit befriedigender Genauigkeit gemessen werden. Abbildung 31 zeigt die Aufnahme einer Eichkurve nach GRASSMANN und HANNIG [30].

Bei einigen Geräten, wie z. B. bei dem Densitometer »ERI 10«, werden die Extinktionskurven automatisch integriert, wodurch die Auswertung wesentlich vereinfacht wird. Abb. 32 veranschaulicht das

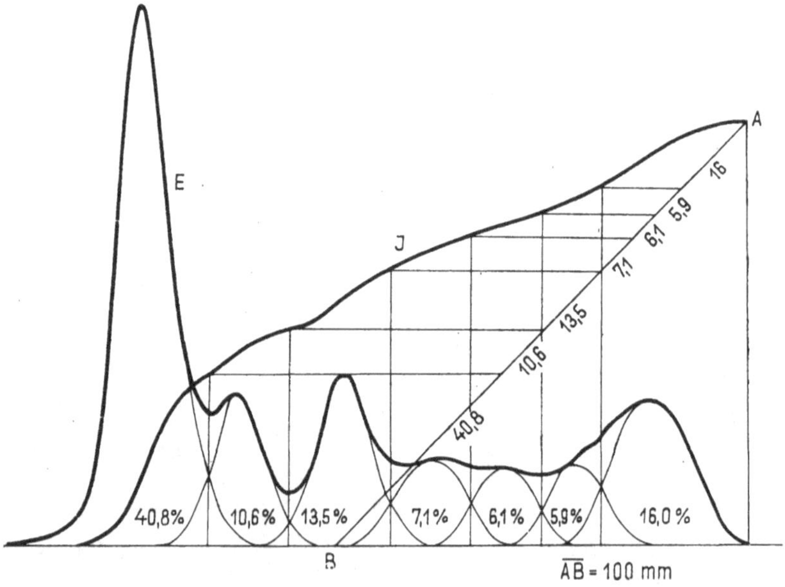

Abb. 32: Auswertung der Extinktionskurven mit dem photoelektrischen Densitometer »ERI 10« der Fa. Zeiss, Jena (nach dem Prospekt der Fa. Zeiss, Jena)

E — Extinktionskurve; I — Integralkurve; $\overline{AB} = 100$ mm

Auswertungsverfahren. Die GAUSSschen Glockenkurven werden bis zur Grundlinie ergänzt und aus ihren Schnittpunkten zur Grundlinie senkrechte Geraden bis zur Integralkurve gezogen. Das Ende der Integralkurve wird durch eine genau 100 mm lange Gerade ($\overline{AB}$) mit der Grundlinie verbunden. Die Schnittpunkte der senkrechten Geraden mit der Integralkurve werden parallel zur Grundlinie mit der Geraden $\overline{AB}$ verbunden. Die durch die Schnittpunkte auf der Geraden AB begrenzten Abschnitte in [mm] ergeben unmittelbar die prozentuale Verteilung der einzelnen Fraktionen.

Dieses Verfahren ist besonders bei klinischen Routinebestimmungen von Proteinen von Bedeutung.

Ein Nachteil der Direktphotometerie besteht in der inkonstanten Extinktion des Papiers, da die Textur oft ungleichmäßig ist und somit eine gleichmäßige Durchtränkung mit dem Farbreagenz nicht immer gelingt. Um bei Parallelversuchen für dieselben Konzentrationen gleiche Extinktionswerte zu erhalten, muß die Färbung sehr sorgfältig unter Standardbedingungen durchgeführt werden.

FUCHS und FLACH [31] verglichen das direktphotometrische Transparenzverfahren nach GRASSMANN und HANNIG [28, 29, 30] mit der Elutionsmethode für gefärbte Serumeiweißfraktionen nach TURBA und ENENKEL [32] und fanden große Unterschiede zwischen den Ergebnissen beider Methoden. Nach ihren Befunden stehen die mit dem Elutionsverfahren erhaltenen Werte den in der Literatur angegebenen näher. Trotzdem hat sich das Transparenzverfahren wegen seiner Einfachheit in der klinischen Praxis allgemein durchgesetzt, zumal auch die Elution der gefärbten Eiweißfraktionen Fehlerquellen in sich birgt. GAUNCE und ANASTASSIADIS [33] weisen darauf hin, daß der Farbstoff-Eiweiß-Komplex aus den Papierelektropherogrammen von Seren auch durch Erhitzen mit N-Salzsäure auf 100 °C nicht restlos eluiert werden kann. Nimmt man jedoch an, daß der nicht eluierte Teil am Papier adsorbiert ist, kann seine Menge mit Hilfe der LANGMUIRschen Isothermengleichung errechnet werden.

Die von allen Auswertungsverfahren als einfachste geltende Reflexionsmethode, bei welcher selbst das Transparentmachen des Streifens nicht nötig ist, wird von LATNER und PARK [34] zur Bestimmung der Fraktionsverteilung von Serumeiweißkomponenten empfohlen.

Literatur

[1] HAIS, I. M., MACEK, K.: »*Handbuch der Papierchromatographie*«, Bd. I.: »*Grundlagen und Technik*«, VEB Gustav Fischer Verlag, Jena, 1963
[2] STAHL, E.: »*Dünnschichtchromatographie*«, Springer-Verlag, Berli —Göttingen—Heidelberg, 1962

[3] RANDERATH, K.: »*Dünnschicht-Chromatographie*«, Verlag Chemie, GmbH, Weinheim, 1962
[4] WALDI, D. »*Chromatographie*«, MERCK, E., AG., Darmstadt
[5] PORTEOUS, J. W.: J. Chromatogr. *2* (1959), 58
[6] MCKIBBINS, S. W., HARRIS, J. F., SAEMAN, J. F.: J. Chromatogr. *5* (1961), 207
[7] DEARNALEY, D. P., ACHESON, R. M.: J. Chromatogr. *5* (1961), 452
[8] EGGSTEIN, M., HUNDESHAGEN, H.: Klin. Wochenschr. *33* (1955), 14
[9] GANIS, F. M.: J. Chromatogr. *5* (1961), 83
[10] VAN DER SIJDE, D., DE FLINES, J.: J. Chromatogr. *2* (1959), 436
[11] GRAF, E., LIST, P. H.: Naturwissenschaften *40* (1953), 273
[12] BARRETO, R. C. R., MANO, D. B.: J. Chromatogr. *7* (1962), 82
[13] BARRETO, R. C. R., CUTRUM, A. M.: J. Chromatogr. *9* (1962), 173
[14] RAUEN, H. M.: »*Biochemisches Taschenbuch*«, Springer-Verlag, Berlin—Göttingen—Heidelberg, 1964
[15] DAWSON, R. M. C., ELLIOTT, D. C., ELLIOTT, W. H., JONES, K. M.: "*Data for Biochemical Research*", The Clarendon Press, Oxford, 1962
[16] PORATH, J.: Nature [London] *175* (1955), 478
[17] WERUM, L. N., GORDON, T. H., THORNBURG, W.: J. Chromatogr. *3* (1960), 125
[18] KOWALCZYK, J.: Chem. analit. [Warszawa] *9* (1964), 21
[19] HOCH, H., BARR, G. H.: Science, *122* (1955), 243
[20] VÁMOS, L., DRAGOS, E.: Nicht veröffentl. Arbeit
[21] LUNER, S. J.: Analyt. Biochem. *23* (1968), 357
[22] MERCK, E. A. G.: »*Anfärbereagenzien für Dünnschicht- und Papier-Chromatographie*«, Darmstadt
[23] RIBEIRO, L. P., MCDONALD, H. J.: J. Chromatogr. *10* (1963), 443
[24] GRASSMANN, W., HANNIG, K.: Naturwissenschaften *37* (1950), 496
[25] PIEPER, I., KARAS, V.: Biochem. Z. *324* (1953), 499
[26] WINTER, E.: Z. analyt. Chem. *233* (1968), 104
[27] CLARK, A., JONES, G. R.: Clin. chim. Acta *11* (1965), 483
[28] GRASSMANN, W., HANNIG, K., KNEDEL, M.: Dtsch. med. Wochenschr. *76* (1951), 333
[29] GRASSMANN, W., HANNIG, K.: Z. physiol. Chem. *290* (1952), 1
[30] GRASSMANN, W., HANNIG, K.: Klin. Wochenschr. *32* (1954), 838
[31] FUCHS, W., FLACH, A.: Klin. Wochenschr. *33* (1955), 903
[32] TURBA, F., ENENKEL, A. J.: Naturwissenschaften *37* (1950), 93
[33] GAUNCE, A. P., ANASTASSIADIS, P. A.: Analyt. Biochem. *17* (1966), 357
[34] LATNER, A. L., PARK, D. C.: Clin. chim. Acta *11* (1965), 538
[35] WUNDERLY, CH.: »*Die Papierelektrophorese*«, Verlag R. H. Sauerländer et Co., Aarau und Frankfurt/Main, 1959

4. DIE ANWENDUNG DER PAPIERELEKTROPHORESE

4.1. Die Papierelektrophorese anorganischer Substanzen

4.1.1. Allgemeine Grundlagen

Die Papierelektrophorese anorganischer Ionen ist nicht nur in der chemischen Analytik, sondern auch in der theoretischen anorganischen Chemie von großer Bedeutung. An Hand dieses Verfahrens können z. B. die Komplexbildung und das Verhalten von Komplexen studiert werden.

Mehrere Werke von LEDERER u. Mitarb. [1, 2, 3], sowie eine Übersicht von BAILEY und YAFFE [4] behandeln die Papierelektrophorese anorganischer Substanzen.

Bei der papierelektrophoretischen Trennung von anorganischen Ionen spielen sowohl die Adsorption der zu trennenden Substanzen am Träger [5, 6] wie auch die komplexbildende Wirkung des Grundelektrolyts eine Rolle. Die Trennung von Ionen gleicher Ladung ist infolge verschiedener Dissoziationsgrade ihrer mit dem Grundelektrolyt gebildeten Komplexe möglich. Die Konzentration des Komplexbildners beeinflußt nicht nur die Größe der Beweglichkeit, sondern auch die Richtung der Wanderung: bei entsprechenden Konzentrationen können z. B. Kationen als Anionen wandern [7].

Zur Trägerelektrophorese anorganischer Substanzen wurden außer Papier unter anderem Agargel [8], Stärke [9], sowie zur Trennung von Radioisotopen Asbest [10] und Natriumchlorid-Einkristalle [11] eingesetzt. SPIEGLER und CORYELL [12] verwendeten mit Austauscherharz gefüllte Säulen als Träger, ALBERTI u. Mitarb. [13] mit Ionenaustauscher imprägniertes Papier. ALBERTI u. Mitarb. [14, 15] trennten anorganische Ionen auch auf Glasfaserpapier in Salzschmelzen als Elektrolyt bei hohen Temperaturen. SCHWEDOW und STEPANOW [16] trennten seltene Erden mittels kontinuierlicher Elektrophorese auf Quarzpulver-Träger. MOGHISSI [17] gelang die Trennung anorganischer Anionen auf Kieselgel-Dünnschichten in zwei Minuten.

CASINOVI und LEDERER [18] machen darauf aufmerksam, daß der Kupfer- oder Zinkgehalt des Papiers in manchen Fällen störend wirken kann. Z. B. kommt bei der Papierelektrophorese eines Gemisches von CsCl und $K_4[Fe(CN)_6]$ in Wasser oder verdünnter Salzsäure das Gesetz der unabhängigen Wanderung der Ionen scheinbar nicht zur Geltung. Während im Falle einer reinen CsCl-Lösung das Cäsium-Ion auf dem Papier schnell wandert, bewegt sich bei der Elektrophorese des o. g. Gemisches das Cs^+ in Abhängigkeit von der Konzentration nur wenig oder überhaupt nicht, weil das Cs^+ mit dem Zn^{2+} oder Cu^{2+} des Papiers unlösliche gemischte Ferrocyanide bildet.

Bei der Papierelektrophorese amphoterer Elemente in stark alkalischem Medium (z. B. 1 N KOH) kann die Zellulose mit den Ionen Komplexe bilden, wodurch ihre Beweglichkeit beeinflußt wird [19].

Lederer [20] prüfte die Beweglichkeit anorganischer Ionen als Funktion der Entfernung vom Startpunkt. Er stellte fest, daß sie mit zunehmender Entfernung linear abnimmt. Dies wird durch die Verdunstung verursacht, da der Gehalt des Papiers an Elektrolytlösung erheblich herabgesetzt wird.

Zur Trennung anorganischer Ionen eignet sich der größte Teil der in den Kap. 3.2 und 3.3 beschriebenen Methoden. In der Literatur sind vorwiegend diskontinuierliche Verfahren beschrieben, wobei die Hochspannungs-Trennungen stets mehr in den Vordergrund treten [21, 22, 23]. Strain und Sullivan gebrauchten zweidimensionale Methoden [6]. Die Dünnschicht-Elektrophorese bei niedrigen und hohen Spannungen wird auch vielfach zur Trennung anorganischer Ionen eingesetzt. Einige Trennbeispiele sind in Tab. 52 (Kap. 6.3.) angeführt.

Den elektrophoretischen Trennungen von *radioaktiven Isotopen* ist eine Übersicht von Chemla [24] gewidmet. Die Trennung von ^{22}Na und ^{24}Na wurde von Bonnin, Chemla und Sue [25] in einem speziellen Gerät durchgeführt, in welchem Substanzen mit sehr ähnlichen Beweglichkeiten in mehreren Stunden sehr lange Strecken zurücklegen können. In dem Gerät, dessen Skizze in Abb. 33 zu sehen ist, wird das Papier in einer der Wanderung entsprechenden Geschwindigkeit in entgegengesetzter Richtung über Rollen weiterbefördert. Auf diese Weise legte die radioaktive Zone in 1¾ Stunden 280 cm zurück. Da eine hohe Spannung (5000 V) angelegt wird, befindet sich das

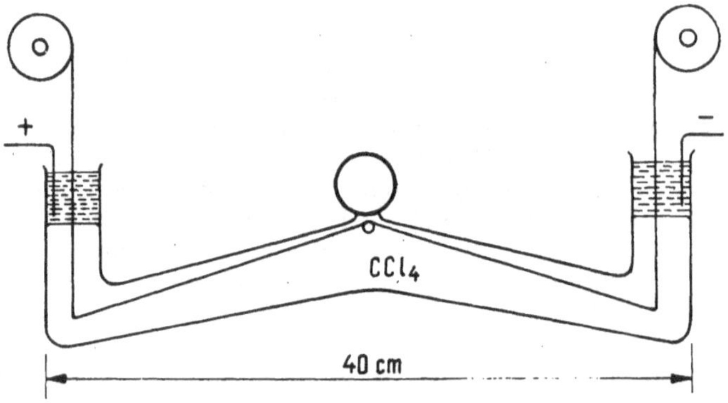

Abb. 33: Das Gerät von Bonnin u. Mitarb. [25] zur Trennung von ^{22}Na und ^{24}Na nach Chemla [24]

Papier wegen der starken Wärmeentwicklung unter Tetrachlorkohlenstoff. Lithiumisotope wurden bei einer Spannung von 300 V ebenfalls unter Tetrachlorkohlenstoff in 14 Stunden getrennt [26].

Zur Trennung größerer Mengen radioaktiver Isotope (bis zu etwa 20 mg) sind mit Alkalinitratschmelze imprägnierte Asbestpapierstreifen geeigneter [10, 27]. Mit einem 0,3 mm starken Asbestpapierstreifen (60×1,2 cm) wird die Trennung in einem Pyrex-Rohr bei 350 °C, 600 V und 200 mA durchgeführt. In 2 bis 3 Stunden wandern die Ionen ca. 30 cm. Außer Natrium- und Lithiumisotopen wurden mit diesem Verfahren auch Rubidium- und Cäsiumisotope getrennt [28, 24].

Eine rasche Trennung von radioaktiven Metallionen wird durch die »*fokussierende Elektrophorese*« gewährleistet [29, 30]. Das zu trennende Kationengemisch wird in der Mitte des Papierstreifens aufgetragen. Kathode und Anode sind mit verschiedenen Grundelektrolyten umgeben. Auf der Kathodenseite befindet sich ein Komplexbildner, z. B. ÄDTA, während der Anodenelektrolyt aus einer dekomplexierenden HNO_3- oder HCl-Lösung besteht. Im Laufe der Elektrophorese wandern die Wasserstoffionen zur Kathode und treffen sich mit den entgegengesetzt wandernden Anionen des Kathodenelektrolyts. So entsteht längs des Papiers ein pH-Gradient sowie ein Konzentrationsgradient des Komplexbildners. Da nun, wie bereits gesagt, das kationische oder anionische Verhalten eines Metallions von der Konzentration des Komplexbildner-Elektrolyten abhängt, wird es in der Nähe der Kathode (wo die Konzentration des Komplexbildners hoch ist) als komplexes Anion und in der Nähe der Anode (bei niedriger Konzentration des Komplexbildners) als Kation vorliegen. Diese beiden Formen des Metallions wandern einander bis zu dem Punkt entgegen, wo ein kritischer pH-Wert bzw. Konzentrationswert des Komplexbildners herrscht. Hier hört die Wanderung auf. In diesem »Focus«, dessen Lage auf dem Papierstreifen lediglich von den Stabilitätskonstanten des komplexen Metallanions abhängt (welche für verschiedene Metallionen verschieden ist), wird das Kation eine scharfe Zone bilden.

Als Elektrolytlösungen werden zumeist Lösungen anorganischer Säuren bzw. Basen verwendet. Zur Gruppentrennung von Kationen werden u. a. 1 N und 0,5 N Salzsäure [31, 32], zur Trennung von Anionen 1 N KCl [32] oder 0,1 N NaOH [17] angewandt. Auch organische Säuren wie Milchsäure [5], Weinsäure [33] oder Zitronensäure [34] sowie ÄDTA-Lösungen verschiedener Konzentrationen [35, 36] werden eingesetzt. CHAKRABORTTY [37] machte die Beobachtung, daß in einem mit Schwefelsäure auf pH 1 eingestellten Sulfat-Elektrolyten die Reihenfolge der Beweglichkeiten der Ionen umgekehrt ist als im unendlich verdünnten Elektrolyten: am schnellsten wandern die ein-, und am langsamsten die drei- und vierwertigen Ionen.

Zur Bestimmung der wahren Beweglichkeit anorganischer Ionen aus der meßbaren scheinbaren Beweglichkeit wurde von PUČAR bzw. PUČAR und JAKOVAC [38, 39] eine Formel entwickelt, in welcher die Adsorptions- und Elektroosmose-Erscheinungen berücksichtigt werden:

$$u = 1{,}2 \frac{u' - u'_e}{R_f - R_{f_e}} \text{ mm } V^{-1} \text{h}^{-1} \text{cm}, \qquad (41)$$

u' = die scheinbare Beweglichkeit des Ions;
u'_e = die scheinbare Beweglichkeit des Elektroosmose-Indikators;
R_f = der für das Ion charakteristische adsorptionschromatographische Faktor;
R_{fe} = der für den Elektroosmose-Indikator charakteristische adsorptionschromatographische Faktor;
1,2 = der der Porösität und Struktur des angewandten Papiers (Munktell 20/100) entsprechende Korrekturfaktor.

4.1.2. Trennung von Kationen

Bei der Behandlung des Materials wird möglichst die in der qualitativen Analyse übliche Gruppeneinteilung zugrunde gelegt. Dieses Prinzip kann jedoch nicht immer voll eingehalten werden, da bei der Entwicklung der Trennverfahren oft andere Gesichtspunkte maßgebend waren, wie z. B. die Trennung der Kationen eines gegebenen Gemisches.

4.1.2.1. Trennung der Kationen der I. Gruppe

Die elektrophoretischen Trennungen der Kationen der Gruppen I/a und I/b werden hier zusammen behandelt. In Tab. 6 werden einige diskontinuierliche Trennungsbeispiele angeführt.

Die zweidimensionale Trennung der Nitrate von Hg_2^{2+}, Pb^{2+} und Ag^+, sowie von Hg^{2+}, Bi^{+++}, Cu^{2+}, Pb^{2+} und Cd^{2+} mittels Elektrochromatographie kann im 0,1 M Milchsäure-Elektrolyten bei 250 V und 100 mA in 20 Minuten, in dem 4 M NH_4OH- 0,008 M Zitronensäure-Elektrolyten bei 160...170 V und 100 mA ebenfalls in 20 Minuten durchgeführt werden [6].

Cu^{2+}, Ag^+, Ni^{2+} und Fe^{3+} wurden mittels kontinuierlicher Papierelektrophorese im basischen Tartrat-Oxalat-Elektrolyten getrennt [6]. Zur kontinuierlichen Trennung von Cu^{2+} von Ag^+ sowie Cd^{2+}, Ag^+, Bi^{3+} und Al^{3+}, ferner Tl^+ von Al^{3+} sowie Tl^+ von As^{3+} wurde in 1 M NH_4OH gelöstes 0,01 M ÄDTA bzw. 0,05 M Zitronensäure verwendet [46].

An Hand der papierelektrophoretischen Wanderung zweiwertiger Ionen (Cu^{2+}, Pb^{2+}, Zn^{2+}, Cd^{2+} und Hg^{2+}) in 1 bis 10 M LiCl-Lösungen ermittelten ŠMIROUS und ČELEDA die Stabilitätskonstanten der Chlorkomplexe [47].

4.1.2.2. Trennung der Kationen der II. Gruppe

Einige Beispiele für die Trennung von Sb-, Sn-, As-Ionen untereinander und von den Ionen der I. Gruppe sind in Tab. 7 angeführt.

STRAIN und SULLIVAN [6] trennten die Chloride von As^{3+} und Sb^{3+} mittels zweidimensionaler Elektrochromatographie im 0,4 M *DL*-alaninhaltigen 0,1 M Milchsäurepuffer bei 300 V und 100 mA in 20 Minuten. Zur Trennung der Chloride von Sn^{2+}, As^{3+} und Sb^{3+} mittels kontinuierlicher Durchfluß-Papierelektrophorese gebrauchten sie einen aus 0,02 M Milchsäure, 0,02 M Weinsäure und 0,04 M *DL*-Alanin bestehenden Puffer bei 300 V und 95 mA [6].

Das Schema der Trennung bzw. der Weg der Ionen auf dem Trennbogen ist in Abb. 34 veranschaulicht.

Die Papierelektrophorese eignet sich ausgezeichnet zur Trennung der Edelmetallionen. Tabelle 8 enthält einige Beispiele. Die binären und ternären Gemische von Pt^{4+}, Pb^{2+}, Ir^{4+} und Rh^{3+} konnten in verschiedenen ÄDTA-Lösungen auch kontinuierlich getrennt werden [52]. Das Verhalten von Rh^{3+}-Komplexen wurde mittels Papierelektrophorese und Ionenaustauscher-Chromatographie studiert [56, 57]. Die Beweglichkeiten von Edelmetall-Ionen bestimmte MUKERJEE [58, 59, 60] in einer großen Anzahl von Elektrolyten. Die Trennung

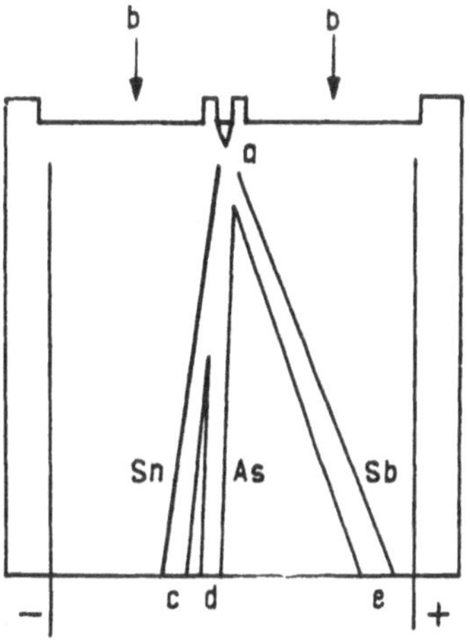

Abb. 34: Die Trennung der Chloride von Sn^{2+}, As^{3+} und Sb^{3+} mittels kontinuierlicher Papierelektrophorese nach STRAIN und SULLIVAN [6]

a — kontinuierliche Auftragung des zu trennenden Gemisches; *b* — Richtung der Elektrolytströmung; *c, d, e* — Sammeln der getrennten Fraktionen von Sn^{2+}, As^{3+} und Sb^{3+}

Tabelle 6

Trennung der Kationen der I. Gruppe mittels diskontinuierlicher Papierelektrophorese

Ionen	Versuchsbedingungen	Elektrolyt	Ergebnis*	Bemerkung	Literatur
Ag^{+}, Hg^{2+}, Pb^{2+}, Tl^{+}	150 V; 3 Std. Papier Whatman Nr. 1, 44 × 1 cm	0,1 N NaCl	Hg^{2+} — Ag^{+} — Pb^{2+} — Tl^{+}		[40, 41]
		0,1 N KCl	Hg^{2+} — Ag^{+} — Pb^{2+} — Tl^{+}		
		0,1 N KCN, pH 7,0	Ag^{+} — Hg^{2+} — Pb^{2+} — Tl^{+}		
Hg^{2+}, Bi^{3+}, Cd^{2+}, Pb^{2+}, Cu^{2+}	20,4V/cm, 56 mA/1,5 cm, 0,7 Std.	0,5 N KBr	Hg^{2+} — Cd^{2+} — Pb^{2+} — Cu^{2+}	Startlinie in der Mitte; in beiden Fällen wandert nur Cu^{2+} zur Anode	[42]
	12,86 V/cm 85 mA/1,5 cm, 1 Std.	0,5 N HBr	Hg^{2+} — Bi^{3+} — Cd^{2+} — Pb^{2+} — Cu^{2+}		
Cu^{2+}, Pb^{2+}, Cd^{2+}, Bi^{3+}, Hg^{2+}	200 V; 1,5—3 Std.	NaCl-Glycin-HCl pH 1,8	Cu^{2+}, Pb^{2+}, Cd^{2+} wandern zur Kathode, Hg^{2+} zur Anode, Bi^{3+} bleibt am Startpunkt		[43]
Cu^{2+}, Cd^{2+}, Hg^{2+}, Pb^{2+}, Bi^{3+}	8,5 V/cm, 130 mA, 2,5 Std.	N HCl	Start in der Mitte; Länge d. Papiers 660 mm	Bei N HCl wandert Hg, bei 4 N HCl Bi am schnellsten zur Kathode	[38]
	6,95 V/cm, 155 mA, 4 Std.	2 N HCl			
	6 V/cm, 192 mA, 5,75 Std.	4 N HCl			

Cu^{2+}, Cd^{2+}, Hg^{2+}, Pb^{2+}, Bi^{3+}	12 V/cm, 15 Min.	0,5 N HCl	Cu^{2+} zur Kathode, Bi^{3+}, Hg^{2+} zur Anode		[32]
Cu^{2+}, Cd^{2+}, Pb^{2+}, Bi^{3+}, Hg^{2+}, Tl^{+}	Hochspannungs-elektrophorese	0,5 M Zitronensäure, verschiedene pH-Werte	Trennung auch von Kationen anderer Gruppen		[44]
Cu^{2+}, Cd^{2+}, Pb^{2+}, Ni^{2+}, Fe^{3+}, Bi^{3+}		HPO_3; pH = 1,5 $(HPO_3)_3$; pH 1,6			[45]

* Die mit — verbundenen Ionen können voneinander getrennt werden und sind in der Reihenfolge der zunehmenden Beweglichkeitswerte angeführt.

Tabelle 7

Trennung der Kationen der II. Gruppe mittels diskontinuierlicher Papierelektrophorese

Ionen	Versuchs-bedingungen	Elektrolyt	Literatur
Sb^{5+}, Sn^{2+}, Al^{3+}, Cr^{3+}	4 Std., 4 V/cm (= 200 V)	4 N NH_4OH – 0,1 M NH_4-Tartrat	[48]
As^{3+}, Sb^{3+}, Sn^{2+}	200 V	0,1 M Triäthanolamin – 0,1 M NH_4-Tartrat	[49]
As^{3+}, Sb^{3+}, Sn^{2+}, Al^{3+}, Fe^{3+}, CrO_4^{2-}	200 V	$Na_4P_2O_7$ – HCl pH 2,4	[49]
As^{3+}, Sb^{3+}, Sn^{3+}, Cd^{2+}		0,05 M Zitronensäure, pH 5,5	[44]
As^{5+}, Sb^{3+}		0,007 M Zitronensäure – 5 N NH_4OH	[50]

Tabelle 8

Trennung von Edelmetallionen mittels Papierelektrophorese

Ionen	Versuchsbedingungen, Bemerkungen	Elektrolyt	Literatur
Pt^{4+}, Os^{4+}, Ir^{4+}, Ru^{3+}, Pb^{2+}, Au^{3+}	Trennung ternärer oder quaternärer Gemische. Papier Whatman Nr. 2, 44 × 1 cm, 150 V, 5 Std.	0,1 N Lösungen von: NH_4Cl, NaCl, KCl, HCl, HNO_3, H_2SO_4, NH_4OH, NaOH, $NaHCO_3$, $(NH_4)_2CO_3$, Na_2CO_3, $NaNO_2$, KJ, NaBr, KBr, $H_2C_2O_4$, CH_3CO_2H, CH_3COONH_4, CH_3COONa, H_3PO_4, $Na_2S_2O_3$, $Cs(NH_2)_2$ in 0,1 N HCl, $CS(NH_2)_2$, pH 5; $CS(NH_2)_2$ in 0,1 N NH_4OH, NH_4CNS, KCN, Komplexon III, Zitronensäure, Na-Zitrat, Weinsäure, Na-K-Tartrat	[51]
Pt^{4+}, Pd^{2+}, Rh^{3+}, Ir^{4+}	45 Min., 15 V/cm; Pd^{2+}, Pt^{4+} wandern zur Anode, Rh^{3+} wird präzipitiert	0,1 M ÄDTA, pH 9	[52]

(Fortsetzung von Tabelle 8)

Ionen	Versuchsbedingungen Bemerkungen	Elektrolyt	Literatur
Au^{3+} – Pt^{4+} Au^{3+} – Pd^{2+} Au^{3+} – Ru^{3+}	Niederspannung	KSCN + Oxalsäure KSCN KSCN + KCl	[53]
Au^{3+}, Pt^{4+}, Pd^{2+}, Cu^{2+}	12 V, 200 mA, 18 Std.	N HCl – M KCl (2:1)	[54]
Pt^{2+}, Pt^{4+}, Os^{4+}, Ir^{4+}, Ru^{3+}, Rh^{3+}, Au^{3+}, Pd^{2+}	Trennung ternärer oder quaternärer Gemische, 100–200 V; 3 Std.	0,1 N oder 0,25 N Lösungen von: HCl, HNO_3, H_2SO_4, $HClO_4$, CH_3COOH, $C_2O_4H_2$, KCl, KBr, KJ, $Na_2S_2O_3$, Na_2SO_3, $NaNO_2$, NaN_3, NH_4SCN, KOH, KCN, NH_4OH, ÄDTA, NH_4OH	[55]

von Pd und Pt wurde in 0,1 N Natriumzitrat sowie 0,1 N Salzsäure durchgeführt. Auch gelang die Abtrennung der beiden Edelmetall-Ionen von Hg, Cu, Cd, Bi, Fe, Zn, Co und Ni [58]. Zur Trennung des Ru^{3+} von Pt und Pd verwendete man 0,1 N KCN, 0,1 N $NaNO_2$, und 0,1 N HCl; Ru^{3+} wurde ebenfalls von den obigen Ionen der I. und II. Gruppe getrennt [59]. Mehrere Elektrolyten bewährten sich zur Trennung des Os^{4+} von Hg, Cu, Cd und Bi, ferner des UO_2^{2+} von Pt, Pb, Bi und Fe sowie von As, Sb, Pt, Pd, Ru und Au. Sn konnte von den Ionen der Pt-Gruppe nicht getrennt werden [60]. Au^{3+} wurde von kolloidalem Gold-198 in 0,075 M Natriumthiosulfat getrennt: die Probe wurde in der Mitte eines 18×2 cm Streifens Whatman Nr. 1 aufgetragen. Bei einer Stromstärke von 2,5 mA/cm wanderten die Au^{3+}-Ionen in einer Stunde 65 mm zur Anode, während das kolloidale Gold ebenfalls in anodischer Richtung 2 bis 5 mm zurücklegte [61].

4.1.2.3. Trennung der Kationen der III. Gruppe

Zur Trennung der Kationen der III. Gruppe voneinander und von den Ionen anderer Gruppen sind zahlreiche papierelektrophoretische Verfahren bekannt. Einige sind in Tab. 9 zusammengefaßt.

MUKERJEE [67] erprobte eine große Anzahl von Elektrolyten, um Fe^{3+} von Al, Ag, Pb, Hg, Cu, Cd, Bi, Zn, Co und Ni zu trennen. Es gelang ihm, diese Ionen aus binären, ternären oder quaternären

Tabelle 9

Trennung der Kationen der III. Gruppe mittels diskontinuierlicher Papierelektrophorese

Ionen	Versuchsbedingungen, Bemerkungen	Elektrolyt	Literatur
Ni^{+2}, Co^{2+}, Mn^{2+}, Zn^{2+}	200 V, (4 V/cm), 4 Std.	4 N NH_4OH – 0,1 M Ammoniumtartrat	[48]
Fe^{3+} Al^{3+}; Co^{2+}, Ni^{2+}, Ni^{2+}, Cu^{2+}, Fe^{3+}; Ni^{2+}, Zn^{2+}, Al^{3+}; Ni^{2+}, Cd^{2+}, Fe^{3+}		HPO_3, pH 1,5	[45]
Ni^{2+}, Co^{2+}, Zn^{2+}, Cu^{2+}, Cd^{2+}		Na-polyphosphat-Lösungen verschiedener pH-Werte	[62]
Ni^{2+}, Cd^{2+}	Papier Whatman Nr. 3 oder Austauscherpapier Amberlite SA – 2	0,1 N HCl – 0,9 N KCl	[13]
Fe^{2+}, Fe^{3+}	10 V/cm, 90 Min.	0,1 N H_2SO_4	[63]
Cu^{2+}, Ni^{2+}	100 V, 4 mA, 36 Std.	0,1 N Milchsäure	[64]
Ni^{2+}, CrO_4^{2-}	100 V, 1,5 mA, 36 Std.	1 M Essigsäure	[64]
Ni^{+}, Co^{2+}, Mn^{2+}, Zn^{2+}	Zn^{2+} überlappt Co^{2+} wenig	KCN, pH 6,0	[65]
Ni^{2+}, Co^{2+}, Mn^{2+}, Zn^{2+}	12 V/cm, 3 Std.	Methanol-Aceton-HCl	[66]
Fe^{3+}, Co^{2+}, Ni^{2+}		Alkoholisches KSCN-0,5 N HCl	[31]
Fe^{2+}, Fe^{3+}, Co^{2+}, Ni^{2+}, Zn^{2+}, Al^{3+}	Hochspannungsverfahren	0,05 M Zitronensäure	[44]
Fe^{2+}, Fe^{3+}, Co^{2+}, Cd^{2+}, Pb^{2+}, Cu^{2+}		2 N Essigsäure – 0,6 N Ameisensäure	[20]

Gemischen in den 0,1 N Lösungen folgender Elektrolyte zu trennen: KCN, NH_4OH-haltiges KCN, ammoniakhaltiges ÄDTA, KSCN, KNO_3, H_3PO_4, H_2SO_4, Natrium-Kalium-Tartrat, Weinsäure, HCl, KI, KCl, NH_4Cl, Zitronensäure, Natriumzitrat und ammoniakhaltiges Natriumzitrat. Außerdem bewährten sich 1 N Weinsäure und 1 N Zitronensäure. KERTES und LEDERER [68] studierten das Verhalten der Sulfatkomplexe von Chrom(III). ALBERTI u. Mitarb. [14] bestimmten die Beweglichkeitswerte von Mn^{2+}, Ni^{2+}, Tl^{+}, Cr^{3+} Fe^{3+}, Th^{4+}, CrO_4^{2+}, CrO_3^{2+} und UO_2^{2+} auf Glasfaserpapier bei 450 °C in Stickstoffatmosphäre. Als Elektrolyt wurde die Schmelze des Eutektikums LiCl/KCl verwendet, die Feldstärke betrug 3,3 V/cm.

Zur Trennung von Fe, Ni, Co, Al [69], von Mn, Co, Ni, Zn, Fe, Al, CrO_4, Cu und Ag [70], ferner von Fe, Cr, Al, Mn [50] und von Fe(II) und Fe(III) [71] wurde die zweidimensionale Elektrochromatographie eingesetzt.

Fe^{3+} wurde von Co, Mn bzw. Mg mittels kontinuierlicher Papierelektrophorese im 0,05 M Malonsäure- 0,01 M Essigsäure-Elektrolyten getrennt. Dieselbe Elektrolytlösung verwandte man auch zur kontinuierlichen Elektrophorese des Gemisches Al, Tl, As(III) [46]. Die kontinuierliche Trennung von Fe^{2+}, Ni, Co und Cu konnte mittels Elektrophorese ihrer α,α'-Dipyridyl-Komplexe im 1%igen Na-K-Tartrat-Puffer durchgeführt werden [72]. Dieselben Elektrolyten eignen sich auch zur kontinuierlichen Trennung der Ionen Fe(II), Ni(II) bzw. Fe(II), Cr(III) [73].

4.1.2.4. Papierelektrophoretische Trennung der seltenen Erden und Aktiniden

Auf diesem Gebiete ist die Papierelektrophorese von herausragender Bedeutung. Dementsprechend ist auch das einschlägige Schrifttum sehr umfangreich. Die Anwendungsmöglichkeiten der Papierelektrophorese zum Studium dieser Ionengruppe sollen an Hand einiger Beispiele in Tab. 10 veranschaulicht werden.

Als Träger wurden außer Papier auch Zelluloseacetat-Folien [82, 83, 84, 85] besonders bei hohen Spannungen eingesetzt. BÄCHMANN [82] trennte die Lanthaniden auf Zelluloseacetat-Folien und auf den üblichen Zellulosepapieren bei 90 V/cm. Von den verschiedenen, als Elektrolyte erprobten organischen Säuren erwies sich 0,7 M α-Hydroxyisobuttersäure, pH 2,2, als das beste Trennmedium. Die Trennung der Lanthaniden benötigte 2 Stunden. AITZETMÜLLER u. Mitarb. [83] trennten die seltenen Erden auf Membranfolien bei Spannungen von 130 bis 170 V/cm (5 bis 6 mA Stromstärke) in 15 bis 20 Minuten. Als Elektrolyt wurde 0,35 M α-Hydroxy-isobuttersäure verwendet. Die seltenen Erden wurden als Nitrate in 10 M α-Hydroxy-isobuttersäure aufgetragen [83]. Die radioaktiven Nuklide der seltenen Erden wurden auf Zellogelstreifen bei 40...60 V/cm (4,5–9 mA) in 0,4...0,8 M α-Hydroxy-isobuttersäure getrennt. Die Trennung nahm 8,5 bis 34 Minuten in Anspruch. Das Verfahren eignet sich auch zur Trennung der Transurane [84, 85]. Zur Trennung von trägerfreien seltenen Erden (^{90}Y, ^{147}Pm, ^{144}Pr, ^{144}Ce) wurde 0,8 M α-Hydroxy-isobuttersäure bei 60

Tabelle 40

Trennung der seltenen Erden mittels diskontinuierlicher Papierelektrophorese

Ionen	Versuchsbedingungen, Bemerkungen	Elektrolyt	Literatur
Y^{3+}, La^{3+}, Ce^{3+}, Pr^{3+}, Nd^{3+}	pH-Optimum 2,6 und 3,05	0,05 M NaCl + 0,125–0,05 M Zitronensäure	[74]
Trennung der Ionen Y^{3+} und Nd^{3+} von Sc^{3+} und von Pr^{3+}, Pm^{3+}, Ce^{3+}		0,1 M Milchsäure	[75]
Ce^{3+}, Eu^{3+}, Pm^{3+}	5 V/cm, 1–2 Tage; Ce^{3+} zur Kathode, Eu^{3+} + Pm^{3+} zur Anode	0,015 M Ammoniumtartrat + 0,035 M Weinsäure	[75]
Sc^{3+}, Sm^{3+}, Nd^{3+}, Y^{3+}, Pr^{3+}, La^{3+}, Ac^{3+}	300 V, 3,5 Std. 6–11 mA	1%ige Zitronensäure	[76]
Nd^{3+}, Sm^{3+}	300 V, 25 Std. Papier: Whatman 31, 70 cm lang	10%ige Essigsäure – 1% Oxin, pH 3,1	[77]
La^{3+}, Pr^{3+}, Sm^{3+}	Mit Zr-Phosphat imprägniertes Austauschpapier, 7 V/cm	0,5 N $HClO_4$	[13]
Pr^{3+}, Ce^{3+}, Nd^{3+}, Y^{3+}, Th^{4+}	46 V/cm; 1,1 mA/cm, 90 Min, 10 °C	15 m*l* Aceton in 100 m*l* 0,1 N Milchsäure	[78]
La^{3+}, Ba^{2+}; Y^{3+}, Sr^{2+}; Y^{3+}, La^{3+};		0,05 M Milchsäure	[79]
Fe^{3+}, Th^{4+}, U^{6+}, Zr^{4+}, Bi^{3+}, Pa	Reinigung von Pa von Begleitionen	HF und verschiedene HF-HCl-Gemische	[80]
Lanthaniden, Sc^{3+}, Th^{4+}, U^{6+}, Zr^{4+}	9 V/cm, 3 Std., alle Komponenten zu Anode	1,0 M Glykolsäure	[81]

V/cm (6,0–6,3 mA) verwendet. Die Trennung dauerte 28,5 Minuten. Promethium konnte aus neutronenbestrahltem Neodym in 54,5 Minuten abgetrennt werden [86]. Auf Zellulose-Dünnschichten gelang die Trennung von ^{144}Ce, ^{147}Pm und ^{152}Eu, die ^{154}Eu, inaktives Cer und Europium enthielten, mit 1,1 M α-Hydroxy-isobuttersäure bei pH 2,4 in 2 Stunden [87].

Die Nuklide seltener Erden, ferner ^{90}Sr und ^{137}Cs wurden auf dem

Papier Macherey und Nagel 214 bei 34 V/cm (2000 V, 200 mA) in einer Stunde getrennt. Als Elektrolyt diente ein Gemisch aus Pyridin (100 m*l*), Eisessig (10 m*l*), Wasser ad 1000 m*l* vom pH 6,0 [88]. Die Trennung von Americium und Europium sowie die Trennung von Americium oder Curium von den Lanthaniden wurde auf Whatman Nr. 3 MM bei 9000 V und 6 mA in 0,046 M α-Hydroxy-isobuttersäure 0,004 M Ammonium-α-hydroxy-isobutyrat, pH 3,2 getrennt [89]. Zur Trennung von Americium und Curium in 4 Stunden bei 3000 V und 30 mA wurde 0,001 M ÄDTA—0,01 M Glycin, pH 1,6 verwendet [89]. LEDERER trennte Lanthaniden in 1%iger Zitronensäure-Lösung bei 300 V und erzielte in 45 Minuten gute Ergebnisse [90]. SCHWEDOW und STEPANOW [16] trennten die seltenen Erden auf Quarzpulver als Träger und verwendeten hierzu Zitronensäure-Lösungen verschiedener Konzentrationen.

Die kontinuierliche Papierelektrophorese wurde ebenfalls zur Trennung der seltenen Erden und Aktiniden eingesetzt. LEDERER [91] trennte kontinuierlich Y und La, sowie La und Ac. Zur kontinuierlichen Trennung von Ce, Y, U, Sr, Cs, Nb und Zr verwendeten SATO u. Mitarb. [5] einen 0,1 M Milchsäure-Elektrolyten. SCHWEDOW und STEPANOW [92] trennten auf Quarzpulver in Zitronensäure-Lösung Y, Ce, Pr, Nd und Th mittels kontinuierlicher Elektrophorese. PUČAR und JAKOVAC [93] führten die Trennung von Gemischen radioaktiver seltener Erden (^{144}Ce, ^{160}Tb und ^{170}Tm bzw. ^{144}Ce, ^{152}Eu und ^{169}Yb) in einem modifizierten Apparat nach GRASSMANN und HANNIG bei 10 V/cm und 9 mA durch. Vom Substanzgemisch wurden kontinuierlich 0,2 m*l*/Std. aufgetragen. Als Elektrolyt diente 0,05 M Milchsäure.

4.1.2.5. Trennung der Kationen der IV. Gruppe

Die Trennung der Kationen der IV. und V, Gruppe wird in der Literatur der Papierelektrophorese oft gemeinsam behandelt. In Tab. 11 sind einige Trennbeispiele angeführt. Im allgemeinen kann gesagt werden, daß, wie auch aus der Tabelle hervorgeht, von den Ionen der IV. Gruppe papierelektrophoretisch Sr und Ba voneinander am schwersten zu trennen sind. Die Trennung der Erdalkalien von den Alkalimetall-Ionen ist leicht zu erzielen, da erstere mit Komplexbildnern als Anionen und letztere als Kationen wandern [94].

Tabelle 11

Trennung der Alkali-Erdmetall-Ionen mittels diskontinuierlicher Papierelektrophorese

Ionen	Versuchsbedingungen, Bemerkungen	Elektrolyt	Literatur
Ca^{2+}, Ba^{2+}; Ca^{2+}, Sr^{2+};		HPO_3, pH 1,5	[45, 49]
Ca^{2+}, Sr^{2+}, Ba^{2+}	In Zitronensäure oder NH_4OH-ÄDTA, pH 6, lassen sich Ca, Sr, Ba von den Alkalimetallen trennen, da sie zur Anode wandern	Zitronensäure, Weinsäure, Milchsäure	[94]
Mg^{2+}, Ba^{2+}, Ca^{2+}; Sr^{2+}, Ba^{2+}, Ca^{2+}	In anderen 0,1 N Elektrolyten gelang nur die Trennung binärer Systeme	0,1 N HCl	[95]
Ca^{2+}, Ba^{2+}; Ca^{2+}, Sr^{2+}; Mg^{2+}, Sr^{2+}; Mg^{2+}, Ba^{2+}		0,1 N HNO_3	[95]
Ca^{2+}, Mg^{2+}, Sr^{2+}; Ca^{2+}, Mg^{2+}, Ba^{2+}		0,1 N NH_4Cl	[95]
Mg^{2+}, Ca^{2+}, Sr^{2+}, Ba^{2+}		0,07 M Zitronensäure in 5 N NH_4OH	[50]
Ca^{2+}, Ba^{2+}; Ba^{2+}, La^{3+}		0,05 M Milchsäure	[79]
Mg^{2+}, Ca^{2+}, Sr^{2+}, Ba^{2+}	100 V/cm, 45 Min.	0,05 M Zitronensäure, pH 5,5	[44]
^{90}Sr, ^{90}Y	20 V/cm, 30 Min.	10^{-3} N HCl	[96]
Ca^{2+}, Sr^{2+}; Sr^{2+}, Ba^{2+}	Phosphathaltiges Ionenaustauscherpapier	0,1 M Essigsäure-Kaliumacetat + 0,1 M ÄDTA, pH 4–5	[97]

4.1.2.6. Trennung der Kationen der V. Gruppe

Der Einsatz der Papierelektrophorese zur Trennung der Ionen dieser Gruppe wird durch den Mangel entsprechender Nachweisreaktionen erschwert. HARASAWA und SAKAMOTO [98] trennten die Ionen der V. Gruppe – mit Ausnahme von K und Rb – in Ammoniumhydroxid bei 225 bzw. 500 V. GROSS [44] gelang die Trennung von Mg, Li, Na, K, Rb und Cs bei 100 V/cm in 37 Minuten. Als Elektrolyt wurde 0,1 M Ammoniumcarbonat-Lösung verwendet. SCHIER [23] benutzte zur Trennung der Alkalien 60 × 10 cm Streifen des Papiers Schleicher und Schüll 2043 b und die Lösung von 40 g NH_3/l. Die Substanzen wurden 20 cm vom anodischen Ende entfernt aufgetragen. Bei 1000 V dauerte die Trennung 10 bis 35 Minuten. Nach dem Trocknen der Streifen bei 110 °C wurden die Substanzen mittels einer auf pH 6 bis 7 eingestellten Universal-Indikatorlösung nachgewiesen. PIERCE und PECK [99] gebrauchten zur Elektrophorese Sinterschichten des Polyvinylchlorid-Vinylacetat-Copolymerpulvers »Corvic R 51/83« (ICI Ltd., London). Bei 25 V/cm wurden Na und K in 0,1%iger Essigsäure in 30 Minuten, Natrium und Cs in 0,1%igem Ammoniumacetat in 15 Minuten getrennt.

Natrium- und Lithiumisotopen konnten von BONNIN u. Mitarb. [25, 26, 100] mittels Papierelektrophorese getrennt werden. Die Trennung von Li-, Na-, Rb- und Cs-Isotopen erfolgte auf Asbestpapier bei 350 °C in der Natriumnitratschmelze [10, 27, 28, 101].

4.1.2.7. Trennung von V-, W-, Nb- und Ta-Ionen

Verfahren zur Trennung dieser Ionen voneinander und die Abtrennung von einigen anderen Ionen sind in Tab. 12 zusammengestellt. Auf Glaspulver-Trägern wurden in einer Kapillarsäule in K-Hydrogensulfat- und Pyrosulfatschmelzen die Trennungen verschiedener Ionenmischungen erprobt. In dem bei 203,5 °C schmelzenden Eutektikum aus 10 Mol% $KHSO_4$ und 90 Mol% $K_2S_2O_7$ wurde die Trennung von U(VI), Ti(IV), V(V) und Ce(III) bei 320–350 °C, 180–270 V und 60 mA vorgenommen. Ce(III) sowie zweiwertige Ionen wanderten zur Kathode, die anderen zur Anode [104].

Tabelle 12

Papierelektrophoretische Trennung von V^{5+}, W^{6+}, Mo^{6+}, Nb^{5+}, Ta^{5+} und Ti^{3+}

Ionen	Versuchsbedingungen, Bemerkungen	Elektrolyt	Literatur
Mo^{6+}, W^{6+}	100 V, 2 Std.	0,1 M Oxalsäure, pH 1,40	[102]
Nb^{5+}, Ta^{5+}	220 V(7,3 V/cm, 4 mA), 4–8 Std.	Zitronensäure-Kaliumzitrat, pH 3,42, $\mu = 0{,}4$	[103]
Nb^{5+}, Ta^{5+}	Trennung erfolgt als Na-Niobat und Na-Tantalat, Ta^{5+} wandert kaum	0,01 M Natriumborat – 0,01 M NaOH, 87,6:12,4, pH 8,20 oder 50:50, pH 10,15; 0,01 M NaOH	[102]
Ti^{4+}, V^{5+}, Mo^{6+}	110 V, 50 Min.; Ti^{4+}, V^{5+} wandern zur Kathode, Mo^{6+} zur Anode	0,5 N HCl mit 10% H_2O_2 Gehalt	[91]
Mo^{6+}, V^{5+}, Ti^{3+}	Hochspannung; Trennung auch von Ionen anderer Gruppen	0,05 M Zitronensäure, pH 2,9	[44]

4.1.2.8. Trennung komplexer Kationen

Die Papierelektrophorese wird vielfach zum Studium der Komplexbildung sowie der Struktur und Eigenschaften komplexer Ionen herangezogen. Eine systematische Behandlung des Materials ist in diesem Rahmen nicht möglich, die Bedeutung und der Umfang dieses Arbeitsgebietes sollen an einigen Beispielen veranschaulicht werden. Für Einzelheiten sei auf die Übersicht von Blasius und Preetz [129] verwiesen.

Jokl [105] studierte die Beweglichkeiten der Zentralionen löslicher Komplexe in einem, den Komplexbildner enthaltenden Grundelektrolyten in Abhängigkeit von der Änderung der Konzentration des komplexbildenden Ions. Die graphische Darstellung ist in Abb. 35 zu sehen. Die waagerechten Kurventeile geben die Konzentrationsbereiche an, in denen eine bestimmte Komplexstufe im Gleichgewicht vorliegt. In diesen Bereichen können aus den Beweglichkeitswerten Schlüsse auf die Zusammensetzung und Ladung des Komplexes gezogen werden. Die senkrecht verlaufenden Kurventeile lassen auf die Gegenwart zweier oder mehrerer Komplexstufen nebeneinander schließen. Aus den Beweglichkeitswerten, welche diesen Bereichen entsprechen, kann auf die Stabilität der sich bildenden Komplexe rückgeschlossen werden. Für die organischen Komplexe von Kupfer und Cobalt stellte Jokl folgende lineare Beziehung zwischen der

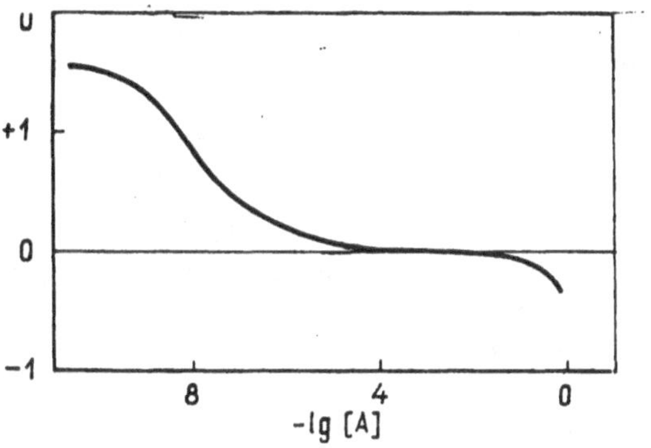

Abb. 35: Experimentell bestimmte Beweglichkeitskurve des Glycin-Kupferkomplexes nach JOKL [105]

$[A]$ – Konzentration des Glycinat-Ions; U — die auf $(C_2H_5)_4N^+$ bezogene Beweglichkeit. *Versuchsbedingungen:* $c_{Cu} = 5 \cdot 10^{-2}$ $c_{Glycin} = 5 \cdot 10^{-2}$ bzw. bei $[A] > 10^{-2}$: 1,0; $t = 20$ °C, $\mu = 0{,}1$ (Elektrolyt: KNO_3)

äquivalenten Beweglichkeit und dem Reziproken der Quadratwurzel des Molekulargewichts auf:

$$\frac{u}{z} = 14{,}7 \frac{1}{\sqrt{M}} - 0{,}29\,, \tag{42}$$

u = die elektrophoretische Beweglichkeit,
z = die Ladung des Ions,
M = das Molekulargewicht.

Eine allgemeine Beweglichkeitsgleichung wurde auch für die Aminosäurekomplexe der zweiwertigen Ionen abgeleitet. Eine graphische Methode zur annähernden *Bestimmung der Komplexbildungskonstanten* aus den elektrophoretischen Beweglichkeiten stellte JOKL ebenfalls auf [106].

VAN OOY und HOUTMAN [107] studierten mittels Hochspannungs-Elektrophorese die Reaktionen der Hexahalogenkomplexe von dreiwertigem Iridium in wäßrigen Lösungen bei pH 3 und bei Temperaturen von 25–110 °C. Die Elektrophorese der markierten Lösungen wurde bei 0 °C und 80 V/cm durchgeführt. Da die entsprechenden Komplexe des vierwertigen Iridiums auf dem Papier reduziert wurden, mußte die Elektrophorese auf Kieselgel-Dünnschichten in 0,1 N Salzsäure durchgeführt werden [108].

Bei der Trennung von Kobalt-ammin-Komplexionen fand MAKI [109], daß die Beweglichkeit der Ionen ihrer Ladung proportional und unabhängig vom pH-Wert des Elektrolyten ist. Er trennte die Ionen

$[Co(NH_3)_6]Cl_3$, $[Co(NH_3)_5NO_2]Cl_2$,
cis-$[Co(NH_3)_4(NO_2)_2]Cl$, trans-$[Co(NH_3)_4(NO_2)_2]Cl$,
$[Co(NH_3)_3(NO_2)_3]$, $[Co(NH_3)_2(NO_2)_4]K$ und $[Co(NO_2)_6]Na_3$.

Die Ionen $[Cr(H_2O)_6]^{3+}$, $[Cr(H_2O)_5Cl]^{2+}$ und $[Cr(H_2O)_4Cl_2]^+$ wurden in einem HCl—KCl-haltigen Elektrolyten bei 200 V in 2,5 Stunden getrennt [110]. Die Komplexe des Eisen(III)-rhodanids sind ebenfalls mittels Papierelektrophorese studiert worden [111].

Kawamura u. Mitarb. [112] trennten folgende Chromkomplexe:

$[Cr(H_2O)_6]_2(SO_4)_3$, $[Cr(H_2O)_6](ClO_4)_3$,
$[Cr(H_2O)_4(C_2O_4)]_2SO_4$, $[Cr(H_2O)_4(C_2O_4)]ClO_4$,
$[Cr(H_2O)_3(C_2O_4)(CH_3COO)]$, $K[Cr(H_2O)_2(C_2O_4)_2]$ und
$K_3[Cr(C_2O_4)_3]$.

Als Elektrolyt verwendeten sie 0,33 n $HClO_4$. Die Elektrophorese dauerte bei 500 V 1 Stunde. Die Wanderungsstrecken der untersuchten Kationen sowie der Anionen waren ihren Ladungen annähernd proportional. Die getrennten Ionen wurden auch quantitativ bestimmt [113]. Auch mit den Liganden SO_4^{2-}, SCN^- und NH_3^- gebildete Chromkomplexe waren Gegenstand von Untersuchungen [114].

Bighi und Trabanelli [115] trenntenKobalt-ammin- und Chromammin-Komplexe mittels kontinuierlicher Papierelektrophorese. Die Trennung von

$[Co(NH_3)_6]Cl_3$, $[Co(NH_3)_5Cl]Cl_2$,
$[Co(NH_3)_4(NO_2)_2]$ NO_2 und $[Co(NH_3)_3(NO_2)_3]$

wurde auf Whatman Nr. 3 MM-Papier in 0,25%iger NH_4Cl-Lösung bei 100 V bzw. 200 V und 30 mA in 12 Stunden durchgeführt. Zur Trennung von

$[Cr(NH_3)_5Cl]Cl_2$, $[Cr(NH_3)_3Cl_3]$ und $[Cr(NH_3)_6](NO_3)_3$

wurde eine 1%ige NH_4Cl-Lösung bei 200 V verwendet. Richtung und Geschwindigkeit der Wanderung entsprachen in allen Fällen den Ladungen der Ionen.

Mazzei und Lederer [116] studierten mittels Hochspannungs-Elektrophorese die Bildung von Ionenpaaren bei Kobaltkomplexen und ihre Rolle bei elektrophoretischen Trennungen. Die Trennungen liefen bei 1500 V und 15 °C 30 Minuten in verschiedenen Salzen ein- und mehrwertiger anorganischer und organischer Säuren als Elektrolyt. In Acetatpuffer wanderten Tris(äthylendiamin)kobalt(III)chlorid und Tris(dipyridyl)kobalt(III)chlorid mit nahezu gleicher Geschwindigkeit, obwohl dem Ionenvolumen des letzteren eine geringere Wanderungsgeschwindigkeit entsprechen würde. In Natriumperchlorat wanderten die beiden Komplexe mit den ihren Ionenvolumina entsprechenden Geschwindigkeiten. In zweiwertigen Elektrolyten bewegen sich die kleineren Komplexionen schneller als die größeren. Die Wechselwirkung zwischen den Komplexen und den zweiwertigen Ionen hängt von der Größe, Form und Ladung der Komplexe ab. Die cis- und trans-Paare der Komplexe konnten in zweiwertigen Elektrolyten ebenfalls gut getrennt werden. LEDERER und MAZZEI [117] studierten mit derselben Technik auch die Bildung von Ionenpaaren zwischen Komplexen des dreiwertigen Kobalts und organischen Anionen sowie zwischen anionischen komplexen Cyaniden und mehrwertigen Metallionen. Es wurde festgestellt, daß z. B. in Trichloracetat als Elektrolyt komplexe Kationen des Typs $[CoA_6]^{3+}$ als Anionen wandern. Andererseits verhalten sich Komplexe der Formel $[M(CN)_6]^{2-}$ in Aluminium- oder Zirkoniumchlorid-Lösung als Kationen.

MAČEK und PRIBIL [118] studierten das Verhalten der mit Komplexon gebildeten Komplexe von UO_2^{2+}, Cu^{2+} und Fe^{3+} in verschiedenen Elektrolyten.

Die Wanderung von Komplexen des Indiums und Galliums in 11 organischen Säuren wurde bei verschiedenen pH-Werten studiert [119]. Das elektrophoretische Verhalten des Indiums in Gegenwart von Chloridionen auf Glasfaserpapier in Salzsäurelösungen verschiedener Konzentrationen (10^{-3} M bis 3 M) sowie in kaliumchloridhaltiger Salzsäure war Gegenstand der Untersuchung. Bei der Elektrophorese bei 15 V/cm in konzentrierten HCl-Lösungen > 1 M wanderte Indium als Anion, bei 60 V/cm und 0,025 M HCl als Kation [120].

Bei der Elektrophorese von ^{233}Pa in 0,05 M Schwefelsäure bleiben 90% der Aktivität unbeweglich am Startpunkt zurück. Diese auch in Salzsäure zu beobachtende Erscheinung ist auf die Aggregation des Protactiniums zurückzuführen. In Gegenwart von 10^{-3} M Fluorid bleiben nur 18% der Aktivität am Startpunkt zurück, und bei 10^{-2} M Fluoridkonzentration wandert die ganze Aktivität als anionische Bande. Oxalationen verhindern ebenfalls die Aggregation [121].

MARCU [122] trennte ^{152}Eu, ^{147}Pm, ^{241}Am und ^{246}Cm durch elektrophoretische Fokussierung, als Komplexbildner wurde Natriumpolyphosphat verwendet. Zur Trennung von UO_2^{2+}, ^{90}Sr und ^{90}Y, sowie von UO_2^{2+} und ^{152}Eu mittels elektrophoretischer Fokussierung wurde Wein- oder Zitronensäure als Komplexbildner eingesetzt [123].

Das elektrophoretische Verhalten der Organometall-Kationen $(C_2H_5)_3Pb^+$ und $(C_2H_5)_2Pb^{2+}$ wurde in wäßrigen Lithiumchloridlösungen verschiedener Konzentrationen studiert [124].

4.1.2.9. Papierelektrophorese von Kationen-Gemischen verschiedener Gruppen

In der Praxis sind diese Trennverfahren von großer Bedeutung, gestatten sie doch den Nachweis von Kationen verschiedener Gruppen nebeneinander ohne Trennungsgang. CETINI [125] gebrauchte zur Elektrophorese eines aus 19 Kationen und 2 Metallanionen bestehenden Gemisches dreierlei Elektrolytlösungen:

1. 25 m*l* 4 N Milchsäure + 25 m*l* 2 N Na_2CO_3/*l*; *2.* 40,02 m*l* 0,2 N HCl und 250 m*l* 0,2 M Kaliumhydrogenphthalat/*l*; *3.* 468 m*l* 0,1 M Natriumzitrat und 532 m*l* 0,1 N Salzsäure.

Tabelle 13

Trennung von Kationen mittels Hochspannungs-Papierelektrophorese nach GROSS [126]

Kation	Wanderung zur Kathode, cm	Kation	Wanderung zur Kathode, cm
Einwertig		*Dreiwertig*	
Ag	6,0	Al	17,9
Hg	0,0	Bi	3,9
Cu	17,6	Ce	21,02
Tl	35,8	Fe	8,45
Cs	39,65	La	22,5
Li	20,2	Sb	0,0
Na	27,2	Ti	10,4
NH_4	39,1		
K	38,2		
Rb	39,7		
Zweiwertig		*Vierwertig*	
Ba	26,5	Ce	6,77
Be	16,5	Th	10,2
Ca	27,9	Ti	8,4
Cd	19,9	Zr	0,5
Co	21,9		
Cu	16,9		
Fe	21,2		
Mg	23,6		
Mn	21,9		
Ni	21,3		
Pb	21,75		
Sn	0,0		
Sr	24,9		
UO_2	8,95		
Zn	21,8		

100 V/cm, 0,75 M Ameisensäure, 20 Min.

GROSS [126] trennte eine große Anzahl von Kationen mit der Hochspannungs-Elektrophorese. Als Elektrolyt verwendete er eine 0,75 M Ameisensäure-Lösung, in der, wie aus Tab. 13 hervorgeht, sämtliche geprüften Kationen zur Kathode wandern. Die Trennzeit betrug 20 Minuten, die Feldstärke 100 V/cm und die Stromstärke 6 mA/cm. Das zwischen Platten gelagerte Papier wurde mit 1 atü belastet, die Temperatur des Kühlwassers war 11 °C und der Feuchtigkeitsgehalt des Filterpapiers 140%. In 0,1 M Ammoniumcarbonat, pH 8,9 konnte bei 80 V/cm nur im Falle ein- und zweiwertiger Kationen eine meßbare Wanderung beobachtet werden. DE VRIES u. Mitarb. [127] trennten ebenfalls in einem Gerät mit zwischen zwei Platten gelagerten Papierstreifen im 1 N Zitronensäure-Elektrolyt bei 30 V/cm in einer Stunde eine große Anzahl von Metallionen, darunter auch Metallanionen. Die auf Co^{2+} bezogenen relativen Beweglichkeitswerte sind in Tab. 14 angeführt.

Tabelle 14

Auf Co^{2+} bezogene Beweglichkeitswerte von Metallionen im 1 N Zitronensäure-Elektrolyten bei 30 V/cm in 1 Std., nach DE VRIES *u. Mitarb.* [127]

Ion	Relative Beweglichkeit	Ion	Relative Beweglichkeit
Tl^{+}	179±1	Al^{3+}	29±2
Ba^{2+}	120±3	In^{3+}	26±1
Sr^{2+}	119±2	UO_2^{2+}	17±2
Ca^{2+}	119±2	Ag^{+}	6±1
Mg^{2+}	118±1	Ga^{3+}	2±1
Mn^{2+}	113±3	Hg^{2+}	0
Fe^{2+}	107±1	AsO_3^{3-}	0
Cr^{3+}	100	Th^{4+}	−9±2
Co^{2+}	100	Bi^{3+}	−9±3
Cd^{2+}	96±2	Fe^{3+}	−18±3
Zn^{2+}	91±2	AsO_4^{3-}	−18±4
Be^{2+}	90±2	Sb^{3+}	−26±2
Ni^{2+}	85±2	CrO_4^{2-}	−28±1
Pb^{2+}	57±2	Au^{3+}	−42±2
Cu^{2+}	45±3	Sn^{4+}	−44±5
La^{3+}	45±3	Ti^{4+}	−45±3
Ce^{3+}	39±1	Zr^{4+}	−52±2
Y^{3+}	35±2	MoO_4^{2-}	−57±2

– Wanderung zur Anode

JOKL u. Mitarb. [128] trennten 64 Ionen in 0,05 M N-(2-Hydroxyäthyl)iminodiessigsäure-Lösungen bei verschiedenen pH-Werten. Die

Elektrophorese wurde auf Papierstreifen von 120% Feuchtigkeitsgehalt bei 15 V/cm und 20 °C durchgeführt. Die zu trennenden Ionen konnten als einfache Salze aufgetragen werden, da sich die Komplexbildung auf dem elektrolythaltigen Papier sofort nach dem Auftragen vollzog. Für die meisten Metallionen ergaben pH-Werte zwischen 2 und 3 die besten Trennungen.

Kationen verschiedener Gruppen wurden auch in Alkalinitrat- [130] bzw.-hydrogensulfat- und -pyrosulfatschmelzen [131] getrennt.

4.1.3. Trennung von Anionen

Das Schrifttum der Papierelektrophorese von Anionen ist wesentlich geringer als das der Kationen. Ein Grund hierfür liegt wohl darin, daß bei Anionen die durch Komplexbildung auftretende Änderung der Ladung und der Wanderungsrichtung nicht ausgenutzt werden kann. Die Trennung der Anionen wird nicht nach der analytischen Gruppeneinteilung behandelt, da die Mehrzahl der in der Literatur beschriebenen Verfahren die Trennung von Gemischen verschiedener Gruppen betrifft. Einige Beispiele zur Trennung von Anionen sind in Tab. 15 angeführt.

BIGHI und TRABANELLI [73] trennten Thionate ($S_3O_6^{2-}$, $S_4O_6^{2-}$, $S_5O_6^{2-}$) mittels kontinuierlicher Papierelektrophorese in 1%iger Natrium-kaliumtartrat-lösung bei 20 °C und 12 mA in 12 Stunden. SANSONI und KLEMENT [143] führten die kontinuierliche Papierelektrophorese von Polyphosphaten im Natriumborat-Natriumhydroxid-Puffer, pH 10, durch.

Tabelle 15

Trennung von Anionen mittels diskontinuierlicher Papierelektrophorese

Ionen	Versuchsbedingungen, Bemerkungen	Elektrolyt	Literatur
SO_3^{2-}, $S_2O_3^{2-}$	In photographischer Gelatine auch von anderen reduzierenden Substanzen getrennt	0,2 M Na_2HPO_4+ 0,1 M Zitronensäure, pH 7	[132]
Thiosulfat, Tri-, Tetra-, Pentathionate, Seleno- und Telluro-Di- und Tetrathionate	Beweglichkeit nimmt mit zunehmender S-Atomzahl ab; Beweglichkeit von Se- und Te-Verbindungen kleiner als von entsprechenden S-Verbindungen	0,05 M Kaliumhydrogenphthalat, pH 4,2 und 6,2	[133]

(Fortsetzung von Tab. 15)

Ionen	Versuchsbedingungen, Bemerkungen	Elektrolyt	Literatur
SeO_3^{2-}, SeO_4^{2-} TeO_3^{2-}, TeO_4^{2-}	7,5 V/cm, 3 Std.	0,4 N Na_2SO_4	[134]
SeO_3^{2-}, TeO_3^{2-}	2 Std., Se wandert nicht, Te wandert zur Kathode	0,5 N HCl	[135]
NH_4^+, $N_2H_6^{2+}$, NH_3OH^+, NO_3^-, NO_2^-, $N_2O_3^{2-}$, $N_2O_2^{2-}$	Trennung in drei Schritten	0,001 N H_2SO_4; Na_2SO_4 – NaOH; Na_2SO_4 – NaOH – – $Fe(OH)_3$; Na_2SO_4 – Ag_2SO_4	[136]
$H_2PO_4^-$, HPO_4^{2-}, PO_4^{3-}	Nachweis der Wanderung mit radioaktivem Phosphat	Phosphorsäure	[137]
SO_4^{2-}, PO_4^{3-}	150 V, 30 mA; Phosphat wandert kaum, Sulfat schnell zur Anode	0,5 N HCl	[135]
Kondensierte Phosphate	Hochspannungsverfahren	NaOH - Borat	[138]
Phosphat-Silikat		Natriumborat – NaOH	[102]
Cl^-, Br^-, J^-	300 V, 10 Min.; Reihenfolge von Br und J Funktion der Elektrolytkonzentration; auch zweidimensional mit Chromatographie	0,25 M Milchsäure	[139]
J^-, JO_3^-, JO_4^-	Studium der Umwandlung von ^{132}Te zu ^{132}J	0,01 – 1,0 N NaOH	[140]
JO_4^-, TeO_3^{2-} JO_3^-, $^-J^-$	Wie oben, Hochspannung	NaCl, $<$ 0,5 N	[140]
JO_4^-, JO_3^-	3 – 400 V, 1,5 – 2 Std. Gips-Dünnschicht, auch quantitative Bestimmung	0,05 M $(NH_4)_2CO_3$	[141]
$Fe(CN)_6^{3-}$, $Fe(CN)_6^{4-}$ CNS^-, $Cr_2O_7^{2-}$, PO_4^{3-}	20 Min.; $Cr_2O_7^{2-}$ wird während der Elektrophorese zersetzt	0,5 M Milchsäure	[142]
$Fe(CN)_6^{4-}$, $Fe(CN)_6^{3-}$	5 V/cm, 30 bzw. 50 Min. $Fe(CN)_6^{4-}$ wandert 11 bzw. 23 mm; $Fe(CN)_6^{3-}$ 22 bzw. 34 mm	0,5 N HCl, 0,1 N KCl	[135, 32]

JAKOVAC und LEDERER [19] trennten eine größere Anzahl von Anionen, darunter auch Metall-Anionen in 2%igem $(NH_4)_2CO_3$-Elektrolyten bei 150 V in einer Stunde. GRASSINI und LEDERER [144] verwendeten zur Trennung bei 240 V 0,1 N NaOH. Die Wanderungswerte bei beiden Verfahren sind in Tab. 16 dargestellt. GROSS [145] trennte Anionen mittels Hochspannungselektrophorese auf Whatman 3 MM in 0,1 M $(NH_4)_2CO_3$ bei 100 V/cm. Die Temperatur des Kühlwassers war 12 °C, die Trennzeit 20 Minuten. Die Trennung von Br^- und Cl^- nahm auf längeren Papierstreifen 35 Minuten in Anspruch. Die auf Cl^- bezogenen Wanderungswerte sind in Tab. 17 angeführt. MOGHISSI [17] setzte die Dünnschicht-Hochspannungselektrophorese auf Kieselgel-Träger zur Trennung von Anionen ein. In 0,1 N NaOH nahm die Trennung bei 45 V/cm nur einige Minuten in Anspruch. TAKITANI u. Mitarb. [146] trennten 19 anorganische Ionen und Oxalat auf stärkehaltigen Kieselgelschichten (Macherey und Nagel Silicagel S-HR) in 0,05 N Na_2CO_3-Lösung. Bei 1000 V/30 cm dauerte die Trennung 20 Minuten. BLASIUS u. Mitarb. [147, 148, 149] studierten mittels Hochspannungspapierelektrophorese die bei der WACKENRODERschen Reaktion entstehenden Schwefelverbindungen.

Tabelle 16

Elektrophoretische Wanderungswerte von Anionen nach LEDERER *sowie* GRASSINI *und* LEDERER [20, 144]

Anion	Wanderung, mm		Anion	Wanderung, mm	
	a	*b*		*a*	*b*
			F^-	67	60–61
BO_3^{3-}	33	30–32	SCN^-	64	72–77
AsO_3^{3-}	36,5	23–27	SO_3^{2-}	70	62–69
AsO_4^{3-}	61	51–54	$S_2O_3^{2-}$	86	86–89
PO_4^{3-}	59	46–48	SO_4^{2-}	78	73–81
$P_2O_7^{4-}$	57	–	$S_2O_8^{2-}$	80	85
NO_2^-	83	92	SeO_3^{2-}	60	58–60
NO_3^-	83	81–84	TeO_3^{2-}	49	49–52
Cl^-	80	90–91	TeO_4^{2-}	38, Tailing	0
ClO_3^-	76	72–76	$[Fe(CN)_6]^{4-}$	85	73–77
ClO_4^-	–	73–80	$[Fe(CN)_6]^{3-}$	72	79–80
Br	83	92–96	VO_3^-	60	–
BrO_3^-	67	60–65			
J^-	82	96–101	MoO_4^{2-}	61	–
JO_3^-	50	40–42			
JO_4^-	2 Flecke, 0 und 11, Tailing	5–15, Tailing bis 40			

a) 150 V, 1 Std., 2%iges $(NH_4)_2CO_3$,
b) 240 V 1 Std., 0,1 N NaOH

Tabelle 17

Elektrophoretische Beweglichkeitswerte von Anionen bei der Hochspannungs-Papierelektrophorese nach GROSS [145]

Anion	Relative Wanderungs-strecke ($Cl^- = 1{,}00$)**	Beweglichkeit $cm^2\ V^{-1}s^{-1} \cdot 10^5$		Bemerkung
		18 °C*	25 °C*	
Cl^-	1,00	65,4	76,3	
Br^-	1,03	67,5		
J^-	0,96	66,0		
F^-	0,71	46,6		
ClO_4^-	0,85	58,3		
ClO_3^-	0,84	55,0		
NO_2^-	0,95	—	71,84	
NO_3^-	0,91	61,8	71,2	
S^{2-}	0,92	—		Tailing
SO_3^{2-}	0,71	—	72,0	
SO_4^{2-}	0,84	68,3	79,8	
$S_2O_3^{2-}$	0,92	—	85,0	
$S_2O_5^{2-}$	0,71	—		
$S_2O_8^{2-}$	0,92	—	86,0	
PO_4^{3-}	0,56	—		Tailing
BrO_3^-	0,73	48,2		
JO_3^-	0,49	34,0		
SCN^-	0,81	56,5		
$Fe(CN)_6^{3-}$	0,96	—		
$Fe(CN)_6^{4-}$	0,87	—		

0,1 M $(NH_4)_2CO_3$, 100 V/cm, 20 min, 13 mA/cm; Kühlwassertemperatur 12 °C. —

* Aus Literaturangaben, freie Elektrophorese

Absolute Beweglichkeit von Cl^- in der freien Elektrophorese $31{,}2 \times 10^{-5}$ (12—14 °C); $34{,}6 \times 10^{-5}$ (18—20 °C)

4.1.4. *Nachweis anorganischer Ionen nach der papierelektrophoretischen Trennung*

Am einfachsten und bequemsten werden die getrennten Ionen direkt auf dem Papier nachgewiesen, deshalb soll hier auf die Nachweisverfahren nach Elution nicht eingegangen werden, obwohl solche oft zum Einsatz gelangen. Z. B. werden, Nachweis und quantitative Bestimmung von Alkalimetall-Ionen nach Elution mittels Flammenphotometrie durchgeführt. In den meisten Fällen, auch bei Anwendung von Elutionsverfahren, ist es nötig, die Lage der nachzuweisenden Substanzen auf dem Papier zu bestimmen. Es werden einige Nachweisreagenzien beschrieben, welche die Sichtbarmachung der den einzelnen Ionen entsprechenden Zonen am Papier ermöglichen. Das Papier wird entweder mit den Reagenzlösungen besprüht oder eingetaucht. Reagenzien in Gas- oder Dampfform werden, da ihre Anwendung umständlicher ist, seltener eingesetzt. Am zweckmäßigsten werden Gruppenreagenzien angewandt, mit welchen gleichzeitig mehrere getrennte Ionen nachgewiesen werden können. Spezifische Reagenzien für einzelne Ionen werden nicht behandelt. Sie können in der Broschüre der Fa. Merck [150], und für Kationen in der Arbeit von De Vries u. Mitarb. [127] gefunden werden.

4.1.4.1. Nachweis von Kationen

Reagenzien und ihre Anwendung

Alizarin [127]: Die gesättigte Lösung in 96%igem Alkohol wird zum Besprühen des Papiers verwendet. In Ammoniakatmosphäre entwickelt sich die Färbung. Danach wird mit gesättigter wäßriger Lösung von Borsäure besprüht. Dabei ändert sich die Farbe einiger Ionenflecken. Alkali- und Erdalkali-Ionen reagieren — mit Ausnahme von Li, Mg und Ca — nicht, auch Cr^{3+}, Cd, Ag, AsO_3^{3-}, AsO_4^{3-} und MoO_4^{2+} geben keine Reaktion.

Oxin [90, 127]: Das Papier wird mit der 1%igen Lösung des 8-Oxychinolin in 80%igem Äthanol besprüht, danach mit Ammoniak behandelt und im UV-Licht beobachtet. Die Farbflecken zahlreicher Kationen sind auch bei Tageslicht sichtbar. Cr^{3+}, AsO_3^{3-} und AsO_4^{3-} reagieren nicht. Das Reagenz eignet sich auch zum Nachweis einer Anzahl seltener Erden.

Dithizon [127]: Zum Nachweis von Schwermetallionen wird eine 0,025%ige Lösung des Reagenzes in 80%igem Aceton verwendet, nach dem Besprühen wird das Papier in eine Ammoniakatmosphäre gebracht.

Kojisäure [150]: 0,1 g in 100 *ml* 60%igem Äthanol werden als Sprühmittel benutzt. Die Metallionenflecken fluoreszieren im UV-Licht.

Morin [127, 150]: Nach Besprühen mit einer 1%igen Reagenzlösung in Eisessig zeigen Al^{3+}-Ionen im UV-Licht eine grüne Fluoreszenz. Nach dem Besprühen mit dem Gemisch von 1 Teil 1%iger Morinlösung in 96%igem Äthanol und 4 Teilen konzentrierter Salzsäure kann im UV-Licht die gelbe Fluoreszenz von In^{3+}, Ga^{3+}, Th^{4+}, Sb^{3+}, Ti^{4+} und Zr^{4+} beobachtet werden.

Quercetin [150]: Nach Besprühen mit der 0,2%igen Lösung des Reagenzes in 96%igem Äthanol können in Ammoniakatmosphäre im filtrierten UV-Licht Sb, Cu, Ni, Fe, Cr, Mn, K, Li und Be nachgewiesen werden.

Chloranilsäure [127]: Das Elektropherogramm wird in die 0,1%ige Reagenzlösung in Äther getaucht und danach mit reinem Äther gewaschen. Im UV-Licht gibt eine große Anzahl von Kationen verschiedene Farbeffekte.

Rubeansäure [150]: Das Papier wird mit einer 0,5%igen Rubeansäurelösung in 96%igem Äthanol besprüht. Das angetrocknete Elektropherogramm wird in eine Ammoniakatmosphäre gebracht, wo die Flecken von Cu, Co, Ni und Mn sichtbar werden.

Dithio-oxamid [127]: Mit gesättigter Lösung des Reagenzes in 96%igem Äthanol wird besprüht. Dann werden die Papierstreifen in eine Ammoniak-Atmosphäre gehängt. Tl, Co, Ni, Pb, Cu, Ag, Bi, Sb und Au geben — in den meisten Fällen braune — Farbflecken.

Schwefelwasserstoff [127]: Zum Nachweis der Kationen der I. und II. Gruppe werden die Papierstreifen zuerst mit Zitronensäurelösung angesäuert und dann in eine Schwefelwasserstoff-Atmosphäre gehängt. Falls nachher das Papier noch in eine Ammoniak-Atmosphäre gebracht wird, können auch die mit $(NH_4)_2S$ reagierenden Kationen der III. Gruppe nachgewiesen werden. Zum Nachweis der Kationen der I. und II. Gruppe eignet sich auch eine frisch bereitete 0,5%ige wäßrige Na_2S-Lösung.

Diphenylcarbazid [150]: Zum Nachweis von Ag, Pb, Cu, Sn, Mn, Zn und Ca wird das Papier mit einer 1%igen Lösung in 96%igem Alkohol besprüht und dann getrocknet. Danach besprüht man mit 25%iger Ammoniumhydroxid-Lösung.

Diphenylcarbazon [150]: Man benützt eine gesättigte Lösung in 96%igem Äthanol. Nach dem Besprühen muß mit 25%iger Ammoniumhydroxid- oder 1 N Natriumhydroxid-Lösung nachgesprüht werden. Mit dem Reagenz sind Ag, Zn und Cd nachzuweisen.

Violursäure [150]: Die 1,5%ige wäßrige Lösung eignet sich zum Nachweis von Alkali- und Erdalkali-Ionen. Die besprühten Elektropherogramme müssen 30 Minuten bei 100 °C entwickelt werden. Die Violursäure ist eine sehr schwache Säure; falls die zu prüfende Lösung eine stärkere Säure als Essigsäure enthält, reagiert sie nicht.

J_2-Dämpfe [151]: J_2 eignet sich zum Nachweis von K, Na, Li und Mg.

Ninhydrin [152]: Die 0,1%ige Lösung in Äthanol wird als Sprühreagenz verwendet. Die Papierstreifen werden danach 10 Minuten lang bei 80 °C gehalten: K, Na, Li, Ca und Mg ergeben eine ähnliche Farbreaktion wie die Aminosäuren.

4.1.4.2. Reagenzien zum Nachweis von Anionen

Als Universal-Reagenzien können Säure-Basen-Indikatoren, z. B. eine 0,05%ige Bromkresolpurpur-Lösung in 90%igem Äthanol eingesetzt werden [145]. Sonstige Reagenzien:

2,6-Dichlorphenol-Indophenol-Natrium [150]: 0,2 g werden in 100 m*l* 96%igem Äthanol gelöst, dann mit 3 g $AgNO_3$ geschüttelt und filtriert.

Ammoniummolybdat-Perchlorsäure-Reagenz [150] zum Nachweis von Phosphorsäuren. *Lösung I:* 3 g $(NH_4)_2MoO_4$ in 225 m*l* Wasser + 30 m*l* NH_4Cl und 15 m*l* 60%ige Perchlorsäure. *Lösung II:* 0,2 g $SnCl_2$ in 5 m*l* 36%iger Salzsäure werden mit Wasser auf 250 m*l* verdünnt. Die Lösung ist frisch zu bereiten. Nach Besprühen mit Lösung I muß das Elektropherogramm 3 bis 5 Minuten bei 105 °C getrocknet und dann mit Lösung II besprüht werden.

Ammoniak-Silbernitrat [73, 142] eignet sich zum Nachweis von Ferrocyanid, Ferricyanid, Rhodanid, Thionaten usw.

0,01 N J_2-Lösung [132] kann zum Nachweis von Sulfit und Thiosulfat verwendet werden.

4.1.5. Quantitative Bestimmung

Für die quantitative Bestimmung stellte Maki [153] im Falle von Ba^{2+} und Al^{3+}-Ionen eine lineare Beziehung zwischen der Zonenlänge der getrennten Substanzen und ihren Konzentrationen fest. Ein ähnlicher Zusammenhang wurde auch bei der Elektrophorese von $[Co(NH_3)_6]^{3-}$ und $[Fe(CN)_6]^{4-}$-Ionen gefunden. In letzterem Falle war die Länge der getrennten Zonen auch dem reziproken Wert der Ionenstärke des Puffers proportional [154].

Literatur

[1] Lederer, M.: «*Progrès récents de la chromatographie*», II: «*Chimie minérale*», Paris, 1952
[2] Lederer, M.: Mikrochim. Acta *1—6*, (1956), 43
[3] Lederer, M., Michl, H., Schloegl, K., Siegel, A.: »*Anorganische chromatographische Methoden: Anorganische Chromatographie und Elektrophorese (Handbuch der mikrochemischen Methoden)*«, Bd. III, Verlag Springer, Berlin, 1961
[4] Bailey, R. A., Yaffe, L.: Chromatogr. Reviews *3* (1961), 158
[5] Sato, T. R., Norris, W. P., Strain, H. H.: Analyt. Chem. *26* (1954), 267
[6] Strain, H. H., Sullivan, J. C.: Analyt. Chem. *23* (1951), 816

[7] Shukla, S. K., Adloff, J. P.: J. Chromatogr. *8* (1962), 501
[8] Lederer, M., Cook, I.: Australian J. Sci. *14* (1951), 56
[9] Napolski, S. A.: Trudi Vsesojus. Soweschtschanja Chromatogr. Akad. Nauk SSSR, Otdel Chim. Nauk (1950), 147
[10] Chemla, M., Bonnin, A.: Compt. rend. *241* (1955), 1288
[11] Chemla, M., Sue, P.: Compt. rend. *236* (1953), 2397
[12] Spiegler, K. S., Coryell, C. D.: Science *113* (1951), 546
[13] Alberti, G., Conte, A., Grassini, G., Lederer, M.: J. electroanalyt. Chem. *4* (1962), 301
[14] Alberti, G., Allulli, S., Modugno, G.: J. Chromatogr. *15* (1964), 420
[15] Alberti, G., Allulli, S.: Chromatogr. Reviews *10* (1968), 99
[16] Schwedow, W. P., Stepanow, A. W.: Radiochimia *1* (1960), 65; Re.: J. Chromatogr. *8* (1962), D_1
[17] Moghissi, A.: Analyt. Chim. Acta *30* (1964), 91
[18] Casinovi, G. C., Lederer, M.: J. Chromatogr. *2* (1959), 216
[19] Jakovac, Z., Lederer, M.: J. Chromatogr. *2* (1959), 658
[20] Lederer, M.: Analyt. Chim. Acta *17* (1957), 606
[21] Werner, G., Westphal, O.: Angew. Chem. *67* (1955), 251
[22] Wieland, Th., Pfleiderer, G.: Angew. Chem. *69* (1957), 199
[23] Schier, O.: Angew. Chem. *68* (1956), 63
[24] Chemla, M.: J. Chromatogr. *1* (1958), 2
[25] Bonnin, A., Chemla, M., Sue, P.: Compt. rend. *241* (1955), 40
[26] Bonnin, A., Chemla, M.: Compt. rend. *243* (1956), 1112
[27] Chemla, M.: Compt. rend. *242* (1956), 1450
[28] Mangalo, C., Arnikar, H. J., Chemla, M.: Compt. rend. *244* (1957), 2796
[29] Schumacher, E.: Helv. chim. Acta *40* (1957), 2322
[30] Schumacher, E., Friedli, W.: Helv. chim. Acta *43* (1960), 1706
[31] Lederer, M., Ward, F. L.: Australian J. Sci. *13* (1951), 114
[32] Lederer, M., Ward, F. L.: Analytica chim. Acta *6* (1952), 355
[33] Lederer, M.: "*Paper Electrophoresis*", Elsevier Publishing Company, Amsterdam, 1957
[34] Lederer, M.: Compt. rend. *236* (1953), 200
[35] Macek, K., Pribil, R.: Chem. Listy *49* (1955), 367
[36] Miller, J., Pickering, W. F., Ward, L. F.: Analytica chim. Acta *14* (1956), 538
[37] Chakrabortty, H. C.: J. Chromatogr. *5* (1961), 121
[38] Pučar, Z.: Analytica chim. Acta *17* (1957), 476
[39] Pučar, Z., Jakovac, Z.: J. Chromatogr. *2* (1959), 320
[40] Majumdar, A. K., Singh, B. R.: Analyt. chim. Acta *17* (1957), 541
[41] Majumdar, A. K., Singh, B. R.: Analyt. chim. Acta *18* (1958), 220
[42] Pučar, Z.: Analyt. chim. Acta *18* (1958), 290
[43] Maki, M.: Japan Analyst *3* (1954), 39; Ref.: Chem. Abstr. *48* (1954), 6901a
[44] Gross, D.: Nature [London] *180* (1957), 596
[45] Maki, M.: Japan Analyst *4* (1955), 304
[46] Strain, H. H.: Analyt. Chem. *30* (1958), 228
[47] Šmirous, F., Čeleda, J.: Coll. Czech. chem. Commun. *33* (1968), 1017
[48] Maki, M.: Japan Analyst *3* (1954), 393; Ref.: Chem. Abstr. *49* (1955), 15614f
[49] Maki, M.: Japan Analyst *4* (1955), 21; Ref.: Chem. Abstr. *50* (1956), 4716e
[50] Nakano, S.: J. Chem. Soc. Japan, pure Chem. Sect. *73* (1952), 912

[51] MAJUMDAR, A. K., CHAKRABARTTY, M. M.: Analyt. chim. Acta *17* (1957), 228
[52] MacNEVIN, W. M., DUNTON, M. L.: Analyt. Chem. *29* (1957), 1806
[53] MUKERJEE, H. G.: Z. analyt. Chem. *157* (1957), 411
[54] ANDERSON, J. R. A., LEDERER, M.: Analyt. chim. Acta *6* (1952), 472
[55] DAS, M. K., MAJUMDAR, A. K., CHAKRABARTTY, M. M.: Mikrochim. Acta (1965), 1124
[56] LEDERER, M.: J. Chromatogr. *1* (1958), 279
[57] SHUKLA, S. K.: J. Chromatogr. *1* (1958), 457
[58] MUKERJEE, H. G.: Z. analyt. Chem. *156* (1957), 184
[59] MUKERJEE, H. G.: Z. analyt. Chem. *157* (1957), 268
[60] MUKERJEE, H. G.: Z. analyt. Chem. *159* (1958), 287
[61] BEEN, U., HØYE, A.: J. Chromatogr. *17* (1965), 631
[62] MAKI, M.: Japan Analyst *4* (1955), 302; Ref.: Chem. Abstr. *50* (1956), 12725 d
[63] BROM, F.: Chem. Listy *49* (1955), 938
[64] CAVALLARO, L., BIGHI, C., TRABANELLI, G.: Ann. chim. *47* (1957), 189
[65] MAJUMDAR, A. K., SINGH, B.: Analyt. chim. Acta *19* (1958), 520
[66] MAKI, M.: Japan Analyst *4* (1955), 156
[67] MUKERJEE, H. G.: Z. analyt. Chem. *156* (1957), 189
[68] KERTES, S., LEDERER, M.: Analyt. chim. Acta *16* (1957), 40
[69] OHARA, E., NAGAI, H.: J. chem. Soc. Japan, pure Chem. Sect. *73* (1952), 924
[70] STRAIN, H. H.: Analyt. Chem. *24* (1952), 356
[71] LINGREN, W. E., REECK, G. A., MARSON, R. J.: Analyt. Chem. *40* (1968), 1585
[72] BIGHI, C., TRABANELLI, G., PANCALDI, G.: Ann. chim. *48* (1958), 1128
[73] BIGHI, C., TRABANELLI, G.: Ann. chim. *47* (1957), 195
[74] MAKI, M.: Japan Analyst *5* (1956), 571; Ref.: Chem. Abstr. *51* (1957), 3351 g
[75] SATO, T. R., DIAMOND, H., NORRIS, W. P., STRAIN, H. H.: J. Am. chem. Soc. *74* (1952), 6154
[76] LEDERER, M.: J. Chromatogr. *1* (1958), 86
[77] HERRERO-LANCINA, M.: J. Chromatogr. *2* (1959), 438
[78] MICHL, H.: Chromatogr. Reviews *1* (1959), 11
[79] SATO, T. R., NORRIS, W. P., STRAIN, H. H.: Analyt. Chem. *27* (1955), 521
[80] VERNOIS, J.: J. Chromatogr. *2* (1959), 155
[81] DE CARVALHO, R. A. G.: J. Chromatogr. *18* (1965), 381
[82] BÄCHMANN, K.: Radiochim. Acta *4* (1965), 124
[83] AITZETMÜLLER, K., BUCHTELA, K., GRASS, F., HECHT, F.: Mikrochim. Acta (1964), 1089
[84] AITZETMÜLLER, K., BUCHTELA, K., GRASS, F., HECHT, F.: Mikrochim. Acta (1966), 1101
[85] AITZETMÜLLER, K., BUCHTELA, K., GRASS, F.: J. Chromatogr. *22* (1966), 431
[86] GRASS, F., AITZETMÜLLER, K., BUCHTELA, K.: Z. analyt. Chem. *228* (1966), 261
[87] BÄCHMANN, K., GÖRISCH, H.: J. Chromatogr. *23* (1966), 336
[88] PETER, G.: Atompraxis *13* (1967), 116
[89] KRAAK, W., WALS, G. D.: J. Chromatogr. *20* (1965), 197
[90] LEDERER, M.: Compt. rend. *236* (1953), 200
[91] LEDERER, M.: Analyt. chim. Acta *8* (1953), 259
[92] SCHWEDOW, W. P., STEPANOW, A. W.: Radiochimia (russ.) *1* (1959), 112
[93] PUČAR, Z., JAKOVAC, Z.: J. Chromatogr. *3* (1960), 477
[94] EVANS, G. H., STRAIN, H. H.: Analyt. Chem. *28* (1956), 1560

[95] Majumdar, A. K., Singh, B. R.: Analyt. chim Acta *20* (1959), 275
[96] Kawamura, Sh., Izawa, M.: Bull. chem. Soc. Japan *39* (1966), 624
[97] Sélégny, E., Fenyő, J. C.: Bull. soc. chim. France (1966), 3439
[98] Harasawa, Sh., Sakamoto, T.: J. chem. Soc. Japan, pure Chem. Sect. *74* (1953), 862
[99] Pierce, T. B., Peck, P. F.: Analyst *89* (1964), 662
[100] Bonnin, A.: Compt. rend. *244* (1957), 2708
[101] Arnikar, H. J.: Compt. rend. *244* (1957), 2241
[102] Blasius, E., Czekay, A.: Z. analyt. Chem. *156* (1957), 81
[103] Bruninx, E., Eeckhout, J., Gillis, J.: Analyt. chim. Acta *14* (1956), 74
[104] Kühnl, H., Khan, M. A.: J. Chromatogr. *23* (1966), 149
[105] Jokl, V.: J. Chromatogr. *13* (1964), 451
[106] Jokl, V.: J. Chromatogr. *14* (1964), 71
[107] van Ooy, W. J., Houtman, J. P. W.: Radiochim. Acta *7* (1967), 115
[108] van Ooy, W. J., Houtman, J. P. W.: Z. analyt. Chem. *236* (1968), 407
[109] Maki, M.: Japan Analyst *4* (1955), 217; Ref.: Chem. Abstr. *50* (1956), 10596 f
[110] Maki, M.: Japan Analyst *4* (1955), 547; Ref.: Chem. Abstr. *50* (1956), 16529 l
[111] Maki, M.: Japan Analyst *5* (1956), 138; Ref.: Chem. Abstr. *50* (1956), 16529 i
[112] Kawamura, A., Okamura, H., Kaneko, N.: Japan Analyst *4* (1955), 158; Ref.: Chem. Abstr. *50* (1956), 10610 b
[113] Kawamura, A., Okamura, H.: Japan Analyst *4* (1955), 166, Ref.: Chem. Abstr. *50* (1956), 10610 b
[114] Kawamura, A., Okamura, H.: Japan Analyst *4* (1955), 163; Ref.: Chem. Abstr. *50* (1956), 10610 b
[115] Bighi, C., Trabanelli, G.: Ann. chim. *47* (1957), 743
[116] Lederer, M., Mazzei, M.: J. Chromatogr. *31* (1967), 196
[117] Mazzei, M., Lederer, M.: J. Chromatogr. *35* (1968), 201
[118] Macek, K., Pribil, R.: Coll. Czech. chem. Commun. *20* (1955), 715
[119] Bailey, R. A., Steger, A.: J. Chromatogr. *18* (1965), 374
[120] Denni, R., Adloff, J. P.: J. Chromatogr. *26* (1967), 350
[121] Venkateswarlu, K. S., Subramanyan, V.: Radiochim. Acta *5* (1966), 174
[122] Marcu, G.: Studia Univ. Babeş-Bolyai, Ser. Chim. *11* (1966), 61; Ref.: Z. analyt. Chem. *233* (1968), 365
[123] Marcu, G., Lehrer, C.: Studia Univ. Babeş-Bolyai, Ser. Chim. *11* (1966), 67; Ref.: Z. analyt. Chem. *233* (1968), 367
[124] Giustiniani, M., Faraglia, G., Barbieri, R.: J. Chromatogr. *15* (1964), 207
[125] Cetini, G.: Atti Acad. sci. Torino *91* (1956–57); Ref.: J. Chromatogr.
[126] Gross, D.: J. Chromatogr. *10* (1963), 221
[127] De Vries, G., Schütz, G. P., van Dalen, E.: J. Chromatogr. *13* (1964), 119
[128] Jokl V., Undeutsch, M., Majer, J.: J. Chromatogr. *26* (1967), 208
[129] Blasius, E., Preetz, W.: Chromatogr. Rev. *6* (1964), 191
[130] Alberti, G., Allulli, S., Palazzeschi, L.: J. Chromatogr. *31* (1967), 519
[131] Kühnl, H., Khan, M. A.: J. Chromatogr. *23* (1966), 149
[132] Wood, H. W.: Nature [London] *175* (1955), 1084
[133] Wood, H. W.: Chem. and Ind. *1956*, 468
[134] Vesely, F., Šmirous, F., Veprek-Siska, J.: Chem. Listy *49* (1955), 1661

[135] LEDERER, M.: Chem. and Ind. *1954*, 1481
[136] VEPREK-SISKA, J., ŠMIROUS, F., PLISKA, V., VESELY, F.: Coll. Czech. chem. Commun *24* (1959), 1385
[137] ENGELCKE, J. L., STRAIN, H. H.: Analyt. Chem. *26* (1954), 1872
[138] SANSONI, B., BAUMGARTNER, L.: Z. analyt. Chem. *158* (1957), 241
[139] NAGAI, H.: Kumamoto J. Sci., Ser. A *2* (1954), 103; Ref.: Chem. Abstr. *50* (1956), 13655 g
[140] SHUKLA, S. K., BACHER, M., ADLOFF, J. P.: J. Chromatogr. *10* (1963), 93
[141] DOBICI, F., GRASSINI, G.: J. Chromatogr. *10* (1963), 98
[142] NAGAI, H., KURATA, SH.: J. chem. Soc. Japan, pure Chem. Sect. *77* (1956), 451
[143] SANSONI, B., KLEMENT, R.: Angew. Chem. *66* (1954), 598
[144] GRASSINI, G., LEDERER, M.: J. Chromatogr. *2* (1959), 326
[145] GROSS, D.: Chem. and Ind. (1957), 1597
[146] TAKITANI, S., SUZUKI, M., FUJITA, N., HOZUMI, K.: Japan Analyst *15* (1966), 595
[147] BLASIUS, E., KRÄMER, R.: J. Chromatogr. *20* (1965), 367
[148] BLASIUS, E., WAGNER, H.: J. Chromatogr. *26* (1967), 549
[149] BLASIUS, E., SCHÖNHARD, G.: J. Chromatogr. *28* (1967), 385
[150] MERCK, E. A. G.: *»Anfärbereagenzien für Dünnschicht- und Papierchromatographie«*, Darmstadt
[151] TAKÁCS, M.: J. Chromatogr. *14* (1964), 564
[152] GROSS, D.: J. Chromatogr. *10* (1963), 233
[153] MAKI, M.: Japan Analyst *4* (1955), 413; Ref.: Chem. Abstr. *50* (1956), 16529 i
[154] MAKI, M.: Japan Analyst *4* (1955), 377; Ref.: Chem. Abstr. *50* (1956). 16529 i

4.2. Die Papierelektrophorese organischer Substanzen

Das Anwendungsgebiet der Papierelektrophorese umfaßt sozusagen sämtliche Gruppen der organischen Substanzen. Vorwiegend wird sie jedoch auch heute zur Analyse von Proteinen, Aminosäuren und Peptiden eingesetzt. Demgemäß ist die Literatur über die papierelektrophoretische Trennung dieser Substanzgruppen sehr groß, während der Trennung anderer Substanzen oft nur eine geringe Anzahl von Veröffentlichungen gewidmet wurde.

4.2.1. Trennung von Oxyverbindungen (Alkohole und Phenole)

Mittels Papierelektrophorese hat man Phenole, Phenolderivate und mehrwertige Alkohole getrennt. Letztere werden auch bei den Kohlehydraten (Kap. 4.2.3.) behandelt.

Die Phenole können in Form ihrer Boratkomplexe elektrophoretisch getrennt werden. FOSTER trennte zyklische Alkohole in einer 0,012 M Boraxlösung bei einer Feldstärke von 20 V/cm [1, 2, 3]. MICHL [4]

Tabelle 18

Wanderung von Phenolderivaten in $NaOH$-KH_2PO_4-Elektrolytlösungen, welche chelatbildende Anionen enthalten (nach HALMEKOSKI [6]*)*

Konzentration des Chelatbildners in der Pufferlösung	pH	Zeit		mA	Wanderung, cm							
		Std.	Min.		Vanillylalkohol	Acetoguajakon	Vanillin	Vanillinsäure	Brenzcatechin	3,4-Dioxybenzaldehyd	3,4-Dioxybenzoesäure	3,4,5-Trioxybenzoesäure
0,02 м Na_2MoO_4	7	17	40	10	0,0	1,2	3,2	10,4	14,3	14,0	22,4	20,8
0,02 м Na_2WO_4	7	20	50	8	0,1	2,9	6,8	11,0	18,4	18,1	24,2	22,7
0,001 м Natriumphosphormolybdat	7	15	30	10	0,0	0,7	2,9	12,4	17,0	17,0	24,2	21,2
0,001 м Natriumphosphorwolframat	7	18	00	8	0,0	2,8	6,0	9,1	15,2	15,2	20,0	18,8
0,02 м NH_4VO_3	7	15	30	8	0,0	1,9	3,7	10,4	13,6	15,8	20,1	22,7
0,01 м Natriumstannat	8	13	45	8	0,1	4,5	8,7	13,2	16,4	16,8	24,9	unregelmäßiger Fleck
0,02 м Borax	7,5	17	30	8	0,2	4,6	8,3	13,2	14,9	14,9	24,1	21,1

Papier: Whatman No. 1, 8—10m A,13...20 Std.

gebrauchte eine Elektrolytlösung aus 0,11 M Borax und 0,04 M Natriumsulfit zur Abtrennung von o-Diphenolen. Sie ließen sich auf diese Weise von den Monophenolen und von anderen Polyphenolen trennen, konnten aber voneinander nicht getrennt werden. Z. B. wanderte der Methylester der Gallussäure mit praktisch derselben Geschwindigkeit wie Pyrogallol.

Franc und Wurst [5] studierten die Wanderung von Nitrophenolen in einer 3 N NH_4OH-Lösung bei 6...7 V/cm und 2...6 mA. Die Trennung dauerte zwei Stunden. Halmekoski [6] trennte Phenolderivate in 14 bis 20 Stunden bei 8–10 mA in verschiedenen $NaOH/KH_2PO_4$-Gemischen von pH 7 bis 8, welche chelatbildende Anionen wie Molybdat, Wolframat, Phosphormolybdat, Phosphorwolframat, Stannat, Borat usw. enthielten. Die Wanderungsgeschwindigkeiten sind in Tab. 18 angeführt.

Pridham [7] studierte das elektrophoretische Verhalten einer großen Anzahl von Phenolderivaten in Elektrolytlösungen verschiedener pH-Werte. Er stellte fest, daß die elektrophoretische Beweglichkeit der Phenolderivate von drei Faktoren beeinflußt wird: vom Molekulargewicht, vom Dissoziationsgrad der funktionellen Gruppen und von der Bildung elektrisch geladener Komplexe mit der Elektrolytlösung. Bei Borat- und Molybdat-Elektrolyten ist die Komplexbildung von den stereochemischen Eigenschaften der Phenole abhängig. Die auf o-Oxybenzoesäure bezogenen Beweglichkeitswerte sind in Tab. 19 zusammengestellt.

Berbalk [8] und Frahn [9] verwendeten zur Trennung *ein- und zweiwertiger Alkohole* ihre Xanthogenate. Frahn führte die Trennungen in 0,1 M $NaHCO_3$-Lösung bei einer Feldstärke von 21 V/cm in 1 Stunde bei 4 °C durch, Berbalk arbeitete mit einem Veronalpuffer.

Martelli [10] trennte die aus Kakaobohnen mit 0,1 N Salzsäure extrahierten Polyphenole in einem Boratpuffer bei pH 10 und 200 V/cm in 6 Stunden.

Putnam [11] bestimmte die elektrophoretische Beweglichkeit pflanzlicher Gerbstoffe in Borat-Phosphat- und Borat-Karbonatpuffern bei pH-Werten zwischen 8 und 10. Michl [12] trennte handelsübliche Gerbstoffe in 0,08 M Boratpuffer bei pH 9 und 50 V/cm. Grassmann und Stadler [13] studierten pflanzliche und synthetische Gerbstoffe mittels kontinuierlicher Elektrophorese.

Dutta u. Mitarb. [14] führten die Elektrophorese der Natriumsalze natürlicher Cumarine in 0,1 N Natriumhydroxid bei 240 V in 3 Stunden durch.

Hashimoto u. Mitarb. [15] verwendeten zur Trennung von Flavonoiden eine 2%ige Boraxlösung. Die Trennung nahm bei einer Klem-

Tabelle 19

Auf Salicylsäure bezogene elektrophoretische Beweglichkeitswerte von Phenolderivaten nach PRIDHAM [7]

Substanz	Relative Beweglichkeit				
	Acetat pH 5,2	Molybdat pH 5,2	Phosphat pH 7,2	Borat pH 10,0	Glycin pH 10,0
Hydrochinon	0	0	0,01	*	*
Brenzcatechin	0	1,07	0,01	0,67	0,51
Resorcin	0	0	0,01	0,35	0,44
Phloroglucin	0	0	0,01	1,27	1,05
Pyrogallol	0	0,98*	0,01	0,75*	*
Oxy-Hydrochinon	0	1,07	1,25*	1,20*	1,16*
Dioxyphenylalanin	0	0,81	0,01	0,72	*
o-Oxybenzoesäure	1,00	1,00	1,00	1,00	1,00
m-Oxybenzoesäure	0,81	0,79	0,85	1,05	0,95
p-Oxybenzoesäure	0,64	0,70	0,77	1,21	1,10
Protocatechusäure	0,50	1,00	0,67	1,19	1,02
Gallussäure	0,45	1,03	0,59	1,20	0,93
p-Cumarinsäure	0,34	0,44	0,58	0,98	0,86
Kaffeesäure	0,20	0,79	0,50	1,04	1,05
Ferulasäure	0,21	0,21	0,42	0,87	0,77
Chlorogensäure	0,33	1,03	0,44	0,83	0,74
p-Oxybenzaldehyd	0	0	0,27*	0,84*	0,79*
Vanillin	0	0	0,27	0,79	0,76
Syringaldehyd	0	0	0,21	0,71	0,72
Umbelliferon	0	0	0,04	0,76	0,63
4-Methylumbelliferon	0	0	0	0,52	0,50
4-Methyläsculetin	0	0,61	0,11	0,48	0,27
Arbutin	0	0	0	0,22	0,09
Äsculin	0	0	0,26	0,51	0,24
Phloridzin	0	0	0,08	0,42	0,14
Catechin	0	0,23	0	0,65	0,63
Quercetin	0	0,05	0	0,21	0
Myricetin	0	0	0	0,18	0
Luteolin	0	0	0	0,11	0
Kämpferol	0	0	0	0,12	0
Genistein	0	0	0,01	0,25	0,16
Irigenin	0	0	0,04	0,52	0,35
Absolute Beweglichkeit (cm/h/1200 V) von o-Oxybenzoesäure	8,8	8,8	8,0	9,7	10,8

* Zersetzung des Produktes oder Schwanzbildung

Puffer: 0,2 M Acetat, pH 5,2
$8{,}1 \times 10^{-3}$ M Molybdat, pH 5,2; [$(NH_4)_6Mo_7O_{24} \cdot 4\,H_2O$ 1 g/100 ml 0,002 N H_2SO_4]
0,2 M Phosphat, pH 7,2
0,2 M Borat, pH 10,0
0,1 M Glycin, pH 10,0

Bedingungen: Papier Whatman No. 3; 22 V/cm; 1,5–2 Std. Elektroosmose.
Indikator: 2,3,4,6-Tetra-O-methyl-D-glukose

menspannung von 500 V 4 Stunden in Anspruch. Die Wanderungsstrecken sind in Tab. 20 wiedergegeben.

Tabelle 20

Wanderung von Flavonoiden nach HASHIMOTO *u. Mitarb.* [15]

Flavonoid	Zahl der cis-OH-Gruppen im Zucker	Zahl der vicinalen OH-Gruppen im Aglykon	Wanderung zur Kathode cm
Myricitrin	1	1	30
Rutin	1	1	25
Quercetin	0	1	16
Myricetin	0	1	10
Luteolin-7-glycosid	0	1	3
Naringin	0	1	3
Hesperidin	0	0	3
Acacetin	0	0	3
Morin	0	0	2
Robinin	0	0	2

Bedingungen: 2%ige Boraxlösung, 500 V, 4 Std.

Phenole und Phenolkarbonsäuren wurden auch mittels Dünnschichtelektrophorese erfolgreich getrennt [16] (s. Kap. 6.3.).

4.2.1.1. *Nachweis der getrennten Substanzen auf dem Papier*

Phenole werden im allgemeinen mit einer 0,1%igen Lösung von Eisen(III)-chlorid nachgewiesen [17].

Ein weiteres Reagenz ist die diazotierte Sulfanylsäure, welche in folgender Weise hergestellt wird [18]:

zu 5,0 m*l* Sulfanylsäurelösung (0,9 g Sulfanylsäure und 9 m*l* konz. Salzsäure, mit Wasser auf 100 m*l* verdünnt) werden bei 0 °C unter Durchmischen vorsichtig 25 m*l* frisch hergestellte 5%ige $NaNO_2$-Lösung gegeben. Der trockene Papierstreifen wird zuerst mit dieser Lösung und dann mit 20%iger Na_2CO_3-Lösung besprüht.

Zum Nachweis von *Gerbstoffen* eignet sich eine 0,5 N Silbernitratlösung in Ammoniak [19].

Flavonoide können mittels folgender Reagenzien nachgewiesen werden:

Aluminiumchlorid: 1%ige Lösung in Äthanol. Die besprühten Papierstreifen werden im UV-Licht betrachtet [20].

Ammonium-eisen(III)-sulfat: 0,2%ige wäßrige Lösung. Die besprühten Papierstreifen werden in filtriertem UV-Licht betrachtet [20].

Benedicts Reagenz:

173 g Natriumzitrat und 117 g $Na_2CO_3 \cdot H_2O$ werden in 700 *ml* Wasser heiß gelöst und filtriert. Danach löst man 17,3 g Kupfer(II)-sulfat in 100 *ml* Wasser und gibt diese Lösung langsam unter Rühren zu der ersten. Nach dem Abkühlen wird mit Wasser auf 1000 *ml* aufgefüllt [20].

Benzidin:

0,5 g Benzidin werden in 20 *ml* Eisessig und 80 *ml* Äthanol gelöst, die Papierstreifen mit dem Reagenz besprüht und 15 Minuten bei 100 °C gehalten.

Die Farbintensität einiger Substanzen kann durch Besprühen mit verdünnter Salzsäure verstärkt werden [20].

Zahlreiche *Phenolderivate* können aufgrund ihrer UV-Absorption bzw. Fluoreszenz nachgewiesen werden [21].

Literatur

[1] Foster, A. B.: Chem. and Ind. *1952*, 828, 1050
[2] Foster, A. B.: Chem. and Ind. *1953*, 591
[3] Foster, A. B., Stacey, M.: Chem. and Ind. *1953*, 279
[4] Michl, H.: Monatsh. Chem. *83* (1952), 737
[5] Franc, J., Wurst, M.: Coll. Czech. chem. Commun *24* (1959), 857
[6] Halmekoski, J.: Ann. Acad. Sci. Fennicae, Ser. A II. (1959), No. 96; Ref.: J. Chromatogr. *4* (1960), D14
[7] Pridham, J. B.: J. Chromatogr. *2* (1959), 605
[8] Berbalk, H.: Monatsh. Chem. *90* (1959), 24
[9] Frahn, J. L.: J. Chromatogr. *37* (1968), 279
[10] Martelli, L. H.: J. Chromatogr. *4* (1960), 347
[11] Putnam, R. C.: J. Am. Leather Chemists' Assoc. *48* (1953), 125
[12] Michl, H.: Monatsh. Chem. *82* (1951), 489
[13] Grassmann, W., Stadler, P.: Leder *5* (1954), 206
[14] Dutta, J., Chakrabortty, H. G., Barman, B. K.: Sci. and Cult. [Calcutta] *28* (1962), 84; Ref.: Chem. Zentralbl. *1965*, No. 9, S. 1980.
[15] Hashimoto, Y., Mori, I., Kimura, M.: Nature [London] *170* (1952), 975
[16] Pastuska, G., Trinks, H.: Chemiker Ztg. — Chem. Apparatur *85* (1961), 535
[17] Roberts, E. A. H., Wood, D. J.: Biochem. J. *49* (1951), 414
[18] Ames, B. N., Mitchell, H. K.: J. Am. chem. Soc. *74* (1952), 252
[19] Asquith, R. S.: Nature [London] *168* (1951), 738
[20] Merck E. A. G.: »*Anfärbereagenzien für Dünnschicht- und Papierchromatographie*«, Darmstadt
[21] Boyland, E., Solomon, J. B.: Biochem. J. *63* (1956), 679

4.2.2. Papierelektrophorese von Oxoverbindungen

Die Papierelektrophorese dieser Substanzgruppe wird in der Literatur nur vereinzelt erwähnt.

THEANDERY [1] studierte die Beweglichkeiten einer großen Anzahl von aliphatischen und aromatischen Aldehyden und Ketonen, darunter auch von acetylierten und methylierten Zuckern sowie Uronsäuren. Als Elektrolyt wurde eine 0,1 M Lösung von schwefliger Säure (pH 4,7) verwendet, welche folgendermaßen bereitet wird:

9,5 g trockenes Natriumpyrosulfit, 8,8 g $CH_3COONa \cdot 3H_2O$ und die zur Einstellung des pH nötigen ca. 2,3 *ml* Essigsäure werden in 1 Liter Wasser gelöst. Die Elektrophorese wird 3 bis 5 Stunden bei Zimmertemperatur mit einer Feldstärke von 13 bis 18,5 V/cm durchgeführt.

FRANC und WURST [2] trennten aromatische Aldehyde. Hierzu verwendeten sie das Papier Whatman Nr. 1 und als Elektrolytlösungen 3 N NH_4OH (pH $>$ 10) und N Essigsäure (pH 2,3). Die Trennung dauerte bei 6 bis 7 V/cm und 2 bis 6 mA 2 Stunden. Von den untersuchten Verbindungen konnte bei 3-Methoxy-4-oxybenzaldehyd, 3,4-Dimethoxybenzaldehyd, 2-Oxy-3-äthoxy-benzaldehyd und 3-Oxy-4-methoxybenzaldehyd eine meßbare Wanderung beobachtet werden. Unter ähnlichen Bedingungen wurden auch die Beweglichkeiten von Anthrachinonderivaten studiert [3]. Eine meßbare Wanderung konnte hier nur bei einigen Sulfo-, Disulfo-, Aminosulfo-, Nitrosulfo- und Disulfochlorid-Derivaten festgestellt werden. Die Antrachinonderivate sind teils bei Tageslicht, teils im UV-Licht sichtbar.

Literatur

[1] THEANDERY, O.: Acta Chem. Scand. *11* (1957), 717; ref.: J. Chrom. *1*, XVII (1958)
[2] FRANC, J., WURST, M.: Coll. Czech. chem. Commun. *24* (1959), 857
[3] FRANC, J., WURST, M.: Coll. Czech. chem. Commun. *25* (1960), 657

4.2.3. Trennung von Kohlehydraten und mehrwertigen Alkoholen

Die papierelektrophoretische Trennung von Kohlehydraten und mehrwertigen Alkoholen beruht auf ihrer Fähigkeit, mit Borsäure [1, 2] und mit den Anionen anderer anorganischer Oxysäuren, z. B. Arsenit-, Germanat-, Antimonat-, Molybdat-, Wolframat- und Stannat-Ionen, Komplexe zu bilden [3], die im elektrischen Feld wandern.

Die Papierelektrophorese der Kohlehydrate und ihrer Derivate sowie der mehrwertigen Alkohole wird nach Möglichkeit gruppenweise behandelt, soweit es sich nicht um eine Trennung von Gemischen mit Komponenten aus mehreren Gruppen handelt.

4.2.3.1. Trennung einfacher Zucker

Die bedeutende Arbeit von CONSDEN und STANIER [4] befaßt sich mit der Trennung einer großen Anzahl von Monosacchariden in Boratpuffern von verschiedenen pH-Werten. Die Pufferlösungen wurden aus 2 M Borsäure- und 0,05 M NaCl-Lösungen hergestellt und der pH-Wert durch Zugabe von 0,05 M Boraxlösung eingestellt. Die Trennungen wurden in einem Gerät nach CREMER und TISELIUS auf Whatman Nr. 1 durchgeführt. Zur Einstellung von pH-Werten über 8,6 wurden Gemische von 0,05 M Borax und 0,1 M NaOH gebraucht. Die Elektrophorese dauerte 2 bis 3,5 Stunden bei einer Feldstärke von 10,3 V/cm. Als Elektroosmose-Indikatoren wurden Creatinin und Prolin verwendet. Die korrigierten anodischen Beweglichkeiten sind in Tab. 21 zusammengestellt.

Tabelle 21

Die Beweglichkeit von Zuckern bei 20 °C in Boratpuffern von verschiedenem pH-Wert, nach CONSDEN *und* STANIER [4]

Zucker	pH				
	7,0	8,0	8,6	9,2	9,7
Fruktose	8,2	9,7	11,4	12,5	13,1
Sorbose	8,7	10,4	12,2	14,1	14,3
Glukose	2,4	6,5	11,4	14,5	14,6
Galaktose	2,8	5,8	9,6	13,0	13,1
Mannose	2,6	4,9	7,8	9,8	10,0
Ribose	7,0	9,1	10,2	10,9	11,0
Arabinose	3,2	6,5	10,3	13,3	13,9
Rhamnose	1,3	2,4	4,4	7,1	7,8
Zellobiose	0,5	0,5	1,5	3,2	4,5
Raffinose	0,5	0,9	1,7	3,6	4,8

HASHIMOTO u. Mitarb. [5] trennten Pentosen und Hexosen bei Klemmenspannungen von 500 bis 700 V in 1 bis 3%igen Boraxlösungen in 4 Stunden. KELLEN [6] stellte fest, daß sich das Verfahren von CONSDEN und STANIER [4] zur Trennung von Glukose-Epimeren nicht eignet. JAENICKE [7] gebrauchte zur Trennung von Hexosen und Pentosen einen 0,1 M Boratpuffer vom pH 9,2. Die Trennung dauerte bei 220 V und 0,1 mA 6 bis 9 Stunden. GALOS und OSTROWSKI [8] fanden, daß auf Whatman Nr. 4 im Boratpuffer bei pH 8,6 die Zucker sowie Acetylglukosamin zur Anode, Glukosamin hingegen zur Kathode wandert. Weiter wurde festgestellt, daß Ketosen leichter Boratkomplexe bilden als Aldosen.

Iwanow und Schibaewa [9] gebrauchten zur Trennung von Zuckern in 3 bis 6 Stunden Natriumtetraboratpuffer verschiedener Molaritäten, 6 bis 8 V/cm bzw. 0,05 bis 1 mA/cm und das Leningrader Papier »B«. Briggs u. Mitarb. [10] gebrauchten Glasfilterpapier und Stefanovich [11] Kieselgel zur Trennung von Zuckern.

Barker u. Mitarb. [12] trennten reduzierende Zucker in Form ihrer N-Glykosyl-Ammoniumderivate. Die Derivate wurden auf dem Papier hergestellt. Die Elektrophorese erfolgte auf dem Papier Whatman Nr. 3 bei 600 V, 6 Stunden, im Gemisch von 600 *ml* 5%iger wäßriger NaOH-Lösung und 400 *ml* 90%iger Ameisensäure (pH 1,8).

Die Papierelektrophorese wurde mit Erfolg zur Trennung von Zuckern aus Urin [13], aus Glykoproteiden des Magensaftes [14] und aus Bakterienkulturen [15] eingesetzt.

4.2.3.2. Trennung von Oligosacchariden

Anhand der Papierelektrophorese von Mono- und Disacchariden machte Foster wichtige Feststellungen bezüglich der Struktur der Zucker [16, 17]. Er studierte die Methyl- und Dimethyläther von Zuckern bei Feldstärken von 15 bis 22 V/cm im Boratpuffer von pH 10 (7,44 g Borsäure in 1 Liter 0,1 n NaOH). Als Elektroosmose-Indikator wurde 2,3,4,6-Tetramethylglukose verwendet, die keinen Boratkomplex bildet.

Bourne u. Mitarb. beschäftigten sich mit der Wanderung zahlreicher Mono- und Oligosaccharide auf Whatman Nr. 3 MM bei 15 V/cm, in einem mit Schwefelsäure auf pH 5 eingestellten 0,1 m Natriummolybdat-Elektrolyten. Als Elektroosmose-Indikator wurde Glycerin gebraucht [18]. Popiel [19] bestimmte die Beweglichkeiten von Zuckern und mehrwertigen Alkoholen in einer mit Natriumhydroxid auf pH 10 eingestellten 0,04 m Germaniumdioxid-Lösung, sowie im Boratpuffer von pH 10. Die Trennung dauerte auf dem Papier Whatman Nr. 3 bei 12 V/cm, 12 mA und 13 bis 16 °C 2 Stunden. Wallenfels und Beck [20] prüften im Boratpuffer vom pH 10 auf Whatman Nr. 3 bei 1000 V im 60-Minutenlauf L-Arabinosido-D-glukoseverbindungen. Smith und Stephen [21] untersuchten das papierelektrophoretische Verhalten der Oligosaccharide aus Pflanzengummi mit Hilfe der Methode von Consden und Stanier.

Avigad [22] bestimmte die Beweglichkeiten von Oligosacchariden im 0,1 m, pH 10 Natriumboratpuffer auf Whatman Nr. 3 MM bei 20 V/cm und 25 mA in 4 Stunden. Frahn und Mills [23] trennten zahlreiche Zucker und Zuckerderivate sowie mehrwertige Alkohole, Glykole und aromatische Alkohole in verschiedenen Elektrolyten. Sie gebrauchten das Papier Whatman Nr. 4 und setzten die Elektropho-

Tabelle 22

Die Papierelektrophorese von Kohlehydraten in verschiedenen Elektrolyten nach Frahn *und* Mills [23]

Substanz	Elektrolyt			
	0,05 M Borax $M_G \times 100$	pH 9,6 Na-arsenit* $M_R \times 100$	0,1 N NaOH $M_R \times 100$	Basisches Bleiacetat** $M_R \times 100$
Reduzierende Zucker				
L-Arabinose	91	30	79	7
D-Lyxose	71	42	97	30
D-Ribose	75	100	100	100
D-Xylose	101	17	93	8
D-Fucose	83***	22	60	6
L-Rhamnose	49	32	88	28
D-Allose	83	75	68	33
D-Altrose	97	77	96	10
D-Galaktose	93	28	65	10
D-Glukose	100	16	80	6
D-Gulose	82	53	70	31
L-Idose	102	115	96	42
D-Mannose	69	35	84	41
D-Talose	87	119	103	110
D-Erythropentulose	90	209	—	73
D-Threopentulose	75	194	—	41
D-Fruktose	89	75	89	22
D-Psycose	76	188	125	91***
L-Sorbose	97	73	88	16
D-Tagatose	95	103	82	65
D-Glycero-L-glukoheptose	104	23	72	7
3-O-Methyl-D-glukose	76	13	77	0
2,3,6-Tri-O-methyl-D-glukose	0	0	71	0
2,4,6-Tri-O-methyl-D-glukose	0	0	66	0
3,5,6-Tri-O-methyl-D-glukose	65	134	—	8
Tetra-O-methyl-D-glukopyranose	0	0	74	0
Zellobiose	22	15	68	10
Laktose	37	24	61	13
Maltose	30	15	68	7
Melibiose	77	32	62	10
Turanose	64	30	79	7
Glukoside				
Saccharose	16	14	29	4
Raffinose	26	25	30	7
Methyl-α-D-altropyranosid	58	—	7	1

(Fortsetzung von Tab. 22)

Substanz	Elektrolyt			
	0,05 M Borax $M_G \times 100$	pH 9,6 Na-arsenit* $M_R \times 100$	0,1 N NaOH $M_R \times 100$	Basisches Bleiacetat** $M_R \times 100$
Methyl-α-D-galaktopyranosid	35	19	6	5
Methyl-β-D-galaktopyranosid	34	19	7	5
Methyl-α-D-glukopyranosid	10	9	9	1
Methyl-β-D-glukopyranosid	15	6	9	3
Methyl-α-D-mannopyranosid	39	17	9	0
Phenyl-β-D-glukopyranosid	15	12	9	4
Zuckeralkohole				
Glycerin	49	24	0	3
Erythrit	75	53	3	3
L-Threit	75	96	3	11
D-Arabit	87	124	7	14
Ribit	85	76	10	4
Xylit	79	155	3	25
Allit	90	92	23	9
Dulcit	97	145	8	32
D-Glucit	83	161	11	47
L-Idit	81	173	7	57
D-Mannit	91	130	12	23
D-Talit	89	138	16	17
D-Glycero-D-altroheptit	92	144	44	27
D-Glycero-D-galaktoheptit	98	140	11	51***
D-Glycero-D-glukoheptit	88	171	30	53***
D-Glycero-L-glukoheptit	95	176	17	59***
D-Glycero-D-idoheptit	85	168	20	71
D-Glycero-D-taloheptit	93	140	24	34
meso-Glycero-alloheptit	95	100	54	11
meso-Glycero-guloheptit	85	160	27	72***
meso-Glycero-idoheptit	78	182	17	79***
Sonstige Glykole				
Äthylenglykol	11	3	—	0
Propan-1,2-diol	16	5	0	0
Propan-1,3-diol	5	0	—	—
Butan-1,3-diol	10	0	—	—
Erythrobutan-2,3-diol	13	6	0	0
L-Threobutan-2,3-diol	51	33	0	0
Butan-1,4-diol	0	0	—	—
Erythropentan-2,4-diol	18	0	0	0

(Fortsetzung von Tab. 22)

Substanz	Elektrolyt			
	0,05 M Borax $M_G \times 100$	pH 9,6 Na-arsenit* $M_R \times 100$	0,1 N NaOH $M_R \times 100$	Basisches Bleiacetat** $M_R \times 100$
Threopentan-2,4-diol	0	0	—	—
Pentan-1,5-diol	0	0	—	—
2-Methylpentan-1,3-diol	8, 24	0	—	—
Pentaerythrit	85	21	12	0
Polyvinylalkohol	52***	68***	11***	0
Cis-zyklohexan-1,2-diol	6	9	0	0
Trans-zyklohexan-1,2-diol	0	2	—	0
Zyklische Alkohole				
allo-Inosit	85	50	9	62
cis-Inosit	79	40	9	116
epi-Inosit	76	29	5	74***
(—)-Inosit	59	23	3	20
Muco-inosit	97	36	15	41
Myo-inosit	49***	16	2	75***
Neo-inosit	59	43	1	64
Scyllo-inosit	2	7	3	adsorbiert
3-O-Methyl-(+)-inosit	59	35	—	2
2-O-Methyl-(—)-inosit	24	27	—	14
1-O-Methyl-myo-inosit	11	20	—	26
5-O-Methyl-myo-inosit	15	25	—	22
Sonstige Kohlehydrate				
Levoglukosan	0	0	5	8
1,2-O-Isopropyliden-D-glukose	71	25	31	0
1,2-O-Zyklohexyliden-D-mannit	63	81	—	3
3,4-O-Isopropyliden-D-mannit	61	44	—	0
3,4-O-Methylen-D-mannit	66	47	—	2
2,5-O-Methylen-D-mannit	62	28	—	0
2,4-O-Methylen-D-glucit	58	33	—	0
2-Amino-2-desoxy-D-glucit	47	51	8	116

* 19,8 g As_2O_3/l, + NaOH zum Einstellen des pH
** 58 g/l
*** Schwanzbildung

Bedingungen: 20—25 V/cm, 20 Min.
M_G = Wanderung auf Glukose bezogen.
M_R = Wanderung auf Ribose bezogen.

rese 90 Minuten bei 20 bis 25 V/cm und 20 bis 25 °C (Kühlwassertemperatur 18 bis 20 °C) fort. Die auf Glukose bzw. Ribose bezogenen Beweglichkeitswerte sind in Tab. 22 enthalten.

Zur Trennung von Kohlehydraten ist die *Hochspannungselektrophorese* sehr geeignet. Michl [24] gebraucht eine Feldstärke von 50 V/cm zur Trennung von Kohlehydraten und mehrwertigen Alkoholen. Gross [25] trennte bei 40 V/cm und 8 bis 12 mA in 0,05 m Natriumboratlösung Raffinose, Stachiose, Saccharose, Glukose und Kestose. Glukose und Fruktose konnten aber auf diese Weise nicht getrennt werden. Mit einem ähnlichen Verfahren wurden auch die von der Hefeinvertase synthetisierten Oligosaccharide getrennt [26]. Bourne u. Mitarb. [27] trennten Oligosaccharide auf Whatman Nr. 3 MM im 0,1 m Boratpuffer von pH 10 und 0,1 m Molybdatpuffer von pH 5,5. Die Trennung dauerte bei einer Feldstärke von 80 V/cm 1 Stunde. Die auf Glukose bzw. auf Sorbit bezogenen Wanderungswerte sind in Tab. 23 enthalten. Ferenčik und Čiznár [28] trennten Zucker ebenfalls mit Hilfe der Hochspannungselektrophorese.

Tabelle 23

Die relative Beweglichkeit von Oligosacchariden nach Bourne *u. Mitarb.* [27]

Zucker	M_G	M_S
	0,1 m Boratpuffer pH 10 [16]	0,1 m Molybdatpuffer pH 5,5 [18]
1-O-β-D-Glukopyranosyl-D-fruktose	0,74	0,25
Saccharose	0,10	0,00
Turanose	0,63	0,15
Maltulose	0,69	0,10
Leucrose	0,56	0,35
Iso-Maltulose	0,60	0,64
Iso-Maltose	0,70	0,00
Iso-Maltotriose	0,58	0,00
Iso-Maltotriulose	0,50	0,47
5-O-α-Isomaltosyl-D-fruktose	0,44	0,30

Bedingungen: Papier: Whatman No. 3 MM, 80 V/cm, 1 Std.;
M_G: auf Glukose bezogene Beweglichkeit;
M_S: auf Sorbit bezogene Beweglichkeit.

4.2.3.3. Trennung von Zuckerderivaten

SCHWIMMER u. Mitarb. [29] fanden zur Trennung von Hexosephosphaten den 0,2 M Boratpuffer von pH 5 am geeignetsten. OHKUMA und SHINOHARA [30] trennten Hexosamine mittels Papierelektrophorese und darauffolgender Papierchromatographie quer zur Richtung der ersten Trennung.

Die Hexosamine wurden auf dem Papier (Whatman Nr. 3 MM) mit Essigsäureanhydrid in die N-Acetylderivate überführt und im Natriumtetraboratpuffer bei 200 V 6 Stunden der Elektrophorese unterworfen. Nach der Trocknung konnten die N-Acetylderivate von Glukosamin, Mannosamin und Galaktosamin senkrecht zur ersten Richtung chromatographisch in n-Butanol-Pyridin-Wasser (2:2:1) oder (6:4:3) weiter getrennt werden.

CRUMPTON [31] trennte ebenfalls N-Acetylaminozucker im Boratpuffer von pH 10 (23,4 g Natriumtetraborat + 30 m*l* NaOH in 1 Liter), auf Whatman Nr. 3 bei 1300 V und 25 mA in 2,5 Stunden. Die auf Glukose bezogenen Beweglichkeitswerte sind in Tab. 24 angeführt. PERKINS [32] bestimmte die kathodische Wanderung von Aminozuckern auf Whatman Nr. 3 in 250 Minuten bei 15 V/cm in einer 2 N Essigsäurelösung.

Tabelle 24

Die auf Glukose bezogenen Wanderungswerte von N-Acetylaminozuckern nach CRUMPTON [31]

Verbindung	M_G
N-Acetyl-D-fucosamin	0,14
N-Acetyl-D-glukosamin	0,23
N-Acetyl-D-xylosamin	0,23
N-Acetyl-D-galaktosamin	0,33
N-Acetyl-D-allosamin	0,42
N-Acetyl-D-talosamin	0,60
N-Acetyl-D-gulosamin	0,63
N-Acetyl-D-mannosamin	0,65

Bedingungen: Papier Whatman No. 3, Boratpuffer pH 10, 1300 V, 25 mA, 2,5 Std.

GRANT und HOLT [33] trennten die Sulfatderivate von D-Glukose und D-Galaktose, z. B. D-Galaktose-6-sulfat und D-Galaktose-2-sulfat als Bariumsalze auf Whatman Nr. 1 bei 25 bis 40 V/cm in den folgenden Elektrolyten: Boratpuffer pH 10 (7,44 g Borsäure in 1 Liter 0,1 N NaOH), Phosphatpuffer, pH 10 (8,905 g Dinatriumhydrogenphosphat und 0,33 g Natriumhydroxid in 1 Liter Wasser) und Acetatpuffer pH 4 (800 m*l* 0,2 N Essigsäure + 200 m*l* 0,2 N Natriumacetat).

Haug und Larsen [34] trennten Uronsäuren auf Schleicher und Schüll 2043/b in 0,01 m Boraxlösungen (pH 9,2) von verschiedenem Calciumchloridgehalt. Die Elektrophorese wurde bei 0,5 mA/cm Papierbreite durchgeführt. Dieselben Uronsäuren wurden unter sonst gleichen Bedingungen auch im Phthalatpuffer von pH 3,15 getrennt. Die mit beiden Verfahren erhaltenen Beweglichkeitswerte sind in Tab. 25 zusammengestellt.

Tabelle 25

Die auf Mannuronsäure bezogenen Beweglichkeitswerte von Uronsäuren nach Haug *und* Larsen [34]

Verbindung	Elektrolyt								
	1	2	3	4	5	6	7	8	9
Guluronsäure	0,93	0,93	0,92	0,85	0,84	0,85	0,85	0,81	0,88
Mannuronsäure	1,00	1,00	1,00	1,00	1,00	1,00	1,00	1,00	1,00
Galakturonsäure	0,97	0,97	1,01	0,98	1,00	1,09	1,18	1,16	0,95
Glukuronsäure	1,05	1,05	1,12	1,13	1,19	1,28	1,44	1,40	1,10
Glukose	0,71	0,76	0,80	0,88	1,00	1,01	1,14	1,17	—

Bedingungen: Papier Schleicher & Schüll 2043/b; 0,5 mA/cm;
Elektrolytlösungen *1* bis *8*: 0,01 m Boraxlösung, pH 9,2 + x Mol $CaCl_2$

1) x = 0 Mol $CaCl_2$
2) x = 0,0001
3) x = 0,0003
4) x = 0,0005
5) x = 0,001
6) x = 0,002
7) x = 0,005
8) x = 0,007
9) Phthalatpuffer, pH 3,15

Mayer und Westphal [35] trennten natürliche Hexosamine und Hexuronsäuren im Molybdatpuffer bei pH 5. Die Trennungen wurden bei 3000 V (45—47 V/cm) in auf 5—10 °C vorgekühlten vertikalen Trennkammern auf Schleicher und Schüll 2043/b Mgl durchgeführt und dauerten 2 bis 4 Stunden.

Ascorbinsäure wurde von Dehydroascorbinsäure und 2,3-Diketogulonsäure mittels Hochspannungselektrophorese bei 60 bis 80 V/cm im Oxalsäure-Natriumacetatpuffer, pH 3,7 in einer Stunde getrennt [36]. Die quantitative Bestimmung der Ascorbinsäure erfolgte nach Elution mittels Titration mit Dichlorphenolindophenol.

4.2.3.4. Trennung von Polysacchariden

Bei der Trennung von Polysacchariden ist die Papierelektrophorese von besonderer Bedeutung, da hier die chromatographischen Methoden nur in wenigen Fällen erfolgreich eingesetzt werden können. FULLER und NORTHCOTE [37] trennten neutrale Polysaccharide teils auf Whatman Nr. 54 teils auf Glasfaserpapier. Zur quantitativen Bestimmung gebrauchten sie gebleichte Reinseide als Träger und konnten davon 85% der aufgetragenen Menge zurückgewinnen. Sie benutzten einen 0,1 N Boratpuffer vom pH 9,3 und setzten die Elektrophorese bei 50 V/cm 90 Minuten fort. PADMOYO und MISEREZ [38] trennten als Gelier- und Verdickungsmittel für Lebensmittel zugelassene Polysaccharide, wie Dextrin, Stärke, Carubin, Guaran, Alginat, Tragant, Gummi arabicum, Carrageen, Natrium-pektat, Methyl- und Carboxymethylzellulose auf Zelluloseacetatfolien im Boratpuffer, pH 10 ($\mu = 0{,}065$) bei 200 V in 15 bis 25 Minuten.

PASTERNAK und KENT [39] trennten Chondroitinsulfat und andere sauere Polysaccharide im 0,06 M Veronalpuffer (pH 8,5) in 6 bis 12 Stunden bei 120 V und 0,65 mA. Die Beweglichkeitswerte der getrennten Substanzen sind in Tab. 26 enthalten.

Tabelle 26

Beweglichkeitswerte von Polysacchariden im 0,06 M *Veronalpuffer,* pH 8,5, *nach* PASTERNAK *und* KENT [39]

Substanz	Beweglichkeit $cm^2 s^{-1} V^{-1} \cdot 10^{-5}$
Heparin	−13,8
DNP-Heparin	−13,5
Alginsäure	−12,9
Rinder-Chondroitinsulfat (Septa)	−11,9
DNP-Chondroitinsulfat (Septa)	−11,6
DNP-Chondroitinsulfat (Trachea)	−11,1
Rinder-Chondroitinsulfat (Trachea)	−10,7
Rhizobium radicicolum-Polysaccharide	−9,9
Pneumococcus I. Typ. Polysaccharid	−9,1
Pneumococcus III. Typ. Polysaccharid	−8,3
Pneumococcus II. Typ. Polysaccharid	−3,4
Dextran	0,0
Amylose	0,0

Bedingungen: 120 V, 6—12 Std.

RIENITS [40] trennte das künstliche Gemisch von Hyaluronsäure, Chondroitinsulfat und Heparin im 0,1 M Natriumphosphatpuffer, pH 6,7, bei 5 V/cm in 4 Stunden. Dieselben Substanzen aus Hautextrakten wurden im 0,1 M Acetatpuffer, pH 5,0 bei 3,8 V/cm in 17 Stunden getrennt.

GREENWAY u. Mitarb. [41] unterwarfen u. a. Dextrin, Glykogen, Heparin und Hyaluronsäure im 0,02 Boratpuffer, pH 8,0 oder 0,05 M Veronalpuffer, pH 8,5 der Elektrophorese. ARKEL u. Mitarb. [42] trennten Mucopolysaccharide auf Agarose, da der Sulfatgehalt des Agars den Nachweis mit Toluidinblau oder »Azur A« stört. Sie verwendeten ein Mikroverfahren:

Das 0,9%ige Agarosegel wurde im Puffer (10,4 g Natriumbarbiturat und 1,84 g Barbitursäure in 1000 m*l*, pH 8,6) gelöst auf einen Objektträger aufgetragen. Die Feldstärke betrug 20 V/cm, die Trennung dauerte 7 Minuten. Die Trennkammer wurde mit Petroläther gekühlt.

SCHILLER und DORFMAN [43] trennten Hyaluronsäure und Chondroitinsulfat auf Celite, GARDELL u. Mitarb. [44] benutzten »Hyflo Super Cel« als Träger. HERD [45] erarbeitete eine Mikromethode auf Zelluloseacetatfolien zur Trennung von sauren Mucopolysacchariden.

GELDMACHER-MALLINCKRODT u. Mitarb. [46, 47] trennten Glykogen und Galaktogen auf Papier und Seide.

MOULD und SYNGE [48, 49, 50] studierten die Produkte der Partialhydrolyse von Amylose mit verschiedenen Methoden, darunter mit der Agargel- sowie der kontinuierlichen Elektrophorese.

4.2.3.5. Trennung von mehrwertigen Alkoholen (s. a. Kap. 4.2.1.)

MICHL [24] trennte Äthylenglykol, Glycerin und Mannit in einer 0,08 M Boraxlösung. GROSS [51] entwickelte ein wichtiges Verfahren für die Papierelektrophorese mehrwertiger Alkohole. Er trennte Erythrit, Sorbit, Mannit und Dulcit auf Whatman Nr. 3 MM im 0,05 M Boratpuffer, pH 9,2 bei 2000 V (40 V/cm) in 3 Stunden. Mit der doppelten Feldstärke erzielte er bei guter Kühlung in einer auf die Hälfte verkürzten Zeit ähnlich gute Resultate. Mit diesem Verfahren konnten die Hexite auch von den Hexosen getrennt werden.

LEES und WEIGEL [3] beschäftigten sich mit dem Verhalten von mehrwertigen Alkoholen in einer 2%igen wäßrigen Natriumstannatlösung von pH 11,5. Sie stellten fest, daß bei nicht-zyklischen Verbindungen die threo-1,2-Diol-Gruppierungen stärker zur Komplexbildung neigen als die entsprechenden erythro-Gruppierungen.

BAYLEY u. Mitarb. [52] prüften die Beweglichkeiten der Produkte, die bei der Partialhydrolyse von 6-0-α-Isomaltotriosylsorbit entstehen. Sie verwendeten eine Molybdatlösung von pH 5,5 bei 50 V/cm Feldstärke.

4.2.3.6. Nachweis von Kohlehydraten und mehrwertigen Alkoholen

Zum Nachweis dieser Substanzen ist eine große Anzahl von Farbreaktionen bekannt. Von diesen werden hier in erster Linie die beschriebenen, welche in der zitierten Literatur benutzt werden. Andere Farbreaktionen sind in den in Kap. 3.3. genannten Handbüchern zu finden. In diesen werden auch Verfahren zur quantitativen Bestimmung beschrieben.

Anilinhydrogenphthalat [4] eignet sich zum Nachweis von reduzierenden Zuckern. 0,93 g Anilin und 1,66 g o-Phthalsäure werden in 100 m*l* mit Wasser gesättigtem 1-Butanol gelöst. Zum Ausgleich der alkalischen Reaktion des Puffers ist es zweckmäßig, einige Tropfen Eisessig zum Reagenz zu geben. Die besprühten Pherogramme werden einige Minuten bei 100—110 °C gehalten. Danach kann die intensive Fluoreszenz der Monosaccharide im UV-Licht beobachtet werden.

Die 1%ige Lösung von α-Naphthol in Äthanol eignet sich — mit konzentrierter Phosphorsäure im Verhältnis von 10 : 1 versetzt - zum Nachweis von Kestose, Saccharose, Raffinose und Stachyose [25, 26].

Das Reagenz aus p-Dimethylaminobenzaldehyd und Acetylaceton zum Nachweis von Aminozuckern [30] wird folgendermaßen bereitet:

Lösung I: 0,5 m*l* eines Gemisches von 5 m*l* 50%igem wäßerigem Kaliumhydroxid und 20 m*l* Äthanol werden unmittelbar vor der Anwendung mit 0,5 m*l* eines Gemisches von 0,5 m*l* Acetylaceton und 50 m*l* 1-Butanol versetzt. *Lösung II:* 1 g p-Dimethylaminobenzaldehyd wird in 30 m*l* Äthanol gelöst, die Lösung mit 30 m*l* Salzsäure (Dichte 1,19) versetzt und dann mit 180 m*l* 1-Butanol verdünnt. Nach dem Besprühen mit Lösung I wird das Papier 5 Minuten auf 105 °C erhitzt, mit der Lösung II besprüht und 5 Minuten bei 90 °C getrocknet.

Ammoniummolybdat-Reagenz zum Nachweis von Zuckerphosphatestern [53]. Das Gemisch von 50 m*l* 60%iger Perchlorsäure, 10 m*l* N Salzsäure und 25 m*l* 4%igem Ammoniummolybdat wird auf 1000 m*l* verdünnt. Die mit dem Reagenz besprühten Papierstreifen werden 7 Minuten bei 85 °C gehalten und dann an der Luft abgekühlt. Danach werden sie in Schwefelwasserstoff-Atmosphäre gehängt. Die Phosphatester erscheinen als blaue Flecken. Sie sind auch im UV-Licht gut sichtbar.

p-Anisidin kann als *allgemeines Zuckerreagenz* verwendet werden [37]. 0,5 g werden mit 2 m*l* konzentrierter Phosphorsäure verrieben, in 50 m*l* Alkohol gelöst und filtriert. Die mit dem Filtrat besprühten Pherogramme werden 3 Minuten bei 100—105 °C getrocknet.

Anilintrichloracetat: die 2,5%ige Lösung in Eisessig eignet sich zum Nachweis von Uronsäuren [34]. Das Papier wird in das Reagenz getaucht, 2 bis 3 Minuten auf 100 °C erhitzt und dann im UV-Licht beobachtet.

Toluidinblau wird zum Nachweis von Mucopolysacchariden verwendet. (Eine 0,08%ige Lösung der Verbindung in 0,5% eisessighaltigem Wasser-Äthanol- [3 : 2-]Gemisch.) Chondroitinsulfat, Heparin, synthetische Polysaccharidsulfate und Polyuronide geben eine purpurrote Farbreaktion [39].

»Azur A« eignet sich ebenfalls zum Nachweis von Mucopolysacchariden. 20 mg »Azur A« werden mit 5 *ml* destilliertem Wasser, 40 *ml* Aceton und 180 *ml* Methanol vermischt. Die Färbung erfolgt durch 15 Minuten langes Eintauchen. Der Hintergrund wird mit 1%iger Essigsäurelösung entfärbt [42].

Die 1%ige Lösung von Bleitetraacetat in Benzol gibt mit mehrwertigen Alkoholen weiße Flecken auf braunem Hintergrund [51].

Literatur

[1] Böeseken, J.: Advances in Carbohydrate Chem. *4* (1949), 189
[2] Zittle, C. A.: Advances in Enzymol. *12* (1951), 493
[3] Lees, E. M., Weigel, H.: J. Chromatogr. *16* (1964), 360
[4] Consden, R., Stanier, W. M.: Nature [London] *169* (1952), 783
[5] Hashimoto, Y., Mori, I., Kimura, M.: Nature [London] *170* (1952), 975
[6] Kellen, J.: Nature [London] *179* (1957), 1131
[7] Jaenicke, L.: Naturwissenschaften *39* (1952), 86
[8] Galos, B., Ostrowski, W.: Bull. acad. polon. sci. Classe II, *2* (1954), 61
[9] Iwanow, K. K., Schibaewa, J. W.: Biochimia (russ.) *31* (1966), 342
[10] Briggs, D. R., Garner, E. F., Smith, F.: Nature [London] *178* (1956), 154
[11] Stefanovich, V.: J. Chromatogr. *31* (1967), 466
[12] Barker, S. A., Bourne, E. J., Grant, P. M., Stacey, M.: J. chem. Soc. *1957*, 2067
[13] Kennedy, D. A.: Analyt. Biochem. *18* (1967), 180
[14] Berg, G., Groben, H. D., Heinkel, K., Henning, N.: Z. klin. Chem. *4* (1966), 108
[15] Daniels, W. F., Weawer, R. H.: Biotechn. Bioeng. *4* (1962), 255
[16] Foster, A. B.: Chem. and Ind. *1952*, 828
[17] Foster, A. B., Stacey, M.: J. appl. Chem. [London], *3* (1953), 19
[18] Bourne, E. J., Hutson, D. H., Weigel, H.: Chem. and Ind. *1959*, 1047
[19] Popiel, W. J.: Chem. and Ind. *1961*, 434
[20] Wallenfels, K., Beck, D.: Liebigs Ann. Chem. *630* (1960), 46
[21] Smith, F., Stephen, A. M.: J. chem. Soc. *1961*, 4892
[22] Avigad, G.: Biochem. J. *73* (1959), 587
[23] Frahn, J. L., Mills, J. A.: Australian J. Chem. *12* (1959), 65
[24] Michl, H.: Monatsh. Chem. *83* (1952), 737
[25] Gross, D.: Nature [London] *172* (1953), 908
[26] Gross, D.: Nature [London] *173* (1954), 487
[27] Bourne, E. J., Hutson, D. H., Weigel, H.: Biochem. J. *79* (1961), 549
[28] Ferenčik, M., Čiznár, K.: Chem. Listy *59* (1965), 332

[29] Schwimmer, S., Bevenue, A., Weston, W. J.: Arch. Biochem. Biophys. *60* (1956), 279
[30] Ohkuma, S., Shinohara, T.: Nature [London] *202* (1964), 593
[31] Crumpton, M. J.: Biochem. J. *72* (1959), 479
[32] Perkins, H. R.: Biochem. J. *74* (1960), 182
[33] Grant, D., Holt, A.: J. chem. Soc. (1960), 5026
[34] Haug, A., Larsen, B.: Acta Chem. Scand. *15* (1961), 1395
[35] Mayer, H., Westphal, O.: J. Chromatogr. *33* (1968), 514
[36] Letzig, E.: Die Nahrung *9* (1965), 357
[37] Fuller, C. W., Northcote, D. H.: Biochem. J. *64* (1956), 657
[38] Padmoyo, M., Miserez, A.: Mitt. Lebensm. Unters. Hyg. *58* (1967), 31
[39] Pasternak, C. A., Kent, P. W.: Research *5* (1952), 486
[40] Rienits, K. G.: Biochem. J. *53* (1953), 79
[41] Greenway, R. M., Kent, P. W., Whitehouse, M. W.: Research *6*, (1953), suppl. 1. 6 S
[42] Arkel, C., Ballieux, R. E., Jordan, F L. J.: J. Chromatogr. *11* (1963), 421
[43] Schiller, S., Dorfman, A.: Proc. Soc. exp. Biol. Med. *92* (1956), 100
[44] Gardell, S., Gordon, A. H., Åquist, S.: Acta Chem. Scand. *4* (1950), 907
[45] Herd, J. K.: Analyt. Biochem. *23* (1968), 117
[46] Geldmacher-Mallinckrodt, M., May, F.: Z. physiol. Chem. *293* (1953), 256
[47] Geldmacher-Mallinckrodt, M., Weinlaud, H.: Z. physiol. Chem. *292* (1953), 65
[48] Mould, D. L.: Biochem. J. *58* (1954), 593
[49] Mould, D. L., Synge, R. L. M.: Biochem. J. *58* (1954), 585
[50] Mould, D. L., Synge, R. L. M.: Biochem. J. *58* (1954), 571
[51] Gross, D.: Nature [London] *176* (1955), 362
[52] Bailey, R. W., Hutson, D. H., Weigel, H.: Biochem. J. *80* (1961), 514
[53] Hanes, C. S., Isherwood, F. A.: Nature [London] *164* (1949), 1107

4.2.4. Papierelektrophorese organischer Säuren

Die Anwendung der Papierelektrophorese auf die Trennung von organischen Säuren ist mit der Einführung der Hochspannungsverfahren verbunden. Die Niederspannungselektrophorese eignet sich nur zur Trennung einiger Säuregruppen (z. B. Fettsäuren).

Die Trennung von Fettsäuren wurde zuerst von Barnett u. Mitarb. [1] an mit Paraffin imprägnierten Wollfadendochten durchgeführt. Mit diesem Verfahren wurden die $C_{12}-C_{18}$ Fettsäuren in 3 n Ammoniumhydroxidlösung bei 300 V Klemmenspannung getrennt. Auf Papier wurde die Trennung der $C_{10}-C_{18}$ Säuren in derselben Elektrolytlösung durchgeführt, die Feldstärke betrug 6 V/cm [2]. Die bei der Papierelektrophorese erhaltenen Wanderungsgeschwindigkeiten sind in Tab. 27 zusammengestellt. Die gesättigten und ungesättigten Säuren mit derselben Anzahl C-Atome konnten auf diese Weise nicht getrennt werden. Die Methode eignet sich nicht für hohe Spannungen, da die starke Adsorption die Trennung der Säuren verhindert [3].

Tabelle 27

Die elektrophoretischen Wanderungsgeschwindigkeiten geradkettiger gesättigter Fettsäuren nach BARNETT *und* SMITH [2] *sowie nach* PERILÄ [4]

Säure	*a*	*b*
	Wanderungsgeschwindigkeit	
	cm/Std.	mm/Std.
Capronsäure	–	7,7
Önanthsäure	–	6,6
Caprylsäure	–	5,8
Pelargonsäure	–	5,3
Caprinsäure	4,5	4,9
Undecansäure	–	4,6
Laurinsäure	1,5	4,4
Myristinsäure	0,33	4,1
Palmitinsäure	0,07	3,9
Stearinsäure	0,0017	–

a) 3 N Ammoniumhydroxid, 6 V/cm [2];
b) 0,2 N Natriumhydroxid in Glycerin, 20 V/cm, 90 °C [4].

PERILÄ [4] trennte Fettsäuren in mit Borsäure auf pH 9,0 gepuffertem wäßrigem Natriumhydroxid-Elektrolyten bei 5 V/cm und 25 °C. Die Wanderungsgeschwindigkeiten sind in Tab. 28 enthalten. Zur Trennung der geradkettigen gesättigten Fettsäuren von Essig- bis Palmitinsäure gebrauchte er einen 0,2 N Natriumhydroxid-Elektrolyten in Glycerin bei 20 V/cm Feldstärke und 90 °C. Die Wan-

Tabelle 28

Die Trennung von Fettsäuren im NaOH-H_3BO_3-Elektrolyten bei pH 9,0, 5 *V/cm und 25 °C nach* PERILÄ [4]

Säure	Wanderungsgeschwindigkeit mm/Std.
Essigsäure	31
Propionsäure	27
Buttersäure	25
Valeriansäure	23
Capronsäure	21,5
Önanthsäure	20
Caprylsäure	19
Pelargonsäure	18

derungswerte für die homologen Säuren von Capron- bis Palmitinsäure sind ebenfalls in Tab. 27 angeführt.

Ketosäuren wurden in Form ihrer Dinitrophenylhydrazone von NEISH [5, 6] im 0,05 M Natriumcarbonat-Elektrolyten bei 314 V und 19 °C getrennt. In 3 Stunden wanderte das Oxalessigsäurederivat 14,6 cm, das Ketoglutarsäurederivat 13,2 und die beiden isomeren 2,4-Dinitrophenylhydrazone der Brenztraubensäure 12,0 bzw. 9,6 cm. TAUBER [7] eluierte die mittels Papierelektrophorese getrennten Dinitrophenylhydrazone der α-Ketoglutarsäure und der Brenztraubensäure vom Papier und bestimmte aufgrund der Farbintensität der erhaltenen Lösung ihre Konzentration auf kolorimetrischem Wege.

Zur Trennung der Dikarbonsäuren wurde von MICHL und HÖGENAUER [8] die Hochspannungselektrophorese angewandt. Die Trennung nahm auf dem Papier Schleicher und Schüll Nr. 2043/b bei 50 V/cm Feldstärke in essigsäure- und pyridinhaltigen Elektrolyten 0,5 bis 2 Stunden in Anspruch. Die bei 10 °C erhaltenen, auf Malon-

Tabelle 29

Die relativen Beweglichkeitswerte von organischen Säuren, besonders Dicarbonsäuren bei der Hochspannungselektrophorese nach MICHL *und* HÖGENAUER [8]

Säure	Die auf Malonsäure bezogene Beweglichkeit im Elektrolyten	
	a	*b*
Äthylmalonsäure	0,78	0,78
Adipinsäure	0,26	0,34
Bernsteinsäure	0,40	0,50
Diäthylmalonsäure	0,76	0,76
α,α'-Dimethyl-adipinsäure	0,24	0,32
Glutarsäure	0,32	0,42
n-Hexan-β,β,ε,ε-tetrakarbonsäure	0,87	0,87
Malonsäure	1,00	1,00
Methylmalonsäure	0,83	0,83
Oxalsäure	1,10	1,10
Pimelinsäure	0,22	0,30
Benzoesäure	0,28	0,34
Isophthalsäure	0,47	0,55
Phthalsäure	0,59	0,59

Papier: Schleicher & Schüll Nr. 2043/b, 50 V/cm Feldstärke, 10 °C, $^1/_2$–2 Std.

Elektrolyte: *a)* 5,5 *ml* Essigsäure +1,5 *ml* Pyridin in 100 *ml* Wasser gelöst, pH 3,9,

b) 5,5 *ml* Essigsäure +2,5 *ml* Pyridin in 100 *ml* Wasser gelöst, pH 4,15.

säure bezogenen Wanderungswerte sind in Tab. 29 zusammengestellt. Die Trennung der schwerlöslichen aromatischen Dicarbonsäuren kann mit diesem Verfahren auch bei 40 °C und 25 bis 30 V/cm durchgeführt werden.

Das Hochspannungsverfahren von Gross eignet sich zur Trennung sowohl aliphatischer als auch aromatischer Säuren [9]. Die Trennung wurde in drei verschiedenen Elektrolyten durchgeführt. Ihre Zusammensetzung, die Versuchsbedingungen sowie die auf Cl^- bezogenen relativen Wanderungswerte sind in Tab. 30 zu finden.

Tabelle 30

Die Trennung von aliphatischen und aromatischen Säuren mittels Hochspannungselektrophorese nach Gross [9]

Säure	Die auf Cl^- bezogene relative Wanderungsgeschwindigkeit		
	a	*b*	*c*
Aliphatische Säuren:			
Trichloressigsäure	0,43	0,39	0.37
Dichloressigsäure	0,41	0,45	0,42
Oxalsäure	0,41	0,48	0,70
Maleinsäure	0,28	0,45	0,59
3-Phosphoglycerinsäure	0,28	0,43	0,48
cis-Aconitsäure	0,23	0,38	0,63
Oxalbernsteinsäure	0,17	0,40	0,57
α-Ketoglutarsäure	0,17	0,40	0,57
Oxalessigsäure	0,16	0,34	0,48
Brenztraubensäure	0,16	0,48	0,50
Dioxyweinsäure	0,15	0,45	0,63
Zitraconsäure	0,13	0,35	0,53
α-Ketobuttersäure	0,13	0,28	0,42
Malonsäure	0,10	0,44	0,63
Monochloressigsäure	0,08	0,46	0,45
Fumarsäure	0,06	0,40	0,61
Tartronsäure	0,06	0,40	0,57
trans-Aconitsäure	0,05	0,38	0,63
Weinsäure	0,05	0,40	0,59
2-Ketoglukonsäure	0,05	0,28	0,25
Glyoxylsäure	0,04	0,39	0,57
Zitronensäure	0,04	0,30	0,45
Mesaconsäure	0,04	0,34	0,57
Galakturonsäure	0,03	0,22	0,22
Apfelsäure	0,03	0,32	0,57
Dioxymaleinsäure	0,03	0,38	0,66
β-Oxybuttersäure	0,02	0,12	0,35
Tricarballylsäure	0,02	0,23	0,59
Glykolsäure	0,02	0,31	0,48
Ascorbinsäure	0,02	0,12	0,25

(Fortsetzung von Tab. 30)

Säure	Die auf Cl^- bezogene relative Wanderungsgeschwindigkeit		
	a	*b*	*c*
Milchsäure	0,02	0,25	0,42
Adipinsäure	0,02	0,10	0,48
Itakonsäure	0,02	0,23	0,57
Glutarsäure	0,02	0,13	0,53
Glukonsäure	0,02	0,20	0,25
Lävulinsäure	0,02	0,09	0,35
Acrylsäure	0,01	0,14	0,45
Bernsteinsäure	0,01	0,18	0,57
Sorbinsäure	0,01	0,05	0,32
Pimelinsäure	0,01	0,09	0,45
Suberinsäure	0,01	0,08	0,45
Sebacinsäure	0,01 } 0,05 }	0,05	0,41
Aromatische Säuren:			
Sulfosalicylsäure	0,35	0,41	0,53
Pikrinsäure	0,26	0,23	0,22
3-Nitrosalicylsäure	0,19	0,21	0,24
5-Nitrosalicylsäure	0,13	0,22	0,22
Phthalsäure	0,05	0,27	0,45
Salicylsäure	0,04	0,24	0,32
Sulfanylsäure	0,03	0,30	0,37
Pyrrolidoncarbonsäure	0,03	0,31	0,35
Syringasäure	0,01	0,03	0,22
Benzoesäure	0,01	0,14	0,37
Gerbsäure	0,01	0,03	0,29

Bedingungen: *a)* 0,75 M Ameisensäure, pH 2,0, 100 V/cm, 6,5 mA/cm, 25 Min. Kühlwassertemperatur 15,5 °C
b) 0,5 M Essigsäure, mit Pyridin auf pH 4,0 eingestellt 100 V/cm, 9,6 mA/cm, 20 Min. Kühlwassertemperatur 16° C
c) ungefähr 0,2 M $(NH_4)_2CO_3$ (7,9 g/*l*), pH 8,9 80 V/cm, 8 mA/cm, 25 Min. Kühlwassertemperatur 8 °C.

Franc und Wurst [10] befaßten sich mit der Trennung aromatischer Säuren. Als Elektrolyt wurde 3 N Ammoniumhydroxid (pH > 10) bzw. N Essigsäure (pH 2,3) benutzt. Die Elektrophorese dauerte bei 6 bis 7 V/cm und 2 bis 6 mA 2 Stunden. Die Beweglichkeitswerte in den beiden Elektrolyten sind in Tab. 31 angeführt. Pastuska und Trinks [11] verwendeten zur Trennung von Phenolkarbonsäuren Kieselgel G- bzw. Kieselgur G- Schichten, welche mit 3%iger wäßriger Borsäure hergestellt worden sind. Als Elektrolyt wurde ein Gemisch von 80 m*l* Äthanol, 30 m*l* Wasser, 4 g Borsäure und 2 g krist. Natriumacetat verwendet. Der pH-Wert wurde mit Eisessig bei Kieselgel auf 4,5, bei Kieselgur auf 5,5 eingestellt. Die Trennung nahm bei 20 V/cm 90 Minuten in Anspruch.

Tabelle 31

Elektrophoretische Beweglichkeitswerte von aromatischen Säuren nach Franc *und* Wurst [10]

Säure	Beweglichkeit $cm^2\ V^{-1}\ sec^{-1} \cdot 10^5$ im Elektrolyten	
	a	*b*
3-Nitrophthalsäure	20,5	6,4
4-Nitrophthalsäure	20,5	5,0
2-Nitroterephthalsäure	20,5	6,3
5-Nitro-isophthalsäure	21,1	3,3
3-Nitrobenzoesäure	11,6	1,3
4-Nitrobenzoesäure	11,6	1,4
3,5-Dinitrobenzoesäure	11,1	1,9
2,4,6-Trinitrobenzoesäure	10,0	8,8
2,4,5-Trinitroterephthalsäure	20,3	—
3,5-Dinitro-o-methylbenzoesäure	11,4	—
3,5-Dinitro-p-methylbenzoesäure	11,4	—
2,3,5-Trinitro-p-methylbenzoesäure	11,1	—
3-Nitro-p-methylbenzoesäure	11,4	—
2,4-Dinitro-m-methylbenzoesäure	11,6	—
2-Aminobenzoesäure	12,3	1,8
3-Aminobenzoesäure	11,5	6,2
4-Aminobenzoesäure	11,6	3,0
2-Oxybenzoesäure	15,5	2,7
4-Oxybenzoesäure	20,3	0,9
Gallussäure	19,5	0,6
2-Oxy-3-methoxybenzoesäure	13,5	2,8

Bedingungen: Filterpapier Whatman No. 1, 6—7 V/cm, 2—6 mA, 2 Std.
Elektrolyten: *a)* 3 n NH_4OH, pH > 10
b) n CH_3COOH, pH 2,3

Kinoshita und Moriyama [12] trennten Salicylsäure und ihre Derivate in verschiedenen Puffergemischen bei pH 4. Kaser u. Mitarb. [13] entwickelten ein Mikroverfahren zur Trennung von Vanillmandelsäure und verwandten Substanzen auf Zelluloseacetat-Streifen. Die Substanzen wurden in 0,2 n Formiat (pH 3,0) gelöst aufgetragen. Die Elektrophorese dauerte im Acetatpuffer, pH 3,6 und 1,2 mA/Streifen bei Zimmertemperatur eine Stunde. Von den einzelnen Substanzen wurden je 1 bis 3 μg in 1 μl aufgetragen. Die getrennten Substanzen gaben mit diazotiertem p-Nitranilin verschiedene Farbreaktionen.

STURM und SCHEJA [14] trennten Phenolsäuren mit der Hochspannungselektrophorese auf Schleicher und Schüll 2043b Mgl in Pyridin-Eisessig-Wasser (1 : 10 : 89), pH 3,6. Geräte mit flüssigem (Heptan) und festem Wärmeaustauscher wurden erprobt. Letztere wurden zur Trennung heptanlöslicher Säuren (Homovanillinsäure, Ferulasäure, Vanillinsäure usw.) eingesetzt. Die Trennung dauerte bei 50 V/cm 7 Stunden, im heptangekühlten Gerät hingegen bei 30 bis 60 V/cm 3 Stunden. SCHEFFER u. Mitarb. [15] trennten Huminsäuren bei 50 V/cm in 3 Minuten.

ROHR und BASSHAM gebrauchten ein zweidimensionales Hochspannungselektrophorese-Verfahren zur Trennung ^{14}C-markierter Photosyntheseprodukte [16]. NYGAARD [17] trennte 15 verschiedene Karbonsäuren auf Zelluloseschichten mit einem zweidimensionalen Verfahren. In der ersten Richtung wurde die Elektrophorese in einer mit Ammoniumhydroxid auf pH 2,5 eingestellten 0,2 M Ameisensäurelösung bei 50 V/cm durchgeführt und dauerte 30 Minuten. In der zweiten Richtung wurde in der oberen Phase des Lösungsmittelgemisches Isoamylalkohol-5M Ameisensäure (2 : 1) ca. 2,5 Stunden chromatographiert. Die Zugabe von 5 mg/100 *ml* 2,7-Dichlorfluorescein zum Lösungsmittel ermöglichte die Sichtbarmachung der getrennten Säuren im UV-Licht (bei 254 nm). Mit diesem Verfahren konnten Zitronensäure und Isozitronensäure mit einer Elektrophorese von 60 Minuten getrennt werden.

4.2.4.1. Nachweis organischer Säuren

In den meisten Fällen werden Säure-Basen-Indikatoren und für Phenolsäuren Phenolreagenzien verwendet. Hier werden nur die in der zitierten Literatur vorkommenden Nachweisreagenzien erwähnt.

M e t h y l r o t - B r o m t h y m o l b l a u [1]. Die untere Nachweisgrenze des Mischindikators liegt für die C_{16}-Fettsäure bei 80 μg.

R h o d a m i n B [4] wird für den Nachweis höherer Fettsäuren verwendet. Das Papier wird mit 2%iger Kupferacetatlösung besprüht, getrocknet und dann mit 0,5%iger Rhodamin B-Lösung besprüht. Die Fettsäuren werden mit UV-Licht sichtbar gemacht. Das Reagenz kann auch folgendermaßen angewendet werden: 1,5 g Rhodamin B werden in 100 *ml* 96%igem Äthanol gelöst. Das Papier wird mit dem Reagenz besprüht. Zur Entfernung der überschüssigen Reagenzlösung wird das Papier kurz in 50 Vol.-%igen Äthanol getaucht und danach die Fettsäuren im UV-Licht beobachtet [18].

G l u k o s e - A n i l i n - R e a g e n z [8]: 10 mg Glukose + 5 mg Arabinose werden in 6 *ml* eines Gemisches von Äthanol und Butanol (1 : 1) gelöst und mit 0,5 *ml* Anilin versetzt. Auf den besprühten Pherogrammen erscheinen die Säuren beim Erhitzen auf 140 °C schon nach kurzer Zeit als braune Zonen auf weißem Hintergrund. Ein ähnliches Reagenz ist folgendermaßen zu bereiten: 2 g Glukose + 2 m*l* Anilin in 50 m*l* Butanol-Äthanol-Wasser (6 : 2 : 2). Für den Gebrauch dieses Reagenzes ist wichtig, daß das Pherogramm keinerlei Spuren von Säuren aus dem Elektrolyten enthält.

Zum Nachweis von Phenolsäuren eignet sich eine 2%ige wäßrige Eisen(III)-chloridlösung oder das p-Nitranilin-Reagenz: 0,1%iges p-Nitranilin + 0,2%iges Natriumnitrit + 10%iges Kaliumcarbonat im Verhältnis von 1 : 1 : 2 [14]. Zum Nachweis von p-Oxyhippursäure kann das Gemisch von 5%igem p-Dimethylaminobenzaldehyd und Aceton (1 : 4) verwendet werden [14].

Literatur

[1] Barnett, A. J. G., Lees, H., Smith, D. K.: Biochem. J. *53* (1953), XXXIII
[2] Barnett, A. J. G., Smith, D. K.: Nature [London] *174* (1954), 659
[3] Michl, H.: Chromatogr. Reviews *1* (1959), 11
[4] Perilä, O.: Acta Chem. Scand. *9* (1955), 1231
[5] Neish, W. J. P.: Rec. trav. chim. *72* (1953), 105
[6] Neish, W. J. P.: Rec. trav. chim. *72* (1953), 1098
[7] Tauber, H.: Analyt. Chem. *27* (1955), 287
[8] Michl, H., Högenauer, G.: J. Chromatogr. *2* (1959), 380
[9] Gross, D.: Chem. and Ind. *1959*, 1219
[10] Franc, J., Wurst, M.: Coll. Czech. chem. Commun *24* (1959), 857
[11] Pastuska, G., Trinks, H.: Chemiker-Ztg. - Chem. Apparatur *85* (1961), 535
[12] Kinoshita, Y., Moriyama, Sh.: J. Pharm. Soc. Japan *76* (1956), 709
[13] Kaser, M. M., Rosenthal, W. A., Niquette, K., Cullen, P.: J. Chromatogr. *29* (1967), 378
[14] Sturm, A., Scheja, H. W.: J. Chromatogr. *16* (1964), 194
[15] Scheffer, F., Ziechmann, W., Becker, H. D., Schlüter, H.: Naturwissenschaften *42* (1955), 71
[16] Rohr, W., Bassham, J. A.: Analyt. Biochem. *9* (1964), 343
[17] Nygaard, P.: J. Chromatogr. *30* (1967), 240
[18] Merck, E. A. G.: »*Anfärbereagenzien für Dünnschicht- und Papierchromatographie*«, Darmstadt

4.2.5. Trennung von Triterpenoiden und Steroiden

Triterpenoide und Steroide sind in wasserhaltigen Elektrolyten unlöslich und besitzen praktisch keine elektrische Ladung. Deswegen eignen sie sich nicht allzusehr für die Elektrophorese. Gewöhnlich werden ihre Ester oder andere Derivate zu elektrophoretischen Untersuchungen eingesetzt.

HASHIMOTO [1] trennte mittels Papierelektrophorese mit Pyridin — schwefeliger Säure in ihre Bisulfate überführte Triterpenoide. Als Elektrolyten benutzte er die obere Phase des Gemisches von Butanol-Essigsäure-Wasser (5 : 1 : 4) oder ein Gemisch aus Phenol und 0,5%iger Boraxlösung (9 : 1). Im ersten Fall dauerte die Elektrophorese bei 15 V/cm bzw. 0,3 mA/cm 5 Stunden, im zweiten bei 15 V/cm und 0,01 mA/cm 3 Stunden.

SHIMANO u. Mitarb. [2, 3] trennten Triterpenoide bei einer Klemmenspannung von 800 V in 5 bzw. 2 Stunden in den Elektrolyten Butanol-Essigsäure-Wasser (5 : 2 : 5) bzw. (1 : 1 : 1,25).

PAUL und DURRUM [4] versuchten Steroide in nicht-wäßrigem Medium zu trennen, z. B. im Gemisch von Nitromethan-Eisessig (9 : 1) oder in absolutem Äthanol [4]. Die geprüften Steroide (Cholesterin, 17-Oxy-11-Dehydrocorticosteron und Testosteron) wanderten unter den gegebenen Versuchsbedingungen zwar in Richtung auf die Anode, konnten aber voneinander nicht getrennt werden. Nach Meinung der Autoren war die beobachtete Wanderung wahrscheinlich eine Folge der Elektroosmose.

VOIGT und BECKMANN [5] trennten Desoxycorticosteron, Dehydroisoandrosteron und Dehydroandrosteronacetat als Bernsteinsäurehalbester. Die ersten beiden Verbindungen wurden 18 Stunden in Gegenwart überschüssiger Bernsteinsäure und Pyridin bei 60 °C gehalten, im Vakuum getrocknet und der Rückstand in 90%igem Äthanol gelöst. Ein Teil der Lösung wurde mit einer 0,1 N Natriumhydroxid-Lösung in Äthanol in Gegenwart von Bromkresolpurpur bis zum pH 7,05...7,15 titriert. Der andere Teil der Lösung wurde mit der errechneten Menge von Natriumhydroxid versetzt und nach 18 Stunden im Vakuum eingetrocknet. Das Dehydroandrosteronacetat war vorher mit Salzsäure bei pH 1,5 48 Stunden hydrolysiert, danach mit Chloroform extrahiert und dann erst obiger Behandlung unterworfen worden. Die Steroide wurden im Gemisch (80 : 20) von Phosphatpuffer und Äthanol, pH 7,5 gelöst aufgetragen und die elektrophoretische Trennung im Phosphatpuffer, pH 7,2 in Äthanol-gesättigter Atmosphäre bei 10—12 V/cm und 12—15 mA durchgeführt. Das Verfahren wurde zur Prüfung von Steroiden in normalem und pathologischem Urin [6] auch mit chromatographischen Methoden kombiniert eingesetzt [7]. Zusammenhänge bestehen zwischen der relativen Wanderungsgeschwindigkeit der Steroide und ihrer Polarität bzw. der Zahl der Succinylgruppen [8].

Um die Wasserlöslichkeit der Steroide zu erhöhen bzw. das Auftragen der Substanzen zu erleichtern, wandten SCHMID und VOIGT [9] Detergenzien an. Hierfür erwiesen sich anionische Detergenzien als geeignet, besonders das von der Chemischen Fabrik Stockhausen und Cie., Krefeld, hergestellte »W 6763«, das Natriumsalz eines sulfonierten Alkylbenzols. Es erhöhte die Löslichkeit, ohne die Auswertung des Elektropherogramms zu stören. Die notwendige Detergenzienkonzentration ist für die einzelnen Steroide verschieden.

McKinley [10] stellte zur elektrophoretischen Trennung die Hydrazone einiger Ketosteroide her:

2,5 mg des Steroids wurden mit 7,0 mg Girard-Reagenz in 2 m*l* 10%iger Essigsäure in Methanol 2 Stunden am Rückflußkühler erhitzt. Die Elektrophorese der Hydrazone erfolgte im 0,05 m Natriumborat-Elektrolyten bei 200 V 18 Stunden.

Die auf Progesteron bezogenen Wanderungswerte der Hydrazone sind in Tab. 32 enthalten. Zwischen der auf die Gewichtseinheit bezogenen Ladung und der relativen Beweglichkeit konnte kein Zusammenhang festgestellt werden. Das Elektropherogramm der Hydrazone von Progesteron, Testosteron und Oestron ist in Abb. 36 zu sehen.

Blank u. Mitarb. [11] befaßten sich mit der Elektrophorese von 16,17-dihydroxylierten Steroiden. Sie verwendeten das Papier Whatman Nr. 3 MM und einen 0,3 m Borsäurepuffer, dessen pH sie mit n Natronlauge auf den gewünschten Wert einstellten. Die Pufferlösung wurde dann mit der gleichen Menge Methanol verdünnt. 10 bis 50 μg der einzelnen Steroide wurden in Methanol gelöst auf das Papier aufgetragen. Die Elektrophorese nahm bei 10,9 V/cm und Zimmertemperatur 5 Stunden in Anspruch. 9-α-Fluorocortisol, das keinen Boratkomplex bildet, diente als Elektroosmoseindikator. Die anodische Beweglichkeit der einzelnen Steroidkomplexe hängt vom pH-Wert des

Tabelle 32

Die relativen Beweglichkeitswerte von Ketosteroidhydrazonen nach McKinley [10]

Steroid	Relative Beweglichkeit
Progesteron	1,00
Androsteron	0,85
Desoxycorticosteron	0,83
Methyltestosteron	0,77
Ethisteron	0,76
Testosteron	0,75
Oestron	0,53

Bedingungen: 200 V, 18 Std. Elektrolyt: 0,03 m Natriumborat

Abb. 36: Elektropherogramm von Ketosteroid-Hydrazonen nach McKinley [10]
A — Progesteron; *B* — Testosteron; *C* — Östron

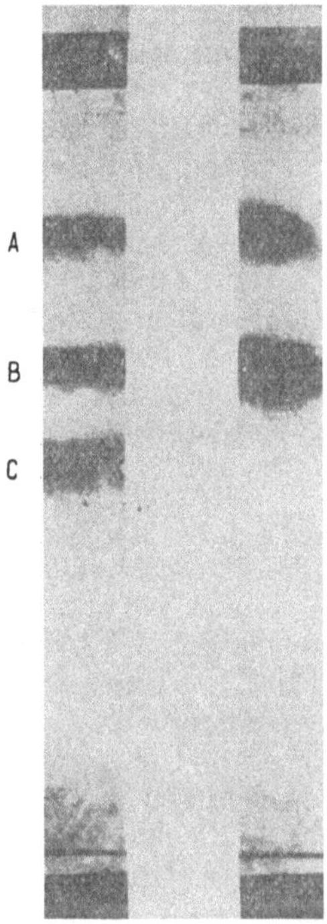

Tabelle 33

Relative Beweglichkeit von Δ^5-Steroidsulfaten nach Stárka *u. Mitarb.* [15]

Steroid	Relative Beweglichkeit
Dehydroepiandrosteron-sulfat	60
7-Oxy-Dehydroepiandrosteron-sulfat	62
7-Oxy-Dehydroepiandrosteron-disulfat	96
7-Oxo-Dehydroepiandrosteron-sulfat	61
7-Oxy-Dehydroepiandrosteron-sulfat (aus Urin)	63
p-Nitrophenol (Bezugsverbindung)	100

Bedingungen: Papier Whatman Nr. 1; 20 V/cm, 2 Std. 0,1 N Veronalpuffer, pH 9,2

Puffers ab. Unter pH 7 war bei allen untersuchten Steroidkomplexen eine Schwanzbildung zu beobachten. Die Elektrophorese von Aldosteron wurde im Boratpuffer pH 9,3 durchgeführt [12].

Die Glukuron- und Schwefelsäure-Ester von Steroiden wurden ebenfalls von mehreren Autoren [13, 14] papierelektrophoretisch untersucht. Stárka u. Mitarb. [15] trennten Δ^5-Steroidsulfate in 0,1 N Veronalpuffer, pH 9,2 bei 20 V/cm in 2 Stunden. Die auf p-Nitrophenol bezogenen Beweglichkeitswerte sind in Tab. 33 enthalten.

Cavina [16] studierte das papierelektrophoretische Verhalten der Sulfate konjugierter Steroide. Eine gute Trennung konnte auf Whatman Nr. 1 bei 200 V und 0,5 bis 1 mA in 6 Stunden in den folgenden Elektrolyten erzielt werden: 0,2 M Phosphatpuffer ($\mu = 0{,}1$), pH 7,45; 0,05 M Natriumboratpuffer, pH 9,2; 0,1 M Essigsäure-Natriumacetatpuffer, pH 4,4. Das Verfahren wurde zur Prüfung der konjugierten 17-Ketosteroide im Urin angewandt [17].

4.2.5.1. Nachweis von Steroiden

Neben der UV-Absorption wird zumeist das Zimmermann-Reagenz [15, 17, 18] angewandt: das Gemisch (1 : 1) von 2%iger alkalischer m-Dinitrobenzol-Lösung in Äthanol und von 2,5 N KOH Lösung in Äthanol. Die besprühten Elektropherogramme werden 30—60 Sekunden bei 120 °C getrocknet. Ketosteroide erscheinen als bläulichpurpurne Flecke, die an der Luft schnell verblassen.

Das Antimontrichlorid-Reagenz besteht aus Chloroform, das mit der Lösung von Antimontrichlorid und Essigsäureanhydrid (4 : 1) gesättigt ist. Die besprühten Elektropherogramme müssen bei 90 °C 2 bis 3 Minuten getrocknet werden [15].

Eine radiochemische Methode, welche sich auch für die quantitative Bestimmung eignet, wird für den Nachweis elektrophoretisch getrennter Ketosteroid-hydrazone empfohlen [19].

Literatur

[1] Hashimoto, Y.: Experientia [Basel] *9* (1953), 194
[2] Shimano, T., Mizuno, M., Inouye, S.: Ann. Proc. Gifu Coll. Pharm. *1955*, Nr. 1, 1; Ref.: Chem. Abstr. *50* (1956), 12759 h
[3] Shimano, T., Mizuno, M., Inouye, S.: Gifu Yakka Daigaku Kiyo *1956*, Nr. 6, 35; Ref.: Chem. Abstr. 51 (1957), 5365 e
[4] Paul, M. H., Durrum, E. L.: J. Am. chem. Soc. *74* (1952), 4721
[5] Voigt, K. D., Beckmann, I.: Acta Endocrinol. *13* (1953), 19
[6] Voigt, K. D., Beckmann, I.: Acta Endocrinol. *15* (1954), 251
[7] Voigt, K. D., Schroeder, W., Beckmann, I.: Acta Endocrinol. *18* (1955), 325
[8] Schroeder, W., Voigt, K. D., Beckmann, I.: Hoppe Seyler's Z. physiol. Chem. *302* (1955), 63
[9] Schmid, O. J., Voigt, K. D.: Nature [London] *174* (1954), 129

[10] McKinley, W. P.: Science *121* (1955), 139
[11] Blank, R. H., Hausmann, W. K., Holmlund, C. E., Bohonos, N.: J. Chromatogr. *17* (1965), 528
[12] Blank, R. H., Holmlund, C. E.: Analyt. Biochem. *13* (1965), 360
[13] Pelzer, H., Staib, W.: Clin. chim. Acta *2* (1957), 407
[14] Levin, B., Davies, G.: Nature [London] *178* (1956), 918
[15] Stárka, L., Šulcová, J., Šilink, K.: Clin. chim. Acta *7* (1962), 309
[16] Cavina, G.: Boll. soc. ital. biol. sper. *31* (1956), 1666
[17] Cavina, G., Tentori, L.: Clin. chim. Acta *3* (1958), 160
[18] Kritchevsky, T. H., Tiselius, A.: Science *114* (1951), 299
[19] Abdel-Wahab, M. F., Bishara, R. H.: Z. analyt. Chem. *219* (1966), 183

4.2.6. Trennung von Schwefelverbindungen

Franz und Wurst [1] trennten Naphthylamin- und Naphthol-sulfonsäuren auf Whatman Nr. 1, bei 6—7 V/cm Feldstärke und 2...6 mA in zwei Stunden. Als Elektrolyt wurden 3 n NH_4OH und 1 n Essig-

Tabelle 34

Die elektrophoretischen Beweglichkeitswerte von Naphthylaminsulfonsäuren und Naphtholsulfonsäuren nach Franc *und* Wurst [1]

Verbindung	Beweglichkeit *a*	Beweglichkeit *b*
1-Naphthylamin-4-sulfonsäure	9,3	4,5
1-Naphthylamin-5-sulfonsäure	9,5	0,0
1-Naphthylamin-6-sulfonsäure	8,9	0,0
1-Naphthylamin-7-sulfonsäure	8,9	0,0
1-Naphthylamin-8-sulfonsäure	9,5	0,0
2-Naphthylamin-1-sulfonsäure	9,6	6,2
2-Naphthylamin-6-sulfonsäure	9,3	0,0
2-Naphthylamin-5-sulfonsäure	9,3	0,0
2-Naphthylamin-7-sulfonsäure	9,3	0,0
1-Naphthylamin-3,6-disulfonsäure	20,4	13,4
1-Naphthylamin-3,6,8-trisulfonsäure	26,6	14,9
1-Naphthol-4-sulfonsäure	20,0	7,1
1-Naphthol-5-sulfonsäure	20,1	7,2
2-Naphthol-6-sulfonsäure	19,4	7,0
2-Naphthol-8-sulfonsäure	20,3	7,2
2-Naphthol-3,6-disulfonsäure	24,0	13,0
2-Naphthol-6,8-disulfonsäure	25,3	13,0
1-Naphthol-3,6,8-trisulfonsäure	—	17,2
H-Säure	25,8	11,7
Chromotropsäure	27,3	10,5

Bedingungen: Papier Whatman Nr. 1,6—7 V/cm, 2 Std.
Elektrolyt: *a)* 3 n NH_4OH
b) 1 n CH_3COOH

säure verwendet. Die Beweglichkeitswerte der geprüften Verbindungen sind in Tab. 34 angeführt. FRANZ und HÁJKOVÁ [2] trennten o-, m- und p-Nitrobenzolsulfonsäure nach Reduktion mit Zinkpulver als o-, m- und p-Aminobenzolsulfonsäure in 0,5 N Essigsäure auf 40×40 cm Whatman Nr. 1-Bogen bei 320 V Klemmenspannung in 4 Stunden. Die getrennten Isomere wurden nach Sichtbarmachung auch quantitativ mittels Densitometrie bestimmt.

SKELLY [3] trennte 4-Diphenylsulfonsäure und 4,4'-Diphenyldisulfonsäure durch kontinuierliche Papierelektrophorese in 2%iger Essigsäure. Er benützte die Apparatur Beckman Spinco Model CP bei 300 V und 15 mA. Die Fraktionen wurden UV-spektralphotometrisch analysiert.

SCHOLZ und HAGEDORN [4] trennten Sulfonamide aus galenischen Tinkturen bei 110 V in 0,1 N NaOH-Lösung. KUTZIM [5] studierte ebenfalls Sulfonamidpräparate in reinen Lösungen und in Gegenwart von Humanserum. Er stellte fest, daß die Beweglichkeiten der Sulfamide durch Serum nicht verändert werden. Er gebrauchte 110 V Klemmenspannung und einen Puffer von pH 8,6. Die relativen Beweglichkeitswerte sind in Tab. 35 enthalten.

Tabelle 35

Relative Wanderungsgeschwindigkeit von Sulfamiden nach KUTZIM [5]

Verbindung	Wanderungs-geschwindigkeit
Badional	1,0
Albucid	1,0
Gantrisin	0,83
Cibasol	0,82
Globucid	0,80–0,81
Methylpyriminal	0,74
Elkosin	0,64
Eubasin	0,37
Prontosil	0,39
Prontalbin	0,02
Karbamid	0,00
p-Aminobenzoesäure	1,13

Bedingungen: 110 V, pH 8,6.

HELLHAMMER [6] trennte Thioglykolsäure und Thioglycerin in Kaltdauerwellenpräparaten mittels Papierelektrophorese auf Whatman Nr. 1 bei 140 V und 4 mA in 60 Minuten in Natriumveronalpuffer, pH 6,8. Thioglycerin wanderte 2,5 cm und Thioglykolsäure 4,4 cm.

Literatur

[1] FRANC, J., WURST, M.: Coll. Czech. chem. Commun 24 (1959), 857
[2] FRANC, J., HÁJKOVÁ, M.: J. Chromatogr. 33 (1968), 319
[3] SKELLY, N. M.: Analyt. Chem. 37 (1965), 1526
[4] SCHOLZ, E., HAGEDORN, P.: Deutsche Apotheker Ztg. 93 (1953), 81
[5] KUTZIM, H.: Naturwissenschaften 39 (1952), 135
[6] HELLHAMMER, D.: Mitt. Gebiete Lebensm. Unters. Hyg. 47 (1956), 55

4.2.7. Trennung von Nitroverbindungen und Aminen

4.2.7.1. Trennung von Nitroverbindungen

KIKAL und SMITH [1] trennten Nitrokresolderivate auf Whatman Nr. 1, bei 12 V/cm Feldstärke in 2 Stunden. Als Elektrolytlösungen wurden 0,02 N Salzsäure, Veronal-Salzsäurepuffer nach BRITTON und ROBINSON, auf pH 3,9, 6,0 und 8,3 eingestellt sowie 0,02 N Natriumhydroxid verwendet. Aromatische Nitrosäuren sowie Nitrophenole wurden von FRANC und WURST [2] getrennt. (Siehe Kapitel 4.2.1. und 4.2.4.)

4.2.7.2. Trennung von Aminen

WEBER [3] trennte eine große Anzahl von Aminen bei 8,6 V/cm in Zitratpuffer, pH 3,8 (10,5 g/*l* Zitronensäure, pH mit Natriumhydroxid eingestellt). Von LÄHDEWIRTA u. Mitarb. [4] wurden Putrescin, Cadaverin, Spermin und Spermidin auf dem Papier Whatman Nr. 2 bei Klemmenspannungen von 450...500 V in Puffergemischen aus 0,1 M Dinatriumzitrat und 0,1 M Salzsäure von pH 4,0 bzw. 3,5 getrennt und auch quantitativ bestimmt.

HERBST u. Mitarb. [5] konnten Mono-, Di- und Triamine in einem Gerät nach DURRUM bei 300 V Klemmenspannung in 0,05 M Sulfosalicylsäure, pH 4,0, in 3,5 Stunden und in 0,03 M Zitronensäure, pH 6,5, in 5 Stunden gut trennen.

BLASS und SARRAFF [6] studierten die primären, sekundären und tertiären Amine in biologischen Nährflüssigkeiten mit der Papierelektrophorese und Papierchromatographie. In der einen Richtung erfolgte im Lösungsmittel Butanol-Aceton-Wasser (125 : 30 : 125) 24 bis 32 Stunden lang absteigende Chromatographie und dann quer dazu die elektrophoretische Trennung in vier verschiedenen Puffern: Veronalpuffer, pH 8,6 (10,3 g Natriumveronal + 1,84 g Diäthylbarbitursäure mit Wasser ad 1000 m*l*), Phthalatpuffer, pH 4,0 (100 m*l* 0,1 N Kaliumhydrogenphthalat + 0,8 m*l* 0,1 N Natriumhydroxid mit

Wasser auf 200 m*l* verdünnt), Sulfosalicylsäure, pH 4,0 (0,05 M Sulfosalicylsäure mit Natriumcarbonat auf pH 4,0 eingestellt) und Ammoniumhydroxid, pH 10,0 (0,065 N NH_4OH). Die Trennung dauerte bei 400 V Klemmenspannung in Abhängigkeit vom Elektrolyten 2 bis 5 Stunden.

BLAU [7] trennte eine große Anzahl von Aminen auf Whatman Nr. 1 bei 20 V/cm in einer Stunde. Als Puffer wurde 0,04 M Natriumbarbiturat vom pH 8,0 angewandt. Die Wanderungsstrecken sind in Tab. 36 enthalten. HANOT [8] trennte aromatische Amine im HCl—KCl Elektrolyten vom pH 2,7 ($\mu = 0{,}004$), bei 105 oder 220 V Klemmenspannung in 2 Stunden. Die auf α-Naphthylamin bezogenen Beweglichkeitswerte gehen aus Tab. 37 hervor.

Tabelle 36

Elektrophoretische Wanderung von Aminen nach BLAU [7]

Verbindung	Wanderung in cm	Verbindung	Wanderung in cm
Adrenalin	3,5	Histamin	6,2
n-Amylamin	7,0	Hydroxylamin	1,4
iso-Amylamin	6,8	5-Oxy-tryptamin	3,1
Arginin	5,1	3-Oxy-tyramin	4,3
n-Butylamin	7,2	Methylamin	13,4
Creatinin	0,7	Nicotin	3,6
1,4-Diaminobutan	10,2	Noradrenalin	3,5
1,5-Diaminopentan	10,4	Phenäthylamin	5,9
Diäthanolamin	6,1	Piperidin	6,6
Diäthylamin	7,9	n-Propylamin	8,1
Dimethylamin	11,7	Pyrrolidin	9,4
Äthanolamin	8,5	Tryptamin	4,7
Äthylamin	11,4	Tyramin	5,2
Glukosamin	2,5		

Bedingungen: Papier Whatman Nr. 1, 20 V/cm, 1 Std.
0,04 M Natriumbarbituratpuffer, pH 8,0
Elektroosmose-Indikator: N-2,4-Dinitrophenyläthanolamin

Die Dithiocarbamate einiger Amine (Äthylendiamin, Piperidin, Piperazin, Glycin, α-Amino-iso-buttersäure und Prolin) wurden von FRAHN und MILLS [9] in 0,1 N Natriumhydroxid bei 20 V/cm und 18—20 °C in 30 Minuten getrennt.

Zur Trennung von Cholinestern mittels Hochspannungselektrophorese [10] bei 30 V/cm, 12—13 °C in 30—60 Minuten bewährte sich ein 0,20 M Acetat-Essigsäure-Elektrolyt (pH 4,6 bzw. 5,0) am besten.

GAYER [11] trennte biogene Amine aus enteiweißtem Serum.

Tabelle 37

Relative Beweglichkeitswerte von aromatischen Aminen nach HANOT [8]

Verbindung	Relative Beweglichkeit	Verbindung	Relative Beweglichkeit
α-Naphthylamin	1,00	p-Chloranilin	1,06
Anilin	1,33	m-Xylidin	1,06
Methylanilin	1,66	m-Toluidin	1,32
Dimethylanilin	1,23	o-Toluidin	1,44
p-Aminobenzoesäure	0,86	β-Naphthylamin	1,00
o-Chloranilin	1,06	Dimethyl-α-naphthyl-amin	1,01
m-Chloranilin	1,06		

Bedingungen: 105 oder 220 V, 2 Std., HCl-KCl Elektrolyt, pH 2,7

Die Amine wurden aus dem Serum mittels Kalium-tetraphenylborat (Kalignost) gefällt, der Niederschlag mit Salzsäure zersetzt, das überschüssige Reagenz durch Ausschütteln mit Äther entfernt, das Substanzgemisch eingedickt und der Elektrophorese bei 60 V/cm unterworfen.

Als Elektrolyt diente Pyridin-Essigsäure-Wasser, 80%ige Ameisensäure (1 : 10 : 89 : 13,5), pH 2,3. Zur Kühlung wurde in einem Gerät nach MICHL Heptan verwendet. Die auf Arginin bezogenen Beweglichkeitswerte sind in Tab. 38 enthalten.

Tabelle 38

Trennung von Aminen mittels Hochspannungs-Papierelektrophorese nach GAYER [10]

Verbindung	Auf Arginin bezogene Beweglichkeit
5-Oxytryptamin	0,65
Adrenalin	0,75
Tryptamin	0,87
Tyramin	0,97
Arginin	1,00
Histamin	1,66

Bedingungen: 60 V/cm, Heptankühlung, Pyridin-Essigsäure-Wasser-80%ige-Ameisensäure (1:10:89:13,5), pH 2,3

BRACCO u. Mitarb. [12] trennten Serotonin aus biologischem Material mittels Hochspannungselektrophorese ab.

Weitere Trennungsverfahren sind in Kap. 6.3. zu finden.

4.2.7.3. Nachweis der Amine

Ninhydrin ist ein geeignetes Gruppenreagenz (siehe Kap. 4.2.8.). Ein spezifisches Reagenz zum Nachweis aromatischer Amine ist die 0,5%ige wäßrige Lösung von p-Nitrobenzol-diazoniumfluoroborat [8], sowie das Natriumnitrit-Naphthylamin-Reagenz [13]:

Lösung I: 0,2%iges Natriumnitrit in 0,1 N Salzsäure. Das besprühte und danach getrocknete Papier wird mit 1%igem α-Naphthylamin in 75%iger Essigsäure *(Lösung II)* besprüht.

Zum Nachweis von Cholinestern erwiesen sich Dipikrylamin und Phosphormolybdänsäure als empfindliche Reagenzien [10].

Literatur

[1] Kikal, T., Smith, J. N.: Biochem. J. *71* (1959), 48
[2] Franc, J., Wurst, M.: Coll. Czech. chem. Commun *24* (1959), 857
[3] Weber, R.: Helv. chim. Acta *34* (1951), 2031
[4] Lähdevirta, J., Raina, A., Heikel, T.: Scand. J. Clin. Lab. Invest. *9* (1957), 345
[5] Herbst, E. J., Keister, D. L., Weaver, R. H.: Arch. Biochem. Biophys. *75* (1958), 178
[6] Blass, J., Sarraff, A.: J. Chromatogr. *3* (1960), 168
[7] Blau, K.: Biochem. J. *80* (1961), 193
[8] Hanot, C.: Bull. soc. chim. Belges *66* (1957), 76
[9] Frahn, J. L., Mills, J. A.: Australian J. Chem. *17* (1964), 256
[10] Heilbronn, E., Carlsson, B.: J. Chromatogr. *4* (1960), 257
[11] Gayer, J.: Biochem. Z. *328* (1956), 39
[12] Bracco, M., Curti, P. C., Giuliano, V.: Experientia [Basel] *12* (1956), 31
[13] Eckman, B.: Acta Chem. Scand. *2* (1948), 383

4.2.8. Trennung von Aminosäuren und Peptiden

Die papierelektrophoretische Trennung von Aminosäuren und Peptiden nimmt in der Literatur einen breiten Raum ein. Für diese Substanzgruppe eignen sich zweidimensionale und Hochspannungsverfahren besonders gut. Auch die Dünnschichtelektrophorese wird in den letzteren Jahren mit gutem Erfolg angewandt (siehe auch Kap. 6.3.). Die Papierelektrophorese von Aminosäuren und Peptiden wird nicht nur zur qualitativen Trennung und quantitativen Bestimmung, sondern auch unter Anwendung kontinuierlicher Verfahren zu präparativen Zwecken und darüber hinaus zur Bestimmung der isoelektrischen Punkte herangezogen. Bei methodologischen Arbeiten werden oft Aminosäuren als Modellsubstanzen eingesetzt, da sich diese infolge ihres amphoteren Charakters zu diesem Zwecke besonders gut eignen.

Aus dem Schrifttum der Papierelektrophorese von Aminosäuren und Peptiden werden hier außer den ersten klassischen Arbeiten hauptsächlich die neueren Veröffentlichungen zitiert.

4.2.8.1. Trennung von Aminosäuren mittels einfacher Elektrophorese

Die Niederspannungselektrophorese wird heute kaum noch zur Trennung von Aminosäuren eingesetzt. Sie kann in Spezialfällen, wo es sich um die Trennung einer geringen Anzahl von Aminosäuren handelt, oder zur Gruppentrennung gut verwendet werden. Die getrennten Aminosäuregruppen werden dann mit weiteren Trennverfahren (abermalige Papierelektrophorese oder Papierchromatographie) in die einzelnen Komponenten getrennt. Eines der ersten papierelektrophoretischen Trennverfahren für Aminosäuren wurde 1948 von HAUGAARD und KRONER [1] entwickelt. Auf das mit M/15-Phosphatpuffer (pH 6,2) getränkte und dann getrocknete Papier wurden die Aminosäuren aufgetragen und in einem phenolhaltigen Lösungsmittel chromatographiert, wobei senkrecht zur Chromatographierichtung ein elektrisches Feld angelegt wurde. Auf diese Weise konnten saure und basische Aminosäuren voneinander getrennt werden. WIELAND und FISCHER [2] trennten Glutaminsäure, Alanin und Histidin bei pH 5. BISERTE [3] konnte bei 360 V Klemmenspannung im M/15-Phosphatpuffer vom pH 7,2 in 3 Stunden erstmals ein Gemisch von 11 Aminosäuren in fünf Fraktionen auftrennen. DURRUM [4, 5] trennte das Gemisch von 19 Aminosäuren bei 600 V Klemmenspannung (ca. 25 V/cm) im Kaliumphthalatpuffer pH 5,9 in 2 Stunden in die folgenden fünf Gruppen:

1. Arginin und Lysin,
2. Histidin,
3. Monoamino-monocarbonsäuren,
4. Glutaminsäure,
5. Asparaginsäure.

Bei 580 V im 5 N Essigsäure-Elektrolyten, pH 1,7, in 2 Stunden gelang es ihm, die Gemische von Alanin, Valin, Prolin und Tryptophan bzw. von Glycin, Isoleucin, Phenylalanin und Hydroxyprolin vollständig in die einzelnen Komponenten aufzuspalten. SCHNEIDER u. Mitarb. [6] entwickelten 1955 ein Schnellverfahren zur quantitativen Bestimmung von Glutaminsäure, Asparaginsäure und γ-Aminobuttersäure in biologischem Material, z. B. Melasse. Als Elektrolyten verwendeten sie eine 0,2 N Acetatlösung, pH 3,8. Die Aminosäuren konnten in 5 Gruppen getrennt werden:

1. Asparaginsäure,
2. Glutaminsäure,

3. neutrale Aminosäuren,
4. γ-Aminobuttersäure,
5. basische Aminosäuren.

HARRIS und WARREN [7] studierten das Verhalten von basischen Aminosäuren in Elektrolyten von verschiedenen pH-Werten bei 185 V und einer Elektrophoresedauer von 16 bis 17 Stunden. Lysin und Arginin konnten im 0,05 M Natriumcarbonat-Elektrolyten, pH 11,5, vollständig getrennt werden. Beide wanderten zur Anode. Ornithin und γ-Aminobuttersäure wanderten mit größerer Geschwindigkeit ebenfalls zur Anode, waren aber nicht zu trennen. Die mit noch höherer Geschwindigkeit wandernden basischen Aminosäuren Histidin, Methylhistidin, β-Amino-isobuttersäure, β-Alanin sowie die neutralen Aminosäuren (mit Ausnahme von Prolin) wanderten währenddessen vom Papier in den Anodenraum. Methylhistidin und Histidin sowie Methylhistidin und β-Alanyl-methylhistidin konnten im Veronalpuffer bei pH 8,6 getrennt werden, während Lysin, Arginin und Ornithin vom Papier in den Anodenraum wanderten. β-Amino-isobuttersäure und β-Alanin konnten in 0,05 M Kaliumhydrogenphthalat, pH 4,0, von den α-Aminosäuren getrennt werden. Beide wanderten zur Kathode, Lysin, Arginin, Ornithin, Methylhistidin, Histidin und γ-Aminobuttersäure hingegen in den Kathodenraum, die neutralen α-Aminosäuren infolge der Elektroosmose in geringem Maße zur Kathode und die sauren Aminosäuren zur Anode.

α,ε-Diaminopimelinsäure kann von Glutaminsäure und Lysin in Veronalpuffer, pH 8,6 bei 25 mA Stromstärke in 2 Stunden separiert werden [8].

JIRGL [9] trennte Histidin, Lysin und Arginin bzw. Histidin, Ornithin und Arginin [10] bei 7 V/cm in Natriumtetraborat, pH 12,0. Histidin, Citrullin, Ornithin, Lysin und Arginin sind in 8×10^{-2} M $NaHCO_3$, pH 7,4...7,5 gut zu differenzieren [11]. Die Substanzen wurden auf Whatman Nr. 3 in der Mitte aufgetragen. Die Elektrophorese dauerte 2 Stunden. Arginin blieb am Startpunkt, die anderen Säuren bewegten sich zur Anode in der Reihenfolge der wachsenden Beweglichkeiten: Lysin, Ornithin, Citrullin, Histidin. Nach Ninhydrin-Reaktion erfolgte die quantitative Bestimmung der eluierten Kupferkomplexe spektrophotometrisch bei 500 nm. FRAHN und MILLS [36] machen darauf aufmerksam, daß Aminosäuren in alkalischem Medium in Gegenwart von Kohlendioxid Carbamate bilden. Dies kann zur Bildung zusätzlicher Flecken auf dem Elektropherogramm führen. Wenn die Elektrophorese bei 50 °C durchgeführt wird, werden die Carbamate gespalten, und diese unerwünschte Nebenerscheinung tritt dann nicht auf. Für die Trennung von Arginin, Histidin, Citrullin, Ornithin und Lysin werden folgende Versuchsbedingungen empfohlen: 50 °C, 20 V/cm, 40 mA, 30 Minuten, Papier Whatman Nr. 4 (13,5 × 61 cm). Die Zusammensetzung des Elektrolyten: 1,06 g Na_2CO_3 und 6,72 g $NaHCO_3$ in 1 Liter Wasser. Zusatz von 0,1% 8-Hydroxychinolin hilft, von den Verunreinigungen des Papiers herrührende Störungen zu vermeiden. Das Auftragen der Substanzen erfolgt in der Nähe der Kathode. Arginin wandert kathodisch, die übrigen Säuren anodisch, Lysin verbleibt in der Nähe des Startpunktes.

4.2.8.2. Trennung von Aminosäuren durch wiederholte Elektrophorese; zweidimensionale Methoden; Kombination von Papierelektrophorese und Papierchromatographie

Wiederholte Elektrophoresen oder mit Papierchromatographie kombinierte Verfahren erfordern beim ersten Lauf flüchtige Elektrolyte. Pufferreste können die zweite Trennung stören.

DURRUM [12] führte auf einem quadratischen Papierbogen senkrecht zueinander zwei aufeinanderfolgende elektrophoretische Trennungen durch: in der ersten Richtung wurde 0,2 N NH_4OH, pH 11,3, in der zweiten 1 N Essigsäure, pH 2,3, als Elektrolyt verwendet. Im ersten Elektrolyten wanderten sämtliche Aminosäuren zur Anode, im zweiten zur Kathode. PETERSON und BUTLER [13] trennten schwefelhaltige Aminosäuren bei 20 V/cm in der ersten Richtung im flüchtigen Pyridin-Essigsäure-Elektrolyten, bei pH 6,0 in 4 Stunden. Die auf diese Weise erhaltenen Zonen neutraler, saurer und basischer Aminosäuren wurden eluiert, einzeln auf neue Papierstreifen aufgetragen und im Phosphat-Zitrat-Puffer, pH 2,7, 4 bis 8 Stunden erneut elektrophoretisiert. Der Einbau von radioaktivem Selen statt der Schwefelatome ergab im Vergleich zu den schwefelhaltigen Aminosäuren keine Unterschiede in den Wanderungsgeschwindigkeiten.

Papierelektrophorese und Papierchromatographie wurden zuerst von KICKHÖFEN und WESTPHAL [14] zur Aminosäuretrennung kombiniert eingesetzt, in der ersten Richtung die Elektrophorese und in der zweiten die Chromatographie. BLASS u. Mitarb. [15] chromatographierten erst in Butanol-Essigsäure-Wasser und führten senkrecht dazu bei 10 V/cm und 0,5 mA/cm 3,5 Stunden lang die elektrophoretische Trennung durch.

BISERTE u. Mitarb. [16] sowie KÖRMENDY und GANTNER [17] trennten die Aminosäuren aus Eiweißhydrolysaten in drei Schritten:

1. Grundelektrophorese zur Trennung saurer, neutraler und basischer Aminosäuren in Pyridin-Eisessig-Wasser (30:100:4810), pH 3,9.
2. Die weitere Trennung der neutralen Aminosäuren in Ameisensäure-Essigsäure-Wasser, pH 2,2.
3. Weitere Trennung der basischen Aminosäuren in 0,025 M Natriumcarbonat-Lösung, pH 11,05.

VÁMOS u. Mitarb. [18] ergänzten das Verfahren mit einem papierchromatographischen Trennungsschritt.

GERLAXHE und CASIMIR [19] trennten Alanin, γ-Aminobuttersäure, δ-Aminovaleriansäure und ε-Aminocapronsäure im Essigsäure-Elektrolyten, pH 2,4, und darauffolgender Papierchromatographie in auf pH 8,5 eingestelltem, mit Wasser gesättigtem Butanol. MATTHIAS [20] trennte Aminosäuren mit Hilfe einer Kombination von Papierchromatographie und Papierelektrophorese auf den von ihm entwickelten Keilstreifen unter Anwendung einer speziellen Technik. Die Methode ist zwar etwas schwieriger durchzuführen, ergibt jedoch sehr scharfe Trennungen und ist besonders bei der Analyse sehr geringer Substanzmengen von Vorteil.

4.2.8.3. Trennung von Aminosäuren mittels Hochspannungs-Papierelektrophorese

Zur Trennung von Aminosäuren eignet sich die Hochspannungselektrophorese besonders gut. Ein großer Vorteil besteht in der wesentlich verkürzten Trennzeit. Infolge der geringeren Diffusion erhält man eine recht scharfe Trennung. Die einzelnen Aminosäuren erscheinen in der Form von schmalen, deutlichen Banden, und eine große Anzahl von Aminosäuren kann in einem Schritt getrennt werden [21, 22, 23]. MICHL [24], KICKHÖFEN und WESTPHAL [25] sowie HEILMEYER u. Mitarb. [26] erzielten bei Anwendung einer Feldstärke von 40 bis 120 V/cm sehr gute Ergebnisse bei der Trennung einiger, hinsichtlich chemischer Struktur und elektrostatischer Ladung sehr ähnlicher Aminosäuren und Peptide. GROSS [27] trennte in seinem mit Wasser gekühlten Apparat auf zwischen zwei Platten gelagerten Papierstreifen Whatman Nr. 3 MM von 45 bzw. 25 cm Länge Aminosäuren und Peptide bei 130 bis 200 V/cm und gebrauchte dreierlei Elektrolytlösungen:

1. 1,5 M Ameisensäure + 2 M Essigsäure (1:1), pH 2,0;
2. 454 *ml* 2 M Essigsäure + 6 *ml* 2 M Natriumacetat + 540 *ml* Wasser, pH 2,9;
3. 0,05 M Natriumborat-Lösung, pH 9,2.

In den ersten beiden Fällen wurden die Substanzen in der Nähe der Anode, im dritten in der Streifenmitte aufgetragen. In 0,75 M Ameisensäure, pH 2,0, konnte bei 120 V/cm auch das Gemisch nicht-flüchtiger organischer Säuren und Aminosäuren in seine Komponenten getrennt werden [28]. Die Trennung der Aminosäuren biologischer Hydrolysate ist am besten in Elektrolyten vom pH in der Umgebung von 2 durchzuführen [29] Abb. 37 zeigt das Elektropherogramm von Amino-

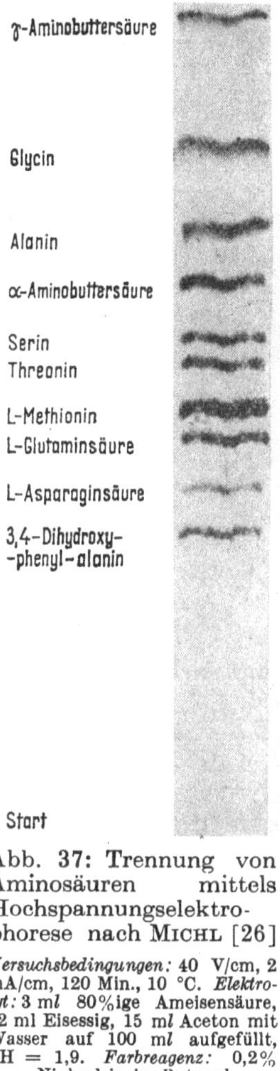

Abb. 37: Trennung von Aminosäuren mittels Hochspannungselektrophorese nach Michl [26]

Versuchsbedingungen: 40 V/cm, 2 mA/cm, 120 Min., 10 °C. *Elektrolyt:* 3 *ml* 80%ige Ameisensäure, 12 ml Eisessig, 15 *ml* Aceton mit Wasser auf 100 *ml* aufgefüllt, pH = 1,9. *Farbreagenz:* 0,2% Ninhydrin in Butanol

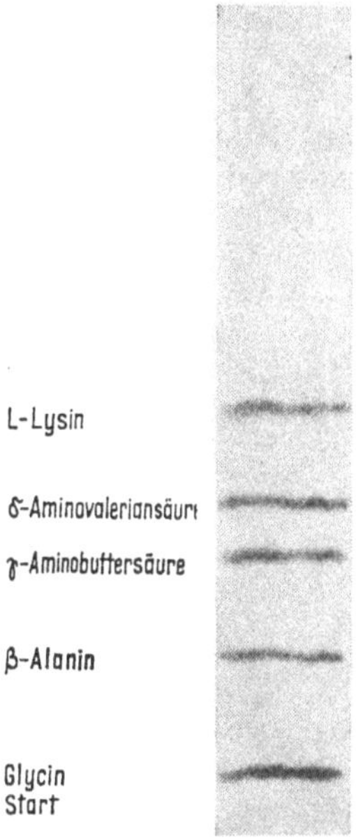

Abb. 38: Trennung der β, γ und δ-Aminosäuren von den basischen und neutralen Aminosäuren mittels Hochspannungselektrophorese nach Michl [26]

Versuchsbedingungen: 33,5 V/cm, 3,7 mA/cm, 90 Min., 10 °C. *Elektrolyt:* 2 *ml* Pyridin, 4 *ml* Eisessig, 15 *ml* Aceton mit Wasser auf 100 *ml* aufgefüllt, pH 4,4. *Farbreagenz:* 0,2% Ninhydrin in Butanol

säuren, getrennt bei 40 V/cm und 2 mA/cm in 120 Minuten bei 10 °C. Als Elektrolyt wurde das folgende Gemisch verwendet: 3 *ml* 80%ige Ameisensäure, 12 *ml* Eisessig, 15 *ml* Aceton, mit Wasser auf 100 *ml* ergänzt (pH 1,9) [25]. Die auf Alanin bezogenen Wanderungsgeschwindigkeiten von Aminosäuren sind in Tab. 39 enthalten [23].

Tabelle 39

Auf Alanin bezogene relative Wanderungswerte von Aminosäuren bei der Hochspannungspapierelektrophorese nach WIELAND *und* PFLEIDERER [23]

Aminosäure	Relative Wanderung
Lysin	1,4
Histidin	1,29
Arginin	1,27
Glycin	1,15
Alanin	1,00
Serin	0,84
Valin	0,82
Leucin	0,77
Isoleucin	0,77
Methionin	0,72
Glutaminsäure	0,69
Asparaginsäure	0,64
Tyrosin	0,55

Bedingungen: 40 V/cm, 120 Min., 10 °C. Elektrolyt: 3 m*l* 80%ige Ameisensäure, 12 m*l* Eisessig, 15 m*l* Aceton mit Wasser auf 100 m*l* ergänzt, pH 1,9

Abb. 38 zeigt die Trennung von fünf Aminosäuren (Glycin, β-Alanin, γ-Aminobuttersäure, δ-Aminovaleriansäure und L-Lysin) bei 33,5 V/cm und 3,7 mA/cm in 90 Minuten bei 10 °C. Die Zusammensetzung des Elektrolyten von pH 4,4 ist: 2 m*l* Pyridin, 4 m*l* Eisessig, 15 m*l* Aceton mit Wasser auf 100 m*l* aufgefüllt [29]. ATFIELD und MORRIS [30] trennten Aminosäuren in einem modifizierten Gerät nach GROSS [28] unter folgenden Versuchsbedingungen: 120 × 13,5 cm Streifen Whatman Nr. 3 MM, 100 bzw. 70 V/cm, 200 bis 420 Minuten Trennzeit und 2 °C. Sie gebrauchten die folgenden Elektrolyten:

1. 2,5%ige Ameisensäure — 7,8%ige Essigsäure, pH 1,85;
2. 2,0%ige Ameisensäure — 20%ige Essigsäure — 4 mM Cd-Acetat, pH 1,81;
3. Pyridin-Essigsäure, pH 5,2.

Die relativen Beweglichkeitswerte der Aminosäuren sind in Tab. 40 enthalten.

Bei einer großen Anzahl von Aminosäuren, wie sie z. B. in biologischen Hydrolysaten oft vorkommen, genügt ein einziger Trennungsvorgang auch unter Anwendung hoher Spannungen nicht. In solchen Fällen muß die Hochspannungselektrophorese wiederholt angewandt oder mit anderen Trennverfahren, z.B. Papierchromatographie, gekoppelt werden. DOSE und CAPUTO [31] führten die quantitative Total-

Tabelle 40

Relative Beweglichkeitswerte von Aminosäuren bei der Hochspannungs-Papierelektrophorese nach ATFIELD *und* MORRIS [30]

Aminosäure	Versuchsbedingungen			
	100 V/cm 200 Min.	100 V/cm 420 Min.	70 V/cm 200 Min.	70 V/cm 200 Min.
	Elektrolyt			
	1	2	3	3
	Beweglichkeiten bezogen auf			
	Alanin	Alanin	Arginin	Glutaminsäure
Alanin	1,00	1,00		
β-Alanin	1,45			
allo-Isoleucin		0,76		
α-Aminobuttersäure	0,90			
Arginin	1,31		1,00	
Asparagin	0,71			
Asparaginsäure	0,61	0,59		1,21
Cystein	0,60			
Cysteinsäure				1,30
Cystin	0,59			
Glutamin	0,69			
Glutaminsäure	0,67	0,66		1,00
Glycin	1,14			
Histidin	1,31		1,06	
Hydroxylysin			1,04	
Hydroxyprolin	0,54			
Isoleucin	0,77	0,80		
Leucin	0,77	0,78		
Lysin	1,47		1,11	
Methionin	0,71			
Methioninsulfon	0,57	0,55		
Methioninsulfoxid	0,60			
Ornithin	1,52			
Phenylalanin	0,61	0,61		
Prolin	0,69	0,69		
Serin	0,83	0,81		
Taurin	0,03			
Threonin	0,75	0,73		
Tryptophan	0,46			
Tyrosin	0,53	0,53		
Valin	0,81	0,81		

Elektrolyten: 1. 2,5%ige Ameisensäure – 7,8%ige Essigsäure, pH 1,85;
2. 2,0%ige Ameisensäure – 2,0%ige Essigsäure, – 4 mM Cadmiumacetat, pH 1,81;
3. Pyridin-Essigsäure, pH 5,2

Tabelle 41

Trennungsgang der Totalanalyse eines Eiweißhydrolysates nach Dose und Caputo [31]

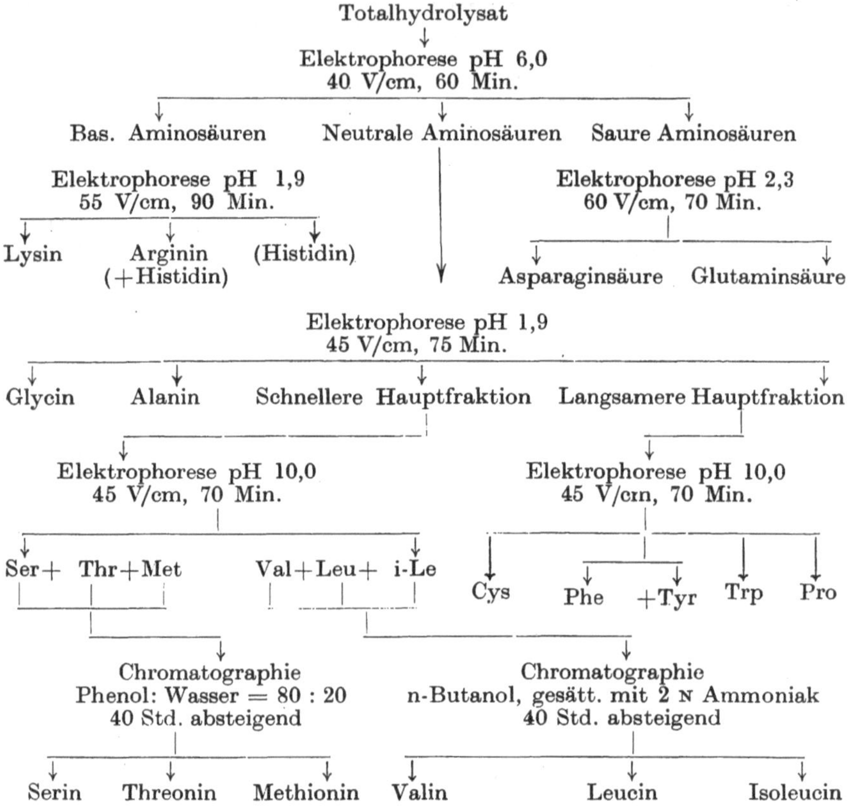

Elektrolyten: pH 1,9 : 15% Essigsäure, 5% Ameisensäure in Wasser
pH 2,3 : 2 n Essigsäure
pH 6,0 : 10% Pyridin, 1% Essigsäure in Wasser
pH 10,0 : 0,5% $(NH_4)_2CO_3$ mit 5 n NH_3 auf pH 10 gebracht

analyse von Proteinhydrolysaten mittels mehrmaliger Anwendung der Hochvoltelektrophorese durch. Die nach sechs elektrophoretischen Trennungsphasen noch immer nicht getrennten Aminosäuren: Serin-Threonin-Methionin, bzw. Valin-Leucin-Isoleucin wurden dann chromatographiert. Der Gang der Analyse ist in Tab. 41 wiedergegeben. POLYANOVSKY [32] beschreibt die Trennung aller in Eiweißhydrolysaten vorkommender Aminosäuren außer Leucin, Isoleucin, Histidin und Arginin. Die Elektrophorese wird in flüchtigen sauren oder neutralen bzw. basischen Elektrolytlösungen, die Chromatographie senkrecht zur ersten Richtung im System Pyridin-Butanol-Essigsäure-Wasser (10 : 15 : 13 : 12) durchgeführt. WINTER [33] trennte mittels Hochspannungselektrophorese in einem Arbeitsgang ein Gemisch von 38 Aminosäuren und Aminen in 21 einzelne Stoffe sowie 7 Stoffgruppen, wovon letztere dann papierchromatographisch in 17 einzelne Komponenten getrennt, und alle Substanzen direktphotometrisch auch quantitativ bestimmt wurden. Papierbogen vom Format 350×400 mm (Schleicher und Schüll 2043/a) wurden verwendet und mit dem Puffergemisch von 15 Vol.% Essigsäure, 5 Vol.% Ameisensäure und 80 Vol.% Wasser, pH 1,7 getränkt. Bei 70 V/cm und etwa 0,07 A betrug die Versuchsdauer 30 bis 90 Minuten. Alle Aminosäuren und Amine wanderten zur Kathode. Die ungetrennten Substanzgruppen wurden nach Elution in n-Propanol – 2 N Ammoniak (7 : 3) bzw. n-Propanol – Wasser (7 : 3) chromatographiert.

ANSORGE [34] trennte die Aminosäuren von Eiweißhydrolysaten in drei Elektrophoreseschritten und einem Chromatographieschritt. Das Gemisch von 18 Aminosäuren wurde zuerst einer Elektrophorese bei pH 1,9 bzw. 3,6 unterworfen, und die auf diese Weise erhaltene ungetrennte Gruppe der neutralen Aminosäuren dann durch zweidimensionale Elektrochromatographie weitergetrennt. Der Elektrolyt von pH 1,9 bestand aus Eisessig-Ameisensäure-Wasser (15 : 5 : 180) und wurde auch für den elektrophoretischen Schritt der zweidimensionalen Trennung eingesetzt. Der Elektrolyt von pH 3,6 hatte folgende Zusammensetzung: Eisessig-Pyridin-Wasser (10 : 1 : 90). Die Trennungen dauerten bei einer Feldstärke von 55–60 V/cm 100 Min. (pH 3,6) bzw. 120 Min. (pH 1,9). Zur Chromatographie wurde das Lösungsmittel sek. Butanol-Ameisensäure-Wasser (75 : 15 : 10) verwendet.

PETERSON [35] trennte eine große Anzahl saurer Aminosäuren durch Hochspannungselektrophorese und darauffolgende Chromatographie senkrecht zur ersten Richtung und verwendete 43×53,5 cm-Bogen Whatman Nr. 3 MM bei 7500 V, 100 mA, 30 Minuten Dauer. Die Elektrolytzusammensetzung war: Essigsäure (10 m*l*) – Pyridin (0,6 m*l*) in 1 Liter Wasser, pH 3,4. Zur Chromatographie wurde n-Butanol-Essigsäure-Wasser (12 : 3 : 5) verwendet. Vor der Elektrophorese bei pH 3,4 wurde zur Gruppentrennung der neutralen, basischen und sauren Aminosäuren eine Elektrophorese bei pH 5,3 durchgeführt; (Elektrolyt: Pyridin (10 *ml*), Essigsäure (4 *ml*) in 1 Liter Wasser). Diese Trennung nahm bei 550 V und 300 mA 10 Minuten in Anspruch.

4.2.8.4. Trennung von Aminosäuren mittels kontinuierlicher Papierelektrophorese

Grassmann und Hannig [37, 38] trennten Zwei-, Drei- bzw. Vierkomponentengemische von Aminosäuren mittels kontinuierlicher Papierelektrophorese in Elektrolyten von verschiedenen pH-Werten. Folgende Gemische konnten auf diese Weise getrennt werden:

Asparaginsäure-Glutaminsäure (Zitratpuffer, pH 3,97)
Glutaminsäure-Alanin-Histidin (m/15 Phosphatpuffer, pH 5,2)
Lysin-Histidin (pH 6,8)
Leucin-Glutaminsäure (pH 5,2)
Glycin-Alanin (pH 11,5)
Alanin-Threonin (pH 11)
Alanin-Cystin (pH 11,5)
Arginin-Histidin-Alanin-Asparaginsäure (pH 7,4)
Lysin-Alanin-Threonin-Glutaminsäure (pH 8,5).

4.2.8.5. Sonstige Trennverfahren für Aminosäuren

Lautsch u. Mitarb. [39] trennten Aminosäuren auf Ionenaustauscherpapier. Michl [40] brachte senkrecht zum elektrischen Feld einen pH-Gradienten zwischen den Werten 4,5 und 5 zustande, indem er an beiden Seiten Pufferlösungen von verschiedenem pH aufsaugen ließ. Mit diesem Verfahren studierte er die Trennung von Arginin, Lysin, Alanin, Glycin, Glutaminsäure und Asparaginsäure bei verschiedenen pH-Werten. Ganguli [41] trennte Aminosäuren mit einer der Rundfilterpapierchromatographie ähnlichen Methode. Freimuth und Kludas [42] entwickelten eine Kombination der Hochspannungselektrophorese und der Rundfilterchromatographie zur Trennung basischer, saurer und einer großen Anzahl neutraler Aminosäuren. Die Dünnschichtelektrophorese mit niederen und hohen Spannungen hat sich für die Trennung von Aminosäuren ebenfalls sehr gut bewährt (siehe Kap. 6.3.).

4.2.8.6. Trennung von Aminosäurederivaten

Die Kupferkomplexe der α-Aminosäuren wurden zuerst von Wieland u. Mitarb. [43] mit einem Niederspannungsverfahren bei 5 V/cm in saure, neutrale und basische Aminosäuren getrennt. Szwaj und Kański

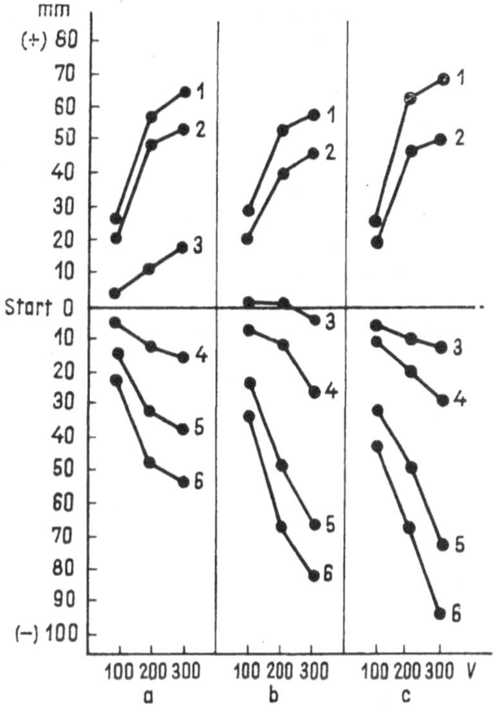

Abb. 39: Wanderung von Aminosäuren und ihren Kupferkomplexen als Funktion der Spannung nach Szwaj und Kański [44] *Elektrolyte: a)* Natriumtetraborat - Natriumhydroxid, pH 10; *b)* Natriumtetraborat — Salzsäure, pH 9,1; *c)* Natriumtetraborat — Borsäure, pH 9,1.

Aminosäuren und Kupferkomplexe: 1 — Asparaginsäure-Kupferkomplex, *2* — Asparaginsäure, *3* — Glycin, *4* — Glycin-Kupferkomplex, *5* — Lysin, *6* — Lysin-Kupferkomplex

[44] trennten die Kupferkomplexe ebenfalls in drei Gruppen und zusätzlich innerhalb der einzelnen Gruppen die freien Aminosäuren von den entsprechenden Kupferkomplexen. Sie verwendeten Whatman Nr. 4 und einen Boratpuffer pH 10, $\mu = 0{,}05$ (0,025 M Natriumtetraborat + 0,05 M Natriumhydroxid) bei 6,6 bis 10,2 V/cm. Abb. 39 zeigt die unter diesen Versuchsbedingungen in 1,5 Stunden beobachtete Wanderung als Funktion der Klemmenspannung.

Jursík und Petrů [45] studierten die elektrophoretische Beweglichkeit der Cu(II)-Chelate einer großen Anzahl von Aminosäuren bei verschiedenen pH-Werten zwischen 1,9 und 11,98. Es wurden Whatman Nr. 3 und der Britton-Robinson Universalpuffer in zehnfacher Verdünnung verwendet. Die Feldstärke betrug 15 V/cm und die Stromstärke 5 mA.

Biserte und Osteux [46, 47] trennten die Dinitrophenylderivate von Aminosäuren bei 400 V Klemmenspannung in 22 bis 24 Stunden in M/30 Phosphatpuffer, pH 7. Sie erhielten vier Zonen, von denen drei anodisch und eine kathodisch wanderte. Die einzelnen Zonen enthielten folgende DNP-Derivate:

1. DNP-Asparaginsäure und DNP-Glutaminsäure;
2. Die DNP-Derivate der meisten Monoamino-monocarbonsäuren;
3. α—ε-Di-DNP-Lysin, Di-DNP-Histidin und Tyrosinderivate;
4. ε-DNP-Lysin und α-DNP-Arginin.

Die Zonen wurden nach Elution chromatographisch in die einzelnen Komponenten getrennt. Fittkau [48] trennte die 2,4-DNP-Derivate von 31 Aminosäuren mittels Hochspannungselektrophorese auf 60 cm langen Streifen des Papiers Schleicher und Schüll 2043/a. Die Elektrophorese dauerte bei 67 V/cm Feldstärke 120 Min. Als Elektrolyten wurden Gemische von Pyridin/Eisessig/Wasser und Pyridin/Ameisensäure/Wasser ungefähr gleicher Leitfähigkeit bei verschiedenen pH-Werten zwischen 1,8 und 6,5 eingesetzt. Je 5 μl der 0,02 M DNP-Aminosäure-Lösung in Aceton oder Dimethylformamid wurden kathodenseitig 12 cm vom Rand entfernt aufgetragen. DNP-Aminosäuren sind auch mittels Dünnschichtelektrophorese getrennt worden (siehe Kap. 6.3.).

Dansyl-(1-Dimethylaminonaphthalin-5-sulfonyl)-aminosäuren und -peptide wurden zuerst von Gray und Hartley [49, 50] mittels Hochspannungselektrophorese getrennt und zwar in einem Gerät nach Gross bei 80 V/cm, pH 4,40 in 2,5 Stunden [51]. Dansyl-aminosäuren wurden auch auf Zellulose-Dünnschichten getrennt (siehe Kap. 6.3.).

4.2.8.7. Nachweis von Aminosäuren

Das verbreitetste Gruppenreagenz für Aminosäuren ist das Ninhydrin [52], dessen Lösung in einem flüchtigen Lösungsmittel zum Besprühen der Elektropherogramme benutzt wird. Die Sprühlösung enthält gewöhnlich einige Zehntel Prozente Ninhydrin. Die 0,2%ige Lösung von Isatin in Aceton [53] wird besonders zum Nachweis von Prolin und Hydroxyprolin herangezogen, welche mit Ninhydrin nur schwach reagieren. Öfters wird noch das Folin-Reagenz (0,02% Natrium-1,2-naphthochinon-4-sulfat in 5%igem wäßrigem Natriumcarbonat gelöst) [54] oder ein Gemisch der beiden letzteren Reagenzien verwendet [55]. Zum Nachweis von Kupferkomplexen eignet sich eine 0,1%ige Rubeansäurelösung in Methanol [44]. Zur Anfärbung von Sulfhydrylverbindungen nach der elektrophoretischen Trennung empfiehlt Schrauwen [56] die Lösung von 3 mg 1-(Acetoxymercuriphenylazo)-naphthol-2 in 100 ml Amylacetat. Die Trocknung der Pherogrammstreifen muß hierfür in Stickstoffatmosphäre oder durch Gefriertrocknung erfolgen, wonach die Reagenzlösung mit Stickstoff auf das Papier gesprüht wird. Nach 3 bis 5 Minuten werden dann die Streifen mit Amylacetat kurz ausgewaschen.

Dansylaminosäuren fluoreszieren im UV-Licht in Konzentrationen von 1 bis 5 nMol gelb und in Konzentrationen von 0,01 bis 1 nMol rosa bis violett. Das Hydrolyseprodukt des Reagenzes, die Dimethylaminonaphthalinsulfonsäure ergibt eine blaue Fluoreszenz und kann somit als Bezugsverbindung gelten [57].

4.2.8.8. Beispiele der Anwendung

Neben den chromatographischen Verfahren und der Aminosäureanalyse an Ionenaustauscherharzen wird die Papierelektrophorese noch in beachtlichem Umfang besonders zum Nachweis der freien Aminosäuren in Substanzen pflanzlicher oder tierischer Herkunft und zur Analyse verschiedener Eiweißhydrolysate eingesetzt. Die Aminosäuretrennung kann aber auch in der organisch-chemischen Forschung oder für physikalisch-chemische Messungen angewandt werden. Z. B. bestimmte McDonald [58] auf diese Weise den isoelektrischen Punkt von Aminosäuren.

Pavlas und Melounová-Häuslerová [59] untersuchten die Aminosäurezusammensetzung der Diffusionssäfte von Zuckerfabriken, Vámos u. Mitarb. [18, 60] diejenige von Melassen bzw. Maiskleber.

Cook und Luscombe [61] trennten die freien Serum-Aminosäuren mittels Papierelektrophorese in Gruppen und dann die Gruppen mittels Papierchromatographie in die einzelnen Säuren. Biserte und Boulanger [62, 63] studierten durch enzymatische Eiweißhydrolyse erhaltene Aminosäuren. Ohara u. Mitarb. [64] wiesen mittels Hochspannungselektrophorese und darauffolgender Papierchromatographie die Gegenwart von β-Hydroxy-glutaminsäure im Gehirn nach. Westall [65] studierte die Aminosäuren im Urin, Wapnir und Bessman [66] bestimmten den Gehalt an freiem Tryptophan im Urin mittels Hochspannungselektrophorese.

Ein sehr wichtiges Anwendungsgebiet der Papierelektrophorese von Aminosäuren ist die Sequenzanalyse von Proteinen und Peptiden. Von diesem Gebiet sollen die Arbeiten von Brown, Sanger u. Mitarb. [67, 68, 69] bezüglich der Strukturforschung des Insulins erwähnt werden. Hier sei auf die in 7.2. genannten Werke verwiesen.

4.2.8.9. Trennung von Peptiden; die Fingerprint-Methode

Zur papierelektrophoretischen Trennung von Peptiden eignen sich ähnliche Methoden wie zur Aminosäureanalyse. Besonders mit den von Kickhöfen und Westphal [25] eingeführten und von Gross [27] weiterentwickelten Hochspannungsverfahren konnten gute Ergebnisse erzielt werden.

Einen entscheidenden Schritt bedeutete in der Peptidanalyse das von INGRAM [70, 71] zur Trennung von tryptischen Hydrolysaten hitzedenaturierter Hämoglobine eingeführte und von ihm »Fingerprint«-Technik genannte zweidimensionale Verfahren. Die auf Papierbogen aufgetragenen Hydrolysate wurden zuerst einer Papierelektrophorese im Pyridin-Essigsäurepuffer bei pH 6,5 unterworfen und nachher senkrecht zur Elektrophoreserichtung in n-Butanol-Essigsäure-Wasser (3 : 1 : 1) aufsteigend chromatographiert. Auf diese Weise konnte die Peptidzusammensetzung von normalem Erwachsenen- und von Sichelzellen-hämoglobin unterschieden werden [72].

EDWARD und CRAWFORD [73] benutzten die Papierelektrophorese von Peptiden zu theoretischen Studien: aus den Diffusionskoeffizienten errechneten sie die elektrophoretische Beweglichkeit der Peptide und fanden eine gute Übereinstimmung mit den auf dem Versuchswege ermittelten Werten.

STRANGE und HARKNESS [74] isolierten ein Polyglutamylpeptid aus den Stoffwechselprodukten von Bacillus anthracis mittels Papierelektrophorese auf Whatman Nr. 4 in Veronal-natrium-Puffer, pH 8,6 oder Essigsäure-Natriumacetat-Puffer, pH 4,5. Der Nachweis des Peptids erfolgte aufgrund seines sauren Charakters, da es mit den üblichen Verfahren nicht anzufärben war. Dem bei 100 °C getrockneten Papier wurde der Elektrolyt durch zweimaliges Waschen in 80%igem Äthanol entzogen, danach wurde das Papier mit N/50 Salzsäure in 90%igem Äthanol behandelt und mehrmals in eine N/300 alkoholische Natriumhydroxidlösung mit 0,04% Bromkresolpurpurgehalt getaucht. Das Peptid ergibt eine hellgelbe Zone auf blauem Hintergrund. Die Farbe ist mehrere Tage hindurch beständig.

WIKBERG [75] trennte das durch Partialhydrolyse von Glutathion hergestellte gemischte Cysteinyl-glycin-disulfid von den anderen Spaltprodukten auf Munktell Nr. 20 bei 5 V/cm Feldstärke in 6 Stunden in einem essigsäurehaltigen Elektrolyten von pH 4,5. JARVIS u. Mitarb. [76] trennten Cystein- und Cystinpeptide auf Whatman Nr. 2 bei 650 bzw. 250 V Klemmenspannung in 1 bis 2 Stunden. Sie gebrauchten:

1. 0,5 N Essigsäure, pH 2,8;
2. Boratpuffer, pH 9,3;
3. Boratpuffer, pH 9,4.

KEIL und ŠORM [77] trennten Cysteinsäurepeptide mittels Papierelektrophorese und Papierchromatographie auf Whatman Nr. 1. Zur Elektrophorese wurden 30 V/cm und das Elektrolytgemisch: 4 *ml* Pyridin + 1 *ml* Essigsäure mit Wasser auf 1 Liter gefüllt, pH 5,6, angewandt.

NEUMANN u. Mitarb. [78] studierten p-Aminobenzoylpeptide unter folgenden Bedingungen: Papier Whatman Nr. 1, 10 V/cm, 2 Stunden, Phosphatpuffer pH 6,8 (0,05 M NaH_2PO_4 + 0,05 M Na_2HPO_4). ABRAHAM u. Mitarb. [79] trennten Histidin, Carnosin und Homocarnosin im 0,1 M Boratpuffer, pH 10, bei 19,5 V/cm in 5 Stunden. Das Verhältnis der Wanderungsstrecken war in o. g. Reihenfolge 16,7 : 12,2 : 6,0. BETTELHEIM [80] studierte die bei der Einwirkung von Thrombin auf Fibrinogen freigesetzten Peptide. Er gebrauchte Whatman Nr. 1, 6,4 V/cm und einen Ammoniumacetat-Elektrolyten (μ = 0,05, pH = = 4,1).

Hochspannungsverfahren wurden u. a. von SANGER u. Mitarb. [69] zur Erforschung der Struktur des Insulins, weiter von REDFIELD, RYLE und ANFINSEN [81, 82] zum Studium der bei der enzymatischen Hydrolyse der Ribonuklease entstehenden Peptide angewandt. Die Reduktionsprodukte der S-sulfonierten Insulinketten wurden auf Whatman 3 MM in einem harnstoffhaltigen Essigsäure-Puffer (800 m*l* 10 M Harnstoff + 2 m*l* Eisessig, pH 3,2) bei 7 V/cm getrennt, die Elektrophorese bei +4 °C durchgeführt und die mit ^{125}J markierten Verbindungen autoradiographisch nachgewiesen [83].

CARNEGIE und SYNGE [84] trennten Glycin, Glycylpeptide sowie ihre Kupferkomplexe unter folgenden Bedingungen: Papier Whatman Nr. 3 MM, 7,5 V/cm, 4,5 Stunden. Die Elektrolyten waren:

1. Zur Trennung freier Peptide 0,026 M Natriumtetraborat (10 g $Na_2B_4O_7 \cdot 10\ H_2O/l$) + 0,0046 M Dinatriumhydrogenphosphat (1,7 g $Na_2HPO_4 \cdot 12\ H_2O/l$), pH 9,2;
2. Zur Trennung von Kupferkomplexen enthielt derselbe Elektrolyt 4 m*l*/*l* Kupferphosphat-Suspension.

Dansylpeptide wurden von GRAY und HARTLEY [49, 50] auf Whatman Nr. 3 MM unter Verwendung eines Hochspannungs-Elektrophoresegerätes nach GROSS bei 120 V/cm im Elektrolyten 10% Pyridin in 0,4%iger Essigsäure, pH 6,5, in 1,5 Stunden getrennt. Sämtliche Dansylpeptide wanderten zur Anode.

KATZ u. Mitarb. [85] gelang es, mittels einer Hochspannungsvariante des Fingerprint-Verfahrens bis zu 80 Peptide aus Eiweißhydrolysaten zu trennen. An Whatman Nr. 3 oder 3 MM wurde zuerst die absteigende Chromatographie im Lösungsmittel n-Butanol-Essigsäure-Wasser (4 : 1 : 5) durchgeführt. Zur Elektrophorese wurde ein Gerät nach MICHL mit Varsol als Kühlflüssigkeit eingesetzt. Der Elektrolyt bestand aus dem Gemisch von Pyridin-Essigsäure-Wasser (1 : 10 : 289), pH 3,7. Die Elektrophorese dauerte bei 2000 V und 75 bzw. 150 mA 75 Min. GERDAY u. Mitarb. [86] benutzten Zelluloseschichten 20 × 20 cm, 500 μ als Träger für die Fingerprint-Technik.

Zur chromatographischen Trennung gebrauchten sie Amylalkohol-Isobutanol-Propanol-Pyridin-Wasser (10 : 10 : 10 : 30 : 30). Die Trennung dauerte 6 Stunden. In der zweiten Richtung wurde die Elektrophorese im Elektrolyten Pyridin-Essigsäure-Wasser (300 : 10 : 2700) pH 6,5 bei 5 °C durchgeführt. Diese Trennungsphase nahm bei 1000 V und 20 mA 50 Min. in Anspruch. (Weitere Beispiele der Peptid-Dünnschichtelelektrophorese siehe im Kap. 6.3.).

Hoerman und Kamel [87] führten zuerst die Elektrophorese auf Papierstreifen von Schleicher und Schüll Nr. 598, Format 58×10 cm, durch. Als Elektrolyt wurde Wasser-Essigsäure-Pyridin (94 : 4 : 2), pH 4,4 benutzt. Die Trennung dauerte bei 35 V/cm und 10 mA/cm 75 Min. Nachher wurde der getrocknete Papierstreifen an einen Papierbogen Schleicher und Schüll Nr. 598 angenäht und die chromatographische Trennung senkrecht dazu in n-Butanol-Essigsäure-Wasser (4 : 1 : 5) 24 Stunden fortgesetzt. Nach Trocknung wurde die Chromatographie in frischem Laufmittel wiederholt. Die Methode wurde zur Trennung der tryptischen Spaltpeptide von normalem menschlichem Hämoglobin, seiner dissoziierten Polypeptidketten und von einigen Strukturvarianten des Hämoglobins eingesetzt.

Yaron und Sober [88] kombinierten Ionenaustauscher-Effekte mit der Hochvoltelektrophorese, indem sie als Träger zur Trennung von Lysin- bzw. Glutaminsäure-Oligomeren Ionenaustauscherpapier bzw. -dünnschichten einsetzten. Lysin-Oligopeptide wurden auf Whatman CM-50-Papier (18,2×22 cm) oder Macherey, Nagel und Co. Carboxymethylcellulose »300 CM« getrennt. Die Bedingungen waren im ersten Falle 75 V/cm (3000 V), 15 Min., im zweiten 500 V, 15 mA, 40 Min. In beiden Fällen wurde 0,062 M Pyridin-Acetat-Puffer, pH 3,5 angewandt (4,0 m*l* Pyridin + 4,0 m*l* Eisessig auf 800 m*l* verdünnt). Noch bessere Trennungen konnten bei verlängerter Trennzeit (bis zu 240 Min.) im 0,074 M Pyridin-Acetat-Puffer, pH 3,5 erzielt werden. Glutaminsäure-Oligomere wurden auf DEAE-Zellulosepapier Whatman 3126-A 20 oder MN-Zellulosepulver 300 DEAE getrennt. Im ersten Falle wurde bei 45 V/cm (1000 V) und 100 mA 25 Min., im zweiten bei 1000 V und 25 mA 13 Min. elektrophoretisiert. In beiden Fällen wurde 0,03 M Phosphatpuffer, pH 6,9, verwendet (146,5 m*l* 0,1 M KOH + 250 m*l* 0,1 M KH_2PO_4 auf 500 m*l* verdünnt). Die beobachteten Wanderungsstrecken waren von der Kettenlänge und der Elektrophoresedauer abhängig.

Rohrlich und Gallert [89, 90] zogen die Papierelektrophorese zur Identifizierung von Peptiden aus dem peptischen Hydrolysat des Weizengliadins heran.

Zum Nachweis von Oligopeptiden eignen sich im allgemeinen dieselben Reagenzien wie zum Nachweis von Aminosäuren.

4.2.8.10. Die papierelektrophoretische Kontrolle der Peptidsynthese

Bei der Synthese von Peptiden erweist sich neben der Dünnschichtchromatographie die Papierelektrophorese als unentbehrliches Hilfsmittel zur Kontrolle der einzelnen Syntheseschritte. Verknüpft man z. B. zwei Aminosäurereste zu einem Dipeptid, so kann man wegen der unterschiedlichen elektrophoretischen Beweglichkeiten der Ausgangsprodukte und des Endproduktes die Umsetzung bzw. die Reinheit des Endproduktes gut kontrollieren. Man muß natürlich vor der Elektrophorese die für den Synthesegang notwendigen Amino-Schutzgruppen entfernen, um die für die Wanderung erforderlichen Aminogruppen freizusetzen und das Peptid wasserlöslich zu machen. Die Anfärbung erfolgt mit Ninhydrin. Man hat damit gleich eine Möglichkeit, die Abspaltung der Schutzgruppen zu kontrollieren. Die mit Schutzgruppen behafteten Anteile bleiben am Start liegen, bzw. wandern dann, wenn zusätzliche ionisierbare Gruppen im Molekül vorhanden sind, weniger weit zur Kathode oder sogar zur Anode. Behandelt man nach der Ninhydrinfärbung das mit Aceton/Äthanol (1 : 1) befeuchtete Papier einige Minuten mit Chlorgas und badet das im kalten Luftstrom angetrocknete Elektropherogramm in einer KJ/Tolidin-Lösung in verdünnter Essigsäure, so erscheinen auch die Peptide mit blockierter Aminogruppe als blaue Flecke [91].

Auch beabsichtigte oder unerwünschte Esterverseifungen können kontrolliert werden, wenn man einen Puffer von pH 4 bis 6 einsetzt, da die in diesem Bereich als Zwitterion vorliegenden Peptide weniger weit zur Kathode als die Peptidester oder Peptidamide bzw. sogar anodisch wandern (wenn Aminodikarbonsäuren enthalten sind). Im pH-Bereich 1,9–2,5 ist bei gleicher Zahl von Amino- oder anderen basischen Gruppen die zur Kathode zurückgelegte Strecke etwa umgekehrt proportional zur Molekülgröße anzusetzen, jedoch sind verschiedene Pherogramme in der Praxis nicht immer exakt vergleichbar. Man läßt zweckmäßigerweise Vergleichssubstanzen auf dem gleichen Papierbogen mitlaufen. Da es bei der Peptidsynthese zumeist auf den Vergleich von Ausgangs-, End- und Nebenprodukten ankommt, fehlen in der Literatur über Peptidsynthese Daten über die elektrophoretische Beweglichkeit von Peptiden. In einigen Fällen wird die relative Wanderungsstrecke gegenüber Ornithin, Histidin oder Tryptophan angegeben (vgl. z. B. [92]).

Die Tri- und Tetrapeptide sind bei relativ niederen Spannungen (10–15 V/cm) in ca. 1 Stunde schon eindeutig zu trennen, ebenso z. B. Tetra- von Hexapeptiden und natürlich basische von neutralen und sauren Peptiden, auch bei nahezu gleichem Molgewicht. Bei geringen Massendifferenzen und gleichbleibender Ladung, z. B. Hexapeptid- neben Heptapeptidester mit je einer Aminogruppe, bedarf es zur eindeutigen Unterscheidung der Hochspannungselektrophorese in mindestens 2 Puffersystemen (meist pH 2,0 und 5,6), was vor allem beim schrittweisen Aufbau von Peptiden, bei ihrem schrittweisen Abbau, z. B. durch Aminopeptidasen und beim Identitätsbeweis für höhere Peptide zu beachten ist.

Über die Elektrophorese synthetischer Peptide verschiedenster Kettenlänge auf Papier, Cellogel und Polyacrylamidgel sowie über ihre Anfärbung auf diesen Trägern mit Ninhydrin-Cadmiumacetat und Amidoschwarz 10B berichten POLZHOFER und NEY [93].

Die Elektrophorese liefert speziell bei Peptiden eine Aussage über das Verhältnis von Ladung zur Masse. Nebenprodukte gleicher Ladung und ähnlicher Molekülgröße, wie sie bei der Peptidsynthese gelegentlich auftreten, werden nicht erfaßt. Die Elektrophorese sollte daher auch hier durch chromatographische Methoden ergänzt werden.

Literatur

[1] HAUGAARD, G., KRONER, T. D.: J. Am. chem. Soc. *70* (1948), 2135
[2] WIELAND, TH., FISCHER, E.: Naturwissenschaften *35* (1948), 29
[3] BISERTE, G.: Biochim. biophysica Acta *4* (1950), 416
[4] DURRUM, E. L.: J. Am. chem. Soc. *72* (1950), 2943
[5] DURRUM, E. L.: J. Am. chem. Soc. *73* (1951), 4875
[6] SCHNEIDER, F., REINEFELD, E., MÜLLER, H.: Biochem. Z. *327* (1955), 189
[7] HARRIS, H., WARREN, F. L.: Biochem. J. *57* (1954), XXXII
[8] FIGUEROA, E. S., SEIBERT, F. B.: Proc. Soc. exp. Biol. Med. *83* (1953), 535
[9] JIRGL, V.: Analyt. Biochem. *8* (1964), 519
[10] JIRGL, V.: Česk. Farm. *13* (1964), 357
[11] JIRGL, V.: Analyt. Biochem. *13* (1965), 381
[12] DURRUM, E. L.: J. Colloid Sci. *6* (1951), 274
[13] PETERSON, P. J., BUTLER, G. W.: J. Chromatogr. *8* (1962), 70
[14] KICKHÖFEN, B., WESTPHAL, O.: Z. Naturforschung *7 b* (1952), 659
[15] BLASS, J., LECOMTE, O., POLONOVSKI, J.: Bull. soc. chim. biol. *36* (1954), 627
[16] BISERTE, G., PLAQUET-SCHOONAERT, T., BOULANGER, P., PAYSANT, P.: J. Chromatogr. *3* (1960), 25
[17] KÖRMENDY, L., GANTNER, GY.: Fleischwirtschaft *14* (1962), 774
[18] VÁMOS, L., DRAGOS, E., SÁRKÁNY, I.: Die Branntweinwirtschaft *105* (1965), 28
[19] GERLAXHE, S., CASIMIR, J.: Bull. inst. agron. et stat. recherches Gembloux *23* (1955), 352
[20] MATTHIAS, W.: J. Chromatogr. *2* (1959), 434
[21] WERNER, G., WESTPHAL, O.: Angew. Chem. *67* (1955), 251
[22] WIELAND, TH., PFLEIDERER, G.: Angew. Chem. *67* (1955), 257
[23] WIELAND, TH., PFLEIDERER, G.: Angew. Chem. *69* (1957), 199
[24] MICHL, H.: Monatsh. Chem. *82* (1951), 488
[25] KICKHÖFEN, B., WESTPHAL, O.: Z. Naturforschung *7 b* (1952), 655
[26] HEILMEYER, L., CLOTTEN, R., SANO, J., STURM, A., LIPP, A.: Klin. Wochenschr. *32* (1954), 831

[27] GROSS, D.: Nature [London] *176* (1955), 72
[28] GROSS, D.: Nature [London] *178* (1956), 29
[29] MICHL, H.: Chromatogr. Reviews *1* (1959), 1
[30] ATFIELD, G. N., MORRIS, C. J. O. R.: Biochem. J. *81* (1961), 606
[31] DOSE, K., CAPUTO, A.: Biochem. Z. *328* (1956), 376
[32] POLYANOVSKY, O. L.: Vopr. Med. Chim. (russ.) *12* (1966), 581; Ref.: Z. analyt. Chem. *234* (1968), 143
[33] WINTER, E.: Z. analyt. Chem. *223* (1966), 98
[34] ANSORGE, S.: Die Pharmazie *23* (1968), 16
[35] PETERSON, P. J.: J. Chromatogr. *38* (1968), 301
[36] FRAHN, J. L., MILLS, J. A.: Analyt. Biochem. *23* (1968), 546
[37] GRASSMANN, W., HANNIG, K.: Naturwissenschaften *37* (1950), 397
[38] GRASSMANN, W.: Naturwissenschaften *38* (1951), 200
[39] LAUTSCH, W., MANECKE, G., BROSER, W.: Z. Naturforschung *8 b* (1953), 232
[40] MICHL, H.: Monatsh. Chemie *83* (1952), 210
[41] GANGULI, N. C.: Naturwissenschaften *43* (1956), 326
[42] FREIMUTH, U., KLUDAS, K. H.: J. Chromatogr. *23* (1966), 333
[43] WIELAND, TH., SCHNEIDER, K., FISCHER, E., MAIER-LEIBNITZ, H.: Naturwissenschaften *36* (1949), 280
[44] SZWAJ, M., KAŇSKI, M.: J. Chromatogr. *3* (1960), 425
[45] JURSIK, F., PETRŮ, F.: J. Chromatogr. *31* (1967), 296
[46] BISERTE, G., OSTEUX, R.: Compt. rend. *230* (1950), 1404
[47] BISERTE, G., OSTEUX, R.: Bull. soc. chim. biol. *33* (1951), 50
[48] FITTKAU, S.: J. Chromatogr. *18* (1965), 331
[49] GRAY, W. R., HARTLEY, B. S.: Biochem. J. *89* (1963), 380
[50] GRAY, W. R., HARTLEY, B. S.: Biochem. J. *89* (1963), 609
[51] GRAY, W. R., HARTLEY, B. S.: Biochem. J. *89* (1963), 60 P
[52] MEYER, H.: Biochem. J. *67* (1957), 333
[53] BOJARKIN, A. N.: Physiol. Rastenii *3* (1956), 381
[54] GIRI, K. V., NAGABUSHANAM, A.: Naturwissenschaften *39* (1952), 548
[55] BARROLLIER, J., HEILMAN, J., WATZKE, E.: Hoppe-Seyler's Z. physiol. Chem. *304* (1956), 21
[56] SCHRAUWEN, J. A. M.: J. Chromatogr. *10* (1963), 113
[57] ARNOTT, M. S., WARD, D. N.: Analyt. Biochem. *21* (1967), 50
[58] McDONALD, H. J., WILLIAMSON, M. B.: Naturwissenschaften *42* (1955), 461
[59] PAVLAS, P., MELOUNOVÁ-HÄUSLEROVÁ, O.: Listy cukrovar. *73* (1957), 131
[60] VÁMOS, L., DRAGOS, E.: Erjedésipari Kutatóintézet Közleményei (Mitt. Forschungsinst. Gärungsind., Budapest) *1963*, 31
[61] COOK, E. R., LUSCOMBE, M.: J. Chromatogr. *3* (1960), 75
[62] BISERTE, G., BOULANGER, P.: Compt. rend. *230* (1950), 583
[63] BISERTE, G., BOULANGER, P.: Bull. soc. chim. biol. *32* (1950), 601
[64] OHARA, K., NISHIMURA, K., KANEKO, Z.: J. Chromatogr. *7* (1962), 411
[65] WESTALL, R. G.: Biochem. J. *60* (1955), 247
[66] WAPNIR, R. A., BESSMAN, S. P.: Analyt. Biochem. *12* (1965), 516
[67] BROWN, H., SANGER, F., KITAI, R.: Biochem. J. *60* (1955), 556
[68] RYLE, A. P., SANGER, F., SMITH, L. F., KITAI, R.: Biochem. J. *60* (1955), 541
[69] SANGER, F., THOMPSON, E. O. P., KITAI, R.: Biochem. J. *59* (1955), 509
[70] INGRAM, V. M.: Nature [London] *178* (1956), 792
[71] INGRAM, V. M.: Biochim. biophysica Acta *28* (1958), 539
[72] HUNT, J. A., INGRAM, V. M.: Biochim. biophysica Acta *28* (1958), 546
[73] EDWARD, J. T., CRAWFORD, R.: J. Chromatogr. *1* (1958), 521
[74] STRANGE, R. E., HARKNESS, N.: Nature [London] *171* (1953), 77

[75] Wikberg, E.: Nature [London] *172* (1953), 398
[76] Jarvis, D., Rydon, H. N., Schofield, J. A.: J. chem. Soc. *1961*, 1752
[77] Keil, B., Šorm, F.: Coll. Czech. chem. Commun. *24* (1959), 1558
[78] Neumann, H., Levin, J., Berger, A., Katchalski, E.: Biochem. J. *73* (1959), 33
[79] Abraham, D., Pisano, J. J., Udenfried, S.: Arch. Biochem. Biophys. *99* (1962), 210
[80] Bettelheim, F. R.: Biochim. biophysica Acta *19* (1956), 121
[81] Redfield, R. R., Anfinsen, C. B.: J. biol. Chem. *221* (1956), 358
[82] Ryle, A. P., Anfinsen, C. B.: Biochim. biophysica Acta *24* (1957), 633
[83] Massaglia, Q., Pennisi, F., Rosa, U.: J. Chromatogr. *28* (1967), 495
[84] Carnegie, P. R., Synge, R. L. M.: Biochem. J. *78* (1961), 692
[85] Katz, A. M., Dreyer, W. J., Anfinsen, C. B.: J. biol. Chem. *234* (1959), 2897
[86] Gerday, Ch., Robyns, E., Gosselin-Rey, C.: J. Chromatogr. *38* (1968), 408
[87] Hoerman, K. C., Kamel, K.: Analyt. Biochem. *21* (1967), 107
[88] Yaron, A., Sober, H. A.: Analyt. Biochem. *12* (1965), 173
[89] Rohrlich, M., Gallert, H.: Z. Lebensm.-Unters.-Forsch. *137* (1968), 149
[90] Rohrlich, M., Gallert, H.: Z. Lebensm.-Unters.-Forsch. *137* (1968), 223
[91] Reindel, F., Hoppe, W.: Chem. Ber. *87* (1954), 1103
[92] Sandrin, E., Boissonnas, R. A.: Helv. chim. Acta *47* (1964), 1294
[93] Polzhofer, K. P., Ney, K. H.: J. Chromatogr. *43* (1969), 404

4.2.9. Papierelektrophorese von Proteinen

Das größte Anwendungsgebiet der Papierelektrophorese ist nach wie vor die Trennung von Proteinen. Nach einer vor zehn Jahren veröffentlichten Statistik von Wunderly [1] befassen sich etwa 4/5 sämtlicher über die Papierelektrophorese erschienener Veröffentlichungen mit der Trennung von Serumproteinen. Dies dürfte zahlenmäßig heute wohl nicht mehr zutreffen, da seither zur Auftrennung der Serumproteine Verfahren mit besserer Trennfähigkeit, wie z. B. die Stärke- und Polyacrylamidgel-Elektrophorese, entwickelt worden sind. Andererseits ist die Papierelektrophorese später zu physikalisch-chemischen Studien auf dem Gebiete der anorganischen und besonders der Radiochemie umfangreich eingesetzt worden. Immerhin wird die Papierelektrophorese zur Eiweißtrennung und besonders zur routinemäßigen Trennung von Serumproteinen noch immer in erheblichem Ausmaß benutzt. Scheurlen [2] bezeichnet sie sogar in seiner im Jahre 1968 veröffentlichten Übersicht als wichtigstes elektrophoretisches Verfahren der Serumeiweißuntersuchung zu differentialdiagnostischen Zwecken. Solche Untersuchungen gehören jedoch nicht in den Rahmen des vorliegenden Buches und können hier höchstens kurz erwähnt werden. Dieses Kapitel befaßt sich in erster Linie mit methodologischen Fragen der Eiweiß-Papierelektrophorese. Die klinisch-chemische Anwendung des Verfahrens und die diagnostische Auswertung der Ergebnisse werden in den Monographien von Wunderly [1] sowie Ribeiro u. Mitarb.

[3] ausführlich unter Anführung zahlreicher Beispiele aus der einschlägigen Literatur behandelt.

4.2.9.1. Die Ausführung der Trennung

Gewöhnlich wird bei niedriger Spannung gearbeitet. Die Mehrzahl der angewandten Geräte folgt den Prinzipien von DURRUM bzw. von GRASSMANN und HANNIG (siehe Kap. 3.2.1.1. und 3.2.1.2.). Die Hochspannungselektrophorese ergibt bei Proteinen im allgemeinen weniger günstige Ergebnisse als bei niedermolekularen Substanzen (z. B. Aminosäuren und Peptiden) und wird auch deshalb zur Trennung hochmolekularer Substanzen auf dem Papier kaum eingesetzt. Nach MICHL [4] liegt dies daran, daß im Falle von Proteinen gute Trennungen nur auf Papieren mit hohem Feuchtigkeitsgehalt erzielt werden können (bei einem Gewichtsverhältnis von Papier und Puffer 1 : 2 bis 2,5), was den günstigsten Bedingungen der Hochspannungselektrophorese widerspricht. Die angelegte Klemmenspannung liegt im allgemeinen zwischen 110 und 220 V, als obere Grenze kann 350 V betrachtet werden. BERG u. Mitarb. [5] erhielten bei 500 V Klemmenspannung (ca. 15 V/cm) im $\mu = 0{,}05$ Veronalpuffer nach MICHAELIS in zwei Stunden genauso gute Trennungen wie bei 110 V (3 V/cm) im selben Puffer der Ionenstärke 0,1 in 10 Stunden. Auch kontinuierliche Verfahren wurden eingesetzt [6, 7]. GANGULI [8] trennte Serumproteine mittels Rundfilterelektrophorese.

Die Trennzeit beträgt in den meisten Fällen 12 bis 16 Stunden, kann aber auch viel kürzer sein. Die Diffusion auf dem Papier spielt bei der Elektrophorese von Proteinen keine wesentliche Rolle.

Von den bekannteren Filterpapiermarken stößt man in der Literatur am häufigsten auf die Sorten Whatman Nr. 1, 2, 3 und 3 MM, Schleicher und Schüll Nr. 2043/a und 2043/b sowie Munktell Nr. 20/150 und Macherey und Nagel Nr. 214. Die Anwendung von Zelluloseacetat- [9] und Nitrozellulose-Streifen [10, 11] sowie von Aluminiumoxid-Dünnschichten [12] wird ebenfalls beschrieben. Über den Einsatz verschiedener Gele siehe Kap. 6.4., 6.5., 6.6. und 6.7.

Im Gegensatz zur freien Elektrophorese ist vor der Trennung von Serumproteinen am Papier im allgemeinen keine Dialyse nötig. Die aufgetragene Substanzmenge liegt gewöhnlich zwischen 0,006 und 0,01 m*l*. Auf die bei anderen biologischen Flüssigkeiten nötige Vorbehandlung wird im entsprechenden Abschnitt eingegangen.

Nach der Elektrophorese werden die Papierstreifen mit den getrennten Substanzen bei ca. 100 °C getrocknet, um die Proteine zu denaturieren und mit den üblichen Farbstoffen anfärbbar zu machen. WUNDERLY [1] schreibt eine 30 Minuten lange Trocknung bei 110 °C in waagerechter Streifenlage vor.

4.2.9.2. Trennung von Serumproteinen

Lózsa [12] hält zur Trennung der Serumproteine das Papier Macherey und Nagel Nr. 214 wegen seiner gleichmäßigen Textur für besonders geeignet. Der Papierbogen wird in 2 cm breite Streifen geschnitten, wobei zwecks leichterer Handhabung die Einschnitte erst 7 cm von den Enden entfernt beginnen, so daß das Papier mit einem Griff in die Kammer gelegt werden kann.

In den meisten Fällen wird zur Trennung von Serumproteinen ein Veronalpuffer, pH 8,6 eingesetzt. Consden und Powell [13] halten den Boratpuffer, pH 8,6 für vorteilhafter, da in diesem die Globuline β_1 und β_2 getrennt werden können. Nach Cooper [14] ist jedoch die Anwendung von Boratpuffern ungünstig, da diese mit den an die Proteine gebundenen Kohlehydraten reagieren und dadurch zum Erscheinen zusätzlicher Fraktionen auf den Pherogrammen führen, was die Auswertung erschwert. Laurell u. Mitarb. [15] erzielten die Trennung der β_1—β_2 Globulinfraktionen durch Zusatz von 0,384 g/l Calciumlactat zum Veronalpuffer. Yeoman [16] erhielt im calciumlactathaltigen Veronalpuffer nach 16-stündiger Elektrophorese bei 175 V Klemmenspannung eine Albuminfraktion, zwei α_1-, zwei α_2-, zwei β- und vier γ-Globulin-, d. h. insgesamt 11 Serumproteinfraktionen. Oppolt und Musil [17] empfehlen einen Veronal-Zitrat-Oxalatpuffer von 0,07 Ionenstärke und pH 8,5. Holt u. Mitarb. [18] trennten Serumproteine bei 350 V Klemmenspannung in zwei Stunden im Puffer pH 8,5 folgender Zusammensetzung: 8,82 g Veronalnatrium, 4,68 g Natriumacetat und 80,8 ml 0,1 n Essigsäure in 2000 ml. Hoch und Barr [19] brachten am Papier einen pH-Gradienten zustande, indem sie die anodische Seite des Papiers mit 0,05 m Natriumdihydrogenphosphatpuffer, pH 4,3, die kathodische Seite mit 0,01 m Phosphatpuffer, pH 7,4, benetzten. Das zu trennende Gemisch wurde an der Berührungslinie der beiden Puffer aufgetragen und die Elektrophorese 6 bis 7 Stunden lang bei 200 V Klemmenspannung fortgesetzt.

In der von Lózsa [12] entwickelten Trennkammer können zwei, auf die bereits beschriebene Weise aufgeschnittene Papierbögen übereinander befestigt werden. Dies ermöglicht die gleichzeitige Elektrophorese einer großen Anzahl von Proben. Die Trennungen werden bei Zimmertemperatur durchgeführt, da bei niedrigeren Temperaturen die Adsorption der Makromoleküle an das Papier stärker ist.

Ein kombiniertes Verfahren der Dünnschicht-Gelfiltration und der Elektrophorese auf Zellulose-acetat-Folien wurde von Vergani u. Mitarb. [20] zur Trennung von Serumproteinen erarbeitet.

Sephadex »G 200 Superfine« wird im 25fachen Volumen von Veronal-Lactat-Puffer, pH 8,6 angequollen. Die Pufferlösung, welche auch zur Elution verwendet wird, besteht aus 1,11 g Veronal, 0,7 g Veronal-natrium und 1,02 g

Calciumlactat pro Liter Lösung. Die Gelfiltration wird auf Glasplatten vom Format 20 × 30 cm mit einem Neigungswinkel von 12° zur Waagerechten durchgeführt. 10 μl Serum werden 2,5 cm vom oberen Ende der Platte und 8 cm von der einen Seitenkante entfernt aufgebracht und die Gelchromatographie solange fortgesetzt, bis die schnellste Serumkomponente 16 cm vom Startpunkt entfernt ist (ca. 10 Stunden). Die nötige Laufzeit wird mittels einer mit Fluorescein markierten Serumprobe festgestellt. Nach Beendung der Trennung wird eine vorher mit dem Puffer getränkte und dann abgepreßte Zelluloseacetat-Folie gleicher Größe 10 Minuten auf die Gelplatte gelegt, danach von eventuell anhaftenden Gelteilchen sorgfältig befreit und in eine horizontale Elektrophoresekammer gebracht. Die Elektrophorese wird im selben, 1:1,30 verdünnten Puffer bei 0,3 mA/cm und 4 °C durchgeführt. Die Trennung nimmt 4 Stunden in Anspruch. Die Proteine werden durch 20 Minuten langes Eintauchen in eine 3%ige Sulfosalicylsäure-Lösung fixiert und mit Lissamingrün SF angefärbt.

Normale Seren ergeben mit dieser Methode 10 Fraktionen in drei Gruppen. Die erste Gruppe enthält, von der Anodenseite angefangen, in folgender Reihenfolge: Präalbumin, Albumin, α_1-Glykoprotein, Haptoglobin und Transferrin. Die zweite Gruppe besteht aus den Fraktionen IgA und IgG. Die dritte mit den am schnellsten wandernden Komponenten (d. h. mit den größten Molekülen) enthält α_2 M-Globuline, Lipoproteine und IgM-Globuline. Die Methode wurde auch zur Trennung pathologischer Seren, in Fällen von Makroglobulinämie sowie IgG- und IgA-Myelom, eingesetzt.

4.2.9.3. Die Anfärbung von Proteinen und ihre quantitative Auswertung

Die Anfärbung der getrockneten Papierstreifen mit den getrennten und hitzedenaturierten Proteinen ist eine der empfindlichsten Phasen der elektrophoretischen Analyse, da die Zuverlässigkeit und Genauigkeit der direkten quantitativen Auswertung in hohem Maße von der richtigen Durchführung abhängt. Verschiedene Autoren erprobten eine große Anzahl von Farbstoffen und Anfärbeverfahren. Von diesen können hier nur die am häufigsten angewandten behandelt werden.

A m i d o s c h w a r z 10B (Nahphthalene Black 10 B 200) ist ein saurer Wollfarbstoff. Seine Anwendung wurde von Grassmann und Hannig [21, 22] eingeführt. Eine kalt gesättigte Lösung des Farbstoffes in 10%iger Essigsäure in Methanol wird hergestellt, indem man über Nacht stehenläßt und dann filtriert. Die Farbstofflösung kann mehrere Male verwendet werden. Die bei 100–110 °C vollständig getrockneten Papierstreifen werden 10 Minuten im Färbebad belassen und dabei sanft bewegt. Der Farbstoffüberschuß wird dann in 10%iger methanolischer Essigsäure 3 bis 4 Stunden ausgewaschen, wobei die Waschflüssigkeit mehrmals gewechselt wird. Auf dem abermals getrockneten Papier darf der proteinfreie Hintergrund nur ganz schwach bläulich bleiben. Falls die quantitative Bestimmung der Flecke densitometrisch durchgeführt wird, ist es nach WUNDERLY [23] empfehlenswert, als Vergleichssubstanz vor dem Anfärben 0,02 ml einer 0,05%igen wäßrigen Polyäthylenimin-(Polymin-) Lösung aufzutragen. Letztere wird nicht nur durch Amidoschwarz, sondern auch durch Sudanschwarz angefärbt und kann somit auch bei der Bestimmung von Lipoproteinen angewandt werden.

Wenn die quantitative Analyse nach Elution erfolgen soll, werden die Flecke mit 0,1 – 0,05 N Natriumhydroxid aus dem Papier herausgelöst. Die auf diese Weise erhaltene Lösung ist nicht beständig. Die Extinktionswerte nehmen bereits nach 40 Minuten ab [24]. Nach MONCKE [25] ist es zweckmäßiger, die Proteine nach der Trennung bei niedrigerer Temperatur zu fixieren, da diese unter solchen Bedingungen eine Schutzwirkung auf den Farbstoff ausüben. Nach DE JONG [26] ergibt die Elution der Flecke mit einem Gemisch von 0,1 N NaOH und 96%igem Alkohol (1 : 1) in Gegenwart von 0,05% ÄDTA eine stabile und photometrisch gut auswertbare Lösung. Zur Extinktionsbestimmung der Lösungen eignen sich die Wellenlängen von 575 bis 600 nm am besten.

Bromphenolblau: Seine Anwendung wurde von DURRUM [27, 28], sowie von CREMER und TISELIUS [29] eingeführt. Nach DURRUM wird die Farblösung folgendermaßen bereitet:

0,1 g Bromphenolblau werden mit 50 g Zinksulfat und 50 g Eisessig in 1000 ml Wasser gelöst. Die Papierstreifen verbleiben 14 Stunden im Färbebad. Zur Entfernung des Farbstoffüberschusses wird das Papier innerhalb von 20 Minuten dreimal in frische 2%ige Essigsäure und danach für 2 Minuten in eine Lösung, die 2% Natriumacetat und 10% Essigsäure enthält, getaucht. Der Hintergrund ist vollkommen weiß. Nach einer anderen Vorschrift [30] werden 50 g Bromphenolblau, 50 g Quecksilber(II)-chlorid und 50 ml Essigsäure in 1 l Wasser gelöst und die Papierstreifen 16 Stunden in diesem Bad belassen. Zur Entfernung des ungebundenen Farbstoffes werden die Pherogramme für einige Sekunden in eine 50%ige Essigsäurelösung getaucht und in eine Ammoniak-Atmosphäre gehängt. Elution der Flecke erfolgt mit einem natriumcarbonathaltigen Methanol-Wasser-Gemisch.

RIBEIRO [3] benutzt eine mit Quecksilberchlorid gesättigte 0,1%ige Bromphenolblaulösung in Äthanol und taucht die Pherogramme 10 Minuten ein. Bei Anwendung einer Elutionsmethode wird die Extinktion bei 590 nm gemessen. SCARDI u. Mitarb. [31, 32, 33] stellten an Hand von Vergleichsversuchen mit Amidoschwarz 10 B, Azocarmin B und Bromphenolblau fest, daß sich zum Nachweis und zur Bestimmung von Serumproteinen letzterer Farbstoff am besten eignet.

Azocarmin B ist das saure Natriumsalz der Phenyl-rosindulintrisulfonsäure. Seine Anwendung zur Proteinfärbung in der Papierelektrophorese wurde von KÖRVER [34]. sowie von TURBA und ENENKEL [35] eingeführt.

Die Anfärbung erfolgt in 10 Minuten mit einer 0,025%igen Lösung von Azocarmin B im Gemisch von 10% Eisessig und 90% Methanol. Der Farbstoffüberschuß wird durch je 15 Minuten langes Eintauchen in drei aufeinanderfolgende Waschbäder mit Eisessig-Methanol (10:90) entfernt. Das Extinktionsmaximum des Farbstoffes liegt bei 540 nm.

Azocarmin B hat den Nachteil, daß es γ-Globulin weniger intensiv anfärbt als Albumin [36].

Sonstige Farbstoffe: Nigrosin: in eine 1%ige Lösung in Essigsäure wird das Papier 6 Minuten lang getaucht und der Farbstoffüberschuß mit 1%iger Essigsäure oder Wasser entfernt. Mit Nigrosin kann eine weitere Serumproteinfraktion nachgewiesen werden, welche schneller wandert als Albumin und mit Amidoschwarz nicht anfärbbar ist [37]. Scardi und Bonavita [38] empfehlen jedoch diesen Farbstoff nicht, da sein Färbevermögen von der Eiweißkonzentration abhängt und für die einzelnen Fraktionen unterschiedlich ist. Rideout und Prichard [39] empfehlen eine 1%ige Lösung von Lichtgrün SF in Essigsäure, Bonavita und Scardi [40] hingegen haben diesem gegenüber dieselben Bedenken, die sie beim Nigrosin äußerten.

In Ungarn ist der Gebrauch von Säurefuchsin [41, 42] verbreitet. Die Autorin gebrauchte diesen Farbstoff mit Erfolg bei Proteinen, welche sich mit Bromphenolblau oder Amidoschwarz 10 B nur schwach anfärben ließen:

Die Papierstreifen mit den hitzedenaturierten Proteinfraktionen werden für 15 Minuten in die Farbstofflösung folgender Zusammensetzung getaucht: 2 g Säurefuchsin werden im Gemisch von 500 ml Methanol + 400 ml destilliertem Wasser + 100 ml Eisessig gelöst. Nach dem Anfärben werden die Streifen für 15 Minuten in die Waschlösung getaucht, welche aus 500 ml Methanol + 400 ml destilliertem Wasser + 100 ml Eisessig besteht. Danach wird noch in 10%iger Essigsäurelösung gewaschen. Die Waschlösung wird alle 20 Minuten solange gewechselt, bis die proteinfreien Teile des Filterpapierstreifens weiß werden. Die Farbstoff- und die erste Waschlösung (die Differenzierlösung) kann 4 bis 5 mal verwendet werden. Die Anfärbung mit Säurefuchsin eignet sich besonders gut zur Auswertung mittels Elution.

Lózsa [12] empfiehlt, die Streifen vor der Färbung auf eine halbe Stunde in eine 10% Essigsäure und 50% Methanol enthaltende wäßrige Lösung zu tauchen, um die Pufferreste von dem getrockneten Papier zu entfernen. Die Pufferreste verursachen sonst pH-Änderungen, die die Bindung des Farbstoffes zu den Proteinfraktionen beeinflussen. Von zahlreichen geprüften handelsüblichen Säurefuchsinpräparaten erwiesen sich die elektrophoretisch homogenen als geeignet [12, 43].

Zur Anfärbung werden außerdem u. a. folgende Farbstoffe vorgeschlagen: Ponceau 2R, Neucoccin und Chromotrop 2B [25].

Quantitative Auswertung: Zur quantitativen Auswertung werden sowohl Elutionsverfahren wie auch die Photometrie unmittelbar am Papier eingesetzt. Letztere Methode wird viel häufiger angewandt, da sie einfacher und schneller durchzuführen ist. Die Prinzipien und die Ausführung dieser Verfahren wurden im Kap. 3.3.5. beschrieben, hier werden nur einige besondere Hinweise gegeben, welche hinsichtlich der Genauigkeit und Reproduzierbarkeit der quantitativen Auswertung von Protein-Elektropherogrammen von Bedeutung sind.

Sowohl bei den Elutionsverfahren als auch bei der unmittelbaren Photometrie am Papier hängt das Ergebnis stark von den Bedingungen der Denaturierung und der Durchführung der Farbreaktion ab. Mit diesen Fragen befassen sich JENCKS u. Mitarb. ausführlich [43]. Eine wichtige Voraussetzung für eine gute Auswertbarkeit sind regelmäßige Zonen, welche zur Startlinie parallel verlaufen. In den meisten Fällen wird mit Durchlichtmessung gearbeitet, aber auch mit dem Auflichtverfahren wird über gute Ergebnisse berichtet. LATNER und PARK [50] berücksichtigen bei der Mengenbestimmung der Globulinfraktionen die Schwanzbildung (Tailing) der Albuminzone, welche sich »teppichartig« unter den Globulinzonen dahinstreckt. Bei den Elutionsverfahren kann die Zersetzung des Farbstoffes als Fehlerquelle auftreten, wie schon früher erwähnt wurde.

Da die Beweglichkeitswerte der Serumproteinfraktionen außer von den in Kap. 2.2. beschriebenen Faktoren u. a. auch davon abhängen, ob es sich um ein pathogenes oder normales Serum handelt, empfehlen PARSONS und POLYA [44] die Einführung der relativen Beweglichkeitswerte. Die Beweglichkeit des Albumins wird gleich 100, diejenige des γ-Globulins gleich 0 gesetzt und die Wanderung der zwischen diesen beiden befindlichen Fraktionen als prozentuale relative Beweglichkeit ausgedrückt. Dieser Wert unterliegt den oben erwähnten Schwankungen nicht oder kaum.

Bei der Direktphotometrie hängt das Ergebnis davon ab, ob das LAMBERT—BEERsche Gesetz für den Protein-Farbstoff-Komplex gilt, bzw. ob der Meßbereich innerhalb der Gültigkeitsgrenzen desselben liegt [45]. Z. B. fanden GRASSMANN und HANNIG [46], daß die Extinktion der mit Amidoschwarz 10 B erhaltenen Albuminflecke dem LAMBERT—BEERschen Gesetz bis zu 0,16 mg Albumin folgt. Hinsichtlich der Reproduzierbarkeit der Methode sind die mit derselben Serumprobe zu verschiedenen Zeitpunkten durchgeführten Analysen von WILLIAMS u. Mitarb. [47] sehr befriedigend.

Die photometrische Bestimmung der Serumeiweißfraktionen nach Elution wurde von TURBA und ENENKEL [48] ausgearbeitet und wird von manchen Autoren [49] gegenüber dem direktphotometrischen Verfahren für überlegen gehalten.

Zum Vergleich der Standardabweichungswerte bei dem Elutions- und dem direktphotometrischen Verfahren soll aus dem Buche von

Wunderly [1] eine Tabelle zitiert werden, deren Angaben aus den Arbeiten verschiedener Autoren zusammengestellt worden sind.

Tabelle 42

Die Standardabweichungen der Eiweißfraktionen bei dem Elutionsverfahren und der Direktphotometrie nach Wunderly [1]

Verfahren	Albumin	Globuline			
		α_1	α_2	β	γ
Elution	± 1,75	± 0,52	± 0,55	± 0,78	± 1,21
Elution	± 3,30	± 0,60	± 0,70	± 1,00	± 1,60
Elution	± 1,60	± 0,96	± 0,71	± 1,00	± 0,62
Auflicht	± 2,53	± 0,67	± 0,77	± 0,88	± 2,11
Durchlicht	± 2,00	± 0,70	± 0,90	± 0,70	± 2,00
Durchlicht	± 2,28	± 0,43	± 0,80	± 0,89	± 0,88

In der Literatur wird viel darüber diskutiert, ob die papierelektrophoretische Proteinanalyse und die freie Elektrophorese zu denselben Ergebnissen führen. Cooper und Mandel [51] sind der Auffassung, daß die mit den beiden Methoden erzielten Ergebnisse nicht ganz übereinstimmen. Bei ihren Untersuchungen erhielten sie mittels Papierelektrophorese um 3,8% niedrigere Albuminwerte und um 5,2% höhere γ-Globulinwerte als bei der freien Elektrophorese. Ähnliche Prüfungen zahlreicher Autoren führten zu vergleichbaren Ergebnissen.

4.2.9.4. Spezielle Probleme der papierelektrophoretischen Untersuchung von Serumproteinen

Bestimmung von Fibrinogen: Bei der Bestimmung der Bluteiweißkomponenten in Veronalpuffer wandert das Fibrinogen zusammen mit dem γ-Globulin. Im Phosphatpuffer bleibt Fibrinogen (die Fraktion φ) zwischen den Globulinen β und γ, an der Auftragungsstelle des Plasmas [52, 53], wodurch die Auswertung dieser beiden Fraktionen erschwert wird. Deshalb wird zur elektrophoretischen Trennung des Albumins und der Globuline nicht Blutplasma, sondern Serum verwendet. Zur Bestimmung von Fibrinogen mußte daher ein besonderes Verfahren entwickelt werden. Bei der Methode von Lózsa [54] wird das Fibrinogen während der Elektrophorese aus dem Zitrat- oder Oxalatplasma durch Ca^{2+} gefällt. Die Fällung kann mittels Tween -80 bis zu einem Zeitpunkt verzögert werden, an dem die

Serumproteine bereits elektrophoretisch vom Fibrinogen abgetrennt sind und dadurch nicht mitgefällt werden. Das Fibrinogen ergibt eine scharf abgetrennte Bande, welche gut reproduzierbar ist. Zur Elektrophorese wird ein Veronal-Acetat-HCl-Puffer, pH 8,6 ($\mu = 0{,}09$) verwendet, der je Liter 0,8 m*l* Tween-80 und 0,5 g Calciumlactat enthält. Auf die Papierstreifen werden 0,01 bis 0,02 m*l* Plasma 8 cm kathodisch vom Mittelpunkt entfernt, aufgetragen. Die Elektrophorese dauert insgesamt 17 Stunden, wobei in den ersten 1 bis 2 Stunden 130 V, nachher 180 bis 200 V Spannung angelegt werden. Angefärbt und quantitativ ausgewertet wird mit Standardmethoden. In Abb. 40 ist ein typisches Pherogramm zu sehen, das mit diesem Verfahren erhalten wurde.

A n w e n d u n g : In der Literatur ist eine sehr große Anzahl von Veröffentlichungen über normale und pathologische Serumproteine vom Menschen und von verschiedenen Tierarten erschienen.

Das normale menschliche Serum kann mit der üblichen Papierelektrophorese-Technik im Veronalpuffer in fünf Hauptfraktionen getrennt werden, und zwar: Albumin, α_1-Globulin, α_2-Globulin, β-Globulin und γ-Globulin. Durch entsprechende Änderungen der Versuchsbedingungen [13, 15, 16] können — wie bereits erwähnt — die Globuline β_1 und β_2 getrennt oder sogar eine Subfraktionierung bis zu 11 Komponenten erhalten werden.

Die planimetrisch, densitometrisch usw. bestimmten relativen Mengen der einzelnen Serumeiweiß-Fraktionen zeigen bei den verschiedenen Autoren erhebliche Unterschiede. Deshalb ist es für jeden Autor zweckmäßig seine eigenen, mit Normalserum erhaltenen relativen

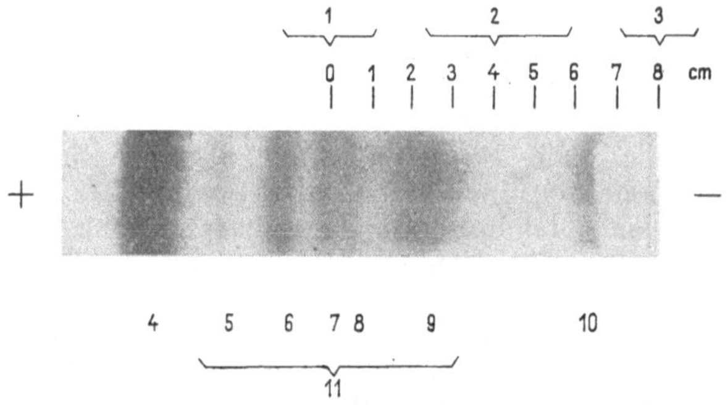

Abb. 40: Trennung von Fibrinogen von den Plasmaproteinen nach Lózsa [54]

1 — Geometrische Mitte; *2* — Elektroosmose = 0; *3* — Startlinie; *4* — Albumin; 5 — Alpha-1-Globulin; *6* — Alpha-2-Globulin; *7* — Beta-1-Globulin: *8* — Beta-2-Globulin; *9* — Gamma-Globulin; *10* — Fibrinogen

Fraktionsmengen als Standardwert zu betrachten. SCHEURLEN [55] stellte für normale menschliche Serumeiweiß-Fraktionen die in Tab. 43

Tabelle 43

Die Normalwerte der Eiweißfraktionen von menschlichem Serum aus den Arbeiten verschiedener Autoren (nach SCHEURLEN *und* WUNDERLY [53, 1]*)*

Fraktion	Grenzwerte aus den Arbeiten verschiedener Autoren nach SCHEURLEN	Durchschnittswerte von SCHEURLEN		Durchschnittswerte von WUNDERLY	
		%	V*	Schwankung, %	Mittelwerte, %
Albumin	57,8—62,9	62,6	6	55,7—65	59,1
α_1-Globulin	1,4— 4,9	4,1	24	3,0— 5,8	4,6
α_2-Globulin	3,5— 8,2	7,4	15	5,8— 9,1	7,8
β-Globulin	8,1—13,8	9,9	15	9,3—12,0	11,1
γ-Globulin	11,5—19,9	15,0	17	15,0—19,5	17,4

* Variationskoeffizient

aufgrund von Befunden verschiedener Autoren angeführten Grenzwerte den von ihm gefundenen Durchschnittswerten gegenüber. Die Tabelle enthält weiter eine Zusammenstellung von WUNDERLY [1] über die Schwankungen der Fraktionen. Die Daten sind aus den zwischen 1956 und 1958 mit verschiedenen Verfahren erzielten Ergebnissen von acht Autoren errechnet worden.

Mittels Papierelektrophorese wurden unterschiedliche Verhältnisse in den Eiweißfraktionen der Seren Neugeborener, Kinder, Halbwüchsiger und Erwachsener festgestellt [56, 57, 58, 59]; der Albumingehalt der Sera von Säuglingen ist höher, der Globulingehalt (besonders γ-Globulin) niedriger als bei Erwachsenen. Die Serumeiweißzusammensetzung von Frühgeborenen [60, 61] sowie die Änderungen der Eiweißzusammensetzung während der Schwangerschaft [62] wurden studiert.

Besonders umfangreich ist die Literatur, welche sich mit den qualitativen und quantitativen Änderungen des Serumprotein-Elektropherogramms bei pathologischen Fällen beschäftigt. WUNDERLY [1] schreibt eingehend über die Faktoren, welche bei der klinischen und diagnostischen Auswertung der Pherogramme zu beachten sind. Er betont u. a., daß außer der relativen Menge der Fraktionen auch der Gesamtproteingehalt des Serums angegeben werden muß, um die Errechnung der absoluten Mengen der einzelnen Fraktionen zu ermöglichen. Auf Abb. 41 sind die Elektropherogramme verschiedener pathologischer Seren zu sehen, aus denen für die angeführten Erkrankungen bezeichnende qualitative und quantitative Abweichungen von der

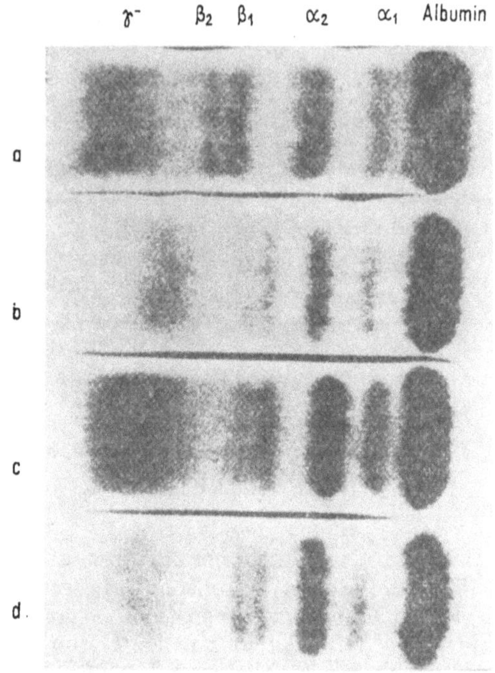

Abb. 41: Elektropherogramme verschiedener pathologischer Seren nach DITTMER [63] Anfärbung mit Amidoschwarz: *a)* Prostata-Carcinom:

Albumin 33,7%, Globuline: α_1 6,8%, α_2 14,7%, β 17,1% (β_1 9,1%, β_2 8,0%), γ 27,7%. Gesamteiweiß 6,0 g%

b) Magen-Carcinom:

(operabel, ohne nachweisbare Lebermetastasen): Albumin 51,2%, Globuline: α_1 7,1%, α_2 10,7%, β 12,2% (β_1 6,3%, β_2 5,9%), γ 18,8%. Gesamteiweiß 7,1 g%, Albumin 3,7 g%, Globulin 3,4 g%

c) Typhus abd. (2. Woche):

Albumin 28,2%; Globuline: α_1 5,1%, α_2 20,8%, β 15,1% (β_1 8,3%, β_2 6,8%), γ 30,8%. Gesamteiweiß 6,8 g%

d) Cholangitis:

Albumin 42,5%; Globuline: α_1 5,9%, α_2 17,6%, β 12,7% (β_1 7,4%, β_2 5,3%), γ 21,3%. Gesamteiweiß 7,1g%, Albumin 3,0 g%, Globulin 4,1 g%

Normalserumzusammensetzung ersichtlich sind [63]. SCHEURLEN [64] gibt eine Übersicht über den Einsatz der Papierelektrophorese zur Differenzierung von Defektpathoproteinämien, Dysproteinämien und Paraproteinämien. Änderungen der Serumeiweißfraktionen wurden u. a. bei Infektionen [65], nach chirurgischen Eingriffen [66], bei Virus-Hepatitis [67, 68], Lebercirrhose [69, 70], bei Herz- und Gefäßkrankheiten [71, 72, 73], Lungentuberkulose [74, 75], Diabetes [76, 77], bei

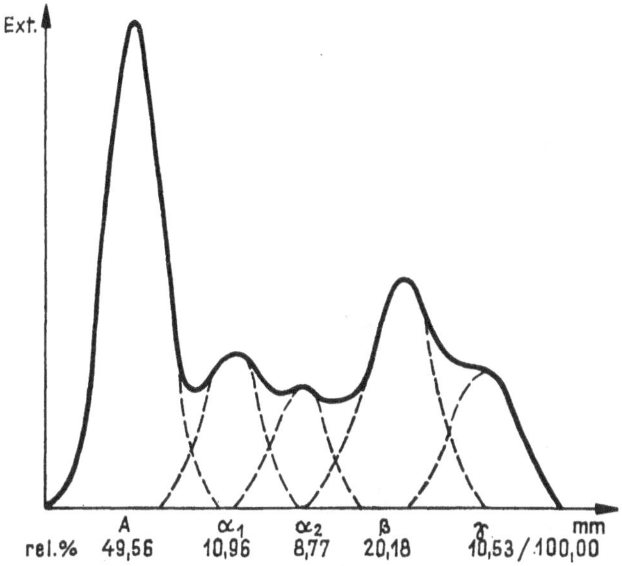

Abb. 42: Papierelektrophoretisches Diagramm von normalem Rattenserum nach SCHEIFFARTH und BERG [100]

rheumatischen Erkrankungen [78], Dermatosen [79, 80], urologischen Erkrankungen [81], Carcinom [82, 83, 84, 85] und Myeloma multiplex [86, 87, 88, 89] untersucht.

Im Zusammenhang mit dem Studium tierischer Serumproteine bemerkt EDSALL [90], daß hier die Schwankungen der Serumzusammensetzung zwischen den einzelnen Individuen viel größer sind als bei menschlichen Seren. Dies darf bei der Auswertung der Ergebnisse nicht außer acht gelassen werden. Z. B. schwankten die normalen Serumalbuminwerte bei Kühen zwischen 34,8 und 47,1%, bei Schweinen zwischen 46,8 und 64,4%.

Das Eiweiß-Spektrum von Rattenseren wurde sowohl in normalen [91, 92, 93, 94, 95, 96] wie auch in pathologischen Fällen [97, 98, 99] vielfach studiert. Abb. 42. zeigt das elektrophoretische Diagramm von normalem Rattenserum [100].

Die Serumproteine und ihre Veränderungen bei Behandlungen und Erkrankungen wurden an Kaninchen [100, 101, 102, 103], Meerschweinen [104, 105], Hunden [106, 107, 108], Pferden [109], Rindern [110, 111], Katzen [112], Geflügel [113, 114, 115], Fischen [116], Reptilien [117, 118] und anderen Tieren studiert. Abb. 43 zeigt das Diagramm eines normalen Katzenserums [112].

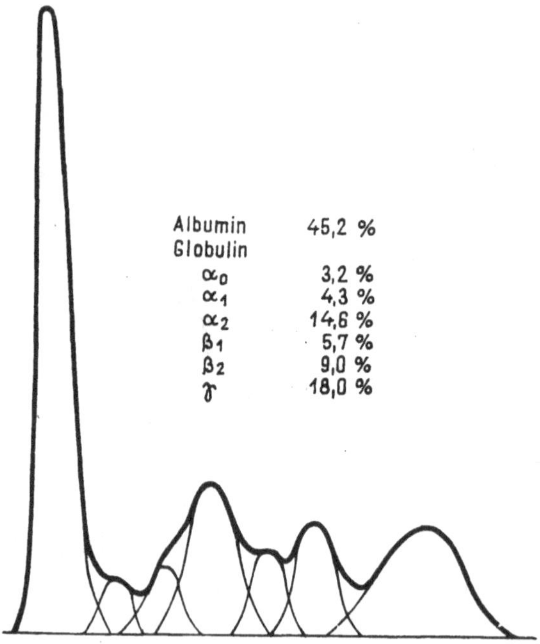

Abb. 43: Papierelektrophoretisches Diagramm von normalem Katzenserum nach WILDE und NAUMANN [112]

4.2.9.5. Trennung von Proteinen anderer biologischer Flüssigkeiten

Die Proteine aus Urin, Liquor, Magensaft, Galle, verschiedenen Excreten müssen vor der Papierelektrophorese gewöhnlich konzentriert werden. Zu diesem Zwecke wird am häufigsten die Dialyse gegen eine hochmolekulare Kolloidlösung, z. B. Dextran, Polyvinylpyrrolidon oder Gummi arabicum eingesetzt. Als Dialysiermembran kann Zellophan verwendet werden. Die Kolloidsubstanz wird im Veronalnatriumpuffer gelöst. Aus Polyvinylpyrrolidon wird gewöhnlich eine 10%ige, aus Gummi arabicum eine 50%ige Lösung verwendet. Die Kolloidlösung darf keine Salze enthalten, weil diese in die Proteinlösung diffundieren und dort Trübungen herbeiführen können [1]. Die Dialyse muß im Kühlschrank durchgeführt werden, um mikrobielle Infektionen zu verhüten. Die äußere Kolloidlösung wird alle 24 bis 48 Stunden erneuert [119]. Nach einem anderen Verfahren werden die Salze durch Ionenaustausch entfernt, dann die Lösung eingedickt und gefriergetrocknet [120]. Mit der durch Zentrifugieren beschleunigten Ultrafiltration kann in 4 Stunden eine 20- bis 60fache Konzentrierung erzielt werden [121].

Die papierelektrophoretische Trennung, der Nachweis und die quantitative Bestimmung werden ähnlich durchgeführt wie bei den Serumproteinen.

Aus Urin werden in Abhängigkeit von dem Proteingehalt 1 bis 15 m*l* auf 0,2 bis 0,3 m*l* konzentriert. Dies kann mittels Dialyse gegen eine 25 bis 30%ige Polyvinylpyrrolidon- oder eine 15%ige Carboxymethylzellulose-Lösung durchgeführt werden [122, 123, 124, 140]. Zahlreiche Arbeiten befassen sich mit dem Studium von Urin bei Proteinurie [125, 126].

Die Konzentrierung [119, 127] und Papierelektrophorese [128, 129, 130, 141] von Liquor cerebrospinalis wurde ebenfalls intensiv studiert. Die prozentuale Eiweißzusammensetzung des Liquors ist der des Blutserums ähnlich.

Auch die papierelektrophoretische Trennung der Proteine in Speichel und Sputum [131, 132], in Magensaft [133], Galle [133, 134], Sekreten [135] und Milch [136, 137, 138, 139, 142] wurde studiert.

4.2.9.6. Trennung von Zellproteinen

Die Schwierigkeiten bei der papierelektrophoretischen Untersuchung von Zellproteinen basieren auf der schlechten Reproduzierbarkeit der Extraktion der Proteine aus der Zellsubstanz. Nach WUNDERLY [1] ist die schlechtere Reproduzierbarkeit nicht allein technischen Mängeln zuzuschreiben. So enthält das Zellprotein neben den hydrophilen auch hydrophobe Kolloide. Letztere werden — in Abhängigkeit von den Versuchsbedingungen — von ersteren mehr oder minder solvatiert. Ein weiterer Grund dafür ist, daß die Zellproteinsubstanz größtenteils aus konjugierten Proteinen besteht, welche eine viel kompliziertere chemische Zusammensetzung haben als Serumproteine.

Zur Extraktion der Proteine werden verschiedene Verfahren eingesetzt. DEMLING u. Mitarb. [143] extrahierten die Proteine aus gemahlener Rattenleber mit einem M/15 Phosphatpuffer, pH 7,2 in 24 Stunden bei 3 °C. Außer Lebereiweiß studierten sie auch Gehirn-, Herz-, Lungen-, Pankreas-, Magen-, Nieren-, Gebärmutterproteine usw. und fanden, daß sie niedrigere Beweglichkeiten besitzen als die Serumproteine. Abb. 44 zeigt das Elektrophorese-Diagramm des Proteinextraktes normaler Rattenleberzellen. Nach HOFMANN und SCHINKO [144] werden die Gewebestücke zuerst mit Kohlensäureschnee gefroren und dann mit ausgeglühtem Meersand zerrieben, 4 bis 6 Stunden im Veronal-Natriumacetatpuffer, pH 8,6 ($\mu = 0{,}1$) eluiert

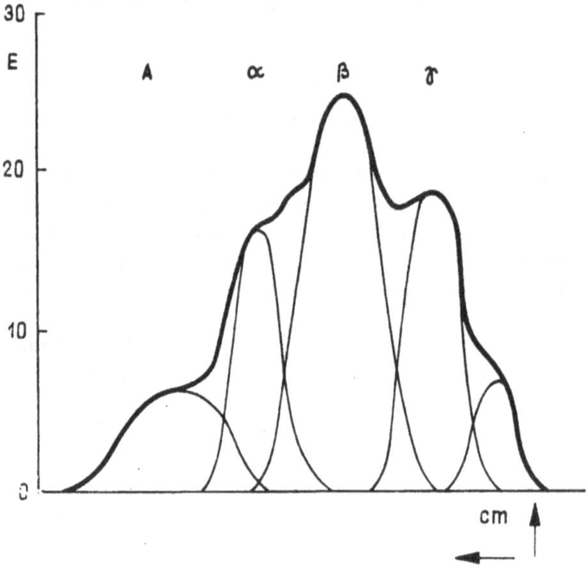

Abb. 44: Papierelektrophoretisches Diagramm des Proteinextraktes normaler Rattenleberzellen nach DEMLING u. Mitarb. [143]

und dann wird in der Kühlzentrifuge von unlöslichen Anteilen abgetrennt. NIKKILÄ und LINKÖ [145] verwenden ein ähnliches Verfahren zur Herstellung eines Extraktes aus Fischmuskel. Zur Herstellung von Muskelproteinextrakten wird das Gewebe nach TOSCHI und MARIANI [146] mit einem Gefriermikrotom zerkleinert und dann 2 Stunden mit einem Phosphatpuffer, pH 6,4 ($\mu = 0{,}1$) eluiert. Zum Studium der Xanthinoxydase-Aktivität der löslichen Fraktion der Leber homogenisierten VILLELA u. Mitarb. [147] die eisgekühlte Leber und extrahierten die löslichen Proteine mit anderthalb Volumina 0,25 M eisgekühlter Saccharoselösung. Die nach Zentrifugieren erhaltene klare Lösung wurde im M/15 Phosphatpuffer, pH 7,4 bei 250 V und 4 bis 4,5 mA 18 Stunden elektrophoretisiert.

4.2.9.7. Trennung von Hämoglobinen

Die Papierelektrophorese der Hämoglobine wird in der Hämatologie zum Studium anomaler Hämoglobine eingesetzt. Zweierlei Verfahren der Vorbereitung des Materials sowie der Elektrophorese werden hier beschrieben.

Nach Goldberg [148] werden die roten Blutkörper in physiologischer Kochsalzlösung viermal gewaschen, zentrifugiert und anschließend mit dem gleichen Volumen destillierten Wassers hämolysiert. Das Hämolysat wird zur Entfernung der Lipide mit 0,4 Volumen Toluol 5 bis 10 Minuten geschüttelt und dann durch Watte filtriert. Das Filtrat wird auf ungefähr 3% Hämoglobingehalt eingestellt. Auf das Papier werden 10 μl aufgetragen. Es sollte möglichst ein Gerät nach Durrum verwendet werden, weil in diesem die Pufferströmung geringer ist. Die Stromstärke soll nicht mehr als 0,5 mA/cm Papierbreite betragen. Der 0,06 M Veronalpuffer, pH 8,6 wird folgendermaßen bereitet: 20,6 g Veronal-natrium + 2,8 g Veronal werden in 2 l frisch ausgekochtem destilliertem Wasser gelöst. Es ist vorteilhaft, zu der Pufferlösung 500 g Saccharose zuzusetzen. Es kann auch ein 0,12 M Phosphatpuffer, pH 7,8 (0,587 g $NaH_2PO_4 \cdot H_2O$ + 6,50 g Na_2HPO_4 in 2 l Wasser gelöst) oder ein 0,1 M Phosphatpuffer, pH 6,5 (3,11 g KH_2PO_4 + 1,49 g Na_2HPO_4 in 1 l Wasser gelöst) verwendet werden. Zur Erzielung besserer Trennungen kann zu den Phosphatpuffern 250 g/l Saccharose zugesetzt werden. Bei 6,3 V/cm Feldstärke dauert die Trennung 17 Stunden.

Nach Ribeiro [3] werden zu 5 ml nicht hämolysierter Blutprobe gerinnungshemmende Substanzen (Heparin, Oxalat oder ÄDTA) gegeben, danach die roten Blutkörper abzentrifugiert und anschließend mit physiologischer Kochsalzlösung zweimal gewaschen. Zu 1 Volumen roter Blutkörper werden 3 Volumen destillierten Wassers und 1 Vol. Toluol zugesetzt, das Gemisch 5 Minuten kräftig geschüttelt, um die Zellen zu zerstören und danach 20 Minuten bei 2500 Umdrehungen zentrifugiert. Nach dem Zentrifugieren werden die beiden oberen Schichten mit einer Pipette abgezogen und die untere wird zunächst klar filtriert, wobei eine Hämoglobinlösung von etwa 5 g/100 ml erhalten wird. Davon werden 0,005 bis 0,01 ml auf das Papier aufgetragen. Die Elektrophorese erfolgt im Veronalpuffer, pH 8,6 (μ = 0,06) bei 300 bis 400 V über 12 Stunden. Nach Beendung der Trennung wird das Papier bei 120 °C getrocknet.

Die Hämoglobine verschiedener Säugetiere wurden in einem Gerät mit zwischen zwei Platten gelagerten Papierstreifen im 0,1 M Veronalpuffer, pH 8,6 bei 4 °C, 350 V und 20 mA in 16 Stunden elektrophoretisch getrennt [149].

Bei gleichzeitiger Gegenwart verschiedener Hämoglobintypen beeinflussen diese sich gegenseitig in ihren Beweglichkeiten. Deshalb können ähnlich wandernde Hämoglobine (z. B. Hb-A und Hb-F) auf dem Papier nicht voneinander getrennt werden [150]. Kombination der Papierelektrophorese mit anderen Trennverfahren, z. B. mit Austauscherchromatographie [151], Hochspannungselektrophorese auf Stärkegel [152] bzw. Hämoglobin-Elektrophorese auf Zelluloseacetat-Folien als Träger nach Prins [153], ermöglichen in solchen Fällen eine Trennung.

4.2.9.8. Trennung von Lipoproteinen

Zur Erweiterung der Kenntnisse über die Lipoproteine des Blutserums spielte die Papierelektrophorese als einfaches Schnellverfahren, das mit kleinen Substanzmengen durchzuführen ist, eine bedeutende

Rolle. Die Trennung kann genau so durchgeführt werden wie bei den Serumproteinen, doch ist es zweckmäßig, die doppelte Substanzmenge aufzutragen [1]. Die meistgebrauchten Farbstoffe und Färbeverfahren sind im folgenden beschrieben.

Sudanschwarz B: Die Anwendung dieses Farbstoffes in der Papierelektrophorese wurde von SWAHN [154] eingeführt. Er kann *a)* entweder nach der Papierelektrophorese zur Färbung der getrennten Fraktionen oder *b)* zur Färbung der Serumlipoproteine vor dem Auftragen auf das Papier eingesetzt werden [166].

a) Zur Färbung der getrennten Zonen wird die Farbstofflösung folgendermaßen bereitet:

0,1g Sudanschwarz B werden in 60%igem Äthanol am Rückflußkühler gekocht und anschließend filtriert. Nach Behandlung des Elektpherogramms wird zur Entfernung des Farbstoffüberschusses 50%iger Äthanol oder 50%iges Aceton verwendet, während die Elution der gefärbten Zonen mit 20%iger Essigsäure in absolutem Äthanol erfolgt. RIBEIRO [3] empfiehlt zur Trennung von Lipoproteinen das Papier Whatman Nr. 1, da dieses weniger Farbstoff bindet als andere Papiersorten, und daher der Hintergrund heller gewaschen werden kann.

Nach der Elektrophorese wird das Papier bei 80 °C getrocknet und dann für 3 Stunden in ein Färbebad gebracht. Anschließend wird in 50%igem Äthanol dreimal je 5 bis 15 Minuten gewaschen und an der Luft getrocknet. Die Lipoproteine erscheinen auf hellblauem Hintergrund als blauschwarze Flecke.

Die Färbung ist nicht beständig, weshalb die quantitative Auswertung gleich anschließend durchgeführt werden soll. Bei der Direktphotometrie darf das Papier selbstverständlich nicht mit Glycerin oder Paraffin transparent gemacht werden. Bei dem Elutionsverfahren soll die Extinktion der Lösungen nach 30 bis 60 Minuten bei 590 nm bestimmt werden.

CASSELMAN [155] hält zur Lipoproteinfärbung acetyliertes Sudanschwarz für geeigneter.

b) Zur Färbung der Lipoproteine vor der Papierelektrophorese wird acetyliertes Sudanschwarz verwendet [156]. In einem Hämolysierrohr werden 0,1 m*l* acetylierte Sudanschwarzlösung in 95%igem Äthanol mit 1 m*l* Serum versetzt und 30 Minuten stehengelassen. Der Alkoholüberschuß wird im Vakuum enfernt, indem durch das Serum Luft geblasen wird. Danach wird die Serumprobe auf das Papier aufgetragen.

Nach einer anderen Methode wird die Sudanschwarz-Lösung mit Äthylen- oder Propylenglykol angesetzt [157].

Ölrot O: Dieser Farbstoff färbt die Lipoproteine zwar mit geringerer Intensität, doch gleichmäßiger an und liefert dadurch besser reproduzierbare Ergebnisse. Seine Anwendung in der Papierelektrophorese wurde von DURRUM und Mitarbeitern [158] eingeführt. Die Farbstofflösung wird folgendermaßen bereitet [159]: 0,4 g Farbstoff werden in 1 *l* 60%igem Äthanol unter Kochen am Rückflußkühler gelöst, über Nacht bei 30 °C geschüttelt und filtriert. Nach der Behandlung wird mit destilliertem Wasser die Färbung differenziert. Zur Elution kann dieselbe Lösung verwendet werden wie bei der Färbung mit Sudanschwarz B.

Der Papierstreifen mit den getrennten Lipoproteinen wird 15 Minuten bei 110 bis 120 °C getrocknet und 18 Stunden bei 30 °C in der Farbstofflösung belassen. Nach Abtropfen des Farbstoffüberschusses wird das Papier mit destilliertem Wasser 20 Minuten behandelt und dann bei Zimmertemperatur an der Luft getrocknet. Die Lipoproteinfraktionen erscheinen auf den Elektropherogrammen auf schwach rötlichem Hintergrund in rosaroter Farbe. Die Direktphotometrie muß bei 525 nm, die Extinktionsmessung nach zweistündiger Elution bei 520 nm durchgeführt werden.

Weitere Farbstoffe, die häufiger zum Nachweis von Lipoproteinen eingesetzt werden, sind: Sudan III [160], Sudan IV [161], Ciba-blau [162] sowie die Kombination von Ciba-Blau und Sudanschwarz B [163].

Die T r e n n u n g v o n S e r u m - L i p o p r o t e i n e n: Die Lipoproteine des Serums können mittels Papierelektrophorese in zwei Hauptfraktionen getrennt werden: in das mit dem α_1-Globulin annähernd zusammen wandernde α- und in das mit dem β-Globulin zusammen

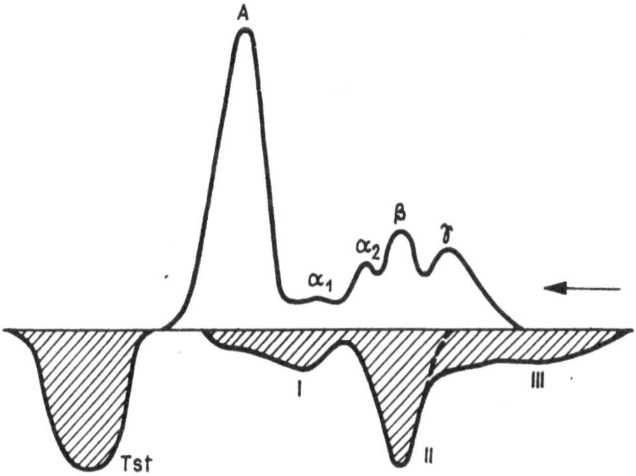

Abb. 45: Elektrophoretisches Diagramm der Proteine und Lipoproteine des normalen menschlichen Serums nach WUHRMANN u. Mitarb. [165]

A: Albumin; α_1, α_2, β, γ: Globulinfraktionen; *I:* α-Lipoprotein; *II:* β-Lipoprotein; *III:* grobdisperser Teil; *Tst:* Triglycerid-Vergleichsstandard wandernde β-Lipoprotein. An der Auftragungsstelle verbleiben die stark adsorbierten grobdispersen Teile, welche auch den größten Teil der Chylomikrone (der Fetteilchen von $>0{,}5\ \mu$ Durchmesser) enthalten [164]. Abb. 45 zeigt das Elektrophorese-Diagramm der Proteine und Lipoproteine des Serums und Abb. 46 ein mit Sudanschwarz B angefärbtes Lipoprotein-Elektropherogramm.

Die Beweglichkeit der Serumlipide in verschiedenen Puffersystemen bei pH 8,6 [167] sowie die isoelektrischen Punkte der menschlichen Serumlipoproteine wurden von Bermes bestimmt [168].

Die klinische Auswertung der Serumlipoprotein-Papierelektrophorese wird dadurch erschwert, daß die Reproduzierbarkeit der Ergebnisse teils aus technischen, teils aus physiologischen Gründen viel schlechter ist als bei den Serumproteinen. Die Erörterung der physiologischen Ursachen liegt außerhalb des Rahmens dieses Buches, es sollen jedoch technische Faktoren erwähnt werden. Z. B. ist die Wanderungsgeschwindigkeit der α-Globuline praktisch von der Temperatur unabhängig, während die der β-Lipoproteine bei 5 °C wesentlich kleiner ist als bei 35 °C [169]. Auch die verschieden starke Farbstoffbindung der verschiedenen Lipoide verursacht Schwierigkeiten. Bei Anwendung von Sudanschwarz III wird z. B. der prozentuale Gehalt an α-Lipoproteinen höher, an β-Lipoproteinen hingegen niedriger gefunden als bei der Färbung mit Sudanschwarz [170]. Schettler u. Mitarb. [171] stellten fest, daß Triolein und Lecithin intensiv gefärbt werden, Tristearin und Cholesterinstearat, die um 12 bis 15% mehr Farbstoff adsorbieren als Triolein und Cholesterin, hingegen nicht angefärbt werden. Antonini und Sodi [172] machen auf mehrere Fehlerquellen aufmerksam und äußern die Meinung, daß der Lipoproteinquotient β/α am besten reproduzierbar ist.

Die an Eiweiß gebundenen Serumlipide bestehen aus freiem Cholesterin, Cholesterinestern, Phospholipiden und neutralen Fetten. Weicker und Weicker [173] entwickelten folgendes Verfahren zur Darstellung des Gesamtlipoprotein- und Phospholipoproteingehalts des Serums. Auf dem mit Sudanschwarz gefärbten Papier wird die Menge der Gesamtlipoproteine bestimmt. Danach wird das Papier

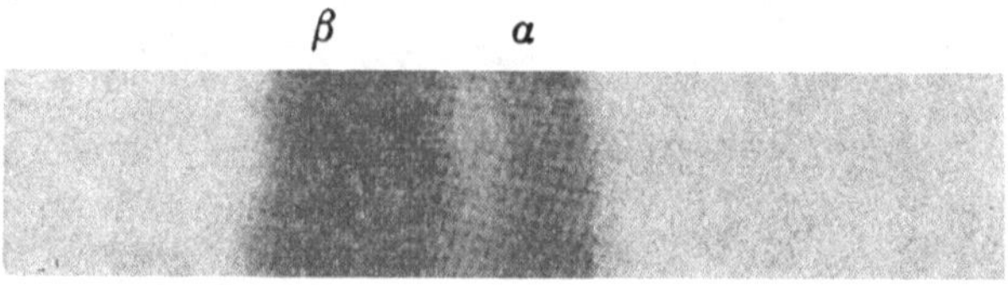

Abb. 46: Papierelektropherogramm der Lipoproteine von menschlichem Serum, angefärbt mit Sudanschwarz B nach McDonald und Ribeiro [157]

α und β — Lipoproteine

mit Aceton extrahiert, wobei außer den Phospholipiden alle anderen Lipide eluiert, und die den Phospholipiden entsprechenden Flecke auf dem Papier bestimmt werden.

T r e n n u n g v o n P l a s m a - L i p o p r o t e i n e n : CHARMAN und LANDOWNE [174] entwickelten ein Verfahren zur Trennung der Lipoproteine aus nicht fraktioniertem Plasma auf Zelluloseacetat-Folien. Ein Veronalpuffer, pH 8,6 ($\mu = 0{,}05$) mit 1% Albumin- und 0,001 M ÄDTA-Gehalt wurde verwendet. Die Trennung erfolgte bei 20 V/cm (2,5 mA/Streifen) und Zimmertemperatur in 90 Minuten.

4.2.9.9. Trennung von Glyko- und Mucoproteinen

An eine Vielzahl von Proteinen des menschlichen Serums sind Kohlehydrate gebunden, hauptsächlich Glukosamin, Galaktosamin, Mannose, Galaktose, Fucose und Sialinsäure. Die Proteine mit weniger als 4% Hexosamin- bzw. Kohlehydratgehalt werden Glykoproteine, die mit höherem Kohlehydratgehalt Mucoproteine genannt. Die Mucoproteine unterscheiden sich von den anderen Proteinen durch ihre Löslichkeit in Sulfosalicylsäure, Trichloressigsäure und Perchlorsäure.

In den mittels Papierelektrophorese getrennten Proteinfraktionen werden die Kohlehydrate entweder nach Elution mit entsprechenden Reagenzien bestimmt, oder die Glykoproteine werden direkt auf dem Papier nachgewiesen. Letztere Methode ist einfacher, jedoch sind die bisher bekannten Färbeverfahren sehr umstritten.

Zum Nachweis der an die Serumproteine gebundenen Kohlehydrate am Papier gingen KÖIW und GRÖNWALL [175] folgendermaßen vor: die OH-Gruppen der Kohlehydrate wurden mit Perjodsäure zu Aldehydgruppen oxydiert. Die auf diese Weise entstandenen Polyaldehyde geben mit dem SCHIFFschen Reagenz (Fuchsin — schweflige Säure) eine violettrote Färbung.

Die PAS-Reaktion (mit dem Perjodsäure-Schiff-Reagenz) wird folgendermaßen durchgeführt:

1. Perjodsäurelösung: Zu 1,2 g Perjodsäure, gelöst in 30 *ml* destilliertem Wasser, werden 15 *ml* 0,2 M Natriumacetatlösung und 100 *ml* absol. Äthanol zugesetzt. Die Lösung kann im Dunkeln mehrere Tage lang aufbewahrt werden.

2. Reduzierlösung: 5 g KJ und 5 g $Na_2S_2O_3$ werden in 100 *ml* Wasser gelöst und unter Rühren zuerst 100 *ml* Äthanol, dann 2,5 *ml* 2 N Salzsäure zugesetzt. Die Lösung kann nur frisch verwendet werden.

3. Fuchsin-Sulfitlösung: 2 g basisches Fuchsin werden in 400 *ml* heißem Wasser gelöst, auf 50 °C abgekühlt und dann filtriert. Zum Filtrat werden 10 *ml* 2 N Salzsäure und 4 g $KHSO_3$ zugesetzt. Die Lösung wird über Nacht bei 2 °C stehen gelassen, am nächsten Tag mit 1 g Entfärbungskohle versetzt, sofort filtriert und solange mit 2 N HCl versetzt (etwa 10 ml), bis die auf einer Glasplatte bei Zimmertemperatur eingetrocknete Probe nicht mehr violettrot

wird. Die Lösung muß im Kühlschrank in einer geschlossenen, dunklen Flasche aufbewahrt werden.

4. Sulfit-Waschlösung: 0,4 g Kaliummetabisulfit werden in 100 ml destilliertem Wasser gelöst und mit 1 ml konzentrierter Salzsäure versetzt.

Arbeitsweise: Nach der elektrophoretischen Proteinfraktionierung werden: das Papier bei 60 °C getrocknet, die Proteine in absolutem Alkohol 5 bis 10 Minuten lang fixiert, das Papier für 5 Minuten in die Perjodsäurelösung getaucht und dann in 70%igem Äthanol gewaschen. Es folgen das Eintauchen in die Reduzierlösung (5—8 Min.) und zweimalige Wäsche in 70%igem Äthanol. Danach wird für 25 bis 40 Minuten (d. h. bis zur Entwicklung der maximalen Farbintensität) in die Fuchsin-Sulfitlösung getaucht, mit der Sulfit-Waschlösung dreimal gewaschen, mit Alkohol behandelt und an der Luft getrocknet.

Die Direktphotometrie soll bei 550 nm durchgeführt werden.

Die PAS-Reaktion hat mehrere Mängel. Das Reagenz färbt auch Zellulose an, d. h. der Hintergrund wird farbig. Zur Ausschaltung dieses Fehlers wird von Ceriotti [176] eine chemische Fixierung vorgeschlagen. Der entstandene Farbstoff kann aus dem Papier nicht vollständig herausgelöst werden, deshalb eignet sich das Verfahren nicht zur Bestimmung nach Elution. Laurell und Skoog [177] modifizierten das Verfahren, indem sie die Konzentration der Sulfit-Waschlösung auf das Doppelte erhöhten. In diesem Falle ist der eluierte Farbstoff dem Glykoproteingehalt proportional. Den Proteinfraktionen entsprechend werden die Pherogramme in Segmente geschnitten und die einzelnen Segmente gewogen. Die Färbung wird mit je 5 m*l* n NaOH eluiert, die erhaltene Lösung 20 Minuten bei 70 °C gehalten, mit 5 m*l* absolutem Alkohol verdünnt und nach Auskühlen mit 1 m*l* Essigsäure versetzt. Die Extinktion wird bei 550 nm bestimmt, der auf 1 mg Papier bezogene Extinktionswert berechnet und daraus die Glykoproteinverteilung ermittelt.

Nach eingehendem Studium sämtlicher Fehlerquellen schlägt Lózsa [178] folgendes Färbeverfahren vor. Die Streifen werden nach beendeter Elektrophorese bei 120 °C 30 Minuten getrocknet.

Reagenzien: 1. 95%iger Äthylalkohol.

2. 1%ige wäßrige Perjodsäure.

3. Schiff-Reagenz: 5 g basisches Fuchsin werden in 1000 m*l* kochendem, destilliertem Wasser gelöst, 3 Minuten gekocht, auf 50 °C abgekühlt, filtriert; nach völligem Erkalten mit 100 m*l* n HCl und 10 g Kaliummetabisulfit vermischt und in einer Flasche mit Schliffstopfen 1 Tag stehengelassen. Das Durchschütteln mit Tierkohle mit anschließender Filtration wird solange wiederholt, bis die Lösung vollkommen farblos ist. Sie soll in einer dunklen Flasche aufbewahrt werden.

4. Sulfit-Waschlösung: 10 g Kaliummetabisulfit werden in 1000 m*l* destilliertem Wasser gelöst und vor Gebrauch mit 5 m*l* konzentr. Salzsäure versetzt.

5. Formalin: zu 200 m*l* 40%igem Formalin werden 5 m*l* konzentr. HCl gegeben.

6. Wasserfreies Aceton.

Arbeitsvorschrift: Die getrockneten Streifen werden unter häufigem Bewegen mit folgenden Lösungen behandelt:

1. Waschen in Alkohol, 15 Min.
2. Oxydation in Perjodsäure-Lösung, genau 5 Min.
3. Mehrmaliges Waschen mit stets frischem destilliertem Wasser, 10 Min.
4. SCHIFF-Reagenz, 10 Min.
5. Waschen dreimal 30 Min. in frischer Sulfitlösung.
6. Waschen in Formalin, 15 Min.
7. Waschen in Aceton, 5 Min.
8. Lufttrocknen bei Zimmertemperatur.

KEYSER und STEPHENS [181] machen darauf aufmerksam, daß bei der Proteinfärbung (z. B. mit Lissamingrün) nach der PAS-Reaktion die Farbintensität der Proteinzonen geringer ist, als wenn nach der Elektrophorese unmittelbar mit Lissamingrün angefärbt wird.

Die PAS-Reaktion eignet sich nur zum Nachweis neutraler Glykoproteine, die sauren Mucopolysaccharide geben keine Reaktion. Diese können mit Toluidinblau nachgewiesen werden [179].

DREVON und DONIKIAN [180] gebrauchten ein Diphenylamin-Reagenz zum Nachweis von Glykoproteinen:

Die Elektropherogramme werden für 10 Minuten in eine 0,5%ige wäßrige Perjodsäurelösung getaucht, zweimal mit destilliertem Wasser gewaschen, in Aceton getaucht, getrocknet und 5 Minuten lang in einem mit Rückflußkühler versehenen Kolben mit einer 1%igen Lösung von Diphenylamin in Eisessig gekocht. Der Papierstreifen wird im Dunkeln bei Zimmertemperatur getrocknet. Die Glykoproteine geben auf weißem Hintergrund rosa Banden bzw. Flecken.

In normalem Serum hat die α_2-Globulinfraktion den höchsten Glykoproteingehalt. In pathologischen Seren weist das Glykogramm charakteristische Veränderungen auf.

4.2.9.10. Trennung von Enzymen

Die Papierelektrophorese der Enzyme wird für verschiedene Zwecke eingesetzt, zum Studium der Eigenschaften des Enzyms (z. B. zur Ermittlung seines isoelektrischen Punktes), zur Überprüfung seiner elektrophoretischen Homogenität und zur Reinigung des Enzyms, d. h. zur Trennung der enzymatisch aktiven Fraktionen von inaktivem Protein, bzw. zur Anreicherung des Enzyms. Außerdem kann die Papierelektrophorese auch zur Fraktionierung der aktiven Komponenten eines Enzymkomplexes, z. B. zur Trennung von Isoenzymen angewandt werden.

Im Vergleich zu anderen Proteinen ist die Elektrophorese der Enzyme komplizierter, weil die Bedingungen (Temperatur, Zeit, Zusammensetzung und pH des Elektrolyten) so gewählt werden müssen, daß das Enzym im Laufe der Trennung keine Aktivität verliert.

Im allgemeinen werden Niederspannungsverfahren eingesetzt.

Hochspannungs-papierelektrophoretische Enzymtrennungen sind nur vereinzelt durchgeführt worden. Enzymproteine werden zumeist mit der Bromphenolblau-Färbung nachgewiesen. Der Nachweis erstreckt sich außerdem auch auf die qualitative und quantitative Analyse der Enzymaktivitäten. Zum Nachweis bzw. zur quantitativen Bestimmung der Aktivität der Proteinfraktionen werden je nach der Art des Enzyms verschiedene spezielle Verfahren eingesetzt.

Trennung von Oxydoreduktasen: Mitidieri u. Mitarb. [182] wiesen Xanthindehydrogenase in Rattenserum nach. Auf 10×57 cm Papierstreifen wurden 10, je 0,02 m*l* Serumproben zum Enzymnachweis und 0,01 m*l* Proben zur Proteinfärbung aufgetragen. Da Veronal die Enzymaktivität zu 50% inhibierte, wurde ein Phosphatpuffer, pH 7,4 verwendet. Die Elektrophorese erfolgte bei 25 °C und 250 V und dauerte 16 Stunden. Die aktive Fraktion wanderte mit den Globulinen zusammen.

Mehrere Arbeiten befassen sich mit der Trennung von Lactatdehydrogenase-Isoenzymen. Hierzu werden als Träger Zelluloseacetatfolien [183, 184, 185] eingesetzt. Die Trennungen erfolgen im Veronalpuffer, pH 8,6 ($\mu = 0{,}05$) bei 200 V in 1,5 Stunden.

Zwei elektrophoretisch trennbare Formen von Xylulosereduktase aus Leber und Nierengewebe von Mensch und Ratte konnten ebenfalls mittels Elektrophorese auf Zelluloseacetatfolien nachgewiesen werden [186].

Paleus [187] setzte die Papierelektrophorese zur Reinigung von Cytochrom c ein. »Munktell 20 350 g« Papier wurde verwendet, als Puffer diente 0,05 M Glycin-NaOH, pH 9,87, bzw. 0,05 M Phosphat, pH 7,5. Auf die Mitte des 29×9 cm-Streifens wurden 100 mg gefriergetrocknetes Cytochrom c, in 1,0 m*l* Puffer gelöst, aufgetragen. Die Elektrophorese dauerte 20 bis 25 Stunden. Die Cytochrom-Fraktionen wurden mit 0,1%iger NaOH-Lösung eluiert. Im Puffer von pH 9,87 wandert Cytochrom c zur Kathode. Es konnte in 20 Stunden von den begleitenden farbigen Verunreinigungen vollständig getrennt werden. Bei diesem pH-Wert wurde eine spontane Reduktion des Cytochroms zu Ferro-Cytochrom beobachtet.

Gillespie u. Mitarb. [188] studierten die Enzyme von Aspergillus oryzae und Meerrettich. Die Ergebnisse waren auf den Papieren Whatman Nr. 3 MM oder Munktell 20 am besten reproduzierbar. Die Peroxydase wurde im Acetatpuffer, pH 5,7 bei 6 V/cm in 5 Stunden in 3 Komponenten getrennt. Die erste wanderte 1,0 cm zur Anode, die zweite 1,6 cm zur Kathode, die dritte blieb am Startpunkt. Zur Papierelektrophorese von Meerrettich-Peroxydase gebrauchten Jermyn und Thomas [189] ein mit Perjodsäure oxydiertes »positiv« geladenes Filterpapier. Die Oxydation wurde mit 0,1 M Perjodsäure bei 28 °C im Dunkeln durchgeführt. Die Elektrophoresebedingungen waren: 5—10 °C, Whatman Nr. 3 MM (40×4 cm), 9 V/cm. Die aufgetragene Substanzmenge betrug 20 μl. Die beste Trennung wurde im 0,1 M Natriumacetatpuffer, pH 5,0 erzielt. Im Meerrettich wurden 5 Fraktionen mit Peroxydase-Aktivität nachgewiesen.

Trennung von Transferasen: Phosphorylase aus Muskelextrakten wurde von TOSCHI [190] nach papierelektrophoretischer Trennung folgendermaßen nachgewiesen: Eine Glukose-1-phosphat, Glykogen und Puffer enthaltende 2%ige Agarlösung wurde auf einer Glasplatte zum Erstarren gebracht und danach mit dem daraufgelegten, noch nassen Elektropherogramm 30 Minuten bei 30 °C inkubiert. Die entstandene Amylose wurde durch Berührung mit einer anderen, jodhaltigen Agarplatte nachgewiesen. Ähnliche Nachweisverfahren wurden mit entsprechenden Substraten zum Nachweis von Aldolase und Triosephosphat-dehydrogenase [191] sowie ATP [192] auf Papierelektropherogrammen entwickelt.

KÖRMENDY, GANTNER und HAMM [193, 194] wiesen in der Skelettmuskulatur von Schwein und Rind Glutamat-oxalacetat-transaminase-Isoenzyme nach. Im Gerät nach WIELAND und PFLEIDERER konnten die beiden Isoenzyme auf Zelluloseacetatfolien bei 27 V/cm im 0,05 M Phosphatpuffer, pH 7,6 in 60 bis 90 Minuten scharf getrennt werden. GOT wurde in Serum, Rinderherz und Leberhomogenaten von ROMEL und LAMANCUSA [195] ebenfalls auf Zelluloseacetatstreifen getrennt. In Veronalpuffer, pH 8,6 ($\mu = 0{,}052$) erfolgte die Trennung bei 12 V/cm in 1,5 Stunden.

Hydrolasen: Glucuronidase, Phosphatase und Esterase wurden von MILLS und SMITH [196] im Gerät nach CREMER und TISELIUS auf 3—4 cm breiten Streifen Whatman Nr. 3 MM elektrophoretisch analysiert. Zum Nachweis der Glucuronidase-Aktivität wurde Phenolphthalein-glucuronid, für die Phosphatase Phenolphthalein-phosphat und zum Esterasenachweis p-Nitrophenyl-butyrat verwendet. Ein Filterpapierstreifen, der mit den im entsprechenden Puffer gelösten Substraten getränkt war, wurde auf das Elektropherogramm gelegt und beide Streifen zwischen zwei Gasplatten geklemmt. Nach der Inkubation konnten die Enzyme als farbige Zonen nachgewiesen werden.

WALLENFELS und PECHMANN [197] studierten die Trennung von Pilzamylase, Lipase, Phosphatase und Proteinase unter folgenden Bedingungen: 10×40 cm Papierstreifen Whatman Nr. 4, in der Mitte 25 μl Enzymlösung in 3 mm Breite aufgetragen, M/30 Phosphatpuffer, pH 6,8, 120 V, 3 mA, 12 Stunden. Nach beendeter Elektrophorese wurde der Streifen schonend getrocknet und in der Längsrichtung in 2 cm breite Streifen geschnitten, um die Enzymaktivitäten nachzuweisen. Die Proteinase-Aktivität wurde mittels Gelatine, die Amylase mittels Stärke, die Lipase mittels p-Nitrophenylstearat und die

Phosphatase mittels Phenolphthaleinphosphat als Substrat am Papier nachgewiesen. Die Proteinase wanderte 23 mm zur Kathode, die Amylase 10 mm zur Anode. Lipase und Phosphatase wanderten infolge der Adsorption kaum.

Zur Trennung der Serumesterasen von Kaninchen und Meerschweinen verwendete GOUTIER [198] Whatman Nr. 1 und Veronalpuffer, pH 8,6 ($\mu = 0{,}03$) bei 380 V Klemmenspannung. Zum Nachweis der Enzymaktivitäten wurde ein das Substrat und einen entsprechenden Indikator enthaltendes 1%iges Agargel eingesetzt, auf das die Elektropherogramme gelegt wurden. Die Enzymaktivität verursachte eine Verfärbung des Indikators.

Pferdeserum-Cholinesterase wandert mit der β-Globulinfraktion [199]. SVENSMARK und KRISTENSEN [200] bestimmten die isoelektrischen Punkte nativer und mit Sialidase behandelter menschlicher Serumcholinesterase mittels präparativer Elektrophorese in Äthylzellulose-Säulen. ZITTLE u. Mitarb. [201] erhielten durch Anwendung einer besonderen Technik ein 2- bis 3fach angereichertes Acetylcholinesterase-Präparat aus roten Blutkörpern. Die Elektrophorese von 400 mg Rohenzym wurde im Phosphat-Boratpuffer, pH 8,6 ($\mu = 0{,}07$) bei 450 V Klemmenspannung und 7 °C in 18 Stunden durchgeführt.

BAKER und PELLEGRINO [202] trennten folgende Serum-Enzyme: Ali-esterase, Pseudo-cholinesterase, alkalische Phosphatase, Amylase auf Whatman Nr. 3 MM (0,05 bis 0,2 ml Serum, als 5 cm lange Bande aufgetragen, 0,03 M, pH 8,6 Veronalpuffer bei 100 bis 150 V/26 cm und 2 mA/6 cm Papierbreite). DELCOURT und DELCOURT [203] wiesen nach Papierelektrophorese die getrennten Aktivitäten von Amylase, Phosphatase, Lipase und Esterase nach. Alkalische Phosphatase wurde im menschlichen Serum nach Elektrophorese auf Sephadex G 200-Schichten nachgewiesen [204].

LEVY und MAZIA [205] stellten aus Pferdenierenextrakt mittels Papierelektrophorese teilweise gereinigte und dreifach angereicherte alkalische Phosphatase her. Sie gebrauchten im Gerät nach KUNKEL und TISELIUS 33 × 2,5 cm Papierstreifen Schleicher und Schüll Nr. 528 und 0,05 M Veronalpuffer, pH 8,7. Die aufgetragene Enzymlösung enthielt 0,04 mg Protein. Die Elektrophorese dauerte bei 3 mA/Streifen 15 Stunden. ROCHE und BOUCHILLOUX [206] setzten die Papierelektrophorese zur Reinigung der alkalischen Darmphosphatase ein.

Auf 7 × 35 cm Papierstreifen Whatman Nr. 4 wurden 6 μl Enzymlösung von 10 mg/ml Proteingehalt aufgetragen und die Elektrophorese bei 280 V und 3 mA 7 Stunden in Veronal-natrium, pH 9,2 (12,1 g/1000 ml) vorgenommen. Mit Bromphenolblau wurden drei anodisch wandernde Proteinfraktionen nachgewiesen, von denen die langsamste die Enzymaktivität enthielt.

NYLANDER [207] studierte das Verhalten von saurer Prostata-Phosphatase gesunder und kranker Personen im Gömöri-Puffer, pH 4,5. NASSI u. Mitarb. [208] untersuchten das papierelektrophoretische Verhalten von saurer Phosphatase aus Pferdemuskel.

(5 × 8 cm Papierstreifen Whatman Nr. 1 bei 2 mA/cm, 330—200 V, 2 Stunden, 0,1 M Acetat, pH 5,3).

Nach der Elektrophorese wurde das Papier im kalten Luftstrom getrocknet, mit p-Nitrobenzoylphosphat-Lösung (140 mM) besprüht, bei Zimmertemperatur ungefähr 40 Minuten inkubiert und abermals mit kalter Luft getrocknet. Beim Einsprühen mit Hydroxylamin-Reagenz erschienen die Orte der Enzymaktivität als weiße Flecke auf gelbem Hintergrund. Das Reagenz wird folgendermaßen bereitet:

Lösung A: 10 g Hydroxylamin-hydrochlorid werden in 25 m*l* destilliertem Wasser gelöst und mit Äthanol auf 100 m*l* aufgefüllt. *Lösung B:* 20 g Kaliumhydroxid werden im kleinstmöglichen Volumen destillierten Wassers gelöst und mit Äthanol auf 200 m*l* verdünnt. Unmittelbar vor Gebrauch werden die Lösungen *A* und *B* im Verhältnis 1 : 1 gemischt und der entstehende KCl Niederschlag abfiltriert. Nach Trocknen in warmer Luft und Besprühen mit einer Eisen(III)-chlorid-Lösung kann die Enzymaktivität als gelbe Zone auf dunkelbraunem Hintergrund nachgewiesen werden. (5 g Eisen(III)-chlorid werden in 10 m*l* konz. HCl gelöst und mit destilliertem Wasser auf 100 m*l* verdünnt).

DAVIS und ALLEN [209] studierten den Wirkungsmechanismus von Ribonuklease an Uridin-2′,3′-phosphat, Cytidin-2′,3′-phosphat und Uridin-3′-benzylphosphat durch papierelektrophoretische Trennung der Reaktionsprodukte.

WETTER und CORRIGAL [210] trennten Maltase, Invertase und Grenzdextrinase auf Whatman Nr. 3 MM im Phosphatpuffer, pH 6,9 ($\mu = 0{,}1$). Die Proteinfraktionen wurden mit Bromphenolblau nachgewiesen. Zum Nachweis von Maltase wurde das Papier mit 2%iger Maltose- und 0,5%iger Glukoseoxydase-Lösung, zum Nachweis von Invertase mit Saccharose- und Glukoseoxydase-Lösung und zum Nachweis von Grenzdextrinase mit Grenzdextrin- und Glukoseoxydase-Lösung behandelt. Die entstandene Glukose wird dabei durch die Glukoseoxydase zu Glukonsäure oxydiert und diese mit Bromkresolpurpur nachgewiesen. WETTER [211] studierte die Wirkung der aus Aspergillus niger isolierten Grenzdextrinase auf Isomaltose-Substrat. Die Elektrophorese wurde in Acetatpuffer, pH 3,5 ($\mu = 0{,}05$) durchgeführt. NIKKILÄ u. Mitarb. [212] untersuchten das papierelektrophoretische Verhalten von Amylase und Trypsin. Bei direktem Kontakt des Papiers mit dem Glas verursachte die Eiweißadsorption am Glas langgestreckte Zonen. Die Elektrophorese erfolgte auf 32 × 4,5 cm Papierstreifen Munktell 20 im Veronalpuffer, pH 8,6 ($\mu = 0{,}05$)

bei 250 bis 300 V und 2 bis 4 mA/Streifen 3 bis 5 Stunden. Die Enzymlösung (0,02 m*l*) wurde 4 cm vom kathodischen Ende auf den mit Puffer getränkten Papierstreifen aufgetragen, die Enzymaktivität nach Elution des Elektropherogramms bestimmt. COOPER und POLLOCK [213] trennten die β-Amylase aus Malzsirup mittels Elektrophorese in einer Zellulosepulver-Säule in Fraktionen verschiedener Aktivität. GILLESPIE und WOODS [214] trennten die Amylase von Aspergillus oryzae in 6 Fraktionen. HANAFUSA u. Mitarb. [215] studierten Taka-amylase A. Pilzcarbohydrasen wurden auch mittels Stärkeblockelektrophorese getrennt [216].

Pilz-Zellulase wurde bei 5 °C im Natriumphosphatpuffer, pH 7 (μ = 0,05) fraktioniert. Die Zellulaseaktivität wurde auf Grund der Menge des durch enzymatische Hydrolyse von Carboxymethyl-zellulose entstandenen reduzierenden Zuckers ermittelt [217].

CAPUTO [218] studierte das elektrophoretische Verhalten von Hyaluronidase. Das Enzym ließ sich im 0,05 M Veronalpuffer, pH 8,0 von den inaktiven Proteinfraktionen ausgezeichnet trennen. Der mittels Papierelektrophorese ermittelte Beweglichkeitswert und der isoelektrische Punkt waren in guter Übereinstimmung mit den mittels freier Elektrophorese erhaltenen Werten.

SPACKMAN u. Mitarb. [219] studierten die Eigenschaften der aus Schweineniere isolierten Leucin-aminopeptidase im Papierelektrophoresegerät nach DURRUM. Das Protein wurde in der Mitte des Papierstreifens Whatman Nr. 3 MM aufgetragen, ein 0,001 M $MgCl_2$-haltiger 0,08 M Veronalpuffer, pH 8,5 verwendet und das Papier damit 15 Minuten lang gesättigt. Die Elektrophorese dauerte bei 150 bis 250 V und 0,2 bis 0,6 mA bei 3 bis 5 °C 16 Stunden. Die Zahl der erhaltenen Proteinfraktionen hing von der Aktivität des Präparates ab. Vorher bereits gereinigte Präparate wurden durch Dialyse konzentriert und auf ähnliche Weise von neuem elektrophoretisch getrennt. AGOSTONI und TITTOBELLO [220] erarbeiteten ein Verfahren zur elektrophoretischen Fraktionierung der Leucin-aminopeptidase des Serums.

Die Elektrophorese von Trypsin ergab Fraktionen, in welchen das Verhältnis der proteolytischen und der Amidaseaktivität verschieden war [221]. HEINRICH [222] studierte das elektrophoretische Verhalten des hochgereinigten Präparates Difco-Pepsin. Auf 10 cm breiten Papierstreifen wurden 0,06 m*l* 6%iger Enzymlösung aufgetragen. Veronal-Acetatpuffer nach MICHAELIS bzw. Zitrat-Salzsäurepuffer nach SÖRENSEN wurden bei pH 4,5 sowie bei verschiedenen pH-Werten zwischen 1,4 und 8,6 verwendet. Die Elektrophorese erfolgte bei 110 V 12 Stunden lang bei pH 1,4. Es konnten in 12 Stunden 4 scharf getrennte ninhydrin-positive Fraktionen erhalten werden, von denen eine proteolytische Aktivität besaß. Die Edestin bei pH 1,8 optimal hydrolysierende proteolytische Fraktion ließ sich von der bei pH 3,2 optimal wirkenden nicht trennen. MERTEN u. Mitarb. [223] setzten die Papierelektrophorese zur Reinigung des Magenkathepsins ein und benützten zur Trennung das Gerät nach GRASSMANN und HANNIG. Puffer der Ionenstärke 0,1 nach MILLER und GOLDER wurden bei verschiedenen pH-Werten zwischen 2,6 und 6,8 verwendet, 0,01 bis 0,03 m*l* der wenigstens 4% proteinhaltigen Lösung aufgetragen und die Elektrophorese bei 4 V/cm und 1 mA/Streifenbreite durchgeführt. Zur Trennung von Pepsin und Kathepsin war pH 4,5 bis 5,0 (12 bis 16 Stunden) am geeignetsten. Unter solchen Bedingungen wurden 3 Proteinfraktionen erhalten. Die am schnellsten wandernde enthielt den größten Teil der Pepsinaktivität, die mittlere den der Kathepsinaktivität, die dritte war praktisch inaktiv.

KIMMEL u. Mitarb. [224] trennten mittels Papierelektrophorese das teilweise oxydierte Hydrolysat von Papain in mehrere Fraktionen. MERKEL [225] beschreibt ein Nachweis- und Bestimmungsverfahren für elektrophoretisch getrennte proteolytische Enzyme, das auf der Verfärbung eines Algal-Chromoproteins infolge Enzymeinwirkung beruht.

Über die Trennung von Enzymen siehe auch Kap. 6.

4.2.9.11. Trennung von Hormonen

GORDON u. Mitarb. [226] zeigten, daß mit ^{131}J markiertes Thyroxin mit der α-Globulinfraktion des Serums zusammen wandert. UEDA und MORI [227] trennten thyrotropische Handelspräparate mittels kontinuierlicher Elektrophorese in Veronal- und Phosphatpuffer, pH 8,6 (μ = 0,05) bei 17 mA/30 cm und 12 V/cm in 48 Stunden. Mit diskontinuierlicher Elektrophorese erhielten sie 2 aktive Fraktionen.

Im Zusammenhang mit dem Studium von Thyroidhormonen und verwandten Substanzen wurden Jodide, Jodtyrosine, Jodthyronine und ihre Derivate im Veronalpuffer, pH 8,0 (μ = 0,06) bei 7 V/cm getrennt. Die meisten Verbindungen wandern zur Anode, nur die Amine bleiben am Start oder wandern kathodisch. Jodid, das viel schneller als die organischen Substanzen wandert, kann durch kurzzeitiges Anlegen der Spannung von letzteren getrennt werden [242].

In ihren Arbeiten bezüglich der Strukturforschung des Insulins gebrauchten SANGER u. Mitarb. [228, 229, 230, 231, 232] in mehreren Fällen papierelektrophoretische Prüfmethoden. Im Zusammenhang mit Untersuchungen bezüglich des Molekulargewichts des Insulins trennte SLUYTERMAN [233] acetylierte Insulinderivate mittels Papierelektrophorese.

LI [234] fraktionierte ACTH-Präparate im Boratpuffer, pH 8,5 (μ = 0,1). Die Elektrophorese wurde bei 5 mA Stromstärke und 4 °C in 20 Stunden durchgeführt. WALLACE und FERGUSON [235] studierten Hypophysen-Extrakte vom Schaf mit kontinuierlicher Elektrophorese bei 0 °C im modifizierten Gerät der Fa. Shandon, 0,1 M Borsäure–0,025 N Lithiumhydroxidpuffer, pH 8,6 (μ = 0,025) wurde verwendet. Die erhaltenen Fraktionen wurden mittels diskontinuierlicher Papierelektrophorese weiter untersucht.

SCHNEIDER und FRAHN [236] fraktionierten Gonadotropin-Handelspräparate im Veronalpuffer, pH 5,8 (μ = 0,047) bei 400 V in 3 Stunden.

4.2.9.12. Trennung sonstiger tierischer und pflanzlicher Proteine

Pflanzliche Proteine werden am Papier besonders stark adsorbiert, deshalb eignet sich die Papierelektrophorese nicht besonders zu ihrer Trennung. Für diesen Zweck werden die Gel-Elektrophoresen mit viel besserem Erfolg eingesetzt (siehe Kap. 6.6. u. 6.7.).

Von den bisher nicht erwähnten tierischen Proteinen wurden u. a. Molke-Proteine [237], Casein [238] und Gelatine [239] papierelektrophoretisch studiert.

Als Beispiele der Trennung pflanzlicher Eiweißstoffe sollen noch die Untersuchung der intrazellulären Proteine von Penicillium griseofulvum [240] sowie die kontinuierliche Elektrophorese von Tabakmosaikvirus angeführt werden [241].

Literatur

[1] WUNDERLY, CH.: »*Die Papierelektrophorese*«, Sauerländer and Co., Aarau und Frankfurt/Main, 1959
[2] SCHEURLEN, P. G.: Der Internist *9* (1968), 56
[3] RIBEIRO, L. P., MITIDIERI, E., AFFONSO, O. R.: »*Paper Electrophoresis*«, Elsevier Publishing Company, Amsterdam, 1961
[4] MICHL, H.: Chromatogr. Reviews *1* (1959), 11
[5] BERG, G., GÖTZ, H., SCHEIFFARTH, F.: Klin. Wochenschr. *33* (1955), 447
[6] DURRUM, E. L.: J. Amer. chem. Soc. *73* (1951), 4875
[7] GRASSMANN, W., HANNIG, K.: Naturwissenschaften *37* (1950), 397
[8] GANGULI, N. C.: Analyt. Chem. *28* (1956), 1499
[9] KAWERAU, E., FRANGLEN, G.: Z. Analyt. Chem. *212* (1965), 218
[10] PRISTOUPIL, T. I.: Clin. chim. Acta *15* (1967), 179
[11] LOPIEKES, D., DASTOLI, F. R., PRICE, S.: J. Chromatogr. *23* (1966), 182
[12] LÓZSA, A.: Kísérletes Orvostudomány (Experimentelle Medizin, ung.) *13* (1961), 86
[13] CONSDEN, R., POWELL, M. N.: J. Clin. Pathol. *8* (1955), 150
[14] COOPER, D. R.: Nature [London] *181* (1958), 713
[15] LAURELL, C. B., LAURELL, S., SKOOG, N.: J. Clin. Chem. *2* (1956), 99
[16] YEOMAN, W. B.: Clin. chim. Acta *4* (1959), 523
[17] OPPOLT, J., MUSIL, J.: Časopis Lékařů Českých *94* (1955), 1254; Ref.: Chem. Abstr. *50* (1956), 12148 h
[18] HOLT, C., VOIGT, K. D., GAEDE, K.: Biochem. Z. *323* (1952), 345
[19] HOCH, H., BARR, G. H.: Science *122* (1955), 243

[20] VERGANI, C., STABILINI, R., AGOSTONI, A.: J. Chromatogr. *28* (1967), 135
[21] GRASSMANN, W., HANNIG, K.: Angew. Chem. *62* (1950), 170
[22] GRASSMANN, W., HANNIG, K.: Naturwissenschaften *37* (1950), 496
[23] WUNDERLY, CH.: Nature [London] *177* (1956), 586
[24] PEZOLD, F. A., PEISER, U.: Klin. Wochenschr. *31* (1953), 982
[25] MONCKE, C.: Klin. Wochenschr. *34* (1956), 100
[26] DE JONG, E. B. M.: Rec. trav. chim. *74* (1955), 1290
[27] DURRUM, E. L.: J. Amer. chem. Soc. *72* (1950), 2943
[28] BLOCK, R. J., DURRUM, E. L., ZWEIG, G.: "*A Manual of Paper Chromatography and Paper Electrophoresis*", Academic Press, New York, 1958
[29] CREMER, H. D., TISELIUS, A.: Biochem. Z. *320* (1950), 273
[30] CASPANI, R.: Plasma *2* (1954), 33
[31] SCARDI, V., ORENGO, A., ROMANO, E.: Boll. soc. ital. biol. sper. *31* (1955), 1327
[32] SCARDI, V., ORENGO, A.: Boll. soc. ital. biol. sper. *31* (1955), 1539
[33] SCARDI, V., BONAVITA, V.: Clin. chim. Acta *4* (1959), 322
[34] KÖRVER, G.: Klin. Wochenschr. *28* (1950), 639
[35] TURBA, F., ENENKEL, H. J.: Naturwissenschaften *37* (1950), 93
[36] VAN GOOL, J.: Chem. Weekblad *50* (1954), 705
[37] ORTEGA, M.: Nature [London] *179* (1957), 1086
[38] SCARDI, V., BONAVITA, V.: J. Chromatogr. *1* (1958), 287
[39] RIDEOUT, L. A., PRICHARD, R. W.: Science, *121* (1955), 374
[40] BONAVITA, V., SCARDI, V.: J. Chromatogr. *1* (1958), 285
[41] NOWOTNY, A.: Acta phys. Hung. *3* (1952), 469
[42] INOVAY, J., HORVÁTH, L., GOLLESZ, V., CSABAY, L.: Acta Physiol. Acad. Sci. Hung. *10* (1956), 11
[43] JENCKS, W. P., JETTON, M. R., DURRUM, E. L.: Biochem. J. *60* (1955), 205
[44] PARSONS, R. S., POLYA, J. B.: Enzymologia *25* (1963), 269
[45] KNAPP, A., KURZ, B.: Jenaer Rundschau *9* (1964), 162
[46] GRASSMANN, W., HANNIG, K.: Klin. Wochenschr. *32* (1954), 838
[47] WILLIAMS, F. G., PICKELS, E. G., DURRUM, E. L.: Science *121* (1955), 829
[48] TURBA, H., ENENKEL, H. J.: Naturwissenschaften *37* (1950), 93
[49] HARDWICKE, J.: Biochem. J. *57* (1954), 167
[50] LATNER, A. L., PARK, D. C.: Clin. chim. Acta *11* (1965), 538
[51] COOPER, G. R., MANDEL, E. E.: J. Lab. Clin. Med. *44* (1954), 636
[52] CONSDEN, R.: Lancet *268* (1955), 1025
[53] BERKES, I., KARAS, V.: Biochem. Z. *324* (1953), 499
[54] LÓZSA, A.: Kísérletes Orvostudomány (Experimentelle Medizin, ung.) *20* (1968), 209
[55] SCHEURLEN, P. G.: Z. klin. Med. *152* (1955), 500
[56] DREVON, B., PIGEAUD, H., DONIKIAN, R.: Bull. soc. chim. biol. *37* (1955), 613
[57] JENCKS, W. P., SMITH, E. R., DURRUM, E. L.: Amer. J. Med. *3* (1956), 387
[58] KÖRVER, G.: Klin. Wochenschr. *31* (1953), 1036
[59] RELYVELD, E. H., GRABAR, P., RAYNAUD, M., WILLIAMS, C. A.: Ann. Inst. Pasteur *90* (1956), 688
[60] RÖPKE, G.: Z. Kinderheilkunde *73* (1953), 601
[61] SAITO, M., GITTLEMAN, I. F., PINCOS, J. B., SOBEL, A. E.: Pediatrics *17* (1956), 657
[62] SUENDERHAUF, H., WUNDERLY, CH.: Arch. Gynäkol. *185* (1955), 513
[63] DITTMER, A.: »*Papierelektrophorese*«, VEB Gustav Fischer Verlag, Jena, 1956, S. 89

[64] Scheurlen, P. G.: Therapiewoche, *17* (1967), 745
[65] Graham, R. G., Dobson, H., Jow, E.: Amer. J. Med. Sci. *235* (1958), 682
[66] Hoch-Ligeti, C., Irvine, K., Sprinkle, E. P.: Proc. Soc. Exptl. Biol. Med. *84* (1953), 707
[67] Satoskar, R., Lewis, R., Gaitonde, B.: J. Lab. Clin. Med. *44* (1954). 349
[68] Rissel, E., Schnack, H., Wewalka, F.: Klin. Wochenschr. *34* (1956), 1184
[69] Ceschka, J., Rissel, E., Wewalka, F.: Klin. Wochenschr. *34* (1956), 1184
[70] Schmidt, F. W., Wildhirt, E.: Klin. Wochenschr. *35* (1957), 1139
[71] Zsótér, T., Pintér, I.: Cardiologia *26* (1955), 182
[72] Sonnet, J., Sibille, A.: Acta Cardiol. *8* (1953), 479
[73] Voigt, K. D., Schrader, E. A.: Z. Kreislaufforschung *43* (1954), 2
[74] Hevér, Ö., Kálnai, E.: Orvosi Hetilap (ung.) (Ärztl. Wochenbl.) *96* (1955), 46
[75] Levi, A., Akoun, G.: Presse méd. *65* (1957), 398
[76] Bogdanovicz, G., Osinski, P., Stein, F.: Acta Clin. Belg. *8* (1953), 585
[77] Scheurlen, P. G.: Klin. Wochenschr. *33* (1955), 198
[78] Salt, H. B.: Clin. Chem. *2* (1956), 35
[79] Röcke, H., Metzger, M., Spier, H.: Klin. Wochenschr. *32* (1954), 253
[80] Meltzer, J.: Amer. J. Med. *20* (1956), 638
[81] Szendrői, Z.: Orvosi Hetilap [ung.] (Ärztl. Wochenbl.) *94* (1953), 1336
[82] Dehnon, G., Blanquet, P., Rabin, R.: Ann. biol. Clin. *12* (1954), 46
[83] Jirgensons, B., Cooper, J. A.: Clin. chim. Acta *1* (1956), 16
[84] Kessel, M., Kessel, I.: Z. Klin. Med. *151* (1954), 526
[85] Gross, W., Snell, R. S.: Nature [London] *178* (1956), 855
[86] Putnam, F. W.: J. biol. Chem. *233* (1958), 1448
[87] Putnam, F. W., Miyake, A.: J. biol. Chem. *231* (1958), 671
[88] Harley, B., Kemp, T., Abdullah, A.: Lancet *269* (1955), 527
[89] Orven, J. A., Rider, W. D., Newall, J.: Clin. chim. Acta *2* (1957), 522
[90] Edsall, J. T.: Advances Protein Chem. *3* (1947), 383
[91] Jungblut, P. W., Heimburger, N., Turba, F.: Z. physiol. Chem. *314* (1959), 250
[92] Naumann, G., Wilde, J.: Naturwissenschaften *45* (1958), 242
[93] Strötger, W.: Naturwissenschaften *43* (1956), 135
[94] Piliero, S. J., Pansky, B.: Arch. Biochem. Biophys. *66* (1957), 454
[95] Lózsa, A.: Kísérletes Orvostudomány (Experimentelle Medizin, ung.) *14* (1962), 365
[96] Lózsa, A.: Acta physiol. Acad. Sci. Hung. *21* (1962), 127
[97] Goldstein, J., Anderson, J. W.: J. Biol. Chem. *224* (1957), 775
[98] Hudgins, P., Patnode, R. A.: Proc. Soc. exp. Biol. Med. *95* (1957), 180
[99] Winkler, C., Schellert, P.: Klin. Wochenschr. *33* (1955), 678
[100] Scheiffarth, F., Berg, G.: Z. ges. exp. Med. *119* (1952), 550
[101] Ganzin, M., Macheboeuf, M., Rebeyrotte, P.: Bull. soc. chim. biol. *34* (1952), 26
[102] Oppenheimer, H., Shulman, S., Roberts, S., Milhoart, A. T.: Proc. Soc. exp. Biol. Med. *97* (1958), 882
[103] Jirgensons, B., Cooper, J. A.: Clin. chim. Acta *1* (1956), 16
[104] Banerjee, S., Rohati, K.: Proc. Soc. exp. Biol. Med. *97* (1958), 234
[105] Meyniel, G., de Mende, S.: Bull. soc. chim. biol. *37* (1955), 127
[106] Boguth, W.: Naturwissenschaften *40* (1953), 22
[107] Groulade, P., Groulade, J.: Ann. Inst. Pasteur *85* (1953), 508
[108] Charaud, M. A., Sérié, Ch., Andral, L.: Ann. Inst. Pasteur *88* (1955), 420

[109] STÖCKL, W., ZACHERL, M. K.: Z. physiol. Chem. *293* (1953), 278
[110] KUTÁČEK, M., KOLOUŠEK, J.: Sbornik Českoslov. Akad. Zemědělske Věd. *26A* (1953), 575
[111] WEHMEYER, P.: Acta Pathol. Microbiol. Scand. *34* (1954), 591
[112] WILDE, J., NAUMANN, G.: Z. ges. exper. Med. *129* (1957), 368
[113] MCKINLEY, W. P., MAW, W. A., OLIVER, W. F., COMMON, R. H.: Can. J. Biochem. Physiol. *32* (1954), 189
[114] CLUFF, L. E.: J. exp. Med. *100* (1954), 391
[115] VANSTONE, W. E., MAW, W. A., COMMON, R. H.: Can. J. Biochem. Physiol. *33* (1955), 891
[116] DRILHON, A.: Compt. rend. soc. biol. *149* (1955), 39
[117] VILLELA, G. G., MITIDIERI, E., RIBEIRO, L. P.: Arch. Biochem. Biophys. *56* (1955), 270
[118] PLAGNOL, H., VIALARD-GOUDOU, A.: Ann. Inst. Pasteur *90* (1956), 276
[119] GROGAN, C. H., ROBOZ, E.: J. Lab. Clin. Med. *45* (1955), 495
[120] EATON, J. C., GARDNER, M. D.: Biochem. J. *55* (1953), XXV
[121] PETERS, H. J.: Chem. Weekblad *49* (1953), 248
[122] SLATER, R. J., KUNKEL, H. G.: J. Lab. Clin. Med. *41* (1953), 619
[123] WOLVIUS, D.: Rec. trav. chim. *74* (1955), 596
[124] WOLVIUS, D., VERSCHURE, J. C. M.: J. Clin. Pathol. *8* (1955), 140
[125] BOYCE, W. F., GARVEY, F., NORFLEET, C.: J. Clin. Invest. *33* (1954), 1287
[126] MCGARRY, E., SCHON, A. H., ROSE, B.: J. Clin. Invest. *34* (1955), 832
[127] MUMENTHALER, M., MÄRKI, H.: Klin. Wochenschr. *35* (1957), 1
[128] RIECHERT, W., WEBER, W.: Ärztl. Forschg. *11* (1957), 512
[129] ROSS, J., BÖHM, P.: Klin. Wochenschr. *35* (1957), 351
[130] GREEN, J. B.: J. Amer. Med. Assoc. *1958*, 1494
[131] DREVON, B., DONIKIAN, R.: Compt. rend. soc. biol. *150* (1956), 1206
[132] PATTON, J. R., PIGMAN, W.: Science *125* (1957), 1292
[133] VERSCHURE, J. C.: Clin. chim. Acta *4* (1959), 38
[134] VERSCHURE, J. C., DE WAEL, J., MIJNHIEFF, P. F.: Clin. chim. Acta *1* (1956), 511
[135] BILLICH, R., HUFNAGEL, G.: Klin. Wochenschr. *31* (1953), 868
[136] SCHULTE, K. E., MÜLLER, F.: Milchwissenschaft *10* (1955), 90
[137] ASCHAFFENBURG, R., DREWSY, J.: Nature [London] *176* (1955), 218
[138] PETERSON, R. F., NAUMANN, L. W.: J. Chromatogr. *4* (1960), 42
[139] BLONDEL-QUEROIX, J., ALAIS, CH.: Bull. soc. chim. biol. *46* (1964), 963
[140] TIDSTROM, B.: Scand. J. Clin. Lab. Invest. *15* (1963), 152
[141] GOA, J., TVETEN, L.: Scand. J. Clin. Lab. Invest. *15* (1963), 152
[142] GELLER, J. H., CUSTER, J. H., ZITTLE, CH. A.: J. Chromatogr. *3* (1960), 369
[143] DEMLING, L., KINZLMEIER, H., HENNING, N.: Z. ges. exper. Med. *122* (1954), 416
[144] HOFMANN, G., SCHINKO, H.: Klin. Wochenschr. *34* (1956), 86
[145] NIKKILÄ, O. E., LINKO, R. R.: Biochem. J. *60* (1955), 242
[146] TOSCHI, G., MARIANI, A.: Rend. Ist. Sup. Sanità *17* (1954), 780
[147] VILLELA, G. G., MITIDIERI, E., AFFONSO, O. R.: Nature [London] *175* (1955), 1087
[148] GOLDBERG, C. A.: Clin. Chem. *3* (1957), 1
[149] BARAK, A. J.: Arch. Biochem. Biophys. *75* (1958), 542
[150] CHERNOFF, A. J.: New. Engl. J. Med. *253* (1955), 322
[151] BOARDMAN, N. K., PARTRIDGE, S. M.: Biochem. J. *59* (1955), 543
[152] KÜNZER, W., AMBS, E.: Klin. Wochenschr. *36* (1958), 831
[153] PRINS, H. K.: J. Chromatogr. *2* (1959), 445
[154] SWAHN, B.: Scand. J. Clin. Lab. Invest. *4* (1952), 98

[155] Casselman, W. G. B.: Biochim. biophys. Acta *14* (1954), 450
[156] McDonald, H. J., Bermes, E. W.: Biochim. biophys. Acta *17* (1955), 290
[157] McDonald, H. J., Ribeiro, L. P.: Clin. chim. Acta *4* (1959), 458
[158] Durrum, E. L., Paul, M. H., Smith, E. R.: Science *116* (1952), 428
[159] Jencks, W. P., Durrum, E. L.: J. Clin. Invest. *34* (1955), 1437
[160] Kunkel, H. G., Slater, R. J.: J. Clin. Invest. *31* (1952), 677
[161] Rosenberg, I.: J. Clin. Invest. *31* (1952), 657
[162] Wunderly, Ch., Pezold, F.: Naturwissenschaften *39* (1952), 493
[163] Loeffler, W., Wunderly, Ch.: J. Clin. Path. *6* (1953), 282
[164] Carlson, L., Olhagen, B.: Scand. J. Clin. Lab. Invest. *6* (1954), 70
[165] Wuhrmann, F., Märki, H., Wunderly, Ch.: Wien Z. inn. Med. *39* (1958), 173
[166] Ribeiro, L. P., McDonald, H. J.: J. Chromatogr. *10* (1963), 443
[167] Keler-Bačoka, M., Dujmović, M.: Clin. chim. Acta *12* (1965), 223
[168] Bermes, E. W., McDonald, H. J.: J. Chromatogr. *4* (1960), 34
[169] Forbes, J. C., Taylor, P. C.: Proc. Soc. exp. Biol. Med. *90* (1955), 411
[170] Saperov, V. N.: Laborat. delo *11* (1965), 216
[171] Schettler, G., Eggstein, M., Dietrich, F.: Klin. Wochenschr. *34* (1956), 684
[172] Antonini, F. M., Sodi, A.: Sperimentale *106* (1956), 423
[173] Weicker, H., Weicker, I.: Klin. Wochenschr. *33* (1955), 1028
[174] Charman, R. C., Landowne, R. A.: Analyt. Biochem. *19* (1967), 177
[175] Köiw, E., Grönwall, A.: Scand. J. Clin. Lab. Invest. *4* (1952), 244
[176] Ceriotti, G.: Clin. chim. Acta *2* (1957), 351
[177] Laurell, C. B., Skoog, N.: Scand. J. Clin. Lab. Invest. *8* (1956), 21
[178] Lózsa, A.: Ärztl. Lab. *14* (1968), 292
[179] Heremans, J., Vaerman, J. P.: Clin. chim. Acta *3* (1958), 430
[180] Drevon, B., Donikian, R.: Bull. soc. chim. biol. *37* (1955), 1321
[181] Keyser, J. W., Stephens, B. T.: Analyt. Biochem. *10* (1965), 168
[182] Mitidieri, E., Ribeiro, L. P., Affonso, O. R., Villela, G. G.: Biochim. biophys. Acta *17* (1955), 587
[183] Preston, J. A., Briere, R. O., Batsakis, J. G.: Amer. J. Clin. Pathol. *43* (1965), 256
[184] Opher, A. W., Collier, C. S., Miller, J. M.: Clin. Chem. *12* (1966), 308
[185] Bergerman, J.: Clin. Chem. *12* (1966), 797
[186] Sawaki, Sh., Yamada, K.: J. Vitaminol. [Kyoto] *11* (1965), 189; Ref.: Chem. Zentralblatt *139* (1968), 8, 152
[187] Paléus, S.: Acta Chem. Scand. *6* (1952), 969
[188] Gillespie, J. M., Jermyn, M. A., Woods, E. F.: Nature [London] *169* (1952), 487
[189] Jermyn, M. A., Thomas, R.: Biochem. J. *56* (1954), 631
[190] Toschi, G.: Boll. soc. ital. biol. sper. *30* (1954), 563
[191] Toschi, G.: Boll. soc. ital. biol. sper. *30* (1954), 565
[192] Toschi, G.: Boll. soc. ital. biol. sper. *30* (1954), 567
[193] Körmendy, L., Gantner, G., Hamm, R.: Naturwissenschaften *52* (1965), 209
[194] Körmendy, L., Gantner, G., Hamm, R.: Biochem. Z. *342* (1965), 31
[195] Romel, W. C., LaMancusa, S. J.: Clin. Chem. *11* (1965), 131
[196] Mills, G. T., Smith, E. E. B.: Biochem. J. *49* (1951), VI
[197] Wallenfels, K., Pechmann, E.: Angew. Chem. *63* (1951), 44
[198] Goutier, R.: Biochim. biophys. Acta *19* (1956), 524
[199] Togni, G. P., Meier, O.: Experientia [Basel] *9* (1953), 106
[200] Svensmark, O., Kristensen, P.: Biochim. biophys. Acta *67* (1963), 441

[201] Zittle, Ch. A., Della Monica, E. S., Custer, J. H., Krikorian, R.: Arch. Biochem. Biophys. *56* (1955), 469
[202] Baker, W. R., Pellegrino, C.: Scand. J. Clin. Lab. Invest. *6* (1954), 94
[203] Delcourt, A., Delcourt, R.: Compt. rend. soc. biol. *147* (1953), 1104
[204] Inglis, N. R., Ghosh, N. K, Fishman, W. H.: Analyt. Biochem. *22* (1968), 382
[205] Levy, R. S., Mazia, D.: Arch. Biochem. Biophys. *44* (1953), 280
[206] Roche, J., Bouchilloux, S.: Bull. soc. chim. biol. *35* (1953), 567
[207] Nylander, G.: Scand. J. Clin. Lab. Invest. *7* (1955), 254
[208] Nassi, P., Treves, C., Ramponi, G.: J. Chromatogr. *33* (1968), 553
[209] Davis, F. F., Allen, F. W.: J. biol. Chem. *217* (1955), 13
[210] Wetter, L. R., Corrigal, J. J.: Nature [London] *174* (1954), 695
[211] Wetter, L. R.: Biochim. biophys. Acta *18* (1955), 321
[212] Nikkilä, E., Ekholm, K., Silvola, H.: Acta chem. Scand. *6* (1952), 617
[213] Cooper, A. H., Pollock, I. R. A.: J. Inst. Brew. *63* (1957), 24
[214] Gillespie, J. M., Woods, E. F.: Australian J. Biol. Sci. *6* (1953), 447
[215] Hanafusa, H. T., Ikenaka, T., Akabori, S.: J. Biochem. *42* (1955), 55
[216] Mandels, M., Miller, G. L., Slater, R. W.: Arch. Biochem. Biophys. *93* (1961), 115
[217] Miller, G. L., Blum, R.: J. biol. Chem. *218* (1956), 131
[218] Caputo, A.: Nature [London] *173* (1954), 358
[219] Spackman, D. H., Smith, E. L., Brown, D. M.: J. biol. Chem. *212* (1955), 255
[220] Agostoni, A., Tittobello, A.: Boll. soc. ital. biol. sper. *40* (1964), 2073
[221] Iachan, A., Domont, G. B., Disitser, L. V., Perrone, J. C.: Nature [London] *203* (1964), 43
[222] Heinrich, W. D.: Biochem. Z. *323* (1953), 469
[223] Merten, R., Schramm, G., Grassmann, W., Hannig, K.: Z. physiol. Chem. *289* (1952), 173
[224] Kimmel, J. R., Thompson, E. O. P., Smith, E. L.: J. biol. Chem. *217* (1955), 151
[225] Merkel, J. R.: Analyt. Biochem. *17* (1966), 84
[226] Gordon, A. H., Gross, J., O'Connor, D., Pitt-Rivers, R.: Nature [London] *169* (1952), 19
[227] Ueda, Y., Mori, I.: J Chromatogr. *2* (1959), 569
[228] Sanger, F., Smith, L. F., Kitai, R.: Biochem. J. *58* (1954), VI
[229] Sanger, F., Thompson, E. O. P.: Biochem. J. *53* (1953), 353
[230] Sanger, F., Thompson, E. O. P.: Biochem. J. *53* (1953), 366
[231] Sanger, F., Tuppy, H.: Biochem. J. *49* (1951), 463
[232] Sanger, F., Tuppy, H.: Biochem. J. *49* (1951), 481
[233] Sluyterman, L. A. A.: Biochim. biophys. Acta *17* (1955), 169
[234] Li, C. H.: J. Amer. Chem. Soc. *74* (1952), 2124
[235] Wallace, A. L. C., Ferguson, K. A.: J. Chromatogr. *4* (1960), 233
[236] Schneider, W. G., Frahn, H.: Acta Endocrin. *20* (1955), 279
[237] Brown, J. W., Aurand, L. W., Roberts, W. M.: Food Technol. *15* (1961), 480
[238] van Baal, J. P. W., Leget, J. N.: Z. Lebensmittel-Untersuch. Forsch. *127* (1965), 263
[239] Padmoyo, M., Miserez, A.: Mitt. Lebensmittel-Untersuch. Hyg. *56* (1965), 110
[240] de Meester, Z., Lambert, R., Wiaux, A.: Zentralbl. Bakt. Abt. II. *122* (1968), 291
[241] Zaitlin, M.: J. Chromatogr. *1* (1958), 186
[242] Björkstén, F., Gräsbeck, R., Lamberg, B. A.: Acta Chem. Scand. *15* (1961), 1165

4.2.10. Trennung von Purinen, Pyrimidinen, Nukleinsäuren und ihren Derivaten

4.2.10.1. Trennung von Purinkörpern und Pyrimidinen

Bei diesen Verbindungen wurden sowohl in sauren wie in basischen Elektrolyten, mit Hoch- und Niederspannungsverfahren gleich gute papierelektrophoretische Trennungen erzielt.

BURMA [1] trennte Purine und Pyrimidine in Zitrat-Phosphatpuffer, pH 2 auf dem Papier Whatman Nr. 1 bei 200 V in 2 bis 8 Stunden. In der Reihenfolge abnehmender Beweglichkeiten wandern Guanin, Adenin und Cytosin zur Kathode, Uracil und Thymin wandern nicht. Diese können in alkalischem Medium, z. B. im Boratpuffer, pH 9,2 getrennt werden [2]. MUKHERJEE und GOSH [3] verglichen die im horizontalen Gerät nach McDonald und in dem DURRUMschen Gerät erhaltenen Wanderungswerte in sauren und alkalischen Elektrolyten sowie im Phosphatpuffer, pH 2,2. MAIN u. Mitarb. [4] erzielten im 0,02 M Zitratpuffer, pH 3,5 bei 500 V Spannung in 18 Stunden gute Ergebnisse. Im 0,1 M Zitratpuffer und bei 1550 V dauerte die Trennung 3 Stunden.

MICHL und HABERLER [5] trennten Purine und methylierte Xanthinderivate mittels Hochspannungselektrophorese (40 V/cm) in verschiedenen flüchtigen Elektrolyten, z. B. Ammoniumhydroxid/1 N Essigsäure (20 : 1), pH 10,6. Die Komponenten wanderten zur Anode, Coffein wanderte nicht. Die auf Xanthin bezogenen Wanderungsgeschwindigkeiten sind in Tab. 44 enthalten.

Tabelle 44

Die auf Xanthin bezogenen Beweglichkeitswerte von Purinderivaten bei der Hochspannungselektrophorese nach MICHL *und* HABERLER [5]

Verbindung	Beweglichkeit $cm^2\ V^{-1}\ sec^{-1} \cdot 10^5$	Relative Wanderung
Xanthin	– 6,4	1,00
Hypoxanthin	– 5,3	0,83
Theophyllin	– 7,3	1,14
Theobromin	– 2,8	0,44
Coffein	0	0,00

Elektrolyt: 1 N Ammoniumhydroxid — 1 N Essigsäure (20:1),
pH 10,6
40 V/cm

Adams und Nakatani [6] bestimmten die elektrophoretischen Beweglichkeitswerte von 94 Purin- und Pyrimidinverbindungen. Sie benutzten eine Kammer nach Durrum mit 8 Filterpapierstreifen Schleicher und Schüll 2043/a vom Format 3×30,4 cm, Natriumboratpuffer, pH 9,2 ($\mu = 0{,}1$) und 300 V für 4 Stunden. Die Substanzen wurden in der Mitte der Streifen aufgetragen, nach beendeter Trennung die Streifen getrocknet und die kathodischen und anodischen Beweglichkeiten im UV-Licht gemessen.

4.2.10.2. Trennung von Nukleosiden und Nukleotiden

Markham und Smith [7, 8, 9] studierten im Zusammenhang mit Forschungsarbeiten über die Struktur von Ribonukleinsäure die papierelektrophoretische Trennung von Mono-, Di- und Trinukleotiden. Sie verwendeten das Papier Whatman Nr. 1 und 1000 V Spannung in einem Gerät mit Tetrachlorkohlenstoff-Kühlung. Die Elektrolyten 0,05 M Ammoniumformiat oder -acetat, pH 3,5 erwiesen sich hierzu als besonders geeignet, die Elektrophoresedauer betrug 2 Stunden. Die mittels alkalischer Hydrolyse aus Ribonukleinsäure hergestellten cyclischen Cytidylsäuren wurden von den normalen Cytidylsäuren im Phosphatpuffer, pH 7,4 bei 20 V/cm in 1 Stunde getrennt. Mandel und Markham [10] trennten Nukleotide bei 20 V/cm im Formiatelektrolyt, pH 3,1. Davidson und Smellie [11, 12] studierten die phosphathaltigen Zellkomponenten mittels 18stündiger Elektrophorese auf dem Papier Whatman Nr. 3, im 0,02 M Zitratpuffer, pH 3,5 bei 10 V/cm Feldstärke. Die aus Ribonukleinsäure stammenden Uridyl-, Guanyl-, Adenyl- und Cytidylsäuren wurden voneinander getrennt. Bergner [13] bestimmte die getrennten Ribomononukleotide auch quantitativ. Für die Trennung verwendete er das Papier Schleicher und Schüll 2043/b, 12,5 V/cm bei 20 °C und 0,05 M Natriumacetat-Essigsäure-Elektrolyten, pH 3,30. Die getrennten Zonen werden im UV-Licht betrachtet, ausgeschnitten und mit je 5 *ml* 0,1 N Salzsäure 15 Stunden bei 37 °C eluiert. Die Extinktionen für Adenyl-, Guanyl- und Uridylsäure werden bei 257 nm und für Cytidylsäure bei 276 nm gemessen. Als Blindwert dient das Eluat eines mit Pufferlösung gewaschenen Papierstreifens. 98% der aufgetragenen Nukleotide werden im Eluat wiedergefunden.

Khorana und Vizsolyi [14] trennten Oligonukleotide auf mit Säure zweimal gewaschenem Papier Whatman Nr. 31 im 0,05 M Ammoniumacetat-Elektrolyten vom pH 3,2–3,5 bei 15–16 V/cm in 2 Stunden. Gordon und Reichard [15] studierten die Trennung von Oligonukleotiden, welche aus der enzymatischen Hydrolyse der Desoxyribonukleinsäure stammten.

Dimroth u. Mitarb. [16] analysierten die Komponenten von Nukleinsäure-Hydrolysaten bei 110 V Spannung und 0,5 mA Stromstärke, in 14,5 Stunden im Acetat-Elektrolyten, pH 3,1. Die Nukleotide wanderten zur Anode, die Nukleoside und Nukleobasen zur Kathode. Unter denselben Trennbedingungen bleiben die Basen im Boratpuffer, pH 9,2 am Start, während die Nukleotide und Nukleoside zur Anode wandern.

Jaenicke u. Mitarb. [17, 18] trennten die mittels Ionenaustauscherchromatographie vorher abgesonderten Riboside und Purinisomere im Boratpuffer, pH 9,2 bei 200 V und 0,07 mA in 14 Stunden. Unter denselben Bedingungen trennte Burke [19] Ribonukleoside und Desoxyribonukleoside. Die Wanderungsgeschwindigkeiten werden auf den Wanderungswert von Glukose bezogen (M_G). Die Unterschiede zwischen den M_G-Werten der Basen und der entsprechenden Nukleoside lassen auf eine Komplexbildung mit Borat schließen. Methylierte Guanosinderivate wurden von Smith und Dunn [20] bei 20 V/cm Spannungsgefälle in folgenden drei Puffern getrennt:

1. 0,05 m Natriumtetraborat, pH 9,2;
2. 0,05 m Glycin-KOH-Puffer, pH 10;
3. 0,05 m Kaliumhydrogenphosphat + 0,05 m Phosphorsäure, pH 2,2.

Guaninnukleotide wurden in 0,05 m Phosphatpuffer, pH 2,1 getrennt. Holy und Scheit [21] verwendeten zur Trennung von methylierten Dinukleosidphosphaten Schleicher und Schüll 2043/b, 17 V/cm Feldstärke und 0,1 m Triäthylammoniumbicarbonat, pH 7,5, bzw. 0,05 m Natriumborat, pH 8.

Brockmann und Davies [22] trennten Pyrimidinverbindungen und ihre 5-fluorsubstituierten Derivate auf Whatman Nr. 3 MM bei 750 V Klemmenspannung im Gerät nach Markham und Smith. Die Trennung dauerte 90 Min. in 0,05 m Natriumtetraboratpuffer, pH 9.

Crestfield und Allen [23] trennten Adenyl-, Guanyl-, Cytidyl- und Uridylsäure von ihren Isomeren: Die 5′-Ribonukleotide können von den 2′- bzw. 3′-Isomeren im 0,1 m Natriumtetraboratpuffer, die 3′-Ribonukleotide im Formiatpuffer, pH 3,5 bei 30 V/cm Feldstärke in 90 Minuten getrennt werden.

Stránsky [24] trennte und bestimmte auch quantitativ Adenosintri- und -diphosphat aus Erythrocyten. Die Elektrophorese dauerte im 0,05 m Zitratpuffer, pH 4,8 bei 200 V 3 Stunden. Banks [25] bestimmte die Beweglichkeiten von Adenosin, Adenosin-5′-phosphat, Adenosin-5′-sulfatophosphat und Adenosin-5′-sulfatophosphat(2′,3′)-sulfat auf Whatman Nr. 4, bei 500 V in 3 Stunden. Als Elektrolyt wurde 0,05 m Ammoniumacetat, pH 5,5 verwendet. Burke und Foster [26] trennten Adenosinphosphate im Boratpuffer, pH 10 in 1,5 Stunden; im Acetatpuffer, pH 10 konnte keine Trennung erzielt werden. TURBA und ENENKEL [27] trennten AMP, ADP und ATP im Acetatpuffer, pH 4 ($\mu = 0{,}1$) bei 110 V Spannung in 16 Stunden. WADE und MORGAN [28, 29] trennten AMP, ADP und ATP sowie andere Nukleotide in einem speziellen Gerät: Die Elektroden tauchen nicht in den Elektrolytraum, sondern stehen mit dem Papier in unmittelbarer Verbindung. Das verwendete Papier Whatman Nr. 3 wurde vorher mit 1 N Ameisensäure dreimal und dann mit deionisiertem Wasser gewaschen. Der Elektrolyt ist ein Gemisch aus 1 N Buttersäure und 0,025 N Natriumhydroxid, pH 6,4, die Feldstärke beträgt 10 V/cm. Die auf Orthophosphat bezogenen Wanderungsgeschwindigkeiten der Nukleotide sind in Tab. 45 angeführt.

Tabelle 45

Die auf das Orthophosphat-Ion bezogenen Wanderungswerte von Nukleotiden nach WADE *und* MORGAN [29]

Nukleotid	Relative Wanderung
Adenosin-2′-phosphat	0,23
Adenosin-3′-phosphat	0,23
Adenosin-5′-phosphat	0,21
Adenosin-5′-diphosphat	0,58
Adenosin-5′-triphosphat	0,86
Cytidin-2′-phosphat	0,13
Cytidin-3′-phosphat	0,13
Dihydro-diphospho-pyridin-nucleotid	0,48
Diphospho-pyridin-nucleotid	0,13
Flavin-adenin-dinukleotid	0,36
Flavin-mononukleotid	0,36
Guanosin-2′-phosphat	0,42
Guanosin-3′-phosphat	0,42
Orthophosphat-Ion	1,00
Uridin-2′-phosphat	0,55
Uridin-3′-phosphat	0,55
Uridin-5′-phosphat	0,55

Bedingungen: 10 V/cm; 92 ml Buttersäure + 1 g NaOH/l; pH 6,4.

Hochspannungsverfahren können mit Erfolg zur Trennung von Nukleotiden eingesetzt werden. Feldstärken von 50 bis 100 V/cm wurden zuerst von TURBA [30] zu diesem Zweck angewandt, und zwar zur Trennung von Adenosinphosphaten im Pyridin-Essigsäure-Elektrolyten, pH 6,45. BERÁNEK, SMRT und ŠORM [31, 32, 33] trennten Azauridinphosphate und Uridinderivate im Gerät von MARKHAM und SMITH, auf Whatman Nr. 3 bei 100 V/cm in 2 Stunden. Als Elektrolyt wurde 0,05 M Zitratpuffer, pH 3,7 verwendet. HAYATSU und KHORANA [34] studierten das elektrophoretische Verhalten von Thymidinderivaten bei 80 – 100 V/cm im 0,03 M Kaliumphosphatpuffer, pH 7,1. Die Trennung war in 20 bis 30 Minuten beendet. KUBIŠTOVÁ u. Mitarb. [35] trennten Nukleotide und andere biologische Phosphate im mit Salicylsäure gesättigten 0,1 M Salicylatpuffer, pH 3,9. Dabei wurden 40 cm Streifen Whatman Nr. 3 verwendet, welche vorher mit 0,5%igem ÄDTA, pH 8,5 zweimal gewaschen worden waren. Die Trennung nahm bei 30 V/cm 135 Minuten in Anspruch. KLOUWEN [36] studierte die säurelöslichen Nukleotide von tierischen Geweben auf mit 1 N Salzsäure gewaschenem Papier Whatman Nr. 1, bei 44 V/cm im Pyridin-Eisessig-Elektrolyten, pH 3,6. Zur Trennung der Nukleoside von den entsprechenden freien Basen gebrauchten REINAUER und BRUNS [37] ein Hochvoltelektrophoresegerät eigener Konstruktion mit 65 cm langem Papierstreifen. Die beste Trennung wurde im 0,05 M Boratpuffer, pH 9,5 bzw. 10,0 bei 5000 V Klemmenspannung und 28 bzw. 36 mA/Streifenbreite in 75 bzw. 60 Minuten erzielt. Bei pH 10 wandert Uracil schneller als Cytidin, bei pH 9,5 ist die Lage umgekehrt. Zur Trennung von Adenosin-3',5'-monophosphat von anderen Adeninnukleotiden verwendeten SANDHU und HOKIN [38] mit 1 N Salpetersäure gewaschenes Papier Whatman Nr. 3 MM. Cyclisches AMP konnte von AMP in 3 Stunden bei 4000 V oder in 6 Stunden bei 2000 V gut getrennt werden. Im ersten Fall wurden die Trennungen bei 4 °C, im zweiten bei Zimmertemperatur durchgeführt. In Pyridin-Essigsäure-Wasser (1 : 10 : 292), pH 3,5 oder 20 mM Lactatpuffer, pH 3,6 wurden gleich gute Ergebnisse erzielt. Die getrennten Substanzen konnten nach Elution mit destilliertem Wasser mittels Extinktionsmessung bei 260 nm auch quantitativ bestimmt werden.

Zur Elektrophorese von Nukleotiden wurden auch andere Träger eingesetzt. Mit dem Mikroverfahren von EDSTRÖM [39, 40] können auf Zellulosefasern Picogramm-Mengen von Nukleotiden getrennt werden Mit der Schnellmethode von ZAK und WEINER [41] können Nukleotide in auf pflanzliches Pergament aufgetragenen Agarschichten in 20 bis 30 Minuten getrennt werden. Mikromengen von Nukleotiden bis hinab zu 0,15 μg konnten auf Zelluloseacetat-Folien mit guten Erfolgen getrennt werden [42]. Die Nukleotide wurden in 0,01 N Ameisensäure gelöst aufgetragen, in Ammoniumformiat-Ameisensäurepuffer mit 33% Propylenglykolgehalt, pH 2,9 . . . 3,1 ($\mu = 0{,}01$) bei 60 V/cm und 0,3 mA/cm Streifenbreite 15 Minuten der Elektrophorese unterworfen. Nach Elution mit 0,02 N Kaliumhydroxid wurden die Nukleotide aufgrund ihrer UV-Absorption mit ±3% Genauigkeit bestimmt.

SERLUPI-CRESCENZI u. Mitarb. [43] setzten zur Elektrophorese von Nukleotiden Austauscherpapier Whatman DE 81 (DEAE-Zellulose) ein. Die elektrophoretische Trennung wurde im Gerät nach MARKHAM und SMITH durchgeführt. Der die getrennten Substanzen enthaltende Teil wurde an einen anderen Bogen geklebt, auf welchem dann die aufsteigende Chromatographie stattfand. Zur Elektrophorese wurden 0,1 M Essigsäure-Natriumzitrat-Puffer, auf den gewünschten pH-Wert eingestellt, verwendet, zur Chromatographie 1 M Lösungen derselben Pufferkomponenten. Zur quantitativen Bestimmung wurden die Flecke mit 0,1 M Phosphatpuffer, pH 7 eluiert und im UV photometriert. Die Trennungen dauerten in Abhängigkeit von der Zahl der Komponenten einige Minuten bis 13 Stunden. Bei ca. 20 V/cm wurde die pH-Abhängigkeit der Wanderung der Nukleotide ermittelt.

YARON und SOBER [44] verwendeten DEAE-Zellulosepapier Whatman 3125—A20 zur Trennung von Adenylsäure-Oligonukleotiden in 0,1 M bzw. 0,066 M Tris-Phosphatpuffer, pH 6,6 bei 45 V/cm. Hexa-, Hepta- und Oktanukleotide wurden bei 68 V/cm, mit 0,075 M Tris-Phosphatpuffer, pH 6,6, in einigen Fällen unter Harnstoffzusatz (7 M) in 2,5 Stunden getrennt, Di- und Trinukleotide entsprechend in 0,062 M Pyridin-Acetatpuffer, pH 3,5 bei 100 V/cm in 1,5 Stunden. Austauscher-Dünnschichten wurden ebenfalls eingesetzt.

Zur Trennung von Nukleotiden wurden mehrfach Dünnschichten verwendet. TOMETSKO und DELIHAS [45] gebrauchten Zellulosepulver. Die Nukleotide der mit Kaliumhydroxid hydrolysierten Ribonukleinsäuren wurden auf Zellulose MN 300 (Macherey und Nagel) bei 93 V/cm in 45 Minuten getrennt. Als Elektrolyt diente 5%ige Essigsäure, die mit Ammoniumhydroxid auf pH 3,1 eingestellt war. BIELESKI [46] verwendete zur Trennung von Phosphatestern ebenfalls Zellulose-Dünnschichten MN 300 oder Whatman CC 41. Die Elektrophorese ergab sowohl allein wie auch im Anschluß an eine chromatographische Trennung in der zweiten Richtung gute Ergebnisse. Zur Trennung von Phosphatestern wurden ein 0,28 M Acetatpuffer, pH 3,6 (1,6 g Ammoniumacetat + 15 ml Eisessig + 0,1 g ÄDTA je Liter, $\mu = 0{,}04$), zur Trennung von Ribonukleinsäurehydrolysaten ein 0,13 M Formiatpuffer, pH 3,4 (3,2 g Ammoniumformiat + 3,0 ml 90%ige Ameisensäure + 0,1 g ÄDTA je Liter, $\mu = 0{,}10$) verwendet und 1000 V für 16 Minuten angelegt, wobei das Gerät mit Varsol gekühlt wurde. Die Chromatographie in der ersten Richtung erfolgte entweder in n-Propanol-Ammoniumhydroxid-Wasser (6 : 3 : 1) + 2,0 g ÄDTA je Liter (doppelter Lauf, je 3 Stunden) oder in n-Propylacetat-90%ige Ameisensäure-Wasser (11 : 5 : 3, einmaliger Lauf, 80 Minuten).

HIBY und KRÖGER [47] gebrauchten zur Trennung der mittels alkalischer Hydrolyse von Ribonukleinsäure erhaltenen 2',3'-Nukleosidmonophosphate ebenfalls Zellulose-Dünnschichten (MN Zellulosepulver 300 HR) und ein zweidimensionales Verfahren, bei welchem sie in der ersten Richtung die Elektrophorese und in der zweiten die aufsteigende Chromatographie anwandten. Zur Elektrophorese wurde das Gerät nach WIELAND und PFLEIDERER, 0,05 M Natriumformiatpuffer, pH 3,4, 100 V/cm und 45 mA verwendet. Die Trennung erfolgte bei −4 °C und dauerte 50 Minuten. Als Laufmittel wurde gesättigtes Ammoniumsulfat— N Natriumacetat—Isopropanol (80 : 18 : 2) angewandt. WANG und WU [48] führten die elektrophoretische Trennung von Nukleotiden auf Polyamidschichten durch. Aus dem Hydrolysat von Hefe-Ribonukleinsäure konnten 7 Nukleotide bei pH 3,4 oder 9,3 und 20 V/cm in einer Stunde getrennt werden.

4.2.10.3. Trennung von Nukleinsäuren

KANNGIESSER [49] trennte die Nukleinsäuren aus Hefe sowie ein Gemisch aus γ-Globulin und 6% Nukleinsäure mittels Papierelektrophorese bei 220 V in 4 bis 6 Stunden im Zitratpuffer, pH 2—3. SCHÜMMELFELDER und HEYER [50] studierten das elektrophoretische Verhalten von Desoxyribonukleinsäure- und Nukleinsäurepräparaten sowie der aus Ascites-zellen und Mäuseleber hergestellten Ribonukleinsäuren auf Schleicher und Schüll 2043/a bei 110 V. Im Veronal-Acetatpuffer, pH 8,6 ergaben DNS und RNS in 4 Stunden je eine Zone. Im Veronal-Acetatpuffer, pH 2,5 ergeben DNS und RNS in 3 Stunden je 3 Fraktionen, von denen eine am Start liegen bleibt.

DIEMEL und MAURER [51] trennten mit ^{32}P markierte RNS und DNS im Veronalpuffer, pH 8,6 bei 100 V/cm in 6 Stunden.

EDSTRÖM [52] studierte das Verhalten von RNS durch Elektrophorese auf Seidenfäden bei 12 V/cm. PŘISTOUPIL u. Mitarb. [53] untersuchten das Verhalten von Nukleinsäuren bei der Chromatographie und Elektrophorese an Nitrozellulose-Membranen. Dabei wurden Zitratpuffer, pH 7,0 bzw. Veronal-Zitrat-Oxalat, pH 8,6 ($\mu = 0{,}1$) oder 0,1 M Acetatpuffer, pH 4,5 im Verhältnis 1 : 3, 1 : 1 bzw. 1 : 1 verdünnt verwendet. Die Elektrophorese erfolgte bei 20—22 V/cm und 0,4—0,5 mA/cm und dauerte 10 Minuten. Die getrennten Nukleinsäuren wurden mit Toluidinblau oder Methylgrün nachgewiesen, da die starke UV-Eigen-absorption der Membranen den UV-Nachweis ausschließt. HARRIS und DAVIS [54] studierten das Verhalten von Ribonukleinsäure und Desoxyribonukleinsäure in der Elektrophorese an Kieselgel mit Triäthanolamin-Acetatpuffer, pH 7,0 ($\mu = 0{,}1$) bei 15 V/cm, 4,3 Stunden. DNS blieb am Start, die natriumchloridlösliche RNS ergab eine scharfe anodische Bande, die natriumchloridunlösliche RNS wurde in mehrere, nicht scharf voneinander getrennte Zonen gespalten, von denen die schnellste zusammen mit dem natriumchloridlöslichen Anteil wanderte. Die Auswertung erfolgte nach Elution mit 0,1 N HCl durch Absorptionsmessung bei 260 nm. ELIASSON u. Mitarb. [55] setzten ein Gegenstromelektrophorese-Verfahren in mit Äthylzellulose gefüllten Säulen zur Trennung von Nukleinsäuren und Proteinen aus Zellextrakten ein.

Trennungen von Nukleinsäuren wurden auch mittels Polyacrylamidgel-Elektrophorese durchgeführt, diesbezüglich unterrichte man sich in Kap. 6.7.

4.2.10.4. Nachweis von Purinen, Pyrimidinen, Nukleinsäuren und ihren Derivaten

Zum Nachweis dieser Verbindungen wird am häufigsten die UV-Absorptionsmessung, aber auch die Markierung mit radioaktivem Phosphor angewandt.

Als weiterer Nachweis von Purinen und Pyrimidinen eignet sich das WOOD-*Reagenz* [56], ein Gemisch von 0,4%iger Bromphenolblaulösung in Äthanol und 2%iger Silbernitratlösung (1 : 1). Harnsäure, Uracil, Thymin, Cytidylsäure und Veronalnatrium reagieren nicht. Adenin, Guanin, Xanthin, Hypoxanthin und Cytosin erscheinen auf dem besprühten Papier als blaue Flecke.

Die Phosphatester können mit einem modifizierten WADE-MORGAN-*Reagenz* sichtbar gemacht werden [35]: eine Ferrichloridlösung in 70%igem Äthanol wird mit konzentr. Salzsäure auf 1 N angesäuert. Die Phosphate erscheinen als weiße Streifen auf purpurnem, später rotbraunem Hintergrund.

Zum Nachweis von Nukleinsäuren kann auch das *Methylgrün-Pyronin-Reagenz* angewandt werden [50].

Literatur

[1] BURMA, D. P.: Science *118* (1953), 694
[2] FOSTER, A. B.: Chem. and Ind. (1952), 828
[3] MUKHERJEE, S. N., GHOSH, A. R.: J. Indian Chem. Soc. *33* (1956), 573; ref.: Chem. Abstr. *51* (1957), 5883 d
[4] MAIN, R. K., COLE, L. J., BOND, V. P.: Arch. Biochem. Biophys. *56* (1955), 143
[5] MICHL, H., HABERLER, F.: Monatsh. Chemie *85* (1954), 779
[6] ADAMS, W. S., NAKATANI, M.: J. Chromatogr. *37* (1968), 343
[7] MARKHAM, R., SMITH, J. D.: Nature [London] *168* (1951), 406
[8] MARKHAM, R., SMITH, J. D.: Biochem. J. *52* (1952), 552
[9] MARKHAM, R., SMITH, J. D.: Biochem. J. *52* (1952), 558
[10] MANDEL, H. G., MARKHAM, R.: Biochem. J. *65* (1957), 25 P
[11] DAVIDSON, J. N., SMELLIE, R. M. S.: Biochem. J. *52* (1952), 594
[12] DAVIDSON, J. N. SMELLIE, R. M. S.: Biochem. J. *52* (1952), 599

[13] Bergner, H.: Z. med. Labortechnik *5* (1964), 283
[14] Khorana, H. G., Vizsolyi, J. P.: J. Amer. chem. Soc. *83* (1951), 675
[15] Gordon, A. H., Reichard, P.: Biochem. J. *48* (1951), 569
[16] Dimroth, K., Jaenicke, L., Vollbrechtshausen, I.: Z. physiol. Chem. *289* (1952), 71
[17] Jaenicke, L., Vollbrechtshausen, I.: Naturwissenschaften *39* (1952), 86
[18] Jaenicke, L., Dahl, K.: Naturwissenschaften *39* (1952), 87
[19] Burke, D. C.: Chem. and Ind. (1954), 1510
[20] Smith, J. D., Dunn, D. B.: Biochem. J. *72* (1959), 294
[21] Holy, A., Scheit, K. H.: Biochim. biophys. Acta *138* (1967), 239
[22] Brockmann, R. W., Davies, J. M., Stutts, P.: Biochim. biophys. Acta *40* (1960), 22
[23] Crestfield, A. M., Allen, F. W.: Analyt. Chem. *27* (1955), 424
[24] Stránsky, Z.: J. Chromatogr. *10* (1963), 456
[25] Banks, G. R., Cohen, D.: J. chem. Soc. (1966), 6209
[26] Burke, D. C., Foster, A. B.: Chem. and Ind. (1955), 94
[27] Turba, F., Enenkel, H. J.: Naturwissenschaften *38* (1951), 189
[28] Wade, H. E., Morgan, D. M.: Biochem. J. *56* (1954), 41
[29] Wade, H. E., Morgan, D. M.: Biochem. J. *60* (1955), 264
[30] Turba, F., Pelzer, H., Schuster, Z.: Hoppe-Seylers Z. physiol. Chem. *296* (1954), 97
[31] Smrt, J., Beránek, J., Šorm, F.: Coll. Czech. chem. Commun. *25* (1960), 130
[32] Smrt, J., Šorm, F.: Coll. Czech. chem. Commun. *25* (1960), 553
[33] Beránek, J., Smrt, J.: Coll. Czech. chem. Commun. *25* (1960), 2029
[34] Hayatsu, H., Khorana, H. G.: J. Amer. chem. Soc. *89* (1967), 3880
[35] Kubištová, J., Mikuliková, L., Valkoun, A., Kubišta, V.: Coll. Czech. chem. Commun. *33* (1968), 1617
[36] Klouwen, H. M.: J. Chromatogr. *7* (1962), 296
[37] Reinauer, H., Bruns, F. H.: J. Chromatogr. *19* (1965), 453
[38] Sandhu, R. S., Hokin, M. R.: J. Chromatogr. *35* (1968), 136
[39] Edström, J. E.: Biochim. biophys. Acta *22* (1956), 378
[40] Edström, J. E., Hydén, H.: Nature [London] *174* (1954), 128
[41] Zak, B., Weiner, L. M.: J. Chromatogr. *13* (1964), 255
[42] Gebicki, J. M., Freed, S.: Analyt. Biochem. *13* (1965), 505
[43] Serlupi- Crescenzi, G., Paolini, C., Leggio, T.: Analyt. Biochem. *23* (1968), 263
[44] Yaron, A., Sober, H. A.: Analyt. Biochem. *12* (1965), 173
[45] Tometsko, A. M., Delihas, N.: Analyt. Biochem. *18* (1967), 72
[46] Bieleski, R. L.: Analyt. Biochem. *12* (1965), 230
[47] Hiby, W., Kröger, H.: J. Chromatogr. *26* (1967), 549
[48] Wang, K. T., Wu, P. H.: J. Chromatogr. *38* (1968), 153
[49] Kanngiesser, W.: Naturwissenschaften *38* (1951), 503
[50] Schümmelfelder, N., Heyer, W.: Naturwissenschaften *41* (1954), 164
[51] Diemel, M., Maurer, W.: Naturwissenschaften *39* (1952), 489
[52] Edström, J. E.: Nature [London] *172* (1953), 809
[53] Přistoupil, T. I., Fričová, V., Kramlová, M., Trávniček, M., Štěrbiková, J., Novotná, Z.: J. Chromatogr. *36* (1968), 91
[54] Harris, D. N., Davis, F. F.: Biochim. biophys. Acta *40* (1960), 373
[55] Eliasson, R., Hammarsten, E., Lindahl, T., Palmstierna, H.: Acta Chem. Scand. *15* (1961), 570
[56] Wood, T.: Nature [London] *176* (1955), 175

4.2.11. Trennung der Vitamin-B-Gruppe und verwandter Verbindungen

Zur Trennung dieser Stoffklasse werden außer der Papierelektrophorese auch andere Verfahren der Träger-Elektrophorese, wie z. B. Agargel- und Stärkegel-Elektrophorese sowie Elektrophorese auf Zellulosesäulen vielfach eingesetzt.

Die Trennung von Thiamin und seinen Estern wurde von SILIPRANDI [1] studiert. Auf Munktell Nr. 20 wurden in Acetat-, Phosphat- oder Succinatpuffer, pH 5,44 ($\mu = 0{,}05$) bei 3,5 mA in 6 bis 7 Stunden das zur Kathode wandernde Thiamin und Monophosphothiamin sowie das zur Anode wandernde Di- und Triphosphothiamin getrennt. Das Verfahren eignet sich auch zur quantitativen Bestimmung. ANTONINI und MONDOVI [2] trennten dieselben Verbindungen auf Schleicher und Schüll 2043/b bei 300 V im Natriumdihydrogenphosphat-Puffer ($\mu = 0{,}03$).

Riboflavin, Flavinmononukleotid (FMN) und Flavin-adenin-dinukleotid (FAD) wurden von SILIPRANDI u. Mitarb. [3] auf Munktell Nr. 20 im Acetatpuffer, pH 5,1, getrennt. YAGI und MATSUOKA [4] imprägnierten das Papier vor dem Aufbringen der zu trennenden Substanzen mit M/20 Phosphatpuffer, pH 8,0 und legten für 10 Minuten 2,44 mA/cm an. Danach wurde die Probe in der Nähe der Anode aufgetragen und die Elektrophorese im Dunkeln 2 Stunden fortgesetzt. Die Wanderungsgeschwindigkeit zur Kathode nimmt in der Reihenfolge FMN, FAD, Riboflavin ab. Die nach der Trennung mittels UV-Fluoreszenz nachgewiesenen Komponenten wurden aus dem verschnittenen Papier mit je 9 m*l* Wasser von 80 °C durch 15 Minuten Schütteln herausgelöst und photometrisch oder — bei Konzentrationen unter 1 μg/m*l* — aufgrund der Fluoreszenz des beim photolytischen Abbau in alkalischem Medium entstehenden Lumiflavins bestimmt.

CERLETTI und SILIPRANDI [5] entwickelten zur Trennung und quantitativen Bestimmung von Riboflavin, FMN, FAD, Lumichrom und Lumiflavin folgendes Verfahren: Das Flavingemisch wurde in der Nähe der Kathode auf Munktell Nr. 20 aufgetragen und unter Verwendung von Natriumacetat-puffer, pH 5,1 ($\mu = 0{,}05$) 6 Stunden 380 V (1,2 mA/cm) ausgesetzt. Das Elektropherogramm ist in Abb. 47 zu sehen. Zur qualitativen Analyse wurde ein bedeckter, zur quantitativen ein frei aufgehängter Papierstreifen verwendet. Die Substanzen werden aufgrund ihrer UV-Fluoreszenz identifiziert. Zur quantitativen Bestimmung wird das Papier – den Substanzflecken entsprechend — in Teile gleicher Größe geschnitten, die mit Wasser (ca. 1 m*l*/Stunde) eluiert werden, bis das Volumen der Eluate 8 m*l* ausmacht. Die Extinktion dieser Lösungen wird bei 250 bzw. 450 nm bestimmt. Mit derselben Methode wurden o. g. Verbindungen auch von Riboflavin-5′-pyro-

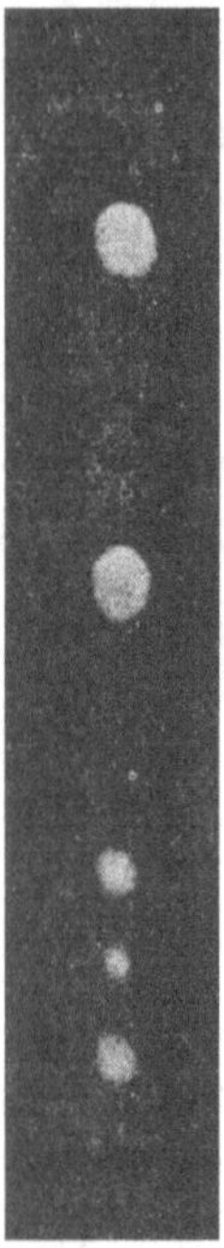

Abb. 47: Trennung von Flavinen mittels Papierelektrophorese nach CERLETTI und SILIPRANDI [5] (380 V, 6 Std., Natriumacetat-Elektrolyt, pH 5,1)

1 — FAD; *2* — FMN; *3* — Lumiflavin; *4* — Lumichrom; 5 — Riboflavin

phosphat und 1,2-Dihydro-6,7-dimethyl-2-keto-1-D-ribityl-3-chinoxalincarbonsäure getrennt [6].

PEEL [7] trennte Riboflavin, FMN und FAD aus Extrakten von Mikroorganismen, pflanzlichen bzw. tierischen Geweben bei 20 V/cm in 2 Stunden im 0,025 M Ammoniumformiat-Essigsäurepuffer, pH 4,6. WALAAS [8] separierte im Ammoniumacetat- bzw. Phosphatpuffer, pH 7, FAD von FMN, Riboflavin, NAD, NADP, Adenosin-5-phosphat, ADP und ATP.

Zur Trennung von Verbindungen der Vitamin B_6-Gruppe gingen SILIPRANDI und LIS [3] folgendermaßen vor:

Munktell Nr. 20 Papier wurde mit pH 5,1-Acetatpuffer (μ = 0,05) getränkt und nach Entfernung des überschüssigen Feuchtigkeitsgehalts das zu trennende Gemisch in der Mitte aufgetragen. Die Elektrophorese wurde bei 3,5 mA Stromstärke pro Streifen 6 bis 7 Stunden lang fortgesetzt. Das mit diazotiertem p-Aminoacetophenon entwickelte Elektropherogramm ist in Abb. 48 zu sehen. Zur quantitativen Auswertung wird auch in diesem Fall das Verfahren mit frei hängendem Papierstreifen angewandt. Aus den im UV-Licht identifizierten Zonen wurden die Substanzen mit Acetatpuffer, pH 5,1 eluiert und die Extinktion der Lösungen bei 325 nm bestimmt.

Dieses Verfahren benutzte FASELLA [9] zum Studium von Transaminierungsreaktionen.

Abb. 48: Trennung der Vitamin-B_6-Gruppe mittels Papierelektrophorese nach SILIPRANDI und LIS [3] (Acetatpuffer, pH 5,1; 3,5 mA; 6—7 Std·)

1 — Pyridoxamin; 2 — Pyridoxin; 3 — Pyridoxal; 4 — Pyridoxamin-Phosphat; 5 — Pyridoxal-Phosphat

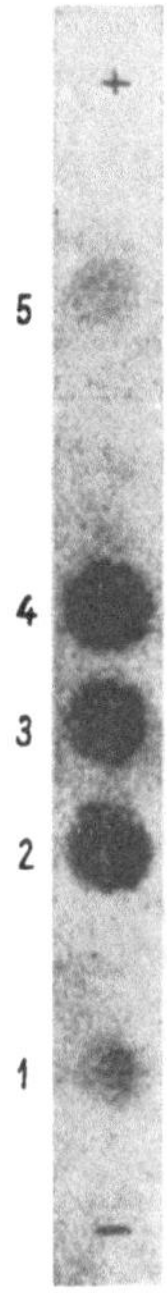

Zur Trennung von Nicotinamid, NAD und NADP setzten SILIPRANDI und LIS [3] das zur Trennung der Vitamin-B_2- und B_6-Gruppe erarbeitete Verfahren, die Papierelektrophorese im pH 5,1 ($\mu = 0{,}05$) Acetatpuffer, ein. Mit dieser Methode wurden aus einem Gemisch die Bestandteile der Vitamin-Gruppen B_2 und B_6 sowie der Nicotinamidgruppe in 10 Stunden getrennt. Die Lage der getrennten Substanzen ist auf dem Elektropherogramm Abb. 49 ersichtlich.

SUNDARAM u. Mitarb. [10] trennten Nicotinsäurederivate auf Whatman Nr. 1 bei 280 V in 1 bis 2 Stunden. Folgende Elektrolytlösungen wurden verwendet:

1. M/20 Veronalpuffer, pH 8,6;
2. M/20 Trispuffer, pH 9,0;
3. M/30 Phosphatpuffer, pH 7,0;
4. M/30 Phosphatpuffer, pH 10,2;
5. M/30 Boratpuffer, pH 8,9;
6. M/10 Acetatpuffer, pH 4,8.

BERGAMINI [11] studierte das Verhalten der zur Vitamin-B-Gruppe gehörenden Substanzen als Funktion des pH in Essigsäure-Elektrolyten verschiedener Konzentrationen.

Die papierelektrophoretischen Untersuchungen spielten bei dem

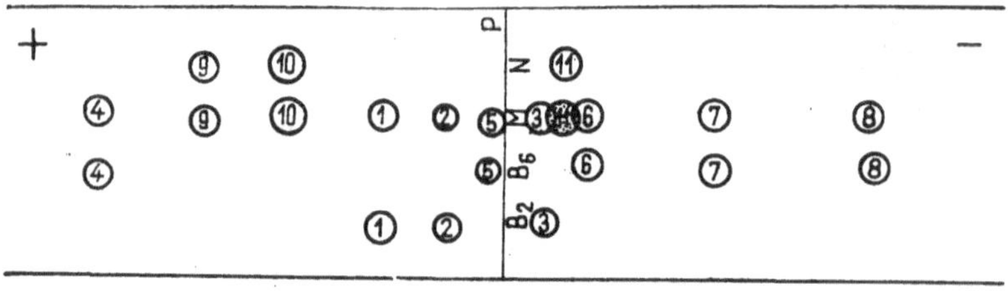

Abb 49: Trennung der B_2-, B_6- und Nicotinamid-Gruppe mittels Papierelektrophorese nach SILIPRANDI und LIS [3] (Acetatpuffer, pH 5,1; 3,5 mA; 10 Std.)

1 — FAD; *2* — FMN; *3* — Riboflavin; *4* — Pyridoxal-Phosphat; *5* — Pyridoxamin-Phosphat; *6* — Pyridoxal; *7* — Pyridoxin; *8* — Pyridoxamin; *9* — NADP; *10* — NAD; *11* — Nicotinamid; *P* — Startlinie; *M* ist das Gemisch der Gruppen B_2, B_6 und Nicotinamid (N)

Studium des Wirkungsmechanismus, der Biosynthese sowie der Bindung des Vitamins B_{12} im Organismus eine bedeutende Rolle. Aus dem umfangreichen Schrifttum sollen hier einige Beispiele zur Trennung der Cobalamine angeführt werden. FORD, HOLDSWORTH u. Mitarb. [12, 13] trennten Cobalamine bei 8 V/cm in 2 N Essigsäure, pH 2,1 in 16 Stunden. Die Trennungen wurden in HCN-Atmosphäre durchgeführt. Zur Trennung größerer Substanzmengen Vitamin B_{12}, welche auf dem Elektropherogramm als rosafarbene Flecke erscheinen, wird die Elektrolytkonzentration auf 0,5 N (mit 0,01% Kaliumcyanidgehalt) herabgesetzt und die Elektrophorese im Dunkeln durchgeführt. Wie aus Abb. 50 ersichtlich ist, bleibt Vitamin B_{12} am Startpunkt

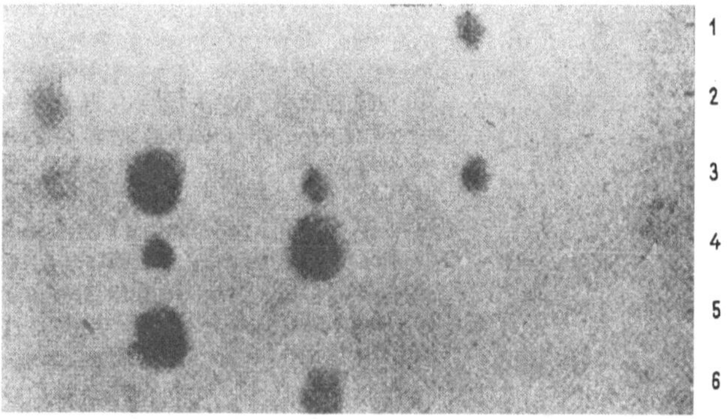

Abb. 50: Elektropherogramm von Vitamin B_{12} und Faktoren nach FORD u. Mitarb. [12] (0,5 *N* Essigsäure-Elektrolyt, 270 V, 16 Std.)

1 — Vitamin B_{12}; *2* — Faktor B; *3* — Faktor A; *4* — Pseudovitamin B_{12} *5* — dritter Fleck des Faktors A; *6* — erster Fleck des Pseudovitamins B_{12}

zurück. Die Beweglichkeitswerte der Substanzen sind in Tab. 46 enthalten. Unter den beschriebenen Trennbedingungen wird mit zunehmendem pH auch die Elektroosmose stärker, weshalb die Trennung bei niedrigem pH-Wert durchgeführt werden soll.

Tabelle 46

Die Beweglichkeit von Vitamin B_{12} und verwandten Verbindungen (nach FORD *u. Mitarb.* [12]*)*

Verbindung	Beweglichkeit $cm^2\ V^{-1}\ s^{-1} \cdot 10^{-5}$
Faktor A (Vitamin B_{12m})	3,9
Faktor B	5,0
Faktor C	−1,4*
Pseudovitamin B_{12}	1,5
Vitamin B_{12}	0

Bedingungen: 270 V, 16 Std., 0,5 N Essigsäure
* zur Anode

BROWN u. Mitarb. [14] studierten die Beziehungen der chemischen Struktur des Vitamins B_{12} und verschiedener B_{12}-Faktoren mittels Papierelektrophorese unter folgenden Bedingungen: Papier Whatman Nr. 2, 0,5 N Essigsäure-Elektrolyt, pH 3,0, 5 V/cm, 16 Stunden. In einigen Fällen wurde 0,05 M Natriumphosphat-Puffer, pH 6,5 oder 7,5 mit 0,01% Kaliumcyanidgehalt, in anderen auch 0,05 M Kaliumcyanid-Elektrolyt, pH 10,0 verwendet.

MULGAONKAR und SREENIVASAN [15] untersuchten das an die Globuline α_2 und β gebundene Vitamin B_{12} in menschlichem Serum mittels Papierelektrophorese (Whatman Nr. 3, Veronalpuffer, pH 8,6, $\mu =$ $= 0,075$). Die Elektrophorese dauerte bei 3 mA und 28 °C 16 Stunden.

N a c h w e i s : Auf die bioautographischen Verfahren soll hier nicht eingegangen werden, da diese eine spezielle mikrobiologische Laborausrüstung und Technik benötigen.

Thiamin wird zumeist mittels alkalischer Kaliumferricyanidlösung nachgewiesen (5%ige Lösung in 2 N Natriumhydroxid). Die besprühten Elektropherogramme werden im UV-Licht beobachtet [16].

Die Flavine können voneinander aufgrund ihrer UV-Fluoreszenz unterschieden werden: FMN fluoresziert stark gelb, FAD schwach gelb, Lumiflavin grünlich gelb und Lumichrom stark blau [5].

Das zum Nachweis der Vitamin-B_6-Gruppe geeignete diazotierte p-Aminoacetophenon-Reagenz wird durch Mischen folgender drei Lösungen im Verhältnis 2 : 10 : 10 unmittelbar vor Gebrauch bereitet:

1. 3,18 g p-Aminoacetophenon in 45 m*l* konzentrierter Salzsäure gelöst und mit destilliertem Wasser auf 1 Liter verdünnt.
2. 2,25 g Natriumnitrit in 100 m*l* destilliertem Wasser und
3. 25 g Natriumacetat in 100 m*l* destilliertem Wasser.

Die Komponenten erscheinen auf dem mit dem Reagenz behandelten Papier nach Trocknung bei 50—60 °C als rosa, orangefarbene und gelbe Flecke [3].

Zum Nachweis von Nicotinamid, NAD und NADP wird mit dem Gemisch von 2%igem Natriumthiosulfat und 4%igem Natriumhydrogencarbonat (1 : 1) besprüht, um die Dihydroderivate von NAD und NADP herzustellen. Diese fluoreszieren schwach im UV-Licht, während Nicotinamid als schwarzer Fleck erscheint [3].

Die Verbindungen der Gruppe B_{12} können — wie bereits erwähnt — bei entsprechenden Konzentrationen an ihrer rosa Eigenfarbe erkannt werden [12].

Literatur

[1] Siliprandi, N., Siliprandi, D.: Biochim. biophys. Acta *14* (1954), 52
[2] Antonini, E., Mondovi, B.: Boll. soc. ital. biol. sper. *31* (1955), 1388
[3] Siliprandi, N., Siliprandi, D., Lis, H.: Biochim. biophys. Acta *14* (1954), 212
[4] Yagi, K., Matsuoka, Y.: J. Biochem. [Japan] *42* (1955), 757; ref.: Chem. Abstr. *50* (1956), 6557 e
[5] Cerletti, P., Siliprandi, N.: Biochem. J. *61* (1955), 324
[6] Cerletti, P., Siliprandi, N.: Boll. soc. ital. biol. sper. *31* (1955), 1301
[7] Peel, J. L.: Biochem. J. *69* (1958), 403
[8] Walaas, O , Walaas, E.: Acta chem. Scand. *10* (1956), 118
[9] Fasella, P., Lis, H., Siliprandi, N., Baglioni, C.: Biochim. biophys. Acta *23* (1957), 417
[10] Sundaram, T. K., Rajagopalan, K. V., Sarma, P. S.: J. Chromatogr. *2* (1959), 531
[11] Bergamini, C.: Sperimentale *4* (1953), 85
[12] Ford, J. E., Holdsworth, E. S., Kon, S. K., Porter, J. W. G.: Nature [London] *171* (1953), 150
[13] Holdsworth, E. S.: Nature [London] *171* (1953), 148
[14] Brown, F. B., Cain, J. C., Gant, D. E., Parker, L. F. J., Lester Smith, E.: Biochem. J. *59* (1955), 82
[15] Mulgaonkar, A., Sreenivasan, A.: Arch. Biochem. Biophys. *80* (1959), 22
[16] Heyndrickx, A.: J. Amer. pharm. Assoc. *42* (1953), 680

4.2.12. Trennung sonstiger stickstoffhaltiger, heterocyclischer Verbindungen

SCHOLTZ und HAGEDORN [1] trennten Gemische von Antipyrin und Aminopyrin bei 110 V Spannung in 0,1 N Schwefelsäure. Auch WAGNER [2] befaßte sich mit der Trennung dieser Verbindungen. KINOSHITA und MORIYAMA [3] trennten Pyrazolon, Barbitursäurederivate sowie deren Molekülverbindungen mittels Papierelektrophorese. Barbitursäurederivate mit Cyclohexenyl- und Cyclopentenylgruppen wurden im Borat-Phosphat-Acetatpuffer, pH 9, bei 6—7 V/cm in 12 bis 14 Stunden getrennt [4].

Mit der Trennung von Porphyrinen befaßte sich WITH [5]. Er benutzte Whatman Nr. 1, 0,05 M Veronalpuffer, pH 8,6 und 7,5 bis 8,0 V/cm während 3 Stunden. Uroporphyrin wanderte 10—15 cm, Coproporphyrin 0,5—2,0 cm und Protoporphyrin 0,2—0,3 cm. LARSEN u. Mitarb. [6] gebrauchten einen Veronalpuffer, pH 11 ($\mu = 0{,}2-0{,}3$) bei 6,2—14 V/cm, STERLING und REDEKER [7] einen M/20 ÄDTA-Puffer, pH 8,6. Die Wanderungsgeschwindigkeit der freien Porphyrine ist der Zahl der Carboxylgruppen proportional. TALAFANT [8] studierte das Verhalten von Gallenfarbstoffen im 0,02 M Phosphatpuffer, pH 6,8 bei 2- bis 3stündiger Elektrophorese bei 0,5 mA/cm.

Indolderivate pflanzlicher Herkunft wurden von DENFFER u. Mitarb. [9, 10, 11] bei 110 V in Phosphatpuffer, pH 7 in 8 Stunden getrennt. Indolylessigsäure und Tryptophan lassen sich gut trennen. Indolacetaldehyd wandert zehnfach schneller zur Anode als 3-Indolylacetonitril. Der exogene Tryptophanstoffwechsel von Weizen wurde mittels Papierelektrophorese studiert [12]. Die Elektrophorese lief im M/15 Phosphatpuffer, pH 6,6 bei 10 V/cm über 4 Stunden. Malonyltryptophan wurde dabei nachgewiesen.

Aminoimidazol-carboxyamid-ribotide wurden mittels Hochspannungselektrophorese unter folgenden Bedingungen getrennt: Papier Whatman Nr. 1, Zitratpuffer, pH 4,5, 5 °C, 6000 V und 18 mA, Dauer 40 Minuten [13].

Stickstoffheterocyclen mit 3 bis 6 Ringen wurden mittels Papier- und Dünnschicht-Elektrophorese getrennt [14]. Auf Whatman Nr. 1 mit Ameisensäure-Essigsäure-Elektrolyt (31,2 m*l* bzw. 59,2 m*l* auf 1 Liter) dauerte die Trennung bei 500 V 75 Minuten. Die Substanzen wanderten zur Kathode. Die Dünnschicht-Elektrophorese wurde auf Zelluloseschichten unter ähnlichen Bedingungen durchgeführt. Die Auswertung erfolgte im UV-Licht. Die Substanzen konnten auch in verunreinigter Stadtluft nachgewiesen werden.

Literatur

[1] Scholz, E., Hagedorn, P.: Deut. Apoth. Ztg. *93* (1953), 81
[2] Wagner, G.: Arch. Pharm. *289* (1956), 8
[3] Kinoshita, Y., Moriyama, Sh.: Bull. Nagoya City Univ. Pharm. School No. 3, (1955), 43; ref : Chem. Abstr. *50* (1956), 17331 h
[4] Calo, A., Mariani, A., Mariani-Marielli, O.: J. Pharm. Belg. *11* (1956), 253
[5] With, T. K.: Scand. J. Clin. Lab. Invest. *8* (1956), 113
[6] Larsen, E. G., Melcer, I., Orten, J. M.: Fed. Proc. *14* (1955), 440
[7] Sterling, R. E., Redeker, A. G.: Scand. J. Lab. Clin. Invest. *9* (1957), 407
[8] Talafant, E.: Biochim. biophys. Acta *13* (1954), 159
[9] Denffer, D., Behrens, M., Fischer, A.: Naturwissenschaften *39* (1952), 258
[10] Denffer, D., Fischer, A.: Naturwissenschaften *39* (1952), 549
[11] Denffer, D., Behrens, M., Fischer, A.: Naturwissenschaften *39* (1952), 550
[12] Kutáček, M., Rokosová, K., Retovsky, R.: Biol. plantarum [Praha] *1* (1959), 54
[13] Burrows, I. E., Shaw, G., Wilson, D. V.: J. chem. Soc. (1968), 42
[14] Sawicki, E., Guyer, M., Engel, C. R.: J. Chromatogr. *30* (1967), 522

4.2.13. Papierelektrophorese von Alkaloiden

Zur Trennung von Alkaloiden ist die Papierelektrophorese sehr geeignet. Über verschiedene Trenn- und Bestimmungsverfahren berichtet Graf [1] in einer Übersicht.

Burma [2] studierte die Trennung von Cinchona-, Opium- und Strychnos-Alkaloiden mittels 8stündiger Elektrophorese bei 220 V in Zitronensäure-Phosphat-Puffergemischen verschiedener pH-Werte zwischen 2 und 10. Unter diesen Bedingungen wandern alle geprüften Alkaloide zur Kathode, wie dies in Anbetracht ihres basischen Charakters zu erwarten ist. Die Beweglichkeitswerte gleichen Gruppen angehörender Alkaloide liegen sehr nahe beieinander, was ihre Trennung erschwert. Die Trennung von Vertretern verschiedener Alkaloidgruppen ist jedoch leicht durchzuführen, da ihre Beweglichkeitsunterschiede und deren pH-Abhängigkeit eine gute Differenzierung gestatten. Z. B. wandern in saurem Medium die Cinchona-Alkaloide im allgemeinen schneller als die Opium- und Strychnos-Alkaloide, während bei alkalischem pH die Opium-Alkaloide schneller als die Strychnos-Alkaloide wandern.

Deckers und Schreiber [3] verwendeten zur Trennung von Scopolamin und Hyoscyamin 0,2 n Boratpuffer, pH 8,6 und zur Trennung von Brucin und Strychnin Zitratpuffer, pH 3,5.

Karyone u. Mitarb. [4] trennten eine große Anzahl von Alkaloiden in 5 N Essigsäure. Die Elektrophorese dauerte bei 750 V und 0,5 mA/cm 2 Stunden.

SANO und KAJITA [5] setzten die Hochspannungselektrophorese zum Nachweis einer großen Anzahl von Suchtmitteln im Harn ein. Als Elektrolytflüssigkeit wurde 10%ige Essigsäurelösung verwendet. Da sämtliche geprüften Substanzen zur Kathode wandern, wurden sie auf dem 50 cm langen Papierstreifen 10 cm von der Anode entfernt aufgetragen. Die Elektrophorese dauerte bei 120 V/cm und 2,5 mA/cm 20 Minuten. Während dieser Zeit wanderten z. B. Nicotin 30,1, Codein 16,1, Morphin 15,7 und Heroin 14,1 cm. In 35 Minuten wanderten letztere drei Suchtmittel 28,7 bzw. 27,7 und 25,0 cm.

ALWAS u. Mitarb. [6] trennten 23 Alkaloide der Atropin-, Morphin-, Chinin- und Strychnin-Gruppe mit einem Niederspannungsverfahren. Auf 38 × 2 cm Streifen Whatman Nr. 1, wurden bei 300 V und 1 mA/cm in 3 Stunden — mit Ausnahme der Paare Atropin-Hyoscyamin und Codein-Äthylmorphin — gute Trennungen erzielt, welche auch die quantitative Auswertung ermöglichten.

MARINI-BETTÒLO und LEDERER [7] trennten Curare-Alkaloide bei 300 V in 1 Stunde. Bei Gebrauch eines Gerätes mit bedeckten Papierstreifen wurde M/5 Boraxlösung und beim Gerät nach Durrum 25%ige Essigsäurelösung als Elektrolyt eingesetzt. In weiteren Arbeiten bevorzogen MARINI-BETTÒLO u. Mitarb. [8, 9, 10] die Kombination der Papierelektrophorese mit der Papierchromatographie zur Trennung von Alkaloiden. Zuerst soll die Elektrophorese in einem flüchtigen Elektrolyt, z. B. 5%iger Essigsäure durchgeführt werden. (8 V/cm, 3 bis 4 Stunden.) Bei der Trennung von Alkaloiden ist der pH-Wert der Elektrolytlösung von besonderer Bedeutung [11]. Tabelle 47 zeigt die Wanderung südamerikanischer Strychnos- und Curare-Alkaloide bei 3-stündiger Elektrophorese in Elektrolyten von verschiedenem pH-Wert.

Tabelle 47

Wanderung von Strychnos- und Curare-Alkaloiden bei 3stündiger Elektrophorese in Elektrolyten verschiedener pH-Werte nach MARINI-BETTÒLO *und* CASINOVI [10]

Alkaloid	pH					
	2,3	4,3	6,4	8,5	10,5	11,4
	Wanderung zur Kathode, mm					
Mavacurin	31	—	24	30	24	19
Fluorocurin	77	—	80	90	80	42
Alkaloid D	65	—	90	90	100	52
Calebassin	65	—	80	90	78	50
Curarin	106	98	110	108	—	64

Horák u. Mitarb. [12] setzten die Papierelektrophorese zur Abtrennung des Morphins aus Mohnkapselextrakten und zur quantitativen Bestimmung ein. In 0,1 M Ammoniumhydrogencarbonat dauerte die Elektrophorese bei 300 V 200 Minuten, am besten bewährte sich Whatman Nr. 2. Von den untersuchten Opium-Alkaloiden blieben Narcein, Narcotin, Oxydimorphin und Papaverin am Start, Narcotolin wurde in zwei anodisch wandernde Verbindungen zerlegt. Morphin, Codein und Thebain wanderten zur Kathode, letztere beiden mit sehr ähnlichen Geschwindigkeiten, Morphin etwas langsamer. Auch bei unvollständigen Trennungen kann Morphin mit dem 6 : 100 verdünnten Folin-Ciocalteau-Reagenz spezifisch nachgewiesen werden. Wagner [13] studierte das papierelektrophoretische Verhalten dem Morphin verwandter Analgetica in verschiedenen Elektrolytflüssigkeiten bei 210 V auf 5×50 cm Papierstreifen Schleicher und Schüll 2043/b. In 0,1 N NaOH konnten in 6 Stunden die Verbindungen mit phenolischer OH-Gruppe von den anderen getrennt werden. Verbindungen mit einer Carbonylgruppe, wie Dilaudid und Dicodid, können in einer 1%igen Kaliummetabisulfit-Lösung durch Elektroosmose getrennt werden.

Macek und Trčka [14] trennten Scopolamin, Dihydro-oxycodeinon und Ephedrin bei 4 V/cm in 4 Stunden im Veronalpuffer, pH 9,4.

Yamaguchi u. Mitarb. [15] erzielten bei Rauwolfia-Alkaloiden mit 20 V/cm und 0,4 mA/cm in 2 Stunden bei 25–27 °C in 5 N Essigsäure eine Trennung. Sakal und Merrill [16] entwickelten ein Verfahren zur UV-spektrophotometrischen Bestimmung von Reserpin nach seiner papierelektrophoretischen Trennung von UV-absorbierenden Verunreinigungen. Die Elektrophorese wurde auf 56 cm langen Whatman Nr. 3 MM-Papierstreifen durchgeführt, welche vorher 48 Stunden in einem Kapillarstrom von 5 N Essigsäure gewaschen worden waren. Die Substanzen, in der Mitte des Streifens aufgetragen, wurden in 5 N Essigsäure bei 300 V 16 Stunden oder bei 600 V 4 Stunden der Elektrophorese unterworfen, die Streifen 45 Minuten an der Luft getrocknet und die UV-Fluoreszenz bei 366 nm beobachtet. Die langsamste Reserpin-Zone wurde dann ausgeschnitten und zur quantitativen Bestimmung verwendet.

Michl u. Mitarb. [17] trennten Tabak-Alkaloide mittels Hochspannungs-Elektrophorese im Kaliumhydrogenphthalat-Puffer, pH 5, bzw. im 0,025 M Boraxpuffer, pH 9,2. Sie fanden einen Zusammenhang zwischen der elektrophoretischen Beweglichkeit und der chemischen Struktur. Die Nor-Verbindungen wandern schneller als die entsprechenden Verbindungen mit trisubstituiertem N: Nor-Nicotin wandert schneller als Nicotin, Anabasin schneller als N-Methylanabasin. Die Verbindungen mit aliphathischen Seitenketten, wie z. B. Methylnicotin und N-Methylnicotin, wandern schneller als die entsprechenden cyclischen. Die Tabak-Alkaloide mit einer Doppelbindung in dem, dem Pyridinring benachbarten Ring, wie z. B. Anatabin, wandern langsamer als die gesättigten, wie z. B. Anabasin. Das anomale Verhalten von Nicotyrin und Nor-Nicotyrin wird, wie an Hand von chromatographischen Versuchen erwiesen ist, durch Adsorptionserscheinungen verursacht.

Majumdar und Ganguli [18] trennten ein Gemisch von Narcotin, Cinchonin, Strychnin und Chinin mittels einer an die Rundfilterchromatographie erinnernden Technik auf kreisförmigen Papierbögen von 21 cm Durchmesser bei 220 V und 8 mA bei pH 3.

Carreras und Alonso [19] führten bei Harmin und Harmalin mittels Hochspannungs-Elektrophorese Trennungen auf Whatman Nr. 3 MM bei 200 V/cm durch. Bei Einsatz von Dimethylformamid-Essigsäure-Elektrolytsystemen konnte auf die Kühlung verzichtet werden, die Stromstärke betrug weniger als 1 mA. Die beste Trennung wurde im pH-Bereich von 6,5 bis 7,5 in 10 Minuten erzielt.

Auch die kontinuierliche Papierelektrophorese wurde zur Reingewinnung von Alkaloiden eingesetzt. Deckers und Schreiber [3] trennten auf diese Weise das Gemisch von 100 mg Scopolamin und Hyoscyamin auf Schleicher und Schüll 2040/a im Veronalpuffer, pH 8,6 bei 160 V in 40 Stunden. Marini-Bettòlo und Lederer [20] konnten Strychnos-Alkaloide im kontinuierlichen Papierelektrophorese-Gerät von Durrum auf Whatman Nr. 1 bei 300 V Spannung in 25%iger Essigsäurelösung separieren.

Auch zu theoretischen Studien wird die Papierelektrophorese der Alkaloide eingesetzt. Stuchlik und Krasnec [21] studierten die Bildung von Molekularkomplexen der Isochinolin-Alkaloide mit Purinverbindungen. Mazzei und Lederer [22] setzten die Hochspannungs-Elektrophorese zum Studium der Bildung von Ionenpaaren zwischen verschiedenen Anionen und quaternären Ammoniumverbindungen, darunter Curare-Derivaten ein.

Nachweis der Alkaloide: Zum Nachweis am Papier werden die UV-Fluoreszenz sowie zahlreiche Universal- und Gruppenreagenzien angewandt. Die Beschreibung einer großen Anzahl von Nachweisreagenzien ist in der Broschüre der Fa. Merck [23] zu finden. Hier soll nur das meistgebrauchte Dragendorff-Reagenz beschrieben werden. Es wird von verschiedenen Autoren auf unterschiedliche Weise bereitet. Nach Munier und Macheboeuf [24] wird es folgendermaßen hergestellt:

5 *ml* des Gemisches von 0,8 g basischem Wismutnitrat, 10 *ml* Eisessig und 40 *ml* Wasser werden mit 5 *ml* 40%iger KJ-Lösung und 40 *ml* Eisessig versetzt und dann mit Wasser auf 100 *ml* aufgefüllt.

Nach Thies und Reuter [25] werden 2,6 g basisches Wismutnitrat und

7,0 g trockenes NaJ einige Minuten mit 25 m*l* Eisessig gekocht, die Lösung über Nacht abgekühlt, filtriert und 20 m*l* des Filtrats mit 80 m*l* Äthylacetat versetzt. Zu 20 m*l* dieser Stammlösung werden 50 m*l* Essigsäure, 120 m*l* Äthylacetat und tropfenweise 10 m*l* Wasser zugesetzt. Das Papier wird in diese Lösung eingetaucht.

Die Alkaloide ergeben orangefarbene Flecke. Das Reagenz eignet sich auch zur quantitativen Bestimmung.

Literatur

[1] GRAF, E.: Arch. Pharm. *299* (1966), 245
[2] BURMA, D. P.: Naturwissenschaften *41* (1954), 19
[3] DECKERS, W., SCHREIBER, J.: Naturwissenschaften *40* (1953), 553
[4] KARIYONE, T., HASHIMOTO, Y., MORI, I., KIMURA, M.: J. Pharm. Soc. Japan *73* (1953), 805
[5] SANO, I., KAJITA, H.: Klin. Wochenschr. *33* (1955), 956
[6] ALWAS, I., DERLIKOWSKI, J., NARBUTT-MERING, A. B., PERKOWSKI, E., WEGLOWSKA, W.: Acta Polon. Pharm. *18* (1961), 357; ref.: Analytical Abstr. *9* (1962), Nr. 2885
[7] MARINI-BETTÒLO, G. B., LEDERER, M.: Nature [London] *174* (1954), 133
[8] MARINI-BETTÒLO, G. B., LEDERER, M., JORIO, M. A., PIMENTA, A.: Rend. ist. super. sanità *18* (1955), 898
[9] CASINOVI, G. C., LEDERER, M., MARINI-BETTÒLO, G. B.: Gazz. chim. ital. *86* (1956), 342
[10] MARINI-BETTÒLO, G. B., CASINOVI, G. C.: J. Chromatogr. *1* (1958), 411
[11] MARINI-BETTÒLO, G. B., COCH-FRUGONI, J. A.: Rend. ist. super. sanità *21* (1958), 319
[12] HORÁK, P., HOLUBEK, J., BUMBA, V., CEKAN, Z.: Coll. Czech. chem. Commun. *27* (1962), 1037
[13] WAGNER, G.: Pharmazie *10* (1955), 470
[14] MACEK, K., TRČKA, V.: Českoslov. farm. *3* (1954), 74
[15] YAMAGUCHI, K., SHOJI, H., NISHIMOTO, K.: J. pharmac. Soc. Japan *77* (1957), 337
[16] SAKAL, E. H., MERRILL, E. J.: J. Amer. Pharm. Assoc. *43* (1954), 709
[17] MICHL, H., KUHN, H., BÜHN, H.: Fachliche Mitt. Österr. Tabakregie (1956), 1
[18] MAJUMDAR, S. G., GANGULI, N. C.: Chem. and Ind. *1956*, 1237
[19] CARRERAS, L., ALONSO, M. G.: J. Chromatogr. *29* (1967), 388
[20] LEDERER, M.: "*An Introduction to Paper Electrophoresis and Related Methods*", Elsevier Publishing Company, Amsterdam 1957, S. 64
[21] STUCHLIK, M., KRASNEC, L.: J. Chromatogr. *36* (968), 522
[22] MAZZEI, M., LEDERER, M.: J. Chromatogr. *37* (1968), 292
[23] Broschüre der Fa. E. Merck A. G.: »*Anfärbereagenzien für Dünnschicht- und Papierchromatographie*«, Darmstadt
[24] MUNIER, R., MACHEBOEUF, M.: Bull. soc. chim. biol. *33* (1951), 846, 857, 861
[25] THIES, H., REUTHER, F. W.: Naturwissenschaften *42* (1955), 462, 487

4.2.14. Elektrophorese von Antibiotica

Die Papierelektrophorese wurde zum Studium von Antibiotica verhältnismäßig selten eingesetzt. KING und DOERY [1] befaßten sich mit der Papierelektrophorese von Chloromycetin und verwandten Verbindungen. Sie stellten fest, daß die getrennten Substanzen während der Trocknung wandern, wodurch das Auswerten der Elektropherogramme erschwert wird. Weitere Schwierigkeiten bringt die Adsorption der Antibiotica am Papier.

FOSTER und ASHTON [2] trennten Streptomycin und verwandte Verbindungen auf Whatman Nr. 31 bei 300 V in Acetatpuffer, pH 5 (700 m*l* 0,2 M Na-acetat + 300 m*l* 0,2 N Essigsäure) in 16 Stunden. Die Beweglichkeitswerte sind in Tab. 48 angeführt.

Tabelle 48

Beweglichkeit von Streptomycin und verwandten Verbindungen nach FOSTER *und* ASHTON [2]

Verbindung	Beweglichkeit, $cm^2\ V^{-1}\ s^{-1} \cdot 10^{-5}$
Streptidin	24,9
Streptothricin	24,0
Streptomycin	22,5
Mannosido-streptomycin	19,5
Streptamin	6,3

Bedingungen: Papier Whatman Nr. 31, 300 V, 16 Std., Acetatpuffer, pH 5

Das Verhalten von Cephalosporin N und Cephalosporin P wurde im Collidin-Elektrolyt, pH 7,0 studiert [3, 4]. Zur Elektrophorese von Cephalosporin C und verwandten Verbindungen sowie deren Zersetzungsprodukten wurden Whatman Nr. 1, 10—15 V/cm und folgende Elektrolyte angewandt [5, 6]:

1. Collidin-0,05 M Essigsäure, pH 4,0;
2. Pyridin-0,05 M Essigsäure, pH 4,5;
3. Pyridin-0,05 M Essigsäure, pH 4,0;
4. 10%ige Ameisensäure, pH 1,5;
5. 10%ige Essigsäure, pH 2,2.

Die Trennung dauerte 1,5 bis 3 Stunden.

Neomycin [7] wurde von Blutserum auf Zelluloseacetatstreifen bei 200 V in 0,07 M Veronalpuffer, pH 8,6 in 2 Stunden getrennt. Zum Nachweis diente Ponceau S.

Die Elektrophorese von Xanthomycin A erfolgte in Collidin-Elektrolyt bei pH 7,0 [8].

Lockhart u. Mitarb. [9] setzten die Papierelektrophorese zum Studium der Struktur von Bacitracin A ein.

Samsonow u. Mitarb. [10] untersuchten das Verhalten von Albomycin mittels Papierelektrophorese.

Oeff u. Mitarb. [11] studierten die Bindung von Penicillin an die mittels Elektrophorese getrennten Serumeiweißfraktionen.

Literatur

[1] King, N. K., Doery, H. M.: Nature [London] *171* (1953), 878
[2] Foster, M. C., Ashton, G. C.: Nature [London] *172* (1953), 958
[3] Newton, G. G. F., Abraham, E. P.: Biochem. J. *58* (1954), 103
[4] Newton, G. G. F., Abraham, E. P.: Nature [London] *175* (1955), 548
[5] Abraham, E. P., Newton, G. G. F.: Biochem. J. 79 (1961), 377
[6] Loder, B., Newton, G. G. F., Abraham, E. P.: Biochem. J. *79* (1961), 408
[7] Brammer, K. W., Hemson, L. J.: J. Chromatogr. *19* (1965), 456
[8] Dougall, D., Abraham, E. P.: Nature [London] *176* (1955), 256
[9] Lockhart, I. M., Abraham, E. P., Newton, G. G. F.: Biochem. J. *61* (1955), 534
[10] Samsonow, G. W., Dmitrienko, L. W., Sirota, A. G., Schesterikowa, M. P., Lawrentewa, S. F.: Biochimia *23* (1958), 206
[11] Oeff, K., Rust, S., Schwarz, E., Weise, H. J.: Naturwissenschaften *41* (1954), 500

4.2.15. Papierelektrophorese von Farbstoffen

Die Papierelektrophorese von Farbstoffen wird zur Trennung von Gemischen, zum Nachweis von Verunreinigungen sowie auch bei physikalisch-chemischen Studien zur Elektrophorese eingesetzt, wo Farbstoffe als Modelle dienen.

Paul und Durrum [1] trennten Farbstoffe in nicht-wäßrigem Medium, z. B. absolutem Alkohol bei 1000 V und 60 μA in 50 Minuten. Eosin und Methylenviolett wanderten zur Kathode, Ölrot O, Alizarinblau und Methylenblau zur Anode. Ölrot und Methylenblau bewegten sich mit derselben Geschwindigkeit. Ölrot O und Kristallviolett waren im Gemisch von Nitromethan und Essigsäure (9 : 1) bei 500 oder 1000 V Klemmenspannung in 15 Minuten zu trennen.

Evans und Walls [2] trennten Eosin Y auf Whatman Nr. 1 bei 220 V in 2 bis 15 Stunden im 0,1 N Ammoniumhydroxid-Elektrolyten von pH 11,1 in 3 Komponenten. Das Gemisch von Methylenblau und Eosin wurde im 0,2 M Phosphatpuffer, pH 7, das von Eosin Y und Kristallviolett in 2,5 Stunden im 0,02 M Phosphatpuffer, pH 5,7 getrennt. Eosin wurde in eine orangefarbene und eine rote Bande gespalten, Kristallviolett wanderte nicht. Strain und Sullivan [3] trennten das Gemisch von Methylorange und Phenolphthalein.

LEDERER [4] konnte Acridin-Farbstoffe bei 8 V/cm in 0,1 N Salzsäure in 1,5 Stunden separieren, was auch FRANGLEN [5] mit Sulfophthalein-Farbstoffen auf Whatman Nr. 4 bei 8 V/cm im Veronalpuffer, pH 8,6 in 3 Stunden gelang. Die Elektroosmose wurde dabei mittels Dextran bestimmt. Die korrigierten Beweglichkeitswerte sind in Tab. 49 enthalten. CEE und GASPARIČ [6] prüften die Reinheit von Vinylsulfon-(Sulfoester)-Reaktivfarbstoffen außer mit Papier- und Dünnschichtchromatographie auch mit Papierelektrophorese auf Whatman Nr. 3 in 1 M Essigsäure-Elektrolyt bei 10 V/cm in 4 Stunden.

Tabelle 49

Beweglichkeitswerte von Sulfophthalein-Farbstoffen nach FRANGLEN [5]

Farbstoff	Beweglichkeit $cm^2\ V^{-1}\ s^{-1} \cdot 10^{-5}$
Bromphenolblau	12,8
Bromcresolgrün	13,5
Bromthymolblau	11,9
Metacresolrot	12,2
Thymolblau	9,0
Bromphenolrot	13,8
Bromcresolpurpur	13,4
Phenolrot	13,8
Cresolrot	12,2

Bedingungen: Papier Whatman Nr. 4,
8 V/cm, 3 Std., Veronalpuffer, pH 8,6

FRANC und WURST [7] trennten Azofarbstoffe bei 6 bis 7 V/cm in 3 Stunden. Als Elektrolyt wurde 3 N Ammoniumhydroxid bzw. 1 N Essigsäure verwendet.

MORI und KIMURA [8] trennten eine große Anzahl von Lebensmittelfarbstoffen bei Spannungen von 200 bis 700 V in 1 bis 4 Stunden. Folgende 5 Elektrolytlösungen wurden hierzu eingesetzt:

1. 30%ige Essigsäure;
2. 10%ige Essigsäure;
3. 1%ige Boraxlösung;
4. 0,1%iges Ammoniumhydroxid;
5. 5%iges Natriumhydrogencarbonat.

Die von CROSSLEY und THOMAS [9] mit Lebensmittelfarbstoffen erhaltenen Ergebnisse sind in Tab. 50 enthalten. CRIDDLE u. Mitarb. [10, 11, 12, 13] trennten Lebensmittelfarbstoffe mittels Elektrophorese auf Kieselgur-Dünnschichten bei 200 V Spannung im 0,05 M Borax-Elektrolyten, pH 9,18 in einer Stunde.

Von natürlichen Farbstoffen wurden die Pigmente der roten Rübe papierelektrophoretisch getrennt. Die Elektrophorese dauerte bei 5,2 V/cm und 3 °C im 0,15 M Pyridin-Zitronensäurepuffer 7,5 Stunden.

Tabelle 50

Papierelektrophorese von Lebensmittelfarbstoffen nach CROSSLEY *und* THOMAS [9]

Farbstoff	Wanderung [mm]					
	1	2	3	4	5	6
Erythrosin BS	0	0	0	0	9	0
Tartrazin	130*	74*	23	15	103*	83*
Indigocarmin	52*	35	9	8	38*	10*
Ponceau MX	—	—	0	0	0 und 16	—
Ponceau 4R	—	—	26	30	100	—
Ponceau 3R	—	—	0	0	11	—

Bedingungen: 1) 1 N Essigsäure; 0,6 mA/5 cm, 2 Std.
2) 6 ml 0,1 N NaOH + 750 ml 0,1 M Kaliumhydrogenphthalat in 1,5 l Wasser, pH 4; 1,7 mA/5 cm, 1,75 Std.
3) 85,5 ml 0,1 N NaOH + 750 ml Kaliumhydrogenphthalat in 1,5 l Wasser, pH 6; 1,7 mA/5 cm, 2 Std.
4) 702 ml 0,1 N NaOH + 750 ml Kaliumhydrogenphthalat in 1,5 l Wasser, pH 8; 2,0 mA/5 cm, 2 Std.
5) 1%ige Natriumtetraboratlösung, 2,0 mA/5 cm, 1,5 Std.
6) 0,1 N NH_4OH; 1,7 mA/cm, 2 Std.

* Tailing oder schnell verblassende Flecken

9 Zonen von gelber bis roter Farbe wurden erhalten, von denen die zwei Hauptzonen einer zweiten Elektrophorese im Veronalpuffer, pH 8,6 unterworfen wurden. Keine der beiden Zonen erwies sich hierbei als homogen [14]. VESTERMARK [15] trennte die Rübenpigmente auf 16×1 cm Zellulose-Dünnschichten in einem diskontinuierlichen Puffersystem: als Anodenpuffer wurde 0,1 M Tris-chlorid, pH 7,6, als Kathodenpuffer 0,5 M Tris-glycinat, pH 9,0 verwendet. In der Nähe der Kathode wurde eine 3 cm breite Zone trocken gelassen und die in einigen Fällen mit Trichloracetat und Ascorbat gemischten wäßrigen Farbstofflösungen aufgetragen. Die Elektrophorese dauerte bei 1200 V 45 Minuten. Während dieser Zeit vollzog sich eine bedeutende Konzentrierung der Probe zu sehr scharfen, weniger als 3 mm breiten Zonen. Die Entfernung der Zonen voneinander konnte durch Ascorbat erhöht werden.

Zur Trennung von Farbstoffen wurde auch die kontinuierliche Papierelektrophorese eingesetzt. DURRUM [16] trennte saures Fuchsin in mehrere Fraktionen, GRASSMANN und HANNIG [17] Bromphenolblau und Cresolrot. SZÉCSI und TAR [18] trennten in einem kontinuierlichen Papierelektrophoresegerät nach DURRUM Handelspräparate von saurem Fuchsin und Erioglaucin in 5 bzw. 4 Fraktionen sowie folgende Farbstoffpaare:

Methylenblau-Malachitgrün,
Methylenblau-Brillantgrün,
Methylenblau-basisches Fuchsin,
Methylviolett-Brillantgrün,
Methylviolett-Malachitgrün,
basisches Fuchsin-Malachitgrün,
saures Fuchsin-Erioglaucin.

BERMES und McDONALD [19] verwendeten Bromphenolblau zur Messung der Elektroosmose auf Glasfaserpapier. ZWEIG [20] studierte das Verhalten von Brillantblau und Amaranth bei der kontinuierlichen Elektrophorese auf Zellulose- und Glasfaserpapier.

GROSSMANN und WAGNER [21] prüften die Homogenität von Nitro-Blautetrazoliumchlorid mittels kontinuierlicher Elektrophorese. Als Elektrolyt wurde das Gemisch Ameisensäure-Essigsäure-Wasser (5 : 15 : 80), pH 1,2 verwendet und pro Stunde 0,4 m*l* einer 0,1%igen Lösung des Farbstoffpräparates im Elektrolyt gelöst aufgebracht. Die Laufzeit betrug bei 400 V 7 bis 8 Stunden.

Literatur

[1] PAUL, M. H., DURRUM, E. L.: J. Amer. chem. Soc. *74* (1952), 4721
[2] EVANS, E. E., WALLS, K. W.: J. Bact. *63* (1952), 422
[3] STRAIN, H. H., SULLIVAN, J. C.: Analyt. Chem. *23* (1951), 816
[4] LEDERER, M.: Analyt. chim. Acta *6* (1952), 267
[5] FRANGLEN, G. T.: Nature [London] *175* (1955), 134
[6] CEE, A., GASPARIČ, J.: Coll. Czech. chem. Commun. *33* (1968), 1091
[7] FRANC, J., WURST, M.: Coll. Czech. chem. Commun. *25* (1960), 663
[8] MORI, I., KIMURA, M.: J. Pharm. Soc. Japan, *74* (1954), 179; ref.: J. Chromatogr. *1* (1958), VIII
[9] CROSSLEY, J., THOMAS, J. D. R.: Analyst *83* (1958), 462
[10] CRIDDLE, W. J., MOODY, G. J., THOMAS, J. D. R.: Nature [London] *202* (1964), 1327
[11] CRIDDLE, W. J., MOODY, G. J., THOMAS, J. D. R.: J. Chem. Education *41* (1964), 609
[12] CRIDDLE, W. J., MOODY, G. J., THOMAS, J. D. R.: J. Chromatogr. *16* (1964), 350
[13] CRIDDLE, W. J., MOODY, G. J., THOMAS, J. D. R.: J. Chromatogr. *18* (1965), 530
[14] POWRIE, W. D., FENNEMA, O.: J. Food Sci. *28* (1963), 214
[15] VESTERMARK, A.: Naturwissenschaften *54* (1967), 470
[16] DURRUM, E. L.: J. Amer. chem. Soc. *73* (1951), 4877
[17] GRASSMANN, W., HANNIG, K.: Naturwissenschaften *37* (1950), 397

[18] Buzágh, A.: „*A kolloidika praktikuma*" (Das Praktikum der Kolloidchemie), Budapest, 1962, S. 280
[19] Bermes, E. W., McDonald, J.: Biochim. biophys. Acta *20* (1956), 416
[20] Zweig, G.: J. Chromatogr. *2* (1959), 202
[21] Grossmann, H., Wagner, H.: J. Chromatogr. *35* (1968), 301

5. PRAKTIKUM ZUR PAPIERELEKTROPHORESE

Der Zweck dieses Kapitels ist es, die praktische Ausführung der Papierelektrophorese zu erleichtern. Deshalb werden zunächst zwei Ausführungsbeispiele in allen Einzelheiten beschrieben und einige Hinweise für den Eigenbau einfacher Geräte gegeben. Zur Erleichterung des Studiums des ausländischen Schrifttums sind außerdem die wichtigsten Fachausdrücke bezüglich der Papierelektrophorese in englischer und russischer Sprache sowie einige Handbücher und Monographien aus dem Themenkreis der Elektrophorese am Ende des Buches (7.2.) zusammengestellt.

5.1. Beispiele für die praktische Durchführung der Papierelektrophorese

5.1.1. Trennung von Aminosäuren in biologischen Flüssigkeiten mittels Kombination der Papierelektrophorese und der Papierchromatographie [1, 2]

Mit dem beschriebenen Verfahren wurden die Aminosäuren von Melasse, Melasseschlempe und Kleberextrakt getrennt.

1. Vorbereitung des zu untersuchenden Rohstoffes

a) Melasse: Mit destilliertem Wasser wird eine 30%ige Melasselösung hergestellt, welche dann zentrifugiert und durch einen Faltenfilter filtriert wird. 10 ml dieser Lösung werden anschließend durch eine mit 10 ml Kationenaustauscherharz Wofatit KPS 211 (H^+-Form) gefüllte Säule zur Bindung der Aminosäuren gegeben. Die Aminosäuren werden von dem Austauscher durch eine 4 N NH_4OH-Lösung verdrängt, das Eluat auf dem Wasserbad auf das ursprüngliche Volumen eingedickt und filtriert. Aus dieser Lösung werden zur papierchromatographischen Analyse $3 \times 0{,}002$ m*l* aufgetragen (0,0018 g Melasse), zur Elektrophorese werden $4 \times 0{,}005$ m*l* benötigt (0,006 g Melasse).
b) Schlempe: Vor der Destillation muß die Maische durch Zentrifuga-

tion von der Hefe befreit werden. Nach Abdestillieren des Alkohols wird die Maische klarfiltriert und auf das halbe Volumen eingedickt. Falls hierbei eine Haut oder eine Ausscheidung auftritt, wird abermals filtriert. Anschließend wird ähnlich vorgegangen wie bei der Melasse. *c)* Kleberextrakt: Der Kleberextrakt ist ein Nebenprodukt der Glutaminsäureherstellung aus Kleber mittels Ionenaustauscherverfahren. Davon wird eine 1%ige wäßrige Lösung bereitet, welche wie oben behandelt wird.

2. Papierchromatographie

Sowohl zur Chromatographie wie auch zur Elektrophorese wird das Filterpapier Schleicher und Schüll 2043/a verwendet. Die Chromatographie erfolgt absteigend innerhalb 24 bzw. 48 Stunden im PARTRIDGEschen Lösungsmittel Butanol—Essigsäure—Wasser (4 : 1 : 5). Histidin-Arginin-Asparagin sowie Serin-Glycin, Threonin-Glutaminsäure, γ-Aminobuttersäure-Tyrosin, Valin-Methionin-Tryptophan, Phenylalanin-Isoleucin-Leucin können nicht oder nur unvollständig getrennt werden.

3. Papierelektrophorese

Die »Elektrophoresekammer Labor 598« der Fa. Labor Műszeripari Művek, Budapest, ein Gerät für frei hängende Papierstreifen mit einem Versorgungsgerät bis zu 300 V und 30 mA Gleichstrom wurde eingesetzt. Um die nutzbare Länge des Papierstreifens zu vergrößern, wird ein Glasgerüst in Form eines umgekehrten V in die Kammer gestellt (etwa wie im Gerät von Durrum, nur weniger steil).

Drei verschiedene Elektrolytlösungen werden verwendet:

a) Grund-Elektrophorese nach BISERTE (zur Gruppentrennung der sauren, neutralen und basischen Aminosäuren) in Pyridin—Essigsäure—Wasser (30 : 100 : 4810), pH 3,9.

Die Aminosäuren wandern kathodisch, deshalb wird die Seite des Papiers, auf der sich die Probe befindet, als Anode geschaltet. Die Spannung beträgt 300 V (etwa 7 V/cm), die Stromstärke 7 bis 9 mA, die Elektrophorese dauert 6 Stunden. Asparaginsäure wandert 6,4, Glutaminsäure 9,1, die neutralen Aminosäuren 11,5 bis 11,7 cm, γ-Aminobuttersäure 15,6, Arginin 18,3, Lysin und Histidin 18,6 cm.

b) Trennung der neutralen Aminosäuren bei pH 1,9 nach MICHL:

3 *ml* 80%ige Ameisensäure, 12 *ml* Essigsäure, 15 *ml* Aceton werden mit destilliertem Wasser auf 100 *ml* aufgefüllt. Das Papierende mit den Substanzen wird als Anode geschaltet. Die Spannung beträgt 300 V, die Stromstärke 3,5 mA, die Dauer 6 Stunden. Glycin wandert 19,2 cm, Serin 17,8 cm.

c) Trennung der basischen Aminosäuren in 0,025 M Natriumcarbonat, pH 11,05, nach BISERTE.

Die Papierseite mit den aufgetragenen Proben wird als Kathode geschaltet. Die Elektrophorese erfolgt bei 300 V und 15,5 mA in 7 Stunden.

4. Nachweis der getrennten Aminosäuren

a) 0,1%ige alkoholische Ninhydrinlösung,

b) 0,2%ige Isatinlösung in Alkohol mit 4% Essigsäuregehalt.

Leztere dient zum Nachweis von Prolin und Hydroxyprolin, welche mit Ninhydrin eine nur schwache Färbung geben, sowie — aufgrund der verschiedenen Färbung — zur Unterscheidung von Isoleucin und Phenylalanin, sowie von Methionin und Valin, die paarweise auf dem Chromatogramm erscheinen.

Nach der Chromatographie bzw. Elektrophorese werden die Papierstreifen 1 Stunde bei 105—110 °C getrocknet. Nach dem Besprühen werden sie 3 bis 5 Minuten bei 100—105 °C bis zum Erreichen der maximalen Farbintensität entwickelt. (Bei Isatin nimmt dies 15 bis 20 Min. in Anspruch.)

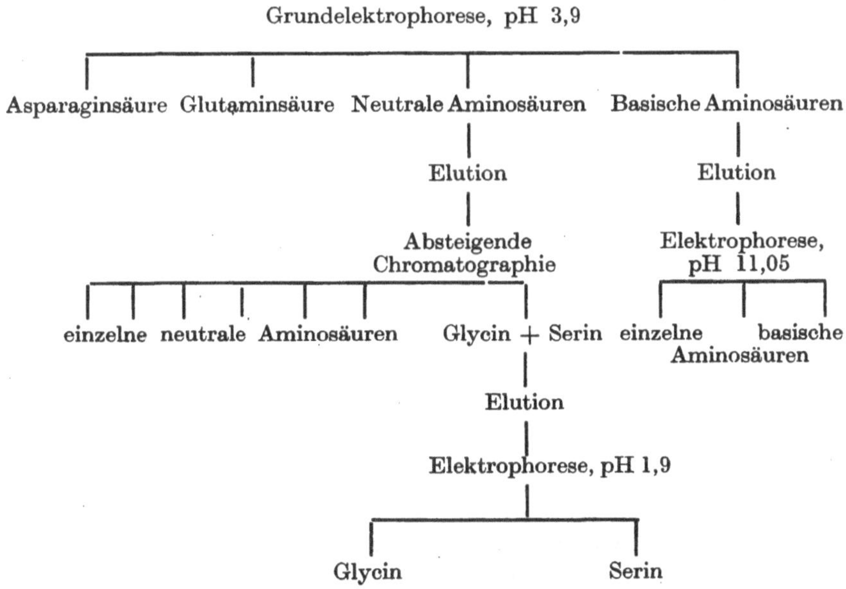

Abb. 51: Schema der Aminosäuretrennung nach VÁMOS u. Mitarb. [1]

5. Arbeitsgang

Die zu untersuchende Lösung wird 8 cm von dem einen Ende des Papierstreifens entfernt als 3 cm langer Streifen auf trocknes Papier aufgetragen. Danach wird dieses mit Ausnahme der Auftragungsstelle in die Elektrolytlösung getaucht, anschließend zwischen Filterpapierbogen abgepreßt und in die Kammer gelegt. Vier Streifen können auf einmal eingesetzt werden. Wenn durch die Kapillarströmung die Auftragungslinie eben benetzt wird, wird sofort die Spannung angelegt.

Der Arbeitsgang ist schematisch in Abb. 51 dargestellt.

Zuerst wird die Grundelektrophorese bei pH 3,9 durchgeführt. Hierbei werden 4 Aminosäurefraktionen erhalten:

1. Asparaginsäure,
2. Glutaminsäure,
3. neutrale Aminosäuren,
4. basische Aminosäuren (letztere ergeben manchmal mehrere Flecke).

Das Elektropherogramm ist auf Abb. 52 zu sehen. Es ist zwischen den Flecken der Asparaginsäure und der Glutaminsäure ein von den Farbstoffen der Melasse herrührender brauner Fleck zu beobachten.

Die auf diese Weise getrennten neutralen und basischen Aminosäuren werden aus dem nicht mit Farbreagenz behandelten Papierstreifen mit heißem Wasser oder mit 75%igem wäßrigem Aceton eluiert und nach dem Eindampfen auf dem Wasserbad einzeln chromatographiert. In der Gruppe der neutralen Aminosäuren befanden

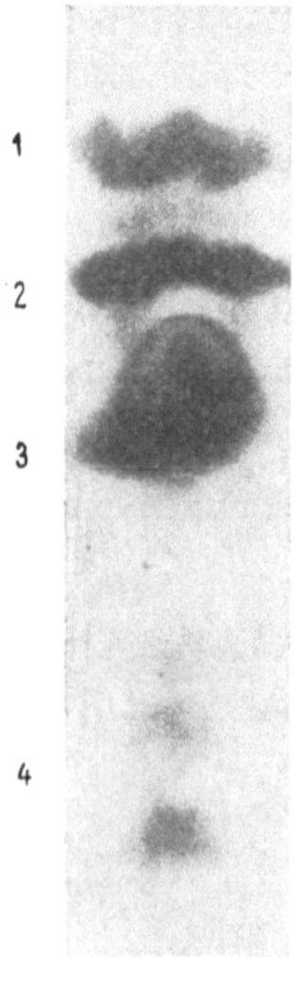

Abb. 52: Papierelektropherogramm eines Aminosäuregemisches im Elektrolyt pH 3,9 nach VÁMOS u. Mitarb. [1]
1 — Asparaginsäure; *2* — Glutaminsäure; *3* — Neutrale Aminosäuren; *4* — Basische Aminosäuren

sich Asparagin, Glycin und/oder Serin, Threonin, Alanin, Prolin, Tyrosin, Valin und/oder Phenylalanin und Leucin-Isoleucin. In der Gruppe der basischen Aminosäuren konnte nur γ-Aminobuttersäure nachgewiesen werden. Dies war auch bei der Elektrophorese bei pH 11,05 der Fall.

Die auf dem Chromatogramm nicht getrennten Aminosäuren Glycin und Serin konnten nach Elution im Puffer pH 1,9 ausgezeichnet elektrophoretisch getrennt werden.

5.1.2. Trennung und quantitative Bestimmung proteolytischer Enzyme mit milchkoagulierender Wirkung [3]

Das papierelektrophoretische Verhalten verschiedener proteolytischer Enzyme tierischer und pflanzlicher (mikrobieller) Herkunft wurde geprüft.

1. Vorbereitung der Substanzen

15%ige wäßrige Lösungen der Enzympräparate werden hergestellt. Unlösliche Teile werden durch Filtrieren entfernt.

2. Papierelektrophorese

Die Trennkammer für niedere Spannungen der Fa. Zeiss, Jena, wird verwendet, in welcher gleichzeitig 8 Papierstreifen vom Format 4×30 cm Platz finden. Das Gerät ist mit Spiral-Platinelektroden ausgestattet, welche sich in der ganzen Länge der Pufferträge entlangziehen und somit eine gleichmäßige Stromverteilung auf allen Papierstreifen gewährleisten. Die Papierstreifen sind in der Kammer frei aufgehängt.

Das Papier Whatman 1 wird verwendet, 0,02 bis 0,04 m*l* Enzymlösung (d. h. 0,003 bis 0,006 g Enzympräparat) werden in der Mitte des trockenen Streifens in 2,5 bis 3 cm Länge und 3 mm Breite aufgetragen. Die Streifen werden in das Gerät gelegt und wenn sie infolge der Kapillarströmung bzw. Diffusion völlig durchtränkt sind, werden 150 V angelegt. Diese Spannung ergibt je nach der Beschaffenheit des Puffers 8 bis 15 mA Stromstärke. Die Elektrophorese dauert 7 Stunden.

Folgende Puffer werden verwendet:

0,05 M Acetat, pH 5,1
0.01 M Phosphat, pH 6,6
0,05 M Phosphat, pH 6,6

0,01 M Phosphat, pH 8,0
0,05 M Phosphat, pH 8,0
0,01 M Veronal, pH 8,6
0,05 M Veronal, pH 8,6
0,10 M Veronal, pH 8,6.

Nach beendeter Elektrophorese werden die Streifen zuerst bei Zimmertemperatur in waagerechter Lage getrocknet und danach zum Proteinnachweis bzw. zur Messung der Enzymaktivität ausgewertet.

3. Nachweis der Proteinfraktionen

Die lufttrockenen Streifen werden für 15 Minuten auf 105 °C im Trokkenschrank erhitzt, um die Proteinzonen zu fixieren und danach mit Säurefuchsin nach NOWOTNY angefärbt (vgl. Kap. 4.2.9.).

4. Quantitative Auswertung der Proteinzonen

Die mit Säurefuchsin gefärbten Pherogramme werden im Extinktionsregistriergerät ERI 10 der Fa. Zeiss, Jena, ausgewertet. Das Gerät ist mit einem Integralschreiber versehen. Dadurch können die Mengen der einzelnen Komponenten nach dem Verfahren von GRASSMANN und HANNIG aufgrund der Farbintensität ihrer Flecke im Prozentsatz der Gesamtintensität (des Integralwerts) ausgedrückt werden.

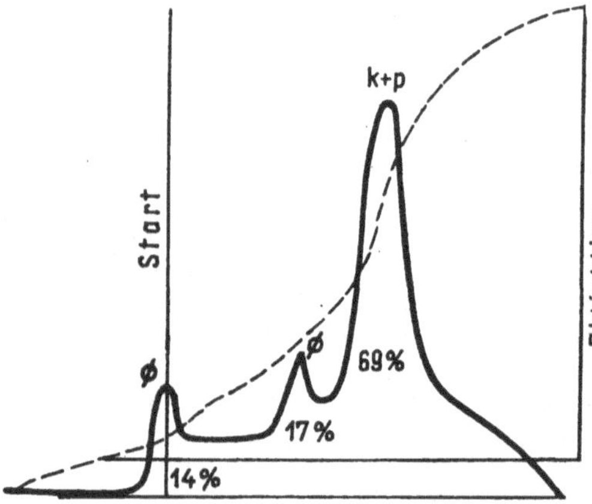

Abb. 53: Elektrophoretisches Diagramm des Labpräparates »Rennin« nach VÁMOS und MORVAI [3] (0,01 M Phosphatpuffer, pH 6,6)
k — koagulierende Aktivität, *p* — proteolytische Aktivität, ø — inaktives Protein

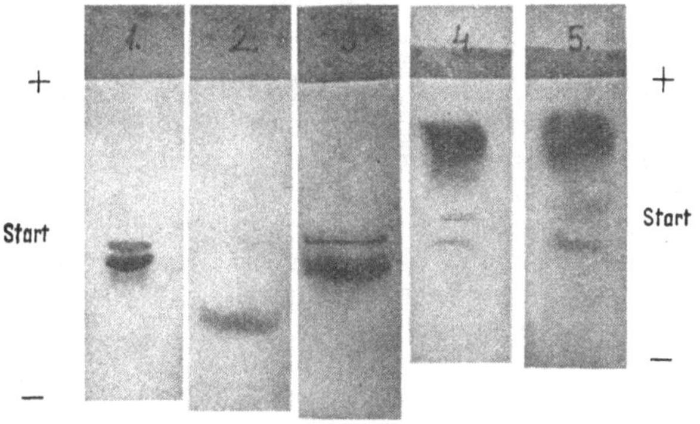

Abb. 54: Mit Säurefuchsin gefärbte Papierelektropherogramme der mikrobiellen Labenzympräparate »Sure-Curd« und »Meito Rennet« in verschiedenen Puffern nach VÁMOS und MORVAI [3]

1 — Sure-Curd, 0,05 M Veronal, pH 8,6; *2* — Sure-Curd, 0,01 M Phosphat, pH 6,6; *3* — Sure-Curd, 0,05 M Phosphat, pH 8,0; *4* — Meito Rennet, 0,1 M Veronal, pH 8,6; *5* — Meito Rennet, 0,05 M Phosphat, pH 8,0

Abb. 53 zeigt das elektrophoretische Diagramm des Labenzympräparates »Rennin« nach Elektrophorese in 0,01 M Phosphatpuffer, pH 6,6, mit der prozentualen Verteilung der Proteinfraktionen. Auf Abb. 54 sind die mit Säurefuchsin angefärbten Pherogramme zweier mikrobieller Labenzympräparate in verschiedenen Puffern zu sehen.

5. Ermittlung der Enzymaktivitäten

Nach der Elektrophorese wird der lufttrockene Papierstreifen im lauwarmen Luftstrom nachgetrocknet. Die Proteinzonen werden an Hand eines parallel elektrophoretisierten und mit Säurefuchsin angefärbten Streifens markiert und ausgeschnitten. Die ungefärbten Proteinzonen des Elektropherogramms gibt man fein zerstückelt in ein bestimmtes Volumen des zur Aktivitätsbestimmung verwendeten und auf die Reaktionstemperatur vorgewärmten Substrats. Das Substrat zur Ermittlung der Milchkoagulationsaktivität besteht aus 5 ml rehydrierter Magermilch, die 0,1% Calciumchlorid enthält. Die proteolytische Aktivität wird an einer gepufferten Kaseinlösung gemessen.

6. Einige bei der Enzymelektrophorese zu beachtende Erscheinungen

a) Die Zahl der erhaltenen Proteinfraktionen hängt vom pH, von der Ionenstärke und Zusammensetzung des Puffers ab. Bei gegebenem pH und gleicher Zusammensetzung erhält man bei niedrigerer Ionenstärke gewöhnlich mehr Fraktionen.

b) Bei einem gegebenen Puffer hängt in einigen Fällen nicht nur die Wanderungsstrecke, sondern auch die Wanderungsrichtung der Proteinfraktionen von der Ionenstärke ab.

c) Einige Enzyme werden durch bestimmte Puffer teilweise oder vollständig inaktiviert. Der Einfluß des Puffers auf die Enzymaktivität soll vor der Elektrophorese ermittelt werden, z. B. dadurch, daß man das Enzympräparat für 24 Stunden im Puffer gelöst bei verschiedenen Temperaturen aufbewahrt und die auf diese Weise entstandenen Aktivitätsverluste bestimmt.

d) Auch aus Puffern, welche auf die Aktivität des gelösten Enzyms keinerlei Wirkung ausüben, kann nach der Elektrophorese gewöhnlich nur ein Teil der aufgetragenen Aktivität zurückerhalten werden.

Aus den theoretischen Grundlagen der Papierelektrophorese lassen sich diese Erscheinungen nur zum Teil erklären. Sie hängen wahrscheinlich mit den Hydratations-, Assoziations- und Dissoziationsverhältnissen dieser komplizierten und strukturell unbekannten Enzymproteine zusammen.

Diese Erscheinungen sind hier nur angeführt worden, um auf die Schwierigkeiten bei der Ausführung elektrophoretischer Versuche mit unbekannten Makromolekülen aufmerksam zu machen, die selbst bei einer praktisch einfachen Trennaufgabe auftreten und zu Trugschlüssen führen können.

Literatur

[1] Vámos, L., Dragos, E.: Erjedésipari Kutatóintézet Közleményei (Mitt. Forschungsinst. Gärungsind., ung.) (1963), 31

[2] Vámos, L., Dragos, E., Sárkány, I.: Die Branntweinwirtschaft *105* (1965), 28

[3] Vámos, L., Morvai, M.: Élelmiszertudomány (Lebensmittelwissenschaft, ung.), im Druck

5.2. Hinweise für den Eigenbau von Geräten

Heutzutage sind die verschiedensten Papierelektrophoresegeräte handelsüblich. Trotzdem besteht manchmal die Notwendigkeit für spezielle Zwecke ein geeignetes Gerät zu bauen. Trennkammern für niedrige Spannungen ohne Kühlung sind mit den einfachsten Mitteln leicht im Eigenbau herzustellen. Hierzu sollen einige Hinweise gegeben werden.

1. Geeignete Gleichspannungsregler, die wichtigste Voraussetzung für die Elektrophorese, sind in genügender Auswahl handelsüblich, so z. B. das Gerät E-1 der Fa. Labor Műszeripari Művek Budapest (0—250 V, 0—50 mA).

Die PGH Statron, Fürstenwalde (DDR), bietet mehrere Gleichspannungsregler, Typ NG an, die verschiedene Spannungsbereiche von 0—3000 V umfassen, darunter z. B. ein Gerät 250—2000 V und 0—100 mA.

2. Trennkammern für horizontal gelagerte Papierstreifen sind am einfachsten herzustellen, jedoch auch Geräte, in denen das Papier von einem Steg dachartig in die Pufferlösung hängt (nach Durrum) werden vielfach im Eigenbau gefertigt. Als Material eignen sich Plexiglas, Polyvinylchlorid u. a. Kunststoffe soweit sie von den Elektrolytlösungen nicht angegriffen und von der bei der Elektrophorese entwickelten Wärme nicht deformiert werden. Auch der verwendete Klebstoff muß in ähnlicher Weise geprüft werden. Araldit kann z. B. gut verwendet werden. PVC — Kleber unterliegt in pyridinhaltigen Puffern einer geringen Quellung, was jedoch ohne Auswirkungen bleibt, wenn ein längeres Verweilen der Elektrolyte in der Trennkammer vermieden wird. Besonders zuverlässig sind geschweißte Verbindungen zwischen PVC-Platten.

Die Abmessungen der Kammer hängen davon ab, zu welchem Zwecke man sie verwenden will. 30 bis 40 cm Abstand zwischen den Elektroden sind für die meisten Zwecke geeignet.

Die Elektrodengefäße sollen nicht zu klein sein, sonst macht sich die störende Wirkung der Elektrolyseprodukte schon nach kurzer Zeit bemerkbar, und der Puffer muß öfter gewechselt werden. Das Elektrolytvolumen sollte an beiden Elektroden 300 bis 500 m*l* betragen. Das Elektrolytgefäß muß wenigstens in zwei Kammern getrennt sein, um den Elektrodenraum von dem Raum, in dem die Papierstreifen in die Lösung tauchen, abzutrennen. Die Verbindung zwischen den beiden Kammern des Elektrodengefäßes kann am einfachsten durch Perforation der Trennungsplatte in 1—2 cm Höhe über dem Boden hergestellt werden. Die Perforationslöcher sollten mit Watte oder Filterpapier ausgestopft werden, damit sich Veränderungen des Elektrolyten und Elektrolyseprodukte im Elektrodenraum nicht direkt auf den Papierstreifen auswirken können. Vorteilhafter ist ein Labyrinthsystem, in dem 2 bis 3 Plexiglasplatten, welche 1 bis 2 cm niedriger und etwa 0,5 cm kürzer sind als die Außenwände des Elektrolytgefäßes, quer zur Laufrichtung abwechselnd an der einen und der anderen inneren Seitenwand, parallel zueinander angebracht sind.

Als Elektroden sind am besten Platindrähte von 0,5—1 mm ∅

geeignet, welche am günstigsten zur Elektrolyt-Oberfläche parallel durch das ganze Elektrolytgefäß laufen (quer zur Laufrichtung der Elektrophorese). Viel billiger sind Kohleelektroden. Diese müssen jedoch häufig gewechselt werden, da ihr Durchmesser, besonders im Anodenraum, schnell abnimmt.

Die ganze Kammer soll nicht höher sein als zum Unterbringen der Elektrolytgefäße und Elektroden unbedingt notwendig, denn der überflüssige Luftraum fördert die Verdunstung und dadurch die Kapillarströmung des Elektrolyten auf dem Papier.

Der Deckel der Kammer kann eine Glas- oder Plexiglasplatte sein. Sie soll luftdicht schließen und womöglich während des Laufes mit Klammern befestigt sein.

Es ist dringend zu empfehlen, einen geeigneten Schalter anzubauen, der beim Öffnen bzw. Schließen des Deckels betätigt wird, damit eine offene Trennkammer niemals unter Spannung steht. Selbstverständlich sind hinsichtlich der Verbindungskabel, der Anlage der Steckkontakte, des Standortes der Kammer u. ä., besonders beim Arbeiten mit Hochspannung, die geltenden Sicherheitsvorschriften einzuhalten.

6. SONSTIGE METHODEN DER TRÄGERELEKTROPHORESE

Mit der Papierelektrophorese entwickelten sich auch andere Methoden der Trägerelektrophorese. Dabei wurden verschiedene andere Trägermaterialien eingesetzt (s. Kap. 3.1.) und zum Teil andere Trenneffekte mit der Elektrophorese gekoppelt. Einige dieser Verfahren gelangten in der letzten Zeit zu einer Bedeutung, welche die Papierelektrophorese bei weitem übertrifft. Dies gilt vor allem für die *Polyacrylamidgel-Elektrophorese*, deren Trennvermögen für Makromoleküle, in erster Linie für Proteine, bis jetzt von keinem anderen Trennprinzip erreicht werden konnte.

Den meisten in diesem Kapitel zusammengefaßten Methoden der Trägerelektrophorese sind bereits Monographien gewidmet worden, auf die im Text hingewiesen wird. Im Rahmen dieses Buches können diese Verfahren natürlich nicht ihrer Bedeutung entsprechend behandelt werden.

6.1. Mikro- und Ultramikroverfahren

Bei den üblichen Verfahren der Papierelektrophorese wird mit Substanzmengen von 10 bis 100 μg gearbeitet (s. Kap. 3.3.). Aus biologischen Materialien stehen aber oft nur wesentlich kleinere Mengen zur Verfügung. Für solche Fälle wurden Mikro- bzw. Ultramikroverfahren entwickelt, welche die Trennung von Substanzmengen von 10^{-6} bis 10^{-10} g ermöglichen. Als Träger kann ein gequollener Seidenfaden [1, 2, 3] oder ein dünner Flüssigkeitsfilm [4] dienen. Diese Träger sind leicht zu kühlen und ermöglichen deshalb die Anwendung hoher Spannungen, z. B. 12 V/mm.

Neuerlich wurde eine Mikromodifikation der Polyacrylamidgel-Elektrophorese [5, 6, 7] in Glaskapillaren von 0,2 bis 0,4 bzw. 0,45 mm Durchmesser zum Trennen von Proteinen entwickelt. In einigen Fällen wurden tritium-markierte Proteine verwendet [6, 7].

Auch Zelluloseacetat-Folien werden zur Mikroelektrophorese eingesetzt (vgl. 6.2.).

Literatur

[1] Edström, J. E.: Nature [London] *172* (1953), 809
[2] Edström, J. E., Hydén, H.: Nature [London] *174* (1954), 128
[3] Edström, J. E.: Biochim. biophys. Acta *22* (1956), 378
[4] Turner, B. M.: Nature [London] *179* (1957), 964
[5] Grossbach, U.: Biochim. biophys. Acta *107* (1965), 180
[6] Hydén, H., Bjurstam, K., McEwen, B.: Analyt. Biochem. *17* (1966), 1
[7] Hydén, H., Lange, P. W.: J. Chromatogr. *35* (1968), 336

6.2. Membran-Elektrophorese

Anstatt Papier wurden zuerst im Jahre 1953 von Friedrichsberg und Gutman [1] Kollodium-Membranen als Träger der Elektrophorese verwendet. Mould und Synge studierten theoretische Fragen der Trennung von Proteinen mittels Kollodium-Elektrophorese [2, 3]. Später wurde von Kohn [4, 5, 6] ein Mikroelektrophorese-Verfahren mit Zelluloseacetat-Folien als Träger entwickelt. Die wichtigsten Vorteile der Zelluloseacetat-Folien gegenüber dem Papier sind:

a) Das Verfahren kann auch für Trennungen im Mikromaßstab verwendet werden.
b) Die Acetat-Folien sind chemisch rein und daher in Standardqualität zu beziehen, was die Reproduzierbarkeit der Trennung erhöht.
c) Die Versuchsdauer kann wesentlich reduziert werden.
d) Die geringe Adsorption der Proteine ermöglicht Trennungen mit scharf abgegrenzten unverzerrten Flecken, was die quantitative Auswertung erleichtert und ihre Genauigkeit erhöht.
e) Die Streifen können mit Transparenzflüssigkeiten vollständig durchsichtig gemacht werden, wodurch die Schärfe der direkten photometrischen Auswertung erhöht wird.

Allerdings muß bemerkt werden, daß die Handhabung der Acetat-Folien eine gewisse Sorgfalt und Übung voraussetzt, besonders bei dem Benetzen mit dem Puffer und dem Trocknen bzw. dem Aufbewahren in trockenem Zustand.

Zelluloseacetat-Folien für die Elektrophorese werden von zahlreichen Firmen hergestellt (s. Kap. 3.1.). In den letzten Jahren hat sich das von der Firma Chemetron, Mailand, hergestellte und ebenfalls aus reinem Zelluloseacetat bestehende Cellogel als Träger der Membranelektrophorese für viele Zwecke gut bewährt. Die Eigenschaften sowie die Handhabung und die Unterschiede der Cellogelstreifen von den üblichen Zelluloseacetat-Folien wurden von Aitzetmüller u. Mitarb. beschrieben [7]. Ein großer Vorteil der Cellogelstreifen besteht darin, daß sie durch Erwärmung auf 80 bis 100 °C transparent gemacht werden können, und daß sie in verschiedenen organischen Lösungs-

Abb. 55: Die Elphor-Standard-Rapid-Kammer für die Kurzzeit-Elektrophorese auf Acetatfolien der Fa. Bender & Hobein, G.m.b.H., München

mitteln löslich sind. Dadurch wird die quantitative Auswertung mittels Elution wesentlich vereinfacht.

Auch Nitrozellulose-Membranen können als Träger eingesetzt werden [8, 9]. Längere Folien sollen während der Elektrophorese auf einer gekühlten Glasplatte liegen [7]. Zur Trennung von Serumproteinen genügt eine Trennstrecke von 4 bis 5 cm und eine Trenndauer von 5 Minuten.

Es werden auch Spezialgeräte für die Membran-Elektrophorese hergestellt, z. B. von der Firma Shandon Scientific Company, Ltd., London. Die von Bender & Hobein, München hergestellte Kurzzeit-Elektrophorese-Kammer ist in Abb. 55 zu sehen.

Die Elphor-Standard-Rapid-Kammer eignet sich für 8 Acetatfolien mit 4—5 cm Trennstrecke oder 6 Objektträger für Immun-Elektrophorese. Sie wird mit 200 V Gleichstrom für Acetatfolien oder 100 V Gleichstrom für Filterpapierstreifen betrieben.

Die Elphor-Multi-Rapid-Kammer ist für 16 Acetatfolien oder 12 Objektträger bemessen und ermöglicht Trennungen auf Acetatfolien, Filterpapier, Agargel (einschließlich Immuno-Elektrophorese) und Stärkegel bei wahlweise 100, 200 oder 300 Volt.

Die neue Trennkammer der Fa. Shandon Scientific Company, Ltd, London, Modell U 77 (Abb. 56) besitzt zusätzlich den Vorteil einer von 1 bis 21 cm millimeterweise verstellbaren Trennlänge. Auf diese Weise können auf kurzer Trennstrecke auch Hochspannungsverfahren durchgeführt werden. Diese Kammer eignet sich ebenfalls nicht nur für die Membrantechnik, sondern auch für verschiedene Gele und für Niederspannungstrennungen auf Dünnschichten. Die Kammer ist umpolbar.

Tabelle 51

Anwendungsbeispiele für die Membranelektrophorese

Stoffgruppe	Träger	Aufgetragene Menge	Versuchsbedingungen	Elektrolyt	Bemerkung	Literatur
seltene Erden	Cellogel	0,5 μl	45 – 65 V/cm, 4,5 – 9 mA, 60 – 90 Min.	0,4 – 0,8 M α-Hydroxyisobuttersäure		[7, 25, 26]
Aromatische Säuren	Zellulose-acetat	1,0 – 3,0 μg	1,25 mA je Streifen (7,5 mA für sechs Streifen)	0,2 N Acetatpuffer, pH 3,6 (15 ml 0,2 N Natriumacetat + 185 ml 0,2 N Essigsäure, pH einstellen)	Das Auftragen der Substanzen erfolgt in 0,2 N Ammoniumformiat, pH 3,0 am kathodischen Ende	[27]
Serumproteine	Nitro-zellulose	10^{-5} ml	5 × 1 oder 5 × 2,5 cm Streifen mit 2%iger Lösung des im Puffer gelösten Benetzungsmittels 5 Min. behandelt. 15 – 20 V/cm, 0,4 – 0,5 mA/cm, 12 – 15 Min.	Veronal (0,025 M)-Zitrat (0,0025M)-Oxalat (0,001 M), pH 8,6	Nicht-ionische Netzmittel sollen verwendet werden	[8]
Serumproteine	Zellulose-acetat	2 μl	1 mA/Streifen (2,5 cm breit), 60 – 90 Min.	Barbitonacetat, $\mu = 0{,}075$	2,5 × 12 cm Streifen, normale und pathologische Serumproteine	[13]

Rinderserum	Nitrozellulose, Zelluloseacetat	$10^{-4}-10^{-5}$ *ml*	17–23 V/cm, 0,4–0,6 mA/cm, 10–15 Min. Trennstrecke 3,5 cm, Trocknung bei 80–100 °C.	pH 8,6 Veronalpuffer	Anfärbung mit Nigrosin, Amidoschwarz oder Azocarmin. Nitrozellulose und Zelluloseacetat geben ähnliche Ergebnisse	[14]
Plasma-Lipoproteine	Zelluloseacetat		20 V/cm, 2,5 mA/-Streifen, 90 Min.	pH 8,6 Veronalpuffer, $\mu = 0{,}05$, 0,001 M in ÄDTA mit 1% Albumingehalt		[11]
Placenta-Proteine	Zelluloseacetat	5 bis 10 *µl* der 6–8%igen Testlösung	12×2,5 cm Streifen, 140–160 V, 1,0–1,2 mA/Streifen, 80–90 Min. Trocknung bei 90 °C, 15 Min. Färbung mit Buffalo Black 10B, 10 Min. Farbstoffüberschuß mit 5% Essigsäure auswaschen	5,0 g Na-Veronal, 1,9 g wasserfreies Na-Acetat, 0,38 g Ca-Lactat, 34,2 *ml* 0,1 N HCl pro Liter, pH 8,6	Vorbereitung des zu trennenden Materials durch Extraktion mit Wasser, Dialyse und Behandlung des Dialyse-Rückstandes mit 95% Äthanol	[10]
Zell-Proteine (Rattenleber)	Cellogel	10–15 *µl* der zentrifugierten Leberextrakt-Lösung	20×3,5 cm Streifen, 15 Min. mit Puffer getränkt. 20 V/cm, 3 Std.	Veronalpuffer, pH 8,6, $\mu = 0{,}05$		[12]

(Fortsetzung von Tab. 51)

Stoffgruppe	Träger	Aufgetragene Menge	Versuchs-bedingungen	Elektrolyt	Bemerkung	Literatur
Gelatine	Zellulose-acetat	60 μg oder 2–10 μg (in 0,25 μl)	Auf 4 × 30 cm Streifen 3 Std., bei dem Mikroverfahren 25 Min. (200 V Klemmspannung, 5,5 × 14 cm Streifen)	Carbonatpuffer, pH = 10, $\mu = 0{,}15$, bei dem Mikroverfahren $\mu = 0{,}075$	Auftragen am kathodischen Ende	[22]
Glutamin-oxal-essigsäure — Transaminase	Zellulose-acetat	max. 350 Enzymeinheiten	12 V/cm, 1,5 Std.	pH 8,6 Veronal-puffer, $\mu = 0{,}052$	GOT aus Serum, Rinderherzen und Leber	[16]
Histaminase (Schweine-niere)	Zellulose-acetat		0,6 mA/cm, 4 Std.	verschiedene pH-Werte zwischen 4,6 und 8,6 $\mu = 0{,}05-0{,}1$	Bei pH 8,6 zwischen α_2 und β-Globulin des menschl. Serums. Zwischen pH 5,0 und 5,15 keine Wanderung	[17]
Lactatdehydro-genase — Isoenzyme (Serum)	Zellulose-acetat	10 μl Serum bzw. 2 μl	200 V, 90 Min.	pH 8,6 Veronal-puffer, $\mu = 0{,}05$. 0,05 M Veronal pH 8,6		[20, 19] [21]
Proteasen	Zellulose-acetat	10–30 μg	210–168 V, 19–26 mA, 3–4 Std., 22–23 °C	0,2 M Trispuffer, pH 8,1	Nachweis durch Zersetzung eines roten Algal-Chromoproteins am Streifen	[18]

Saure Mucopolysaccharide	Zelluloseacetat	0,5 μg	140 V, 0,3 mA, 13 Min.	*a)* 0,05 M, pH 6,9 Phosphatpuffer, (250 m*l* 0,1 M KH_2PO_4 + + 129,5 m*l* 0,1 M NaOH pro 500 m*l*) *b)* 1 M Pyridin – 0,566 M Ameisensäure, pH 3,0	Nachweis mit 1% Alcianblau	[23]
Neutrale Polysaccharide	Zelluloseacetat	2–10 μg	200 V, 25 Min.	Boratpuffer, pH = 10, μ = 0,065	Auftragen am kathodischen Ende; Nachweis von Geliermitteln	[22]
Nukleotide	Zelluloseacetat	0,3 μ*l* (0,15 μg der einzelnen Komponenten)	60 V/cm, 0,3 mA/cm, 15 Min.	Ammoniumformiat – Ameisensäure mit 33 Vol. % Propylenglykol, pH 2,9–3,1, μ = 0,01	In 0,01 N Ameisensäure gelöst aufgetragen	[24]
Nukleinsäuren	Nitrozellulose	0,1–1 μ*l* (0,5–2 μg/μ*l* Konzentration)	20–22 V/cm, 0,4–0,5 mA/cm, 1–30 Min.	Zitratpuffer, pH 7,0, Veronal-Zitrat-Oxalat, pH 8,6, μ = 0,1; 0,1 M Acetatpuffer, pH 4,5; die Puffer werden verdünnt verwendet	1–2 × 3–4 cm Streifen, mit Tween 20, 60 oder Proteinen imprägniert. Nachweis mit Toluidinblau oder Methylgrün	[9]

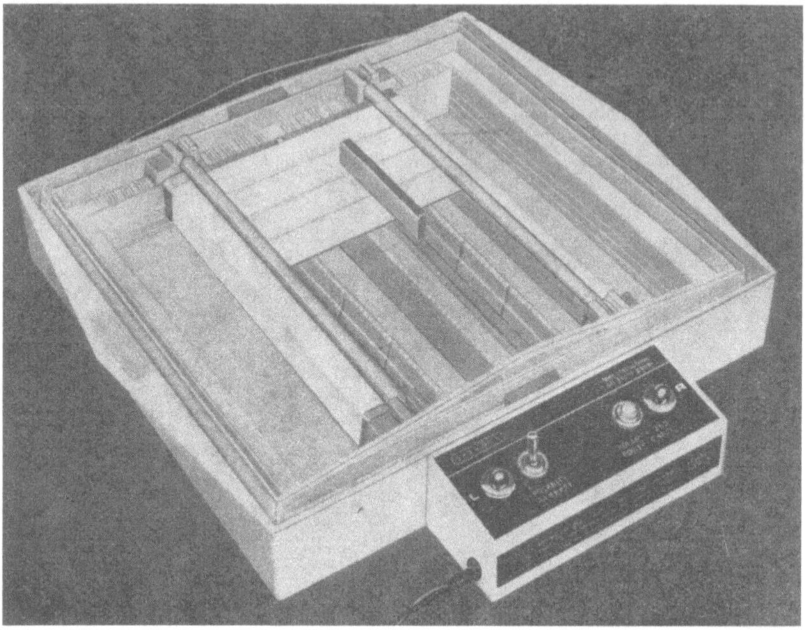

Abb. 56: Die universale Trennkammer nach KOHN (Modell U 77) der Fa. Shandon Scientific Company, Ltd. London

Die Membranelektrophorese wird hauptsächlich für die Trennung von Proteinen angewandt [10, 11, 12, 13]. Außer Serumproteinen [14, 15] wurden Enzyme [16, 17, 18, 19], besonders Isoenzyme [20, 21] mit gutem Erfolg getrennt. Das Verfahren eignet sich auch für die Trennung von Polysacchariden [23, 24] und Nukleotiden [25]. Auf dem Gebiete der anorganischen Ionen bewährte es sich bei der Trennung der seltenen Erden [7, 26, 27]. Tabelle 51 enthält einige Angaben zu diesem Trennverfahren.

Das von LEAVER [28] entwickelte Verfahren zur Reinigung von größeren Proteinmengen soll erwähnt werden, obwohl es sich hier nicht um eine Membranelektrophorese im bisherigen Sinne handelt. Hierbei sind in den Schenkel der freien Elektrophorese Bac-T-Flex Membranen (Schleicher und Schüll) als Molsiebe eingefügt. Die Molekülsiebwirkung der Membranen ist vom pH-Wert des Puffers bzw. vom isoelektrischen Punkt des Proteins abhängig. Wenn der pH des Puffers unterhalb des isoelektrischen Punktes des betreffenden Proteins liegt, wird die Wanderung auch durch Membranen mit viel größeren Poren als dem Proteinmolekül entsprechen, verhindert. Liegt jedoch der pH oberhalb des isoelektrischen Punktes, so können die Moleküle ungehindert hindurch. Der Grund dieser Erscheinung liegt darin, daß die Membranen im elektrischen Feld positiv aufgeladen sind und somit ihre wirksame Porengröße negativ geladenen Eiweißpartikeln gegenüber verringert wird.

Literatur

[1] FRIEDRICHSBERG, D. A., GUTMAN, K. M.: Kolloid. Zhurn. (russ.) *15* (1953) 307
[2] SYNGE, R. L. M.: Biochem. J. *65* (1957), 266
[3] MOULD, D. L., SYNGE, R. L. M.: Biochem. J. *58* (1954), 571
[4] KOHN, J.: Biochem. J. *65* (1957), 9 P
[5] KOHN, J.: Nature [London] *181* (1958), 839
[6] KOHN, J.: Biochem. J. *68* (1958), 10 P
[7] AITZETMÜLLER, K., BUCHTELA, K., GRASS, F.: J. Chromatogr. *22* (1966), 431
[8] PŘISTOUPIL, T. J , FRIČOVÁ, V.: J. Chromatogr. *26* (1967), 331
[9] PŘISTOUPIL, T. J., FRIČOVÁ, V., KRAMLOVÁ, M., TRAVNIČEK, M., ŠTĚRBIKOVÁ, J., NOVOTNÁ, Z.: J. Chromatogr. *36* (1968), 91
[10] GERSHBEIN, L. L., AL-WATTAR, J.: J. Chromatogr. *34* (1968), 485
[11] CHARMAN, R. C., LANDOWNE, R. A.: Analyt. Biochem. *19* (1967), 177
[12] LEBOUTON, A. V.: Analyt. Biochem. *20* (1967), 550
[13] MEJGLO, Z. A., PARSONS, R. S., POLYA, J. B.: Enzymologia *34* (1968), 237
[14] PŘISTOUPIL, T. J.: Clin. chim. Acta *15* (1967), 179
[15] SAWAKI, SH., YAMADA, K.: J. Vitaminol. [Kyoto] *11* (1965), 189; ref.: Chem. Zentralblatt *139* (1968), No. 8, 152
[16] ROMEL, W. C., La MANCUSA, S. J.: Clin. Chem. *11* (1965), 131
[17] KAPELLER-ADLER, R., MacFARLANE, H.: Biochim. biophys. Acta *67* (1963), 542
[18] MERKEL, J. R.: Analyt. Biochem. *17* (1966), 84
[19] OPHER, A. W., COLLIER, C. S., MILLER, J. M.: Clin. Chem. *12* (1966), 308
[20] PRESTON, J. A., BRIERE, R. O., BATSAKIS, J. G.: Amer. J. clin. Pathol. *43* (1965), 256
[21] BERGERMAN, J.: Clin. Chem. *12* (1966), 797
[22] PADMOYO, N., MISEREZ, A.: Mitt. Lebensm. Unters. Hyg. *58* (1967), 31
[23] HERD, J. K.: Analyt. Biochem. *23* (1968), 117
[24] GEBICKI, J. M., FREED, S.: Analyt. Biochem. *13* (1965), 505
[25] AITZETMÜLLER, K., BUCHTELA, K., GRASS, F., HECHT, F.: Mikrochim. Acta *1964*, 1089
[26] AITZETMÜLLER, K., BUCHTELA, K., GRASS, F., HECHT, F.: Mikrochim. Acta *1966*, 1101
[27] KASER, M. M., ROSENTHAL, W. A., NIQUETTE, K., CULLEN, P.: J. Chromatogr. *29* (1967), 378
[28] LEAVER, F. W.: Analyt. Biochem. *14* (1966), 145

6.3. Dünnschicht-Elektrophorese

Die Elektrophorese in mit Puffern durchtränkten Trägerschichten wurde von CONSDEN, GORDON und MARTIN bereits im Jahre 1946 zur Trennung von Aminosäuren angewandt [1]. Diese Arbeit wurde aber nicht weiterentwickelt, und die Verbreitung oder vielmehr die Neuentdeckung des Verfahrens erfolgte erst, nachdem die Dünnschichtchromatographie große Popularität erreicht hatte. Nach PASTUSKA und TRINKS hat die Anwendung von Kieselgel G- bzw. Kieselgur G-Trägerschichten dem Papier gegenüber folgende Vorteile [2]:

1. Die Wanderungsgeschwindigkeiten sind größer.
2. Die Adsorption ist geringer.
3. Die größeren Wanderungsgeschwindigkeiten ermöglichen das Anlegen niedrigerer Spannungen.
4. Die Versuchsdauer ist kürzer.
5. Durch die kürzere Versuchsdauer erübrigt sich in den meisten Fällen die Kühlung.
6. Die Schichten vertragen agressive Elektrolyten und Nachweisreagenzien.
7. Die getrennten Substanzen lassen sich leicht eluieren.

CRIDDLE u. Mitarb. halten besonders zur Trennung von Farbstoffen Kieselgur am geeignetsten [3]. Für die Trennung von wasserlöslichen Substanzen, z. B. Aminosäuren [4, 5], Peptiden [6], Oxy- und Ketosäuren [7], sowie Nukleotiden und Proteinen [8] wird oft Zellulose eingesetzt. Es werden auch synthetische Polymere, wie PVC-Pulver [8], Sinterschichten aus »Corvic R 51/83« (Vinylchlorid-Vinylacetat-Copolymer) [9] oder Polyvinylalkoholpulver [10] angewandt, seltener Aluminiumoxid [11] und das Dextrangel Sephadex G 200 [12].

Zur Dünnschichtelektrophorese können im Prinzip alle horizontalen Papierelektrophoresegeräte verwendet werden, falls in diesen die Dünnschichtplatten vom üblichen Format (20 × 20 cm) unterzubringen sind. Z. B. kann in der Trennkammer der Firma Zeiss, Jena, sowohl mit beschichteten Glasplatten als auch mit Fertigschichten (Macherey, Nagel & Co.) vom Format 20 × 20 cm bzw. 20 × 40 cm gearbeitet werden [13]. Es wurden auch spezielle Geräte für die Dünnschichtelektrophorese gebaut, wie z. B. das Modell TLE-69 der Firma CAMAG AG, Muttenz, Schweiz, welches in Abb. 57 zu sehen ist. Ein vielseitiges Gerät, das sich zur Papier-, Membran-, Stärkegel- und Dünnschicht-Elektrophorese gleichsam eignet, wird von der Firma Shandon Labortechnik GmbH, Frankfurt/Main hergestellt.

Die Dünnschichtplatten können mit dem Trennelektrolyten gefertigt (d. h. der Träger wird anstatt Wasser mit der Elektrolytlösung angerührt) und dürfen nicht ganz ausgetrocknet bzw. müssen nachher erneut befeuchtet werden. Wenn der Träger mit Wasser verrührt

Tabelle 52

Anwendungsbeispiele für die Dünnschichtelektrophorese anorganischer Ionen

Stoffgruppe	Träger	Versuchsbedingungen	Elektrolyt (bzw. Laufmittel)	Bemerkung	Literatur
Anorganische Kationen	Zellulose	50 V/cm, 5–10 mA	0,1 M Hydroxyisobuttersäure	–	[22]
Anorganische Kationen	Kieselgel, Kieselgur	46 V/cm, 5 Min.	0,05 M Milchsäure	Verwendung von Radionukliden	[15]
Lanthanide (^{144}Ce, ^{147}Pm, ^{152}Eu)	Zellulose	60 V/cm, 2 Std., Kühlflüssigkeit −10 °C. Trocknung der Platten bei Zimmertemp.	1,1 M α-Hydroxybuttersäure, pH 2,4	Eu < Pm < Ce	[31]
Na–K; Na–Cs	»Corvic R 51/83«	~25 V/cm, 30 Min. ~25 V/cm, 15 Min.	0,1% Essigsäure; 0,1% NH_4-Acetat	–	[9]
Aquohalogenkomplexe von radioaktivem Ir(III) und Ir(IV)	Kieselgel	~25 V/cm, 35 mA, 30 Min; ~25 V/cm, 15 mA, 40 Min.	0,1 N HCl	Auch mit Dünnschichtchromatographie kombiniert, auf Zellulose	[24]
Anorganische Anionen	Kieselgel, Kieselgur	45 V/cm, 2 Min.	0,1 N NaOH	Verwendung von Radionukliden	[15]
Anorganische Anionen	Kieselgel + Stärke	33 V/cm, 20 Min.	0,05 N Na_2CO_3	–	[23]
JO_3^- und JO_4^-	Krist. Gips	300–400 V; 1,5–2 Std. (5–10 mA)	0,05 M $(NH_4)_2CO_3$	Quantitative Analyse von mg – Mengen bzw. Trennung von radioaktiven Spuren	[25]
J^-, JO_3^-, JO_4^- und andere Oxydationsstufen des Jods	Kieselgel	~35 V/cm; 5–7 mA	Aceton-Isopropanol-konz. Ammoniak-Wasser 13 + 4 + 2 + 2	Zweidimensionale Trennung: Chromatographie und Elektrophorese gleichzeitig durchgeführt. Spannung quer zur Laufrichtung	[26]

Tabelle 53

Anwendung der Dünnschichtelektrophorese zur Trennung organischer Verbindungen

Stoffgruppe	Träger	Versuchsbedingungen	Elektrolyt (bzw. Laufmittel)	Bemerkung	Literatur
Naphthole	Kieselgel (4,5 g) + 8 *ml* 3%ige Borsäure	13 V/cm, 120 Min. – Die Naphthole in alkoholischer Lösung in der Mitte aufgetragen	80 ml Äthanol +30 ml dest. Wasser +4 g Borsäure + 2 g krist. Na-Acetat, pH (Eisessig) 4,5	Zwischen pH 5,5 und 10,0 sind die auf m-Hydroxybenzoesäure bezogenen Wanderungsstrecken pH – unabhängig. Auch sind Azofarbstoffe und Phthaleine ähnlich zu trennen	[27]
Kohlehydrate	Kieselgel + abs. Äthylalkohol (35 g + 65 *ml*)	~20 V/cm, 80 mA, 60 Min.	*a)* 7,22 g Borsäure/1000 *ml* *b)* 35,1 g $Na_2CO_3 \cdot H_2O$ /2000 *ml* Pufferlösung (pH 10,2): 582 *ml a* + 1418 *ml b*	Die Wanderung ist in erster Linie Folge der Elektroosmose	[28]
Organische Säuren	Zellulose	Zweidimensional; *1)* Elektrophorese: 50 V/cm, 30 Min., 20 → 25 mA; *2)* Chromatographie, 2,5 Std. (12 cm Laufhöhe)	*1)* 0,2 M Ameisensäure, pH 2,5 (mit NH_4OH) *2)* Isoamylalkohol – 5 M Ameisensäure (2:1)	Nachweis im UV-Licht (254 nm)	[7]
Amine	Kieselgel G (7 g) + 3%ige Boraxlösung (12,5 *ml*)	10 V/cm, 120 Min. Auftragung 70 mm vom Rand (anodisch verschoben).	80 *ml* Äthanol +30 *ml* dest. Wasser + 2 g wasserfreies Na-Acetat, pH 12 (mit 40%iger NaOH)	Alle Amine wandern zur Kathode	[27]

Quaternäre Ammonium-verbindungen (Cholinderivate)	*a)* Kieselgel; *b)* Zellulose	*a)* 30–40 V/cm, 2 Std. *b)* 30–40 V/cm, 40 Min.	*a)* Pyridin-Eisessig-Wasser (1:10:89), pH 3,6 *b)* Pyridin-Eisessig-Wasser (10:1:89) pH 6,5	Die Unterschiede der Wanderungsgeschwindigkeiten sind auf Kieselgel größer	[29]
Amine und Aminosäuren	Kieselgel	Mit Chromatographie *1)* Elektrophorese: ~23 V/cm, 12,6 mA, 1 Std. Feuchtigkeitsgrad 160% *2)* Chromatographie: aufsteigend, 2,5 Std.	*1)* 2 N Essigsäure – 0,6 N Ameisensäre (1:1), pH 2; *2)* n-Butanol-Eisessig-Wasser (3:1:1)	Färbung: 0,2% Ninhydrin in Aceton; 5–10 Min. bei 110–115°	[14]
Aminosäuren	Zellulose	4500 V (~225 V/cm), 45 mA, 16 Min.	*a)* 0,15 M Essigsäure, pH 2,5 *b)* 0,01 M NH_4OH + + 0,0033 M Essigsäure, pH 10,2	Starke Kühlung mit einem Eis/Wasser Gemisch	[30]
Aminosäuren	Zellulose	Mit Chromatographie. *1)* 400 V/12 cm, 15 Min.; *2)* 2 Std. (~16 cm)	*1)* 0,7% Ameisensäure; *2)* Butanol-Essigsäure-Wasser(4:1:2)	Für biologisches Material.	[17]
Aminosäuren	Zellulose (12,5 g) + Kieselgel (5 g) + Wasser (100 *ml*)	Mit Chromatographie. *1)* 55 V/cm, 20–30 mA, 20 Min. *2)* Zuerst 1 Std. 40 Min. in Laufmittel *A*, dann 4,5 Std. in Laufmittel *B*	*1)* 17 *ml* 90% Ameisensäure, 57 *ml* Essigsäure/1000 *ml*, pH 2,0 2) *A*: Methyläthylketon-Pyridin-Wasser-Essigsäure (70:15:15:2) 2) *B*: n-Propylalkohol-Wasser-n-Propylacetat-Essigsäure-Pyridin (120:60:20:4:1)	Für Pflanzenextrakte. — Vor dem Chromatographieren müssen die getrennten Substanzstreifen durch aufsteigendes Wasser in Flecken zusammengedrängt werden.	[4]

(Fortsetzung von Tab. 53)

Stoffgruppe	Träger	Versuchsbedingungen	Elektrolyt (bzw. Laufmittel)	Bemerkung	Literatur
Histamin, Histidin Glutathion	Zellulose	300 V, 30 Min.	KH-Phthalat – Na-Phosphat, pH 4,6	Histamin > Histidin; Glutathion wandert nicht	[32]
DNP-Aminosäuren (wasser- und säurelöslich)	Zellulose	Auftragen: 6 cm vom kathodischen Ende *1)* Chromatographie: $1^{45}-2^{15}$ Std. Trennkammer mit Ammoniakdampf gesättigt *2)* Elektrophorese: 385 V, 9,5 mA, 30 Min.	*1)* Toluol-Äthylenchlorhydrin-Pyridin (150:90:45:90), obere Phase + 10–12 Tropfen primärer Oktylalkohol; *2)* 0,033 M Diäthylamin + 0,02 M NaCl		[33]
Dansyl-Aminosäuren (1-Dimethylaminonaphthalin-5-sulfonylderivate)	Zellulose (mit Wasser, 1:6)	*1)* Chromatographie in einer S-Kammer nach Stahl, 90 Min. *2)* Elektrophorese: die mit dem Elektrolyten besprühte Platte wird mit einem Acrylharz besprüht, um Verdunstung zu vermeiden; 3 Std. 3000 V (60 V/cm), Kühlwassertemperatur 8 °C.	0,4% Pyridin, 0,8% Essigsäure, pH 4,40 für beide Trennvorgänge.	0,01–1 nMol im UV-Licht noch nachweisbar	[34]

Peptide	Zellulose	*1)* 50 V/cm, 25 Min., 15 °C; Trocknen bei 30 °C *2)* Vor der aufsteigenden Chromatographie werden die getrennten Substanzstreifen durch 1% Essigsäure-Elution in Flecken zurückgedrängt	*1)* Elektrophorese: Eisessig – 98% Ameisensäure – Wasser (170:50:2800) pH 2 *2)* Chromatographie: 4–5 Std., 20 °C, Lösungsmittel vom Protein abhängig	Tryptische Proteinhydrolysate	[6]
Peptide	Kieselgel-Stärke	*1)* Elektrophorese: 40 mA (ca. 1000 V), 40 Min., Temperatur im Kühlraum –5 °C. Auftragen 7 cm von der Anodenseite *2)* Chromatographie senkrecht zur Feldrichtung	*1)* 100 *ml* Pyridin, 10 *ml* Eisessig, 890 *ml* Wasser, pH 6,5 *2)* Pyridin-Eisessig-n-Butanol-Wasser (40:14:68:25)	Spaltpeptide von perameisensäureoxydierter Ribonuklease; 1%ige Ammoniumpikratlösung zeigt bei der Elektrophorese die nötige Versuchsdauer an (soll etwa 5 cm wandern)	[18]
Peptide	PVC (90 g), Wasser (75 *ml*) Die 0,5 mm starken Schichten werden an der Luft getrocknet und dann mit Puffer besprüht, bis sie grau werden	3300 V (110 V/cm), 20–25 mA, 16 Min., Temperatur im Kühlraum –5 °C	*a)* 1 M Essigsäure (pH 2,5) *b)* 0,01 M $(NH_4)_2CO_3$ mit NH_4OH auf pH 10,0 eingestellt	S-Sulfo-*A* und *B*-Ketten von Insulin; im sauren Puffer wandern beide Komponenten zur Anode, im basischen wandert *A* zur Anode, *B* zur Kathode	[8]

(Fortsetzung von Tab. 53)

Stoffgruppe	Träger	Versuchsbedingungen	Elektrolyt (bzw. Laufmittel)	Bemerkung	Literatur
Proteine (Trypsin und Chymotrypsinogen)	PVC	3300 V (110 V/cm), 22 mA, 21 Min. Kühlraumtemperatur −5 °C	1 M Essigsäure	Beide Komponenten wandern zur Kathode, Trypsin ergibt 3 Flecken	[8]
Proteine (Trypsin, α-Chymotrypsin und Rinderserumalbumin)	Aluminiumoxid	400 V, 44−56 mA, Wasserkühlung	0,1 M Phosphatpuffer, pH 7,7	Mit 0,2% 2,7-Dichlorfluorescein in Methanol besprüht und im UV-Licht betrachtet sind 2 μg Protein noch nachweisbar	[11]
Alkalische Phosphatase d. menschl. Serums	Sephadex G 200 + Agarose	200 V, 20 mA, 4 Std. im Kühlschrank	0,016 M Tris − 0,0033 M Zitronensäure (90 Teile) + 0,024 M Li-OH − 0,076 M Borsäure (10 Teile), 0,017 M $MgCl_2$-Gehalt.	Auch stärkere Schichten können ähnlich gefertigt werden. Enzymnachweis mittels 0,3% α-Naphthylphosphat, pH 9,8 (0,05 M Carbonat-Bicarbonatpuffer), 1−120 Min. bei 37 °C, UV-Fluoreszenz	[12]
Nukleotide	Zellulose	2800 V (93 V/cm), 30−35 mA, 45 Min.	5%ige Essigsäure mit NH_4OH auf pH 3,1 eingestellt	Hydrolysat von RNS (2′,3′-Monophosphate); 2−4 μg noch nachweisbar	[8]

Nukleotide	Zellulose	*1)* Chromatographie, zweimal nacheinander im selben Lösungsmittelgemisch in derselben Richtung, je 3 Stunden *2)* Elektrophorese quer zur Chromatographie-Richtung: 1000 V (~50 V/cm) 35 mA, 16 Min.	*1)* n-Propanol-NH_4OH (spezif. Gew. 0,90)-Wasser (6:3:1) + 2,0 g ÄDTA/*l* *2)* 0,28 M Acetat-Puffer, $\mu = 0{,}04$ (1,6 g NH_4-Acetat + 15 m*l* Eisessig + 0,1 g ÄDTA/*l*), pH 3,6	Pflanzenextrakte, mit ^{32}P markiert	[35]
Lebensmittelfarbstoffe (Teerfarbstoffe)	Kieselgur	200 V, 45 Min.	0,05 M Boraxlösung, pH 9,18	Alle Farbstoffe wandern zur Anode	[36] [37]
Melanoidine von Rübensäften	Zellulose	45 Min., 1200 V; Auftragen am kathodischen Ende	Anodischer Puffer: 0,1 M Trishydrochlorid, pH 7,6; kathodischer Puffer: 0,5 M-Tris-glycinat, pH 9,0	Die zweierlei Puffer führen eine Konzentrierung der Farbstoffzonen herbei. Durch Zugabe von 25 mM Ascorbat wird die Trennung schärfer, Ascorbat liegt zwischen zwei Farbstoffzonen.	[16]

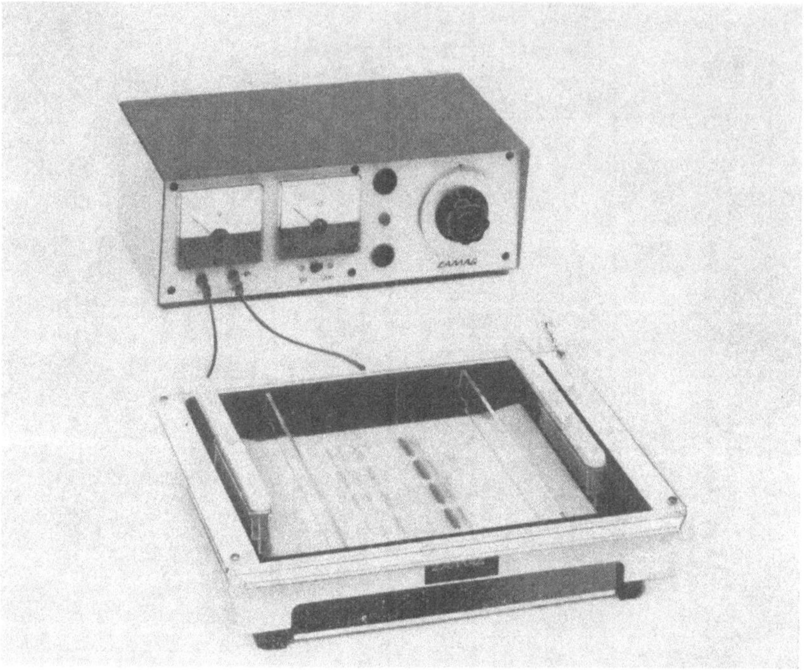

Abb. 57: Die Dünnschicht-Elektrophorese-Kammer der Fa. CAMAG, Muttenz, Schweiz, mit Speisegerät (0—500 V)

aufgetragen wird, muß er zuerst getrocknet und nachher mit dem Elektrolyten befeuchtet werden. Ein gleichmäßiger und reproduzierbarer Elektrolytgehalt der Trägerschicht ist die Voraussetzung reproduzierbarer Trennergebnisse. Die Schichten können mit der Elektrolytlösung besprüht oder durch Kapillarkräfte über eine Filterpapierverbindung vollgesaugt werden.

Die Elektrolytversorgung der Platten während der Elektrophorese bzw. die Verbindung mit den Elektrolytgefäßen erfolgt ebenfalls über Filterpapierverbindungen. Die Filterpapierstreifen werden entweder vor der Schichtbereitung auf die Glasplatten aufgeklebt und kommen auf diese Weise unter der Schicht zu liegen oder werden mit Hilfe von entsprechenden Klammern auf die fertigen Schichten aufgedrückt.

Die Dünnschichtelektrophorese kann sowohl bei niedriger [14, 15, 17] als auch bei hoher Spannung (über 50 V/cm) [8, 4, 7, 15] durchgeführt werden. In letzterem Falle empfiehlt es sich, ein mit Kühlung versehenes Spezialgerät zu verwenden, obwohl dank der kurzen Laufzeiten die Kühlung nicht immer nötig ist. Mit dem Problem der Wärmeableitung bei der Dünnschichtelektrophorese befassen sich CRIDDLE u. Mitarb. [3, 20].

MOGHISSI [15] beschreibt eine Apparatur und ein Verfahren, bei welchen die Hochspannungs-Dünnschichtelektrophorese in Wasserdampfatmosphäre bei 90 °C durchgeführt wird, um das Austrocknen der Schichten infolge der Erwärmung zu vermeiden.

Die Dünnschichtelektrophorese wird oft mit der Dünnschichtchromatographie gekoppelt, zweidimensional durchgeführt. Besonders bei der Aminosäure- und Peptid-Analyse wird die Dünnschicht-»Fingerprint«-Technik häufig angewandt [6, 18]. MUNIER [19] berichtet über ein »dreidimensionales« Verfahren zur Trennung von Aminosäuren, bei welchem der zweidimensionalen Elektrophorese in Elektrolyten von verschiedenen pH-Werten eine Durchlaufchromatographie auf derselben Platte folgt.

Nach Beendung der Elektrophorese werden die Platten getrocknet und die getrennten Substanzen ähnlich wie bei der Dünnschichtchromatographie sichtbargemacht. Da an den meisten Dünnschichtträgern die getrennten Substanzen nur in geringem Maße adsorbiert sind, besteht die Gefahr ihrer Wanderung während des Trocknens bei erhöhten Temperaturen. Um dieser Erscheinung vorzubeugen, empfehlen CRIDDLE u. Mitarb. [21] die Gefriertrocknung der Platten.

Die quantitative Auswertung erfolgt nach Abschaben des die getrennten Substanzen enthaltenden Trägers und Elution der Substanzen aus dem Träger. Die Lösung kann vom Träger durch Zentrifugieren befreit und dann spektrophotometrisch ausgewertet werden.

Die Dünnschichtelektrophorese wird hauptsächlich für die Trennung niedermolekularer Substanzen verwendet, doch kommen in der Literatur vereinzelt auch Beispiele ihrer Anwendung bei Proteinen vor [8, 11, 12].

In Tab. 52 und 53 sind einige Beispiele der Trennung verschiedener Stoffgruppen durch Dünnschichtelektrophorese angeführt.

Literatur

[1] CONSDEN, R., GORDON, A. H., MARTIN, A. J. P.: Biochem. J. *40* (1946), 33
[2] PASTUSKA, G., TRINKS, H.: Chemiker-Ztg.-Chem. Apparatur *85* (1961), 535
[3] CRIDDLE, W. J., MOODY, G. J., THOMAS, J. D. R.: Lab. Pract. *15* (1966), 653
[4] BIELESKI, R. L., TURNEP, N. A.: Analyt. Biochem. *17* (1966), 278
[5] MUNIER, R. L., SARRAZIN, G.: J. Chromatogr. *22* (1966), 336
[6] BURNS, D. J. W., TURNER, N. A.: J. Chromatogr. *30* (1967), 469

[7] Nygaard, P.: J. Chromatogr. *30* (1967), 240
[8] Tometsko, A. M., Delihas, N.: Analyt. Biochem. *18* (1967), 72
[9] Pierce, T. B., Peck, P. F.: Analyst *89* (1964), 662
[10] Maslowska, J., Maslowski, E.: Chem. Analit. [Warszawa] *10* (1965), 953
[11] Lopiekes, D., Dastoli, F. R., Price, S.: J. Chromatogr. *23* (1966), 182
[12] Inglis, N. R., Ghosh, N. K., Fishman, W. H.: Analyt. Biochem. *22* (1968), 382
[13] Vámos, L.: nicht veröffentl. Arbeit
[14] Honegger, C. G.: Helv. chim. Acta *44* (1961), 173
[15] Moghissi, A.: Analyt. chim. Acta *30* (1964), 91
[16] Vestermark, A.: Naturwissenschaften *54* (1957), 470
]17] Nybom, N.: Physiol. Plant. *17* (1964), 434
[18] Wieland, Th., Georgopoulos, D.: Biochem. Z. *340* (1964), 476
[19] Munier, R. L.: Z. analyt. Chem. *236* (1968), 358
[20] Criddle, W. J., Thomas, J. D. R.: J. Chromatogr. *24* (1966), 112
[21] Criddle, W. J., Moody, G. J., Thomas, J. D. R.: J. Chromatogr. *16* (1964), 350
[22] Buchtela, K., Lesigang-Buchtela, M.: Mikrochim. Acta *1967*, 380
[23] Takitani, S., Suzuki, M., Fujita, N., Hozumi, K.: Japan Analyst *15* (1966), 595
[24] van Ooij, W. J., Houtman, J. P. W.: Z. analyt. Chem. *236* (1968), 407
[25] Dobici, F., Grassini, G.: J. Chromatogr. *10* (1963), 98
[26] Behrens, H.: Z. analyt. Chem. *236* (1968), 396
[27] Pastuska, G., Trinks, H.: Chemiker — Ztg. Chem. Apparatur *86* (1962), 135
[28] Stefanovich, V.: J. Chromatogr. *31* (1967), 466
[29] Bayzer, H.: J. Chromatogr. *24* (1966), 372
[30] Katz, S., Lewis, A.: Analyt. Biochem. *17* (1966), 300
[31] Bächmann, K., Görisch, H.: J. Chromatogr. *23* (1966), 336
[32] Shelley, W. B., Juhlin, L.: J. Chromatogr. *22* (1966), 130
[33] Munier, R. L., Sarrazin, G.: J. Chromatogr. *22* (1966), 347
[34] Arnott, M. S., Ward, D. N.: Analyt. Biochem. *21* (1967), 50
[35] Bieleski, R. L.: Analyt. Biochem. *12* (1965), 230
[36] Criddle, W. J., Moody, G. J., Thomas, J. D. R.: J. Chem. Ed. *41* (1964), 609
[37] Criddle, W. J., Moody, G. J., Thomas, J. D. R.: Nature [London] *202* (1964), 1327

6.4. Agargel-Elektrophorese

Die Agargel-Elektrophorese wird — von vereinzelten Ausnahmefällen abgesehen — zur analytischen und präparativen Trennung hochmolekularer Substanzen, in erster Linie von Proteinen und Nukleinsäuren eingesetzt. Wiemes Monographie [1] über die Agargel-Elektrophorese erwähnt als erste Trennung auf diesem Träger die Arbeit von Kendall [2] aus dem Jahre 1928. Im Gegensatz zu den Trennungen in Stärke- bzw. Polyacrylamidgelen kommen bei Agargelen Molekularsiebeffekte nur in ganz speziellen Fällen (z. B. bei sehr hochmolekularen Proteinen) zur Geltung, so daß unter sorgfältig gewählten Versuchsbedingungen und unter Berücksichtigung der bei diesem

Träger besonders starken Elektroosmose mit der freien Elektrophorese vergleichbare Beweglichkeitswerte erhalten werden können.

Das als Träger dienende Polysaccharid Agar-Agar muß gewöhnlich vor dem Einsatz gereinigt werden. Dies geschieht in den meisten Fällen durch Waschen mit kaltem destilliertem Wasser. Da die Ergebnisse der elektrophoretischen Trennung unter anderem von der Beschaffenheit des Trägermaterials abhängen, sollte stets dieselbe Agarqualität verwendet werden. Die handelsüblichen Sorten Bacto Agar und Special Noble Agar der Firma Difco, Detroit, USA werden von zahlreichen Autoren empfohlen. HJERTÉN [3, 4] empfiehlt in Fällen, wo der Sulfatgehalt des Agars stören könnte, als Trägermaterial Agarose, das neutrale Polysaccharid des Agars, da bei diesem weniger mit Elektroosmose- bzw. Adsorptionseffekten zu rechnen ist. Das Herstellungsverfahren der Agarose beruht auf der Fällung der sauren Polysaccharidkomponenten des Agars mit Cetylpyridiniumchlorid.

Das als Träger verwendete Agargel hat gewöhnlich einen Agargehalt von 1 bis 2%. Agar wird in dem zur Trennung gebrauchten Puffer heiß gelöst. Es gibt auch Verfahren, bei welchen zur Trennung von Serumproteinen ein flüssiger Agarfilm von nur 0,13% Agargehalt eingesetzt wird [5, 6]. Weil die Porengröße von Agargelen mit zunehmender Konzentration abnimmt, konnte durch Anwendung einer Serie dünner Agarosegelschichten steigender Konzentration die elektrophoretische Filtration von Viren vorgenommen werden [7]. Die Herstellung des Agargels hängt in hohem Maße von der angewandten Technik und der Apparatur ab, deshalb kann keine universale Rezeptur hierfür gegeben werden.

VEČEREK u. Mitarb. [8] reinigen den Agar und bereiten das Agargel zur quantitativen Mikroelektrophorese von Serumproteinen folgendermaßen:

100 g Difco Bacto Agar werden mit 2,5 Liter destilliertem Wasser übergossen und 4 Wochen in diesem Zustand bei Zimmertemperatur belassen, wobei das Wasser wöchentlich erneuert wird. Danach wird abdekantiert und der Agar der Gefriertrocknung unterworfen. Die Ausbeute an reinem Agar beträgt 80 bis 85%. Zur Herstellung des Gels werden 1,5% Agar in 4×10^{-2} M Veronalpuffer, pH 8,6 ($\mu = 0{,}03$) durch Erhitzen auf dem siedenden Wasserbad in 30 Minuten gelöst. Die heiße Lösung wird sofort in das Gerät gefüllt.

GIJZEN u. Mitarb. [8a] empfehlen folgendes Verfahren:

9 g Agar werden in 500 m*l* siedendem Wasser gelöst. Die heiße Lösung wird in PETRI-Schalen gefüllt, und nach dem Auskühlen wird das Gel in kleine Würfel (von etwa 1 cm Kantenlänge) geschnitten. Zum Entfernen der Verunreinigungen werden diese Würfel 3 Stunden unter gelegentlichem Schütteln in 500 m*l* 50%igem Alkohol belassen. Dieses Reinigungsverfahren wird wiederholt. Der Alkohol wird dann durch behutsames Ausschütteln des Agars mit 500 m*l* Wasser entfernt. Das Gel wird in 500 m*l* Pufferlösung, pH 8,4 (17 g Veronalnatrium und 1 N HCl in 1000 m*l*) gelöst.

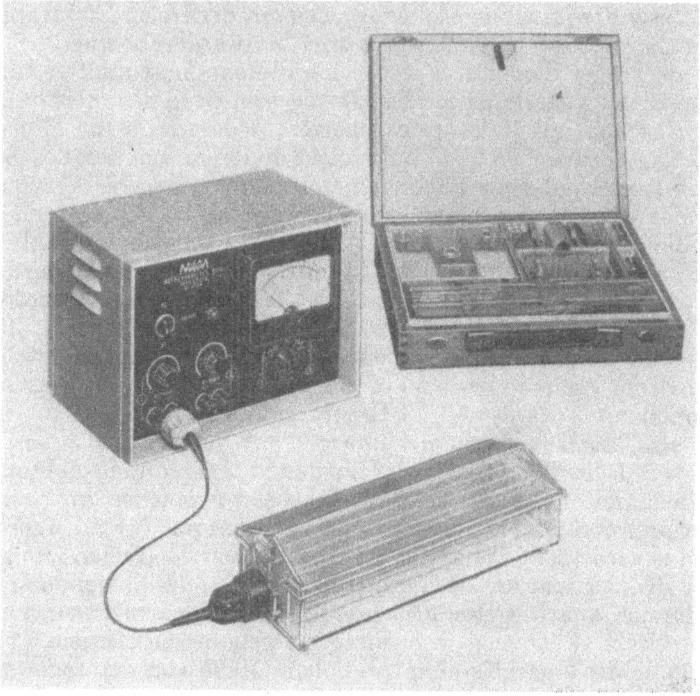

Abb. 58: Das Agar- bzw. Immunelektrophoresegerät der Fa. Labor Műszeripari Művek, Budapest, Ungarn

Die Elektrophorese in Agargelen kann mit den verschiedensten Techniken als Makro- oder Mikroverfahren, für präparative oder analytische (diagnostische) Zwecke eingesetzt werden. Zur Serumprotein-Trennung gebraucht man in den meisten Fällen das Ultramikroverfahren von WIEME und RABAEY [9], bei welchem das Trägermaterial sich auf Objektträgern befindet. Eine Trennkammer für 10 Objektträger wird in Ungarn von der Firma Labor Műszeripari Művek, Budapest, hergestellt, und ist mit dem Speisegerät und dem Kasten mit Zubehör in Abb. 58 zu sehen. Die aus Plexiglas gefertigte Trennkammer besteht aus drei Hauptteilen: dem unteren Teil, welcher das Labyrinthsystem, Platindrahtelektroden und Puffergefäße enthält, dem herausnehmbaren Gestell mit den Objektträgern und dem Deckel. Die Abmessungen der Trennkammer sind $350 \times 120 \times 100$ mm.

Bei der Bereitung der Agarschicht muß darauf geachtet werden, daß die Objektträger streng horizontal liegen, damit die Stärke der erstarrenden Gelschicht überall gleich ist. Die Schichtstärke beträgt gewöhnlich 1 bis 2 mm. Die Verbindung zwischen der Gelschicht und den Elektrodengefäßen kann mittels Filterpapierzungen oder Mull hergestellt werden. Wieme [1] empfiehlt hierfür Kontaktkissen aus demselben Agargel wie die Trägerschicht, da die Elektroosmose in diesem Falle wesentlich geringer ist als bei anderen Kontaktmaterialen. Es können auch Kontaktkissen aus Kunststoffschaum verwendet werden, doch erhält man damit für Serumproteine niedrigere Beweglichkeitswerte und größere Streuungen [10].

Das zu trennende Substanzgemisch wird mittels einer Kapillarpipette in eine aus der Gelschicht ausgestanzte oder mit einer scharfen Klinge eingeschnittene Mulde aufgetragen. Um die Diffusion zurückzudrängen ist es wichtig, den Einschnitt möglichst dünn zu haben. Vor dem Auftragen des Substanzgemisches wird der Einschnitt mittels Filterpapier trockengesaugt. Beim flüssigen Agarfilm kann die Substanz in Filterpapier aufgesaugt auf die Gelschicht gedrückt werden.

Nach erfolgter Trennung kann die Pufferflüssigkeit aus dem Einschnitt herausgesogen, die Öffnung mit heißem Agar ausgefüllt und die Trägerschicht im warmen Luftstrom 1 bis 2 Stunden getrocknet werden [11]. Getrocknete Agar-Elektropherogramme können praktisch unbeschränkt aufbewahrt werden.

Die bei der Elektrophorese entstehende Wärme kann zur Denaturierung der zu trennenden Proteine führen. Wieme [1] bedient sich bei der Mikromethode zur Wärmeableitung einer Anordnung, bei der die Objektträger in der Elektrophoresekammer mit der Agarschicht nach unten zu liegen kommen. Durch unmittelbare Berührung mit einem Wärmeaustauscher (Petroläther), in den kalte Luft eingeblasen wird, kann während der Elektrophorese gekühlt werden. Eine weitere Vervollkommnung des Kühlsystems [12] sorgt für die Konstanthaltung der Temperatur während des Trennungsvorganges bei einem beliebigen Wert zwischen 4 °C und der Zimmertemperatur. Bon [13] verstärkt die Kühlwirkung durch ein Peltier-Element, das am Deckel der Trennkammer befestigt ist. Auf diese Weise gekühlte Agarplatten eignen sich auch für Hochspannungsverfahren [14].

Reuter [15] beschreibt eine präparative Agargel-Elektrophoreseapparatur mit vertikalem Gelblock und zirkulierender Pufferlösung, welche gleichzeitig als Kühlflüssigkeit für die Trennkammer dient.

Zum Nachweis von Proteinen müssen die Gelschichten sofort nach der Trennung 30 Minuten in 3%ige Essigsäure getaucht werden [8], um die getrennten Proteinfraktionen zu fixieren. Die gefällten Proteinzonen werden auf diese Weise sichtbar. Nachher werden die Platten mit Filterpapier bedeckt und getrocknet. Die getrockneten Pherogramme werden dann angefärbt. Dies kann z. B. durch eine dreistündige Behandlung mit einer 0,5%igen Amidoschwarz 10B-

Lösung und darauffolgender 20 Minuten langer Behandlung mit 3%iger Essigsäure erfolgen. Nach GIJZEN [8a] besteht die Fixierlösung aus Essigsäure, Äthanol und Wasser (1 : 16 : 4) und die Färbelösung aus 0,5 g Amidoschwarz 10B und 5 g Quecksilberchlorid in 100 m*l* 5%iger Essigsäure. Die angefärbten Proteinzonen können densitometrisch [8, 9] oder nach Elution [16] spektrophotometrisch bestimmt werden. Zu diesem Zwecke werden die angefärbten Proteinzonen aus dem Gel ausgeschnitten und mit je 1 m*l* 0,5 N Natronlauge, die 500 mg/*l* ÄDTA enthält, eluiert. Die Extinktion wird bei 630 nm gemessen.

6.4.1. Spezielle Protein-Trennungen

CURKIN [17] bestimmt den Lipoproteingehalt von Blutserum auf folgende Weise:

5 m*l* eines 1%igen Agargels in einem Veronal-Medinal Puffer vom pH-Wert 8,6 (10,3 g Medinal + 1,84 g Veronal in 1000 m*l* Wasser) werden auf eine 25 × 180 mm Glasplatte aufgetragen und 0,02 m*l* Blutserum 3 Stunden bei 300 V und 1,2 mA elektrophoretisiert. Nach der Trennung wird 10 Minuten in 3%iger Essigsäure fixiert und dann getrocknet.

Die Lipoproteine färbt man mit einer alkoholischen Sudanschwarzlösung an, deren Überschuß mit Äthanol ausgewaschen wird.

ESPINOSA [18] verwendet zur Trennung von Serumproteinen ein zweidimensionales Verfahren, bei dem in der ersten Richtung Agar, in der zweiten Stärkegel der Träger ist.

Zur Trennung und anschließenden Bestimmung von Hämoglobinen wird von GRATZER und BEAVEN [19] die Anwendung einer 1 mm Agarschicht aus 1%igem Difco Agar in 0,5 M Zitratpuffer, pH 6,2 empfohlen.

Die Agargel-Elektrophorese wird zur Trennung von Enzymen, in erster Linie von Serumenzymen, häufig eingesetzt. Die Beweglichkeiten von Milchsäure-Dehydrogenase-Isoenzymen wurden von GOLDHAMMER und WITTE [20], KREUTZER [21], KREUTZER und JACOBS [22] und WIEME [23] studiert. Letzterer schlägt die Zugabe von Blutserumspuren zum Agar vor, um die Aktivität der Isoenzyme bei der Trennung voll zu erhalten. Zur bis auf 50° abgekühlten pufferhaltigen Agarlösung wird eine 1%ige Serumalbuminlösung im Verhältnis von 1 : 100 zugegeben, so daß die Endkonzentration des Albumins im Träger 1 : 10 000 beträgt. Der Träger ist eine mit Veronalpuffer (pH 8,4, $\mu = 0{,}05$) bereitete 1%ige Agarlösung. Die Elektrophorese wird bei 12 °C und 20 V/cm 15 Minuten lang fortgesetzt und die Isoenzyme mit Lactat-Phenazin-Methosulfat-Jodnitrotetrazolium angefärbt.

VAN DER VEEN und WILLEBRANDS [24] trennten die Isoenzyme der Kreatin-Phosphokinase in Gewebeextrakten sowie in normalen und pathologischen Seren. Die Elektrophorese wurde auf Objektträgern mit 2 mm starken Schichten von 0,9%igem Agargel in Veronalpuffer (pH 8,4, $\mu = 0{,}05$) durchgeführt und dauerte bei 20 V/cm und 12—16 °C 30 Minuten. DYMLING [25] erarbeitete zur Trennung der alkalischen Phosphatase des Serums und der Placenta ein kombiniertes Verfahren der Agarosegel-Elektrophorese und der Sephadex-Gelchromatographie. Proteolytische Enzyme wurden von VENROOIJ [26] ebenfalls auf Objektträgern getrennt, welche mit 2 *ml* 1%iger Agarose in Veronalpuffer (pH 8,6, $\mu = 0{,}033$) beschichtet waren. KON und WHITAKER [27] befaßten sich mit der Trennung der pflanzlichen Proteasen Ficin, Papain und Bromelin. ROBERTS [28] trennte die sauren Phosphatasen, die Peroxydase- und die Amylase-Isoenzyme von Weizenblättern. WAGNER [31] entwickelte ein Verfahren zum direkten Nachweis von Desoxyribonukleasen nach der Elektrophorese in Agargel. Dieses besteht darin, daß nach Beendung der Trennung vom Träger parallel zur Trennrichtung ein Streifen ausgestanzt, in eine Schale übertragen und dort mit einem Gemisch aus Agar und Desoxyribonukleinsäure umgeben wird. Nach Inkubation bei 37 °C wird der Agar mit Salzsäure überschichtet, dadurch wird die unverdaute Desoxyribonukleinsäure ausgefällt, und die durch das Enzym verdauten Zonen kommen zum Vorschein.

Die Agargel-Elektrophorese eignet sich zum Studium sowohl tierischer als auch pflanzlicher Proteine. HILL u. Mitarb. [29] benutzten die Methode zur Identifizierung von Fischarten aufgrund der Eiweißkomponenten aus frischen, tiefgekühlten, gefriergetrockneten und halbgekochten Proben. POPOFF und ILIEV [30] setzten die Agargel-Elektrophorese zur Charakterisierung von Weizensorten ein.

6.4.2. *Spezielle Nukleinsäure-Trennungen*

Die Agargel-Elektrophorese ist auch zur Trennung von Nukleinsäuren und ihren Derivaten geeignet. Die Basenzusammensetzung einer mittels 70%iger Perchlorsäure hydrolysierter Desoxyribonukleinsäure wurde auf 5 × 20 cm Glasplatten durchgeführt, auf welchen ein 0,6%iges Agargel in 0,1 M Natriumacetat-Essigsäurepuffer, pH 3,7 aufgebracht war. Die Trennbedingungen waren 5—7 V/cm und 45 Min. Die getrennten Basen wurden aufgrund ihrer UV-Absorption nachgewiesen, die den einzelnen Flecken entsprechenden Gelteile ausgestanzt, in ein Proberöhrchen gebracht, dort mit Wasser auf 3 *ml* aufgefüllt und am Wasserbad erwärmt. Die Menge der Basen wurde spektrophotometrisch bei 260 nm ermittelt. Zur Blindwertbestimmung dienten Agargelteile von gleichem Format, die auf ähnliche Weise behandelt waren [32]. WEINER u. Mitarb. [33] trennten Adenin, Adenosin, AMP, ADP und ATP auf 0,5%igen Agarosegelplatten vom Format von 25×60 mm. Die Platten wurden mittels Filterpapierzungen mit den Pufferbehältern verbunden. Die Trennung erfolgte bei 250 V in 8 bis 10 Minuten. Die Platten wurden sofort bei 120 °C getrocknet, um die Diffusion der Zonen zu vermeiden. Die den getrennten Adeninverbindungen entsprechenden Gelteile wurden ausgestanzt und nach Elution mit 1,0 m*l* 0,001 N NaOH durch UV-Absorption aufgrund einer Adenin-Eichkurve bestimmt. ZAK und WEINER [34] trennten die vier Nukleoside aus Ribonukleinsäure in zwei verschiedenen Pufferlösungen. Cytidin und Adenosin konnten vom Gemisch von Guanosin und Uridin, welche einen gemeinsamen Fleck ergaben, auf folgende Weise getrennt werden:

Die Pufferbehälter wurden mit 0,075 M Ammoniumacetatpuffer gefüllt. 300 mg Agar wurden in 75 m*l* destilliertem Wasser gelöst und der noch heißen Lösung 25 m*l* 0,09 M Ammoniumacetatpuffer beigefügt, so daß zwischen der Agargelplatte (8 × 10 cm) und den Pufferbehältern ein Unterschied in der Ionenstärke bestand. Das Gel wurde auf eine mit Pergamentpapier bedeckte Glasplatte gegossen. Die Nukleoside trug man — in Filterpapierstreifen eingesogen — 1 cm vom kathodischen Ende entfernt auf. Die Elektrophorese erfolgte bei 250 V solange, bis im UV-Licht eine Trennung zu beobachten war

Die Trennung von Guanosin und Uridin vom Gemisch Cytidin-Adenosin erfolgte in 10%iger Essigsäure bei einer Agarkonzentration von 500 mg/100 m*l*. Für quantitative Zwecke wurde die Trennung auf Glasplatten durchgeführt und die Menge der getrennten Nukleoside densitometrisch bei 260 nm ermittelt.

TSANEV [35], sowie TSANEV und STAINOV [11] ermittelten die Mengen elektrophoretisch getrennter Rattenleber-Ribonukleinsäuren mittels direkter UV-Spektrophotometrie der getrockneten Agarplatten (in 1,25%igem Agargel, Phosphat-Zitrat-Puffer, pH 8, bei 25 °C und 8—10 V/cm, 60 bis 90 Minuten). HADJIOLOV u. Mitarb. [36] verglichen die auf diese Weise erhaltenen Ergebnisse der Ribonukleinsäurefraktionierung mit denen der Dichtegradienten-Zentrifugierung und stellten zwischen den elektrophoretischen Beweglichkeiten und den Sedimentationskoeffizienten bei verschiedenen RNS-Präparaten einen nahezu linearen Zusammenhang fest.

LIGHTBOWN und DE ROSSI [37] studierten das elektrophoretische Verhalten von 24 Antibiotika sowohl in qualitativer als auch in quantitativer Hinsicht nach der Makromethode.

Literatur

[1] WIEME, R. J.: "*Agar gel electrophoresis*". Elsevier Publishing Company. Amsterdam, 1965
[2] KENDALL, J.: Science *67* (1928), 163
[3] HJERTÉN, S.: Biochim. biophys. Acta *53* (1961), 514
[4] HJERTÉN, S.: Biochim. biophys. Acta 62 (1962), 445
[5] RESSLER, N., JACOBSON, S. D.: Science, *122* (1955), 1088
[6] RESSLER, N., ZAK, B.: Clin. chim. Acta *1* (1956), 392
[7] RUSSEL, B., LEVITT, J., POLSON, A.: Biochim. biophys. Acta *79* (1964), 622
[8] VEČEREK, B., ŠTĚPÁN, J., HYNIE, I., KÁCL, K.: Coll. Czech. chem. Commun. *33* (1968), 141
[8a] GIJZEN, A. H. J., VAN NUNEN, E. M. M. A., VERHEESEN, P. E.: Clin. chim. Acta *13* (1966), 397
[9] WIEME, R. J., RABAEY, M.: Naturwissenschaften *44* (1957), 112
[10] HOENDERS, H. J., DE BOER, W., DE BOER, P. A. J.: Analyt. Chim. Acta *38* (1967), 239
[11] TSANEV, R., STAINOV, D.: Biochimia (russ.) *29* (1964), 1126
[12] WIEME, R. J.: Nature [London] *190* (1961), 806
[13] BON, W. F.: Clin. chim. Acta *13* (1966), 535
[14] WIEME, R. J.: Ann. N. Y. Acad. Sci. *121* (1964), 366
[15] REUTER, W.: Biochem. Z. *331* (1959), 337
[16] VAN DER HELM, H. J., HOLSTER, M. G.: Clin. chim. Acta *10* (1964), 483
[17] CURKIN, E. A.: Laborat. delo (russ.) *1965*, Nr. 4, 220
[18] ESPINOSA, E.: Analyt. Biochem. *9* (1964), 146
[19] GRATZER, W. B., BEAVEN, G. H.: J. Chromatogr. *5* (1961), 315
[20] GOLDHAMMER, H, WITTE, J.: Ärztl. Lab. *10* (1964), 183
[21] KREUTZER, H. H.: Clin. chim. Acta *11* (1965), 159
[22] KREUTZER, H. H., JACOBS, PH.: Clin. chim. Acta *11* (1965), 184
[23] WIEME, R. J.: Clin. chim. Acta *13* (1966), 138
[24] VAN DER VEEN, K. J., WILLEBRANDS, A. F.: Clin. chim. Acta *13* (1966), 312
[25] DYMLING, J. F.: Scand. J. Clin. Lab. Invest. *18* (1966), 129
[26] VAN VENROOIJ, W. J. W.: Clin. chim. Acta *11* (1965), 483
[27] KON, S., WHITAKER, J. R.: J. Food Sci. *30* (1965), 977
[28] ROBERTS, D. W. A.: Enzymologia *34* (1968), 362
[29] HILL, W. S., LEARSON, R. J., LANE, J. P.: J. Assoc. Offic. Analyt. Chemists *49* (1966), 1245
[30] POPOFF, I. D., ILIEV, S. V.: Getreide u. Mehl *17* (1967), 46
[31] WAGNER, M.: J. Chromatogr. *15* (1964), 107
[32] BORKOWSKI, T., WOJCIEROWSKI, J., KULESZA, S.: Analyt. Biochem. *27* (1969), 58
[33] WEINER, L. M., WALSH, B., ZAK, B.: J. Chromatogr. *27* (1967), 512
[34] ZAK, B., WEINER, L. M.: Analyt. Biochem. *8* (1964), 349
[35] TSANEV, R.: Biochim. biophys. Acta *103* (1965), 374
[36] HADJIOLOV, A. A., VENKOV, P. V, TSANEV, R. G.: Analyt. Biochem. *17* (1966), 263
[37] LIGHTBOWN, J. W., DE ROSSI, .: Analyst *90* (1965), 89

6.5. Immun-Elektrophorese

Dieses zum Studium immunchemischer Reaktionen erarbeitete Verfahren der Trägerelektrophorese gehört eigentlich nicht in den Rahmen dieses Buches, soll aber wegen seiner hervorragenden klinisch-chemischen Bedeutung kurz erwähnt werden. Hier sei auf die Monographien von GRABAR und BURTIN [1] sowie von BACKHAUSZ [13] verwiesen.

Der Träger der Immun-Elektrophorese ist gewöhnlich Agargel [2], es können aber auch Zelluloseacetatfolien [3, 4, 5, 6, 7] oder Stärke- [8] bzw. Polyacrylamidgel [9, 10] eingesetzt werden. Die zu prüfende Substanz, z. B. Blutserum, wird zuerst durch Elektrophorese in ihre Komponenten getrennt. Nach beendeter Trennung wird parallel zur Trennrichtung in das Gel eine Mulde gestanzt, in welche das antikörperhaltige Immunserum gefüllt wird. Die Antikörper diffundieren senkrecht zur Elektrophoreserichtung in das Gel, wo sie die getrennten und ebenfalls diffundierenden Antigene treffen und mit diesen bogenförmige Präzipitatlinien bilden, deren Lage für die Reaktion charakteristisch ist. Bei Verwendung eines durchsichtigen Agargels können die Präzipitatlinien unmittelbar beobachtet werden, bei undurchsichtigen Trägern, wie z. B. Zelluloseacetatfolien oder Stärkegel müssen sie durch Eiweißfärbung sichtbar gemacht werden. Die Immun-Elektrophorese kann sowohl im Makro- als auch im Mikromaßstab durchgeführt werden. Zumeist wird das Mikroverfahren auf Objektträgern mit einer 1 mm starken, 2%igen Agarschicht angewendet. Zur Aufbewahrung werden die Agarplatten — nach Entfernung der nicht präzipitierten Proteine mittels einer entsprechenden Elektrolytlösung — getrocknet und angefärbt. Die Präzipitatlinien können auch quantitativ ausgewertet werden.

Da die Immundiffusion bei dem Makroverfahren 5 bis 7 Tage und bei dem Mikroverfahren wenigstens 12 bis 18 Stunden [7] in Anspruch nimmt, können die elektrophoretisch getrennten Protein-Zonen infolge der langen Diffusionszeit an Schärfe verlieren, was sich dann auch auf die Zahl und Schärfe der Präzipitatlinien ungünstig auswirkt. Von LAURELL [11] wird deshalb anstatt der Immundiffusion eine zweite Elektrophorese in einem antigenhaltigen Agarosegel durchgeführt, in welches die getrennten Proteinfraktionen vorher übertragen worden sind. Auf diese Weise kann die Dauer der Immundiffusion auf eine Stunde herabgesetzt werden. Ein anderes Verfahren [13] verkürzt die elektrophoretische Trennung des Serums durch Anlegen einer höheren Spannung unter starker Kühlung und sorgfältiger Vermeidung der Verdunstung auf 5 Minuten.

Literatur

[1] GRABAR, P., BURTIN, P.: »*Immunoelektrophoretische Analyse*«, Elsevier Publishing Company, Amsterdam, 1964
[2] GRABAR, P., WILLIAMS, P. A.: Biochim. biophys. Acta *10* (1953), 193
[3] KOHN, J.: Nature [London] *180* (1957), 986
[4] KOHN, J.: Clin. chim. Acta *3* (1958), 450
[5] KOHN, J., CONSDEN, R.: Nature [London] *183* (1959), 1512
[6] LAURENT, B.: Scand. J. clin. Lab. Invest. *15* (1963), 98
[7] LOMANI, B., VERGANI, C.: Clin. chim. Acta *15* (1967), 169
[8] POULIK, M. D.: Ann. N. Y. Acad. Sci. *121* (1964), 470
[9] ANTOINE, B.: Science *138* (1962), 977
[10] KEUTEL, H. J.: Ann. N. Y. Acad. Sci. *121* (1964), 484
[11] LAURELL, C. B.: Analyt. Biochem. *10* (1965), 358
[12] TRAILL, M. A.: Lab. Pract. *17* (1968), 709
[13] BACKHAUSZ, R.: »*Immundiffusion und Immunoelektrophorese. Grundlagen, Methoden und Ergebnisse.*« VEB Gustav Fischer Verlag, Jena, 1967

6.6. Stärkegel-Elektrophorese

Die von SMITHIES [1] entwickelte Stärkegel-Elektrophorese wird ausschließlich zur Auftrennung von Proteinen eingesetzt. Auf diesem Gebiete nimmt diese Technik zusammen mit der Polyacrylamidgel-Elektrophorese (siehe Kap. 6.7.) einen besonderen Platz ein. Der durch die elektrische Ladung bedingten elektrophoretischen Trennung wird dabei ein Molekularsiebeffekt überlagert. Dadurch erfolgt eine Auftrennung der Proteine in viel mehr Fraktionen, als dies bei der Papier-, Membran-, Agargel- oder Dünnschichtelektrophorese auf Kieselgel oder Zellulose der Fall ist. Die Ergebnisse der Trennungen in Stärke- oder Polyacrylamidgel können wegen des verschiedenen Trennmechanismus mit denen der Papier- oder Agargel- usw. Elektrophorese nicht in engere Beziehung gebracht werden. Nicht nur die gemessenen Beweglichkeiten sind verschieden, sondern auch die Richtung der Wanderung kann im Stärkegel zu der auf Papier beobachteten entgegengesetzt sein. Die Stärkegelelektrophorese war ein äußerst bedeutender Schritt in der Eiweißfraktionierung. In den letzten Jahren wurde diese Methode jedoch von der Polyacrylamidgel-Elektrophorese zurückgedrängt, da das Trägermaterial besser reproduzierbar herzustellen ist und sich besser zur quantitativen Auswertung eignet.

6.6.1. Die praktische Durchführung

Das als Träger dienende Stärkegel wird aus Kartoffelstärke mittels Hydrolyse folgendermaßen hergestellt [1]:

300 g Kartoffelstärke werden in 600 m*l* eines Gemisches von 1 Vol. konzentr. Salzsäure und 100 Vol. Aceton bei 38,5 °C suspendiert, 45 Minuten stehen gelassen und danach mit 150 m*l* 1 M wäßriger Natriumacetat-Lösung versetzt. Die Stärke wird abgesaugt, mit destilliertem Wasser gründlich gewaschen und in destilliertem Wasser suspendiert über Nacht stehengelassen. Nach abermaligem Filtrieren und Waschen wird mit Aceton entwässert und bei 45 bis 50 °C vollständig getrocknet.

Das strengste Einhalten der Hydrolysebedingungen ist zum Erhalt reproduzierbarer Trennergebnisse unerläßlich. Da zwischen verschiedenen Stärkelieferungen beträchtliche Unterschiede bestehen können, sollte bei der Gelbereitung eine größere Menge Stärke derselben Qualität verarbeitet werden. Die Hydrolyse erübrigt sich, wenn man von handelsüblicher hydrolysierter Stärke ausgeht. Die Gele werden in Konzentrationen von 10 bis 16 g hydrolysierter Stärke pro 100 m*l* Puffer hergestellt. SMITHIES gebrauchte für Serumproteine mit dem Puffer 0,03 M H_3BO_3 – 0,012 M NaOH hergestellte Gele von pH 8,48 (18,5 g Borsäure + 2,4 g NaOH auf 1000 m*l*). Die Proteine sollen zur Vermeidung der Adsorption am Träger möglichst als Anionen wandern.

Die Stärke wird im Puffer unter starkem Schwenken nicht ganz bis zum Sieden erhitzt und einige Sekunden abgekühlt. Danach legt man an die durchscheinende Lösung für 1 bis 2 Sekunden Vakuum an, um eventuelle Luftblasen zu entfernen. Dabei soll Schütteln oder Schwenken strengstens vermieden werden. Die heiße Lösung wird dann sofort in einen flachen Trog aus Plexiglas gefüllt (z. B. von den Abmessungen 6 × 20 × 250 mm), welcher vorher mit flüssigem Paraffin eingerieben worden ist. Tröge mit abnehmbaren Seitenwänden sind besonders vorteilhaft. Die noch heiße Lösung wird unter Vermeidung von Luftblasen-Einschlüssen mit einer ebenfalls mit Paraffin behandelten Kunststoff-Folie zugedeckt, mit einer Plexiglas-Platte abgepreßt, um überschüssige Gelmengen zu entfernen und abgekühlt.

Die fertigen Gele können vor Gebrauch höchstens 1 bis 2 Tage gelagert werden. Es sollen stets Gele desselben Alters gebraucht werden. Die Deckfolie ist kurz vor Gebrauch zu entfernen.

Das Auftragen des zu trennenden Substanzgemisches erfordert Übung und Sorgfalt. Nach der Originalmethode von SMITHIES wird ungefähr bei einem Drittel der Entfernung vom kathodischen Ende des Gels mit einer Rasierklinge ein Einschnitt gemacht und durch Zurückziehen der kathodischen Seite mit einem Spachtel der Spalt ein wenig erweitert. Ein genau in den Einschnitt passendes und mit dem Substanzgemisch getränktes Stück Filterpapier oder Zelluloseacetatfolie wird genau auf die nicht zurückgezogene Seite des Einschnittes gepreßt (ohne Luftblasen!) und die zurückgezogene Seite in die Originallage zurückgeschoben. Nach einem modifizierten Verfahren von SMITHIES [2] sowie von WAKE und BALDWIN [3] wird die zur Aufnahme des Substanzgemisches dienende Öffnung durch Einlegen einer entsprechenden Form in das flüssige Gel erhalten. Das Substanzgemisch wird mit Stärke zu einer Paste verrieben in die Öffnung gefüllt, welche dann mit einem paraffinierten mikroskopischen Deckglas abgedeckt wird.

Spezielle Anwendungsformen

POKROWSKI und KOROWNIKOW [4] lassen das Gel in auf Wasser schwimmenden Küvetten erstarren und erreichen eine ganz gleichmäßige Schichtstärke. Bei den von HORI [5] empfohlenen Verfahren zur Herstellung homogener Gelschichten, die sich besonders zur quantitativen Auswertung eignen, ist von äußerster Wichtigkeit, daß das Gel nicht mit Glas, sondern mit einer Kunststoff-Folie in unmittelbarer Berührung steht.

POULIK [6] fand in einigen Fällen mit einem diskontinuierlichen Puffersystem bessere Trennungen. Der Puffergradient wurde dadurch erhalten, daß z. B. die Gele aus einem Puffersystem von 0,076 M Tris und 0,005 M Zitronensäure (pH 8,65) mit einem Elektrodenpuffer von 0,3 M Borsäure und 0,05 M NaOH der Elektrophorese unterworfen wurden.

Bei Proteinen, welche starke Aggregate bilden, hat sich ein Zusatz von Harnstoff zum Puffer bis zu einer Konzentration von 8 M bewährt [7]. Der Harnstoff wird der heißen Stärkelösung sofort nach der Gelierung zugesetzt. Die Elektrophorese mit Harnstoffzusatz eignet sich zum Studium von Protein-Untereinheiten. Auch wird dem harnstoffhaltigen Puffer zur Reduktion von Disulfidbindungen Merkaptoäthanol zugesetzt [8]. Bei der Bewertung der im harnstoffhaltigen Gel erhaltenen Proteinfraktionen muß man jedoch mit Vorsicht vorgehen, da der Harnstoff die Proteine mehr oder minder reversibel denaturieren kann. Außerdem kann das daraus gebildete Ammoniumcyanat Amino- und Sulfhydrylgruppen carbamylieren [9] und zu Änderungen des pH und der Ionenstärke führen. MELAMED [10] empfiehlt deshalb die Zugabe des Ionenaustauscherharzes Zeocarb 225 in der H^+-Form zum Stärke-Puffergemisch bei der Gelbereitung. Vom Austauscher wird vor dem Entfernen der Luftblasen abgesaugt.

Bei einigen Proteinen, wie Plasma-Albumin, Ovalbumin und Lysozym, wurde im Stärkegel vom pH 3,1 (Lactat-Milchsäurepuffer) bei niedrigen Ionenstärken eine elektrostatische Bindung des Proteins an die Stärke beobachtet, die sich in der Abnahme der Wanderungsgeschwindigkeit und in einer Schwanzbildung zeigt. Bei höheren Ionenstärken fehlt dieser Effekt [11].

Geräte für die Stärkegelelektrophorese

Wie bereits erwähnt, wurde die Originalmethode von SMITHIES [1] für ein horizontales Gerät entworfen. Eine geeignete Apparatur wird von der Fa. Pleuger, Wijnegem, Belgien, hergestellt. Der »Amidophor« besitzt den Vorteil, daß zwischen Gel und Pufferflüssigkeit ein unmittelbarer Kontakt besteht. (Bei den meisten Geräten wird der Kontakt durch Filterpapier hergestellt.) Das Gerät ist in Abb. 59, der Querschnitt in Abb. 60 zu sehen. Die Abmessungen der Trennkammer sind $430 \times 170 \times 100$ mm, die des Gelblockes $330 \times 120 \times 8$ mm bzw. $330 \times 60 \times 8$ mm bei zwei Blöcken. Die Puffergefäße sind für je 300 ml Puffer bemessen.

Später entwickelte SMITHIES [2] das vertikale Trennverfahren, das von ihm selbst und von anderen Autoren [12] ebenfalls für vorteilhafter gehalten wird. Eine vertikale Trennkammer nach SMITHIES

Abb. 59: Die Trennkammer des »Amidophors« der Fa. Pleuger, S. A., Wijnegem, Belgien

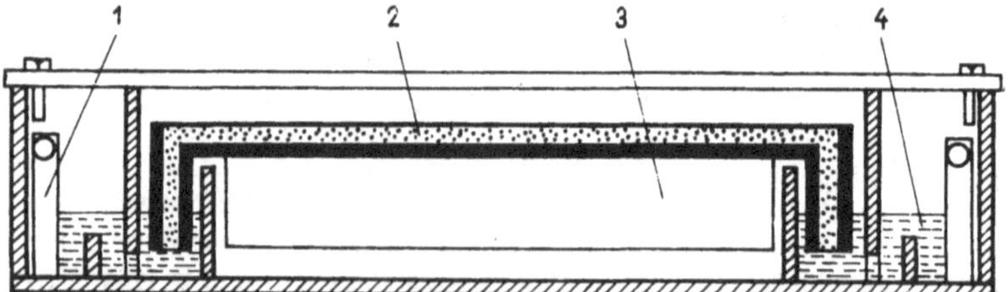

Abb. 60: Querschnitt der Trennkammer des »Amidophors«
1 – Elektrode; *2* – Gel; *3* – Trog; *4* – Pufferlösung

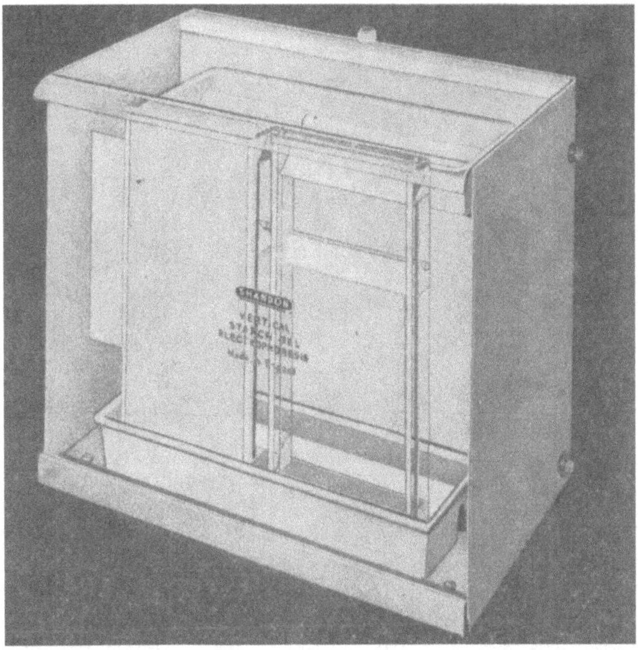

Abb. 61: Die vertikale Trennkammer nach SMITHIES [2] der Fa. Shandon Labortechnik G.m.b.H., Frankfurt/Main

wird von der Fa. Shandon Labortechnik G.m.b.H., Frankfurt am Main, hergestellt. Die Abmessungen der in Abb. 61 dargestellten Duplex-Kammer sind 40×24×39 cm. Die Vorderseite ist abnehmbar. Die beiden Pufferschalen für etwa je 400 ml befinden sich unter dem Deckel bzw. am Boden der Kammer. Zwei parallele Stärkegeltröge dienen zur Aufnahme der 30×12×0,6 cm großen Stärkegelplatten. Die durch die Stanze im Gel geformten Schlitze nehmen ca. 50 μl Probe auf. Nach Beendung der Trennung wird die Abdeck-Folie entfernt, das Gel herausgehoben und zum Anfärben die obere Gelschicht abgeschnitten. Dies kann mit Hilfe des in Abb. 62 gezeigten Nivelliertisches und Gelschneiders vorgenommen werden. Der eigentliche Schneider ist ein gespannter Draht aus rostfreiem Stahl.

Sowohl in der vertikalen wie auch in der horizontalen Anordnung wird gewöhnlich mit niedrigen Spannungen (5–7 V/cm) 12 bis 17 Stunden gearbeitet. Bei höheren Spannungen können infolge der Wärmeentwicklung und der damit verbundenen Austrocknung des Gels verzerrte Zonen entstehen, die das Auswerten der Elektropherogramme sehr erschweren.

Abb. 62: Der Nivelliertisch und Gelschneider der Fa. Shandon Labortechnik G.m.b.H., Frankfurt/Main

6.6.2. *Mikromethoden und zweidimensionale Verfahren*

Mikromethoden zur Ausführung der Stärkegel-Elektrophorese wurden von mehreren Autoren [13, 14, 15] beschrieben. DAAMS [15] benutzte zur Gelbereitung 50 m*l* 0,024 M Borsäure und 0,0096 M NaOH, pH 8,4 bei 20 °C und 1,25mal soviel Stärke, wie sie zur Herstellung der Gele für die horizontale Makromethode von SMITHIES benötigt wird. Das Gel wird ähnlich wie für die Makromethode bereitet, nur müssen hier, um reproduzierbare Ergebnisse zu erzielen, die Vorschriften mit noch größerer Sorgfalt eingehalten werden.

Das fertige Gel wird auf 12 histologische Deckgläser vom Format 24 × 50 × 0,1 mm gegossen, welche auf eine Glasplatte vom Format 25 × 30 × 0,3 cm mittels flüssigen Paraffins nebeneinander aufgeklebt sind. Auf die Ecken der Glasplatte sind auf ähnliche Weise vier, je 1 mm starke viereckige Glasplättchen aufgeklebt. Das Ganze wird mit einer genau so großen zweiten Glasplatte bedeckt, deren untere Seite mit einer feuchten, sorgfältig gespannten Cellophanfolie bezogen ist. Die Deckplatte wird schräg auf die untere Platte niedergelassen, das überschüssige Stärkegel durch Abdrücken entfernt und auf die ganze Anordnung ein 2 kg Gewicht gelegt. Nach 15 Minuten wird zuerst die Glasplatte und dann die Cellophanfolie entfernt. Die Deckgläser sind nun mit einer 1 mm starken Gelschicht bedeckt und sollten sofort oder innerhalb von 24 Stunden zur Elektrophorese eingesetzt werden. Besondere Übung erfordert das Auftragen der Substanz mittels einer Glaskapillare von ca. 0,2 mm Durchmesser in die durch Rasierklingenstücke eingeschnittenen 7 mm langen Schlitze. 0,2 μ*l* des zu trennden Gemisches werden je Schlitz aufgetragen.

Die Trennkammer erinnert an die von WIEME zur Agargel-Elektrophorese konstruierte Vorrichtung (s. Kap. 6.4.). Der Kontakt zwischen Stärkegel und Elektrodengefäß ist mittels eines 1,5%igen Agargels hergestellt, das mit 0,3 M Borsäure und 0,2 M NaOH, pH 8,4 bei 20 °C angefertigt worden ist. Als Kühlflüssigkeit dient Pentan. Die Kühlpumpe gewährleistet eine konstante Temperatur von 10 °C für zwei Gelplatten. 300 V Klemmenspannung (85 V/cm und 0,25 mA pro Gelstreifen) werden für 15 Minuten angelegt. Nach Beendung der Trennung werden die Gele mit Amidoschwarz angefärbt und zwischen Cellophan und Filterpapier unter leichtem Druck getrocknet. Die Auftrennung ist vergleichbar mit der Makromethode, z. B. werden aus normalem menschlichem Serum 18 Fraktionen erhalten, jedoch ist die relative Wanderungsstrecke der einzelnen Komponenten verschieden. Bei konstanter Schichtdicke ist die nötige Gelkonzentration dem Spannungsgefälle proportional anzusetzen.

Auch zweidimensionale Trennungen werden in Stärkegelen vorgenommen. Nach der einen Methode von POULIK und SMITHIES [16, 17] wird in der ersten Richtung eine horizontale Papierelektrophorese auf 5×300 mm Streifen in Veronal-Acetat-Puffer, pH 8,55 (0,048 M Natriumacetat, 0,048 M Veronal-natrium, 0,0073 M HCl) vorgenommen. Die Trennung nimmt bei 115–120 V Klemmenspannung 16 bis 18 Stunden in Anspruch. Die aufgetragene Substanzmenge beträgt 0,01 bis 0,015 m*l*. Nach beendeter Trennung wird ein Streifen orientierungshalber in der üblichen Weise angefärbt. Ein zweiter wird in eine nach SMITHIES angefertigte Stärkegel-Platte (16×12×0,6 cm) auf folgende Weise eingelassen.

In der 12 cm-Richtung des Gels wird mittels einer Rasierklinge ein Stück etwa 5 mm vom Gelende abgeschnitten und aufbewahrt. 2 bis 3 cm weiter wird ein zweiter Einschnitt gemacht, in den das genau passende Papierelektropherogramm (das kürzer als 12 cm sein soll) eingelassen wird. Nachher wird der Einschnitt zurückgeschoben, das 5 mm-Stück ebenfalls zurückgesetzt und die Elektrophorese in der zweiten Richtung nun im Stärkegel durchgeführt.

Bei der zweiten Methode erfolgt auch die erste Trennung in Stärkegel. Bei diesem Verfahren kann man den Puffer, die Trennzeit und sogar die Zusammensetzung der in den zwei Trennschritten angewandten Gele weitestgehend variieren.

Stärkegel wird — zwar seltener als granulierte Stärke — auch zu präparativen Zwecken eingesetzt. Bei dem mit Elektrodialyse kombinierten Verfahren von KOEN und SHAW [18] können 1,2 bis 1,5 m*l* der zu trennenden Substanz aufgetragen und getrennt zu 70 bis 75% zurückerhalten werden.

Bei der Stärkegel-Elektrophorese werden im allgemeinen niedrige Spannungen (5 bis 7 V/cm) angelegt, um eine zu starke Erwärmung zu vermeiden. In vielen Fällen wird empfohlen, die Trennkammer im Kühlschrank unterzubringen. Bei der Mikromethode ermöglicht die kurze Trennzeit die Anwendung höherer Feldstärken (bis 85 V/cm). Vereinzelt werden höhere Spannungen auch für das Makroverfahren angewandt [19, 20]. In diesen Fällen muß aber für entsprechende Kühlung gesorgt werden.

Die Elektrophorese dauert bei den üblichen Spannungen mit dem Makroverfahren 12 bis 18 Stunden. Hohe Spannungen ermöglichen Trennungen in 3 Stunden [20].

6.6.3. Anfärbung und quantitative Auswertung

Die Elektropherogramme werden nach beendeter Trennung mit einem der üblichen Eiweißfärbeverfahren, zumeist mit Amidoschwarz 10 B angefärbt [1]. Hierfür gibt es verschiedene Methoden:

Die Eiweißzonen können zuerst mit 5%iger Essigsäure im Gel fixiert und nachher mit einem Gemisch von 1 g Amidoschwarz, 500 *ml* 1 M Essigsäure und 500 *ml* 0,01 M Natriumacetat angefärbt werden. Der überschüssige Farbstoff wird mit 5%iger Essigsäure ausgewaschen.

Einfacher ist die Anfärbung des Gels (ohne Fixierung) durch 0,5 Minuten langes Eintauchen in die gesättigte Lösung von Amidoschwarz 10 B in Methanol-Eisessig-Wasser (50 : 10 : 50). Der ungebundene Farbstoff wird durch Behandlung mit demselben Lösungsmittelgemisch (2 Stunden) ausgewaschen, wobei das Bad wenigstens dreimal gewechselt werden soll. Die angefärbten Gelstreifen können in diesem Lösungsmittelgemisch mit ein wenig Farbstoffzusatz Monate lang unverändert aufbewahrt werden.

Bei der Mikromethode benutzt DAAMS [15] die vorstehend beschriebene gesättigte Amidoschwarz-Lösung zum Anfärben und das Lösungsmittelgemisch zum Entfärben, nur wird das Bad jede Minute gewechselt, so daß Färbung und Entfernung des überschüssigen Farbstoffes in 5 Minuten vollbracht werden können. Auch bei dem Makroverfahren kann dies beschleunigt werden, z. B. kann die Entfärbung durch ein quer zur Trennrichtung angelegtes elektrisches Feld in 15 bis 20 Minuten ausgeführt werden [21].

Die quantitative Auswertung durch Direktphotometrie wird dadurch erschwert, daß Stärkegel nicht durchsichtig ist. Es kann durch langsames Erwärmen in 5 bis 10%iger Essigsäure oder noch besser in Glycerin durchsichtig gemacht werden [19, 22]. PERT und PINTERIC [19] entwickelten ein Densitometer zur Schnellbestimmung der in Stärkegel getrennten Serumproteinfraktionen. Auch Elutionsverfahren werden angewandt, obwohl sie ziemlich langwierig und arbeitsaufwändig sind. Die meisten dieser Verfahren beruhen auf dem Gefrieren und Auftauenlassen des Gels, wobei die Gelstruktur zusammenbricht, oder auf der enzymatischen Verdauung des Gels mittels Amylase. Eine interessante Elutionsmethode wird besonders für färbige Proteine von HOERMAN u. Mitarb. [23] vorgeschlagen. An beiden Seiten der Zone wird quer zur Wanderungsrichtung je ein Einschnitt gemacht. In die Öffnung an der Vorderseite der Zone (die in Richtung der Wanderung liegt) wird ein genau passendes Stückchen feuchtes Filterpapier gelegt. Der die Fraktion enthaltende Gelteil mitsamt Papierstückchen wird vorn und hinten durch eine Dialysiermembran begrenzt. Danach wird die Elektrophorese fortgesetzt, wobei sich die Proteine an der vorderen Membran und im Filterpapier anreichern. Die Dialysiermembran verhindert einesteils das Eintreten anderer Proteinverunreinigungen in die zu eluierende Zone und andererseits das Austreten des anzureichernden Proteins über das Papierstreifchen hinaus. Zuletzt kann das im Papierstreifchen angesammelte Protein eluiert und gereinigt werden.

6.6.4. Spezielle Beispiele für Protein-Trennungen

Die Stärkegelelektrophorese wird für Proteinfraktionierungen vielseitig eingesetzt. Hier sollen einige Beispiele von verschiedenen Anwendungsgebieten gegeben werden.

SAIFER und AUERBACH-PASCAL [24] studierten die Heterogenität der in 6 M harnstoffhaltigem Stärkegel erhaltenen 4 bis 5 Serumalbuminfraktionen mittels immunchemischer Methoden und fanden, daß alle immunologisch mit dem Albumin identisch sind.

KŘIŠTAN und PIHAR [25] erarbeiteten eine verbesserte Methode zur Trennung der α- und β-Esterasen des Serums in Stärkegel. Die vertikale Trennkammer von SMITHIES wurde mit einer Kühlschlange versehen. Die zur Trennung benötigte Zeit konnte durch Erhöhung der Feldstärke im Laufe der Elektrophorese von 5 auf 12 V/cm auf 5 Stunden herabgesetzt werden.

KREISHER u. Mitarb. [26] bestimmten nach Auftrennung der Serumproteine im diskontinuierlichen Puffersystem an Stärkegel die an intestinaler alkalischer Phosphatase reichen Zonen mittels der spezifischen L-Phenylalanin-Inhibition.

Die quantitative Bestimmung der Hämoglobine A und S wurde nach vertikaler Stärkegel-Elektrophorese vorgenommen [27] und dabei ein ÄDTA-Tris-Borsäurepuffer, pH 8,6 verwendet:

Die Stammlösung enthielt 0,90 M Tris, 0,50 M Borsäure und 0,02 M ÄDTA. Diese wurde für die Gelbereitung 1 : 20, für die Kathodenkammer 1 : 7 und für die Anode im Verhältnis 1 : 5 verdünnt. Das Gel wurde aus 62,5 g hydrolisierter Stärke und 500 *ml* Puffer bereitet. 25 *µl* Hämoglobin wurden in Filterpapier aufgesaugt aufgetragen. Die Elektrophorese lief im Kühlraum bei 250 V und 15 mA 17 Stunden. Nach beendeter Elektrophorese wurden das Gel aus der Form herausgehoben und auf eine Glasplatte gelegt, die Puffer-Reste mittels Löschpapier entfernt, die getrennten Hämoglobine in Form rechteckiger Gelstückchen (1 × 2 cm) ausgeschnitten, jedes Gelstück gewogen und in ein Reagenzglas gegeben. Ein ähnliches, leeres Gelstück wurde als Blindwert mitgeführt. Das Stärkegel löste man in 3 *ml* 10%igem NaOH unter Benutzung einer Schüttelmaschine. Nach 10 Minuten wurde an der Wasserstrahlpumpe entgast. Eine Stunde nach dem NaOH-Zusatz ist die Extinktion bei 415 nm bestimmt worden. In der Blindprobe befand sich Gel und NaOH.

Čejka u. Mitarb. [28, 29] studierten das Verhalten von menschlichem Globin bei der Stärkegel-Elektrophorese. Sie fanden, daß bei Globin A nur nach sehr langer Verweildauer in 8 M Harnstoff, bei den Globinen B, C und D jedoch schon während der Elektrophorese in mit 8 M Harnstoff bereitetem Stärkegel weitere anodische Zonen erscheinen. Diese entsprechen carbamylierten Molekülen.

Bei der Elektrophorese in mit Formiatpuffer (pH 1,9) hergestellten Stärkegelen wurden mehrere Zonen erhalten. Es entsprach die zweitschnellste der Beweglichkeit der β-Ketten und die dritte der der α-Ketten des Globins. Nur bei nicht denaturiertem Material waren beide Zonen gleich intensiv. Die Analyse der einzelnen bei pH 1,9 erhaltenen Zonen mittels Stärkegel-Elektrophorese bei pH 8,6 in Gegenwart von 8 M Harnstoff und 0,1 M Merkaptoäthanol zeigte, daß Zone 2 ausschließlich β-Ketten enthielt, während Zone 3 nur bei nicht denaturierten Präparaten ausschließlich α-Ketten enthielt. Denaturierte β-Ketten wandern mit den α-Ketten. Aus dem Verhältnis der Zonen 2 und 3 kann auf den Denaturierungsgrad der Globinpräparate geschlossen werden.

Bocci und Viti [30] bestimmten die Radioaktivität der mit ^{131}J markierten Blutproteine nach Stärkegel-Elektrophorese mit dem Smithies-Verfahren (24 Stunden, +2 °C, 5 V/cm, 12 cm Wanderungsstrecke). Nach Färbung der Zonen wurde das Gel mit einer entsprechenden Vorrichtung in 65 Segmente von $0{,}3 \times 0{,}4 \times 1{,}0-6$ cm aufgeteilt, mit 0,005 M natriumjodidhaltiger 0,15 M Natronlauge bei 20 °C in 12 Stunden behandelt und in den Eluaten die Radioaktivität gemessen.

Zur Trennung saurer Mucopolysaccharide [31] wurde das Gel folgendermaßen bereitet:

0,01 M Zitronensäurepuffer wird mit gesättigter Natronlauge auf pH 3,5 eingestellt, aus je 100 ml Puffer auf 13 g Stärke wird das Gel auf übliche Weise hergestellt und in der Form eine Stunde bei 4,0 °C gehalten. In die Elektrodengefäße kommt derselbe Puffer. Das Gel (7,5 × 20,5 × 0,75 cm) wird mit Papierzungen mit den Elektrodengefäßen verbunden. In die nebeneinander wenigstens in 1 cm Entfernung angebrachten 3 mm-Einschnitte werden die zu trennenden Substanzen in der Konzentration von 2 mg/m*l* aufgetragen. Die Elektrophorese dauert bei 10 mA (45 V) und Zimmertemperatur 8 Stunden. Nachher wird mit einem Gemisch von Aceton und Eisessig (24 : 1) fixiert. Das trübe Gel kommt dann in eine 0,02% Toluidinblau Lösung in 0,5%iger Essigsäure. Nach 15 bis 20 Minuten sind die sauren Mucopolysaccharide rot gefärbt, der blaue Hintergrund wird mit der Fixierlösung ausgewaschen.

Die Gele mit den Flecken können in Kunststoff-Folie gehüllt im Kühlschrank (+4 °C) aufbewahrt werden. 50 μg sulfathaltiger saurer Polysaccharide können mit dieser Methode noch nachgewiesen werden.

Besonders geeignet ist die Stärkegel-Elektrophorese zur Fraktionierung argininreicher Histone. Hierzu wird ein 12%iges Stärkegel in 0,01 N HCl verwendet [32].

5 × 16 × 250 mm Gelstreifen werden bereitet, die in 0,1 N HCl gelösten Proben von 1,0—1,5 mg in 5 × 15 mm Filterpapierstreifen aufgesaugt und in die Einschnitte in der Nähe der Anode gelegt. In den Puffergefäßen, welche mit dem Gel durch Filterpapierzungen verbunden sind, befindet sich ebenfalls 0,01 N HCl. Die Trennung dauert bei 4 V/cm 18 Stunden. Angefärbt wird mit Amidoschwarz in der üblichen Weise.

JOHNS [33, 34] studierte die Aggregation der argininreichen Histone (F3) in Abhängigkeit vom pH im Bereich von pH 2 bis 7. Alle Lösungen wurden bei Zimmertemperatur 30 Minuten aufbewahrt und dann bei pH 2,3 im Stärkegel getrennt. Die Banden der Aggregate in der Nähe der Startlinie nahmen an Zahl und Intensität mit steigendem pH zu. Die Aggregation ist nicht reversibel. Die Trennung der Histonfraktionen F2/a/1 und F2/a/2 gelang mit 0,01 N HCl-Gel, welches 0,01 N Trichloressigsäure enthielt und dessen End-pH 1,8 betrug.

Kollagenkomponenten wurden durch präparative vertikale Stärkegel-Elektrophorese getrennt [35].

Die Apparatur war mit einer Vorrichtung für eine Serpentinen-Elution mit Hilfe einer Reihe von Elutionskammern ausgerüstet. Ein Natriumacetat-Essigsäure-Puffer ($\mu = 0{,}017$) von pH-Werten zwischen 4,0 und 5,0 wurde verwendet. Die Stärkekonzentration betrug 12,5 g/100 m*l* Puffer. Bei pH 4,2 konnten die α- und die β-Fraktionen getrennt werden. Über pH 4,62 wird die Fraktion $\alpha 2$ beinahe vollständig von den übrigen getrennt. Bei pH 5,00 kann $\alpha 2$ von $\alpha 1 + \alpha 3$ getrennt werden. Die Untereinheiten von denaturiertem Kollagen wurden im Acetatpuffer, pH 4,5, $\mu = 0{,}08$, bei 15 V/cm und 37 °C in 24 Stunden getrennt [36]. Die Fraktionen wurden mit einer 0,02%igen wäßrigen Lösung von Nigrosin gefärbt und nach Transparentmachung des Gels durch Eintauchen in Glycerin bei 625 nm quantitativ ausgewertet.

Wenigstens 6 Untereinheiten konnten nachgewiesen werden.

Die Fraktionierung der Proteine von Eidotter wurde im Tris-Zitratpuffer durchgeführt, angefärbt wurde mit Nigrosin [37]. Es erwies sich, daß die löslichen Proteine des Eidotters dieselben sind wie die des Eiklars.

Caseinpräparate aus Muttermilch wurden im diskontinuierlichen Tris-Zitrat-Boratsystem bei pH 8,6 in der Gegenwart von 7 M Harnstoff getrennt [38].

Die Analysen wurden bei 2 °C durchgeführt. Die 2 mg Protein enthaltenden Proben wurden als 0,3%ige Lösungen in 0,076 M Tris-Zitrat-Puffer, pH 8,6 mit granulierter Stärke zu Paste verrieben aufgetragen. Die Trennung dauerte bei 4 V/cm 24 Stunden. Angefärbt wurde mit 0,01%igem Nigrosin in Methanol-Essigsäure-Wasser (5:1:4).

In den Fraktionen wurde Sialinsäure nachgewiesen. Man konnte 6 Haupt- und 11 weniger deutliche Banden erhalten. Aufgrund der relativen Stärke der 6 Hauptbanden wurden dreierlei Caseintypen (A, B und C) charakterisiert.

Isolierte Fraktionen von Sojabohnen-Globulinen sowie ihren alkylierten Derivaten wurden in alkalischen und sauren Puffern mittels vertikaler Stärkegel-Elektrophorese in 14 bzw. 15 deutliche und weitere weniger deutliche Fraktionen getrennt [39].

Das alkalische Gel wurde mit 0,0825 M Tris-chloridlösung, pH 8,7 angefertigt und enthielt 5 M Harnstoff sowie 0,1 M Mercaptoäthanol. Die Stromschlüssel tauchten in einen Puffer, pH 8,4 folgender Zusammensetzung: 0,05 M Tris, 0,35 M Glycin, 3 M Harnstoff, 0,05 M Mercaptoäthanol. Die Trennung dauerte bei 4 °C und 12,5 V/cm 7 Stunden.

Das saure Gel wurde mit dem 1 N Essigsäure-5 M Harnstoff-Puffer, pH 3,5 bereitet, die Verbindungslösung war 1 N Essigsäure. Die Trennung dauerte bei 11 V/cm 3,5 Stunden. Die Proteine wurden in den entsprechenden Puffern von 6 M Harnstoff- bzw. 0,1 M Mercaptoäthanol-Gehalt gelöst aufgetragen. Zur Färbung diente eine 0,1%ige Lösung von Amidoschwarz 10 B in 15%iger Essigsäure, zur Entfernung des Farbstoffüberschusses eine 5%ige Glycerinlösung in 2%iger Essigsäure.

Shibasaki und Okubo [40] gebrauchten ein Gel von einer Endzusammensetzung von 11,9% Stärke, 7 M Harnstoff und 0,02 M Mercaptoäthanol im Tris-Zitratpuffer nach Poulik. Die Elektrophorese wurde bei 5 °C in horizontaler Anordnung durchgeführt. Die Elektrodengefäße wurden mit gesättigter Natriumchloridlösung gefüllt, die Verbindungsflüssigkeit war 3 M Harnstoff in 0,3 M Boratpuffer, pH 8,6. Die Trennung dauerte bei ca. 7,3 V/cm 17 Stunden. Von den erhaltenen 14 Komponenten wanderten 11 zur Anode und 3 zur Kathode. Ohne Harnstoff wurden 4 Komponenten getrennt.

Gehrke u. Mitarb. [41] charakterisierten die durch säulenchromatographische Trennung an CM-Zellulose erhaltenen Fraktionen von Weizenproteinen mittels Stärkegel-Elektrophorese. Stanton [42] studierte den Übergang der nativen dimeren Form des Erdnußproteins in die Monomere. Mit der freien Elektrophorese konnten die beiden Formen nicht getrennt werden.

Randall und MacRae [43] studierten die proteolytische Aktivität der wasserlöslichen Proteine von Rinder-Skelettmuskel. 16 mit Amidoschwarz 10 B anfärbbare Eiweißkomponenten konnten getrennt werden, von welchen 10 Acetyl-phenylalanin-β-naphthylester hydrolysierten. Bei 7 Komponenten konnten verschiedenartige Enzymaktivitäten in derselben Zone entdeckt werden. Die Reinigung der sauren Phosphatase aus Pferdemuskel wurde ebenfalls stärkegelelektrophoretisch studiert [44].

Die Trennungen wurden im vertikalen Apparat der Fa. Shandon bei 4 °C durchgeführt. Für die Elektrodengefäße wurde ein 0,3 M Acetatpuffer, pH 5,3 verwendet, dessen 15fache Verdünnung zur Gelbereitung eingesetzt wurde. Die Trennung nahm bei 20 mA und 170—150 V 6 bis 7 Stunden in Anspruch. Nach Beendung der Trennung wurde das Gel in drei Sektionen geschnitten: die obere wurde weggeworfen, die mittlere zur Proteinfärbung und die untere zum Nachweis der sauren Phosphataseaktivität mittels p-Nitrobenzoyl-phosphat benutzt.

Fünf Phosphoglukosemutaseaktivitäten in Fischmuskel konnten ebenfalls mit der Stärkegel-Elektrophorese nachgewiesen werden [45].

Die Stärkegel-Elektrophorese wird auch zu taxonomischen Zwecken in der Bakteriologie angewandt, indem Bakterienspezies aufgrund der spezifischen Enzyme des zellfreien Extraktes identifiziert werden können. Z. B. wurden zellfreie Extrakte von Microbacterium lacticum in einem modifizierten diskontinuierlichen Puffersystem der Stärkegel-Elektrophorese unterworfen und in den erhaltenen Fraktionen die Esterase- und Katalase-Aktivitäten nachgewiesen [46]. Das Gel wurde mit folgendem Puffer angefertigt:

2,295 g Tris, 0,709 g Zitronensäure mit Wasser auf 1 Liter gefüllt und der pH-Wert auf 8,6 eingestellt. In den Pufferbehältern war die Elektrolytenzusammensetzung die folgende: 18,5 g Borsäure, 3,3 g Natriumhydroxid mit Wasser auf 1 Liter gefüllt und der pH-Wert auf 8,6 eingestellt. Die Elektrophorese wurde bei 10 V/cm in Puffern und Gelen verschiedener Konzentrationen durchgeführt.

Die Beweglichkeit der Enzymkomponenten nahm mit zunehmender Gelpufferkonzentration zu, während die Konzentration des Elektrodenpuffers keinen Einfluß hatte. Die Beweglichkeit kann andererseits durch Herabsetzung der Stärkekonzentration erhöht werden. Die zellfreien Extrakte von Streptococcus faecalis, S. faecium und S. durans wurden nach Stärkegel-Elektrophorese auf ihre Glucose-6-phosphatdehydrogenase- und Glyceraldehyd-3-phosphat-dehydrogenase-Aktivitäten geprüft [47].

Das Stärkegel wurde mit 0,01 M Phosphatpuffer, pH 7,0 bereitet, der Verbindungselektrolyt war 0,10 M Phosphatpuffer, pH 7,0. Die Elektrophorese dauerte bei einer Anfangsfeldstärke von 10 V/cm 1,5 Stunden.

Enterobakterien wurden aufgrund ihrer Glucose-6-phosphat-dehydrogenase und Phosphoglukonat-dehydrogenase-Aktivitäten charakterisiert [48].

Zur Gelbereitung diente einerseits der Tris-Boratpuffer, pH 8,6, andererseits ein Phosphatpuffer, pH 7,4 mit je 0,01 M ÄDTA- und $MgCl_2$-Gehalt. Die Elektrophorese wurde bei 4 °C und 180 V 14 Stunden fortgesetzt.

PÜRSCHEL und POSPIŠIL [49] studierten den proteolytischen Abbau der Milcheiweißstoffe durch aerobe Sporenbildner.

Tris-Zitratpuffer mit Harnstoff-Zusatz wurde verwendet. Die Elektrophorese dauerte bei + 2 bis + 5 °C, 7 V/cm und 30 mA 6 Stunden. Die Färbung erfolgte mit 1%iger Nigrosinlösung in Methanol-Wasser-Eisessig (5 : 4 : 1). Die Gele verweilten 5 Minuten im Färbebad, wurden mit dem reinen Lösungsmittel entfärbt und im Densitometer ERI 10 der Fa. Zeiss im Auflicht quantitativ ausgewertet.

Die Abbauprodukte bildeten 5 bis 6 Banden, die vor dem α-Casein wanderten.

Die Wechselwirkung zwischen Rindertrypsin bzw. Rinder-α-Chymotrypsin und verschiedenen Enzym-Inhibitoren wurde mittels Stärkegel- und Polyacrylamidgel-Elektrophorese studiert [50].

REESE u. Mitarb. [41] setzten die Stärkegel-Elektrophorese zum Studium der Lichenase-, β-(1—4)-Glucanase- und β-(1—3)-Glucanase-Aktivitäten von Penicillium pusillum und Trichoderma viride ein.

Nach der Auftrennung der α-Glucosidase aus Honig mittels horizontaler und vertikaler Elektrophorese erfolgte die Bestimmung der Enzym-Aktivität in 1 mm-Scheiben, in welche das Gel sofort nach Beendigung der Elektrophorese quer zur Wanderungsrichtung aufgeschnitten wurde, um die Diffusion der Komponenten zu vermeiden [52]. Auf diese Weise wurden im Gel 10 aktive Zonen entdeckt, während mit der Anfärbungsmethode nur eine Zone zum Vorschein kam.

Literatur

[1] SMITHIES, O.: Biochem. J. *61* (1955), 629
[2] SMITHIES, O.: Biochem. J. *71* (1959), 585
[3] WAKE, R. G., BALDWIN, R. L.: Biochim. biophys. Acta *47* (1961), 225
[4] POKROWSKI, A. A., KOROWNIKOW, K. A.: Biochimia (russ.) *31* (1966), 78
[5] HORI, J.: Analyt. Biochem. *16* (1966), 234
[6] POULIK, M. D.: Nature [London] *180* (1957), 1477
[7] SMITHIES, O.: Advances in Protein Chem. *14* (1959), 65
[8] POULIK, M. D.: Ann. N. Y. Acad. Sci. *121* (1964), 470
[9] MARIER, J. R., ROSE, D.: Analyt. Biochem. *7* (1964), 304
[10] MELAMED, M. D.: Analyt. Biochem. *19* (1967), 187
[11] LEE, J. W., McIVER, RH.: Analyt. Biochem. *13* (1965), 572
[12] BLOEMENDAL, H.: "*Zone Electrophoresis in Blocks and Columns*", Elsevier Publishing Company, Amsterdam 1963, S. 56
[13] MOURAY, H., MORETTI, J., FINE, J. M.: Bull. soc. chim. biol. *43* (1961), 993
[14] RAMSEY, H. A.: Analyt. Biochem. *5* (1963), 83
[15] DAAMS, J. H.: J. Chromatogr. *10* (1963), 450

[16] SMITHIES, O., POULIK, M. D.: Nature [London] *177* (1956), 1033
[17] POULIK, M. D., SMITHIES, O.: Biochem. J. *68* (1958), 636
[18] KOEN, A. L., SHAW, CH. R.: Analyt. Biochem. *9* (1964), 495
[19] PERT, J. H., PINTERIC, L.: Ann. N. Y. Acad. Sci. *121* (1964), 310
[20] LANGE, V.: Z. klin. Chem. *3* (1965), 168
[21] STANTON, M. G.: Analyt. Biochem. *12* (1965), 310
[22] VESSELINOVITCH, S. D.: Nature [London] *182* (1958), 665
[23] HOERMAN, K., BALEKJIAN, A. Y., BERZINSKAS, V. J.: Analyt. Biochem. *12* (1965), 403
[24] SAIFER, A., AUERBACH-PASCAL, T.: Clin. chim. Acta *11* (1965), 523
[25] KŘIŠTAN, M., PIHAR, O.: Clin. chim. Acta *13* (1966), 403
[26] KREISHER, J. H., CLOSE, V. A., FISHMAN, W. H.: Clin. chim. Acta *11* (1965), 122
[27] PERRY, B. W., HILL, R. J.: Analyt. Biochem. *22* (1968), 21
[28] ČEJKA, J., VODRAŽKA, Z., SALÁK, J.: Biochim. biophys. Acta *154* (1968), 586
[29] ČEJKA, J., VODRAŽKA, Z.: Coll. Czech. chem. Commun. *32* (1967), 4514
[30] BOCCI, V., VITI, A.: Giorn. Biochim. *15* (1966), 303
[31] BROOKHART, J. H.: J. Chromatogr. *20* (1965), 191
[32] HNILICA, L. S., BESS, L. G.: Analyt. Biochem. *12* (1965), 421
[33] JOHNS, E. W.: J. Chromatogr. *33* (1968), 563
[34] JOHNS, E. W.: J. Chromatogr. *34* (1968), 429
[35] HOLLMÉN, T., KULONEN, E.: Analyt. Biochem. *14* (1966), 455
[36] NÄNTÖ, V., MAATELA, J., KULONEN, E.: Acta Chem. Scand. *17* (1963), 1604
[37] PARKINSON, T. L.: J. Sci. Food Agric. *18* (1967), 208
[38] MALPRESS, F. H., HYTTEN, F. E.: Biochem. J. *91* (1964), 130
[39] PUSKI, J., MELNYEHYN, P.: Cereal Chem. *45* (1968), 192
[40] SHIBASAKI, K , OKUBO, K.: Tohoku J. agric. Res. *16* (1966), 317
[41] GEHRKE, C. W., OH, Y. H., FREEARK, C. W.: Analyt. Biochem. *8* (1964), 434
[42] STANTON, M. G.: Analyt. Biochem. *14* (1966), 347
[43] RANDALL, C. J., MacRAE, H. F.: J. Food Sci. *32* (1967), 182
[44] NASSI, P., TREVES, C., RAMPONI, G.: J. Chromatogr. *33* (1968), 553
[45] ROBERTS, E., TSUYUKI, H.: Biochim. biophys. Acta *73* (1963), 673
[46] ROBINSON, K.: Labor. Pract. *17* (1968), 197
[47] WILLIAMS, R. A. D., BOWDEN, E.: J. gen. Microbiol. *50* (1968), 329
[48] BOWMAN, J. E., BRUBAKER, R. R., FRISCHER, H., CARSON, P. E.: J. Bacteriol. *94* (1967), 544
[49] PÜRSCHEL, M., POSPIŠIL, M.: Nahrung *12* (1968), 775
[50] OSUGA, D. T., FEENEY, R. E.: Arch. Biochem. Biophys. *118* (1967), 340
[51] REESE, E. T., ANDREOTTI, R., PARRISH, F. W.: Arch. Biochem. Biophys. *96* (1962), 187
[52] WHITE, J. W., KUSHNIR, I.: Analyt. Biochem. *16* (1966), 302

6.7. Die Polyacrylamidgel-Elektrophorese

Die Anwendung der Stärkegel-Elektrophorese zur Trennung von Proteinen hatte gezeigt, daß die Kombination von Molekularsieb-Effekten mit dem elektrophoretischen Effekt eine viel vollständigere Trennung ermöglicht als die elektrophoretischen Trennverfahren, bei welchen vorwiegend die elektrische Ladung der zu trennenden Substanzen maßgebend war. Stärkegel als Trägermaterial hat jedoch gewisse Nachteile (s. Kap. 6.6.). Das bereits 4 Jahre nach der Ausführung der ersten Proteintrennung in Stärkegel von RAYMOND und WEINTRAUB [1], sowie von ORNSTEIN [2] und DAVIS [3] eingeführte Trägermaterial, das vernetzte Polyacrylamidgel, ist im Prinzip dem Stärkegel ähnlich, besitzt jedoch eine Anzahl zusätzlicher Vorteile.

Das synthetische Polymer-Gel ist sehr gut reproduzierbar, durchsichtig, viel elastischer als Stärkegel und deshalb leichter zu behandeln, chemisch stabil und elektrochemisch neutral. Da es keine Ladung trägt, muß nicht mit elektroosmotischen Begleiterscheinungen gerechnet werden. Infolge dieser hervorragenden Eigenschaften ist die Polyacrylamidgel-Elektrophorese in den seit ihrem ersten Einsatz verstrichenen zehn Jahren »alleinbeherrschend« auf dem Gebiet der Protein-Elektrophorese geworden. Sie wird auch zur Trennung von Nukleinsäuren und ihren Derivaten, sowie vereinzelt zum Studium anderer Stoffgruppen angewandt.

RAYMOND und WEINTRAUB [1], sowie ORNSTEIN [2] und DAVIS [3] fanden dieses hervorragende Trägermaterial unabhängig voneinander. Die von ihnen erarbeiteten Trennverfahren sind auch im Grundprinzip verschieden. Erstere Autoren benutzen ein einheitliches Gel mit einer gegebenen durchschnittlichen Porengröße und ein kontinuierliches Puffersystem, während letztere ein diskontinuierliches Gel- und ein ebenfalls diskontinuierliches Puffersystem gebrauchen. Beide Verfahren haben ihre Vor- und Nachteile, und für beide Grundprinzipien wurden zahlreiche Ausführungsvarianten erarbeitet. Beide Prinzipien werden sowohl für analytische wie auch für präparative Zwecke eingesetzt.

Für die Herstellung des Polyacrylamidgels benötigt man außer dem monomeren Acrylamid und dem Vernetzer N,N'-Methylenbisacrylamid Katalysatoren, wie Tetramethyläthylendiamin oder 3-Dimethylaminopropionitril. Diese bilden mit Ammoniumperoxydisulfat ein geeignetes Redoxsystem zur Katalyse der Kopolymerisation, die in Gegenwart von Riboflavin auch als photokatalytischer Prozeß vor sich gehen kann.

6.7.1. Vertikale Polyacrylamidgel-Elektrophorese nach RAYMOND [4]

Nach der Originalmethode von RAYMOND wird das Trägergel folgendermaßen hergestellt:

Ein Trispuffer, pH 9,2 wird durch Lösen von 58 g Tris, 5,0 g Dinatrium-ÄDTA und 1,9 g Borsäure in 5,2 Liter Wasser bereitet. In 150 *ml* dieses Puffers werden 7,5 g Acrylamid gelöst. (RAYMOND gebrauchte das Produkt »Cyanogum 41« der Fa. American Cyanamid Corp., N. Y., welches Acrylamid und das zum

Vernetzen nötige N,N'- Methylenbisacrylamid vorgemischt enthält.) Um die Gelbildung zu katalysieren, werden 0,3 m*l* Dimethylaminopropionitril und 300 mg Ammoniumpersulfat schnell in dieser Lösung gelöst. Nachher wird diese luftblasenfrei in die horizontal gelegte Elektrophoresekammer gefüllt, die Stanze für 4, 8 oder 16 Proben eingesetzt und die Zelle mit zirkulierendem Wasser gekühlt. Wenn das Gel festgeworden ist, was an einer schwachen Opaleszenz zu bemerken ist, wird die Kammer in die vertikale Lage gebracht und die Puffer-Rezirkulationspumpe angeschlossen. Die Pufferbehälter werden mit Puffer gefüllt, und nach Beginn der Zirkulation wird die Gelstanze entfernt. 300 V und 150 mA werden für 20 Minuten angelegt, um Verunreinigungen, z. B. Reste von freiem Ammoniumpersulfat, zu entfernen.

Danach wird die Probe aufgetragen. Die Mulden können für die Aufnahme von 5 μ*l*- bis 5 m*l*-Proben vorgestanzt werden. Das Auftragen erfolgt mittels einer Mikropipette unter der Pufferoberfläche. Falls die Probelösung nicht genügend konzentriert ist, kann Glukose zugesetzt werden, damit zwischen Puffer und Probe ein Dichtegradient entsteht. Dadurch wird am Anfang der Trennung die Probe zu einer ganz dünnen Schicht konzentriert und tritt als solche in das Gel ein. Dies gewährleistet schärfere Trennungen. Während der Trennung wird die höchste Spannung bzw. Stromstärke angelegt, welche noch keine allzustarke Erwärmung verursacht. Ein Überquellen des Gelblocks am oberen Ende weist auf zu starke Erwärmung hin. Die Konstanz der Feldstärke, der Pufferkonzentration und des pH wird durch die Rezirkulation des Puffers gesichert.

Nach RAYMOND [4] hat die vertikale Gelblock-Technik gegenüber der in Kap. 6.7.2 beschriebenen Disk-Elektrophorese nach ORNSTEIN und DAVIS folgende Vorteile:

die flachen Blöcke gewährleisten durch eine größere Oberfläche eine bessere Kühlung;

die quantitative Auswertung kann in den üblichen Densitometern durchgeführt werden;

eine große Anzahl von Proben kann in demselben Gel getrennt werden, was den Vergleich erleichtert;

flache Blöcke ermöglichen die Ausführung zweidimensionaler Trennungen, wobei in der zweiten Richtung entweder die Gelkonzentration erhöht, oder der pH des Puffers geändert werden kann.

Wie bereits gesagt, besitzt das Acrylamidgel keine geladenen Gruppen, es lassen sich aber solche in die Gelstruktur einbauen: der Zusatz von 0,1 g Acrylsäure je 100 m*l* Cyanogum-Lösung ergibt ein anionisches, der von 1 g quaternärem Acrylsäure-aminoalkylester je 100 ml ein kationisches Gel.

6.7.1.1. Der Molekularsiebeffekt

Anhand der Ergebnisse, welche mit auf dem Raymondschen Prinzip beruhenden Geräten erhalten worden sind, stellten verschiedene Autoren Zusammenhänge zwischen dem Molekulargewicht bzw. der Molekülgröße der Proteine und ihrer Wanderungsgeschwindigkeit in Polyacrylamidgelen verschiedener Konzentrationen, d. h. verschiedener Porengrößen fest. Nach ZWAAN [5] besteht im Gelkonzentrationsbereich von 5 bis 10% eine lineare Beziehung zwischen der Gelkonzentration und der relativen Wanderungsgeschwindigkeit einiger Proteine. Zwischen dem Neigungswinkel der diese Funktion darstellenden Geraden und dem Molekulargewicht der Proteine besteht ebenfalls ein Zusammenhang. Weiter wurde festgestellt, daß das Verhältnis der absoluten Beweglichkeitswerte eines Proteins bei zwei verschiedenen Gelkonzentrationen eine lineare Funktion des Logarithmus des Molekulargewichts ist und daher zu seiner Abschätzung herangezogen werden kann. TOMBS [6] sowie INGRAM u. Mitarb. [9] studierten ebenfalls die Wirkung der Gelkonzentration auf die Beweglichkeit. Sie führten den Begriff der für die verschiedenen Proteine bestehenden limitierenden Porengröße ein; in die Poren dieser Abmessung kann das Molekül nicht mehr eintreten. Die Beweglichkeit eines Proteins im Gel ist proportional dem Anteil derjeniger Poren, deren Größe die limitierende Porengröße überschreitet. Im allgemeinen wurde gefunden, daß die Porengröße der Gele von der Gesamtpolymerkonzentration abhängt, und der Vernetzungsgrad (bestimmt durch die Konzentration des Vernetzers) lediglich für die mechanischen Eigenschaften des Gels verantwortlich ist [7, 8]. HJERTÉN u. Mitarb. [10] fanden hingegen, daß die Wanderungsgeschwindigkeit mit zunehmender Gesamtkonzentration des Gels abnimmt. Für die Vernetzungskomponente gilt diese Aussage jedoch nur bis zu einer relativen Konzentration von 5%. Über 5% nimmt die Wanderungsgeschwindigkeit mit zunehmender Konzentration der Vernetzungskomponente zu.

6.7.1.2. Geräte zur Polyacrylamidgel-Elektrophorese

In der Literatur wird eine große Anzahl vertikaler Gelelektrophoresevorrichtungen beschrieben, welche auf dem RAYMONDschen Prinzip beruhen und verschiedene Vervollkommnungen der Originalapparatur darstellen. Im Gerät von HORI [11], das sich sowohl für die Stärke- als auch für die Polyacrylamidgel-Elektrophorese eignet, können an dasselbe Puffergefäß zwei vertikale Geltröge angeschlossen werden. Der elektrische Kontakt zwischen Gel und Puffer wird durch »Membranbrücken« (spezielle Stromschlüssel) hergestellt.

Im Gerät von WOODWORTH und CLARK [12] können zwei parallele Gelblöcke auf einmal hergestellt werden. Diese ermöglichen z. B. einen direkten Vergleich der Protein- mit den Hämoglobin-Haptoglobinbanden. Es wird betont, daß flache Gele im Gegensatz zu den zylindrischen in trockenem Zustand gut aufbewahrt werden können und bessere Trennungen ergeben als die Disk-Elektrophorese.

REID und BIELESKI [13] bevorzugen den Gebrauch dünner Gelplatten anstatt der von RAYMOND angewandten dicken Gelblöcke, da bei letzteren die Erwärmung während der Trennung und das langsame Eindringen der Nachweisreagenzien in das Gel Schwierigkeiten bereiten.

In der Apparatur von TICHY [14] können auf einmal 49 Proben auf 7 je 1 mm starken Gelplatten getrennt werden. Jede Gelplatte befindet sich zwischen zwei Kühlplatten. Die 7 Gelplatten und die insgesamt 8 Kühlplatten werden zu einem Block zusammengeklemmt. Die starke Kühlung ermöglicht das Anlegen von Spannungen bis zu 600 V.

Bei dem zur quantitativen Analyse geeigneten Apparat von BLATTLER [15] ist in erster Linie die Temperaturregelung innerhalb von $\pm 0{,}1$ °C bemerkenswert: bei Erwärmung wird die Pufferzirkulation erhöht und bei Abkühlung reduziert. Das Gel wird in einer Stickstoffatmosphäre zwischen Glasplatten gefertigt. Für Gele im Konzentrationsbereich zwischen 4 und 15% genügen 0,25 g des Vernetzers Bisacrylamid auf 100 m*l* Lösung. Höhere Konzentrationen beeinträchtigten die Elastizität des Gels.

BOSMAN [16] und AKROYD [17] beschreiben einfache, aus Plexiglas- bzw. Glasplatten im Eigenbau leicht herzustellende Elektrophoresezellen für flache Gelplatten. Das Gerät von AKROYD wird auch zur Disk-Elektrophorese empfohlen [17].

Horizontale Anordnungen für die Polyacrylamidgel-Elektrophorese werden nur vereinzelt angewandt [6, 18].

6.7.1.3. Präparative Polyacrylamidgel-Elektrophorese

Geräte für die präparative Elektrophorese an flachen Polyacrylamidgelblöcken wurden von mehreren Autoren konstruiert bzw. zur Proteintrennung eingesetzt. DEVILLEZ [19] benutzte einen vertikalen Stärkegel-Elektrophorese-Apparat und ein 9%iges Polyacrylamidgel, das mit dem diskontinuierlichen Puffersystem von POULIK [20] hergestellt worden war, wobei LiOH statt NaOH verwendet wurde. Bei dem so bereiteten Gel vollzog sich die Polymerisation in 30 Minuten. Die Elektrophorese erfolgte bei 0 bis 4 °C, 20 mA und 300 V. Sofort nach ihrer Beendigung wurde das Gel in 0,5 cm-Streifen zerschnitten und in Proberöhrchen jedes Stück einzeln durch Diffusion eluiert.

In der Apparatur von HJERTÉN, JERSTEDT und TISELIUS [21, 22] wird das Gel in einer Kolonne von 1,0 cm innerem Durchmesser und 20 cm Länge hergestellt. Die Gesamtkonzentration des Gels an Monomerem beträgt 4%, die Vernetzung 1%.

Als Puffer wird 0,01 M Tris-HCl, pH 7,4 + 0,0003 M $MgSO_4$ verwendet. Die Polymerisation wird im Trennpuffer ausgeführt. Für 10 *ml* Monomerlösung werden 0,015 g Ammoniumpersulfat und 0,01 *ml* β-Dimethylaminopropionitril verwendet. Die Polymerisation muß innerhalb von 20 Minuten vor sich gehen. Die in der Kolonne abwärts wandernden Zonen werden durch einen Pufferstrom in eine mit Pevikonpulver gefüllte Kammer eluiert.

Die Apparatur wurde zur Trennung der 30 S- und 50 S-Ribosomen von E. coli eingesetzt.

Etwa 0,2 *ml* des 1%igen Ribosomenpräparates wurden aufgetragen. Anfangs wurde ein Strom von 5 mA angelegt, nach 20 Minuten, als die Probe ins Gel eintrat, wurde auf 10 mA verstärkt. Die Elektrophorese dauerte bei +4 °C 35 Stunden. Die Elutionsgeschwindigkeit war 4,5 *ml*/Stunde, 1,5 *ml*-Fraktionen wurden gesammelt und die UV-Absorption bei 260 nm gemessen. 80% des aufgetragenen Materials konnten zurückgewonnen werden.

Da die elektrophoretische Filtration, der Siebeffekt, von der Molekülgröße und der Wanderungsgeschwindigkeit der Partikel in freier Lösung abhängt, sollen zur Erzielung guter Trennungen die Bedingungen so gewählt werden, daß das kleinere Partikel zugleich die größere elektrophoretische Beweglichkeit besitzt. Die beschriebene Apparatur eignet sich auch zur Trennung von Proteinen und Viren bis zu 50 mg.

In einer noch größeren Vorrichtung von HJERTÉN u. Mitarb. [10], die von der Fa. LKB Produkter, Stockholm produziert wird, können Mengen von 0,05 bis 1,0 g präparativ getrennt werden.

Die aus dem Gerät austretenden Zonen gelangen — wie im kleineren Gerät — aus dem homogenen Polyacrylamidgel in eine mit granuliertem Material (Agarose) gefüllte Elutionskammer und werden von dort mittels einer peristaltischen Pumpe in einen Fraktionensammler befördert. Die Trennkammer (4 × 21 × 25 cm) sowie die Elektrodengefäße sind auf einen Rahmen montiert, die Kühlrohre sind nahe den Wänden angebracht. Die Elutionskammer befindet sich unterhalb der Trennkammer. Die Elektroden sind von Dialysierhülsen umgeben. Der Puffer wird mittels einer Pumpe dauernd zirkuliert, damit die Elektrolyseprodukte den Puffer in der Trenn- oder Elutionskammer nicht verunreinigen.

Vor der präparativen Trennung müssen die optimalen Bedingungen anhand von analytischen Versuchen bestimmt werden. Vor Beginn der präparativen Trennung ist folgendes durchzuführen:

1. Vor-Elektrophorese oder andere Behandlung zur Entfernung UV-absorbierender Verunreinigungen,
2. Zentrifugieren der Probe, um etwaige Partikel zu entfernen,

3. Auftragen der Probe in die vorgestanzte Mulde,
4. Konzentrierung der Probe in eine schmale Zone (durch Anlegen einer relativ niedrigen Stromstärke).

Die Pufferzirkulation wird sofort nach Anlegen der Spannung begonnen. Ein Saccharose-Zusatz zur Probe soll möglichst vermieden werden. Die UV-Absorptions-Messung führt man am besten bei 230 nm durch. Phosphat- und Boratpuffer eignen sich hierzu gut, Veronal- und Tris-Puffer hingegen nicht. Für jeden Versuch soll ein neuer Gelblock benutzt werden.

Eine teilweise gereinigte Protease aus P. notatum wurde in diesem Apparat unter folgenden Bedingungen getrennt:

die Monomerkonzentration des Gels war 6%, die Konzentration des Vernetzungsmittels 5%. Die Gelhöhe betrug 10 cm. Als Puffer wurde 0,05 M Tris-Essigsäure, pH 8,0 verwendet. Das Volumen der Probe betrug 15 m*l*, die Menge 0,5 g. Bei 300 mA und 150 V dauerte die Trennung 48 Stunden. Die Kühlwassertemperatur war 7 °C. Die Elutionsgeschwindigkeit betrug 14 m*l*/Stunde, 4,6 m*l*-Fraktionen wurden gesammelt. Bei 230 nm wurden 6 Peaks erhalten, die Protease befand sich im sechsten.

Eine Protease aus Streptomyces griseus wurde ebenfalls fraktioniert. Die Bedingungen waren:

12 cm Gelhöhe, Puffer: 0,27 M Natriumborat, pH 7,4 + 0,001 M Calciumionen. Das Volumen der Probe betrug 10 m*l*, die Menge 1 g. Getrennt wurde bei 400 mA, 200 V und 7 °C 85 Stunden. 5 m*l*-Fraktionen wurden bei einer Elutionsgeschwindigkeit von 30 m*l*-Stunde gesammelt. Die UV-Absorptionsmessung bei 280 nm ergab 6 Peaks.

Eine ähnliche Apparatur wurde von BONT u. Mitarb. [23] entworfent der Hauptteil des Geräts besteht aus zwei Zylindern: der innere is: mit dem unteren, der äußere mit dem oberen Puffertank verbunden. Auf dem kreisförmigen Boden des Gerätes wird eine Polyacrylamidschicht auspolymerisiert. Der Raum zwischen den Zylindern dient zur Aufnahme des Gelblocks. Während der Elektrophorese wird das Gel durch Zirkulation von eiskaltem Wasser in dem inneren Zylinder gekühlt. Das Gerät wurde zur Isolierung eines Ribonuklease-Inhibitors eingesetzt.

6.7.2. Disk-Elektrophorese nach ORNSTEIN [2] *und* DAVIS [3]

Das Verfahren erhielt seinen Namen auf Grund der Tatsache, daß das verwendete Gel hinsichtlich Konzentration und Porengröße sowie der Puffer hinsichtlich Zusammensetzung und pH diskontinuierlich sind. Andererseits bilden die getrennten Substanzen im Gel scheibenförmige (discoid shape) Zonen. In diesen diskontinuierlichen Systemen werden die aufgetragenen Proben vor Beginn der Trennung zu sehr schmalen Zonen bis zu 10 μ Stärke konzentriert, wodurch sehr scharfe Trennungen in kurzer Zeitdauer ermöglicht werden. Z. B. können aus 1 μl menschlichem Blutserum routinemäßig über 20 Serumproteine in 20 Minuten getrennt werden. Obwohl die von ORNSTEIN [2] entwickelte Theorie und die von DAVIS [3] erarbeitete praktische Durchführung der Disk-Elektrophorese viel umstritten waren, hat das Verfahren in den zehn Jahren, die seit seiner ersten Veröffentlichung verstrichen sind, sehr viele Anhänger gefunden. Das geht aus der ständig steigenden Anzahl von Publikationen zu dieser Methode hervor, welche auch eine Fülle von Anregungen zur Entwicklung neuer Varianten geben, die in mancher Hinsicht der ursprünglichen Methode überlegen sind. Die bis zum heutigen Tage vorliegenden Veröffentlichungen umfassen vom Ultramikroverfahren bis zur präparativen Trennung alle Größenordnungen und berichten über den erfolgreichen Einsatz des Verfahrens zu den verschiedensten Problemen der Protein- und Nukleinsäuretrennung.

Eine Monographie über die Disk-Elektrophorese in deutscher Sprache ist 1968 erschienen [24].

6.7.2.1. Grundlagen der Disk-Elektrophorese

Nach ORNSTEIN [2] unterscheiden sich die in Gelen beobachteten elektrophoretischen Beweglichkeiten von Makromolekülen, nicht nur in ihrer Größe, d. h. in den durchwanderten Strecken, sondern auch in ihrer Reihenfolge von den in anderen Medien beobachteten Werten. Die erhöhte Zahl der erhaltenen Fraktionen ist auf zwei Erscheinungen zurückzuführen:

1. Auf den Reibungswiderstand des Gels gegenüber dem sich darin bewegenden Partikel. Dieser ist eine Funktion des Partikelradius. Die Viskosität des Gels ist niedrig, wenn der Durchmesser des Teilchens im Vergleich zur durchschnittlichen Porengröße des Gels klein ist. Sie ist als unendlich zu betrachten, wenn der Teilchendurchmesser viel größer ist als die durchschnittliche Porengröße. Ein 7,5%iges Polyacrylamidgel hat eine durchschnittliche Porengröße von etwa 50 Å, ein 30%iges von etwa 20 Å. Dadurch ist es möglich, die Porengröße des Gels den Abmessungen der zu trennenden Moleküle anzupassen.

2. Der andere entscheidende Faktor ist die »Regulationsfunktion« von KOHLRAUSCH. Mit ihrer Hilfe ist es möglich, die Startzone in Richtung des elektrischen Feldes ganz dünn zu gestalten. Wenn zwei Lösungen von Ionen so übereinander geschichtet sind, daß die Lösung der Ionen mit hoher Beweglichkeit sich unter der Lösung mit Ionen niedriger Beweglichkeit befindet (wobei die beiden Ionen dasselbe

Ladungsvorzeichen besitzen), so wird die Grenzfläche zwischen den beiden Ionenlösungen während ihrer Wanderung im elektrischen Feld streng erhalten bleiben, da die beiden Ionenarten infolge der Regulationsfunktion an beiden Seiten der Grenzfläche mit derselben Geschwindigkeit wandern. Voraussetzung hierfür ist, daß die dichtere Lösung sich unten befindet und die Ionen im angelegten elektrischen Feld nach unten wandern. Mit dem Anlegen der Spannung regeln sich, unabhängig von den Ausgangsbedingungen die Konzentrationen an der Grenzfläche automatisch so, daß sie sich den Anforderungen der Regulationsfunktion anpassen.

In Gelen und porösen Medien, wo keine Konvektionsstörungen auftreten können, wird daher nach einer gewissen Zeit eine sehr scharfe, bewegliche Grenzfläche entstehen und erhalten bleiben, unabhängig von den anfänglichen Dichte- und Konzentrationswerten der Lösungen, vorausgesetzt die schnelleren Ionen wandern vor den langsameren. Wenn sich nun noch ein drittes Ion, ein Protein mit demselben Ladungsvorzeichen und einer Beweglichkeit, die zwischen der der beider Ionen liegt, in der Lösung befindet, so wird es mit fortschreitender Elektrophorese an der Grenzfläche zu einer ganz schmalen Zone konzentriert.

Das schnell wandernde Ion wird »Leit-Ion«, das langsame »Folge-Ion« genannt. Als Leit-Ion wird für Proteintrennungen im basischen Puffer meistens Chlorid, als Folge-Ion Glycinat verwendet.

Wenn statt eines einzigen Proteins ein Gemisch von Proteinen mit verschiedenen Wanderungsgeschwindigkeiten über die Chloridlösung geschichtet wird, so erfolgt bereits nach 1 cm Wanderung der Grenzfläche die Konzentrierung sämtlicher Proteine in der Reihenfolge abnehmender Beweglichkeiten in sehr dünne Scheiben, wobei dem letzten Protein unmittelbar das Glycin folgt.

Wenn nun die Chlorid-Grenzfläche und die nachfolgenden Proteinscheiben in ein Gel mit kleineren Poren eintreten, so daß der Beweglichkeitswert des schnellsten Proteins unter denjenigen des Glycins sinkt, so überholt Glycin die Proteinscheiben und wird unmittelbar hinter dem Chlorid wandern. Auf diese Weise werden sich die Proteine dann in einem gleichmäßigen, linearen Potentialgradienten befinden und wie bei der gewöhnlichen Zonenelektrophorese wandern. — Eine ähnliche Erscheinung ist zu beobachten, wenn der pH bis zu dem pK_a-Wert des Glycins (pH 9,8) erhöht wird.

Auf diese Weise können durch entsprechende Wahl der Gelkonzentration (d. h. der Porengröße), der Pufferionen und des pH des Puffers auch im Falle von Lösungen sehr geringer Konzentrationen sehr scharfe Trennungen erzielt werden.

6.7.2.2. Die praktische Durchführung der Disk-Elektrophorese

Das von DAVIS [3] beschriebene Trennverfahren beruht auf diesem Prinzip und besteht aus einem, sich in einem grobporigen Gel vollziehenden Konzentrierungsschritt und dem darauffolgenden Elektrophoreseschritt in einem feinporigen Gel, bei dem auch die Molekularsiebeffekte zur Auswirkung kommen.

Die Disk-Elektrophorese wird nach der für Serumproteintrennungen entwickelten ursprünglichen Methode in Glasröhrchen von 5,0 mm innerem und 7,0 mm äußerem Durchmesser und 63 mm Länge durchgeführt. In diesen Röhrchen werden dreierlei Gele hergestellt:

1. ein grobporiges Gel zur Aufnahme der Probe,
2. ein ebenfalls grobporiges Gel, in welchem die Konzentrierung der Probe zu einer schmalen Anfangszone geschieht und
3. ein feinporiges Gel, in welchem die elektrophoretische Trennung vor sich geht.

Die Gele werden mit einem Puffer bereitet, welcher das Leit-Ion mit hoher Beweglichkeit enthält (für negativ geladene Proteine zumeist Chlorid). Die pH-Werte der zur Bereitung des Trenngels bzw. des Probe- und Konzentriergels verwendeten Puffer müssen so gewählt werden, daß in letzteren die Beweglichkeit der zu trennenden Proteine zwischen denen des langsameren Folge-Ions und des schnelleren Leit-Ions liegt, wobei die Ladungsvorzeichen von Folge- und Leit-Ion, sowie der Proteine gleich sein müssen, um die Bedingungen der KOHLRAUSCHschen Regulationsfunktion zu erfüllen.

Für die Herstellung der Gele werden folgende Reagenzien benötigt:

1. Acrylamid
2. N,N'-Methylenbisacrylamid (BIS)
3. Tris(hydroxymethyl)-aminomethan (TRIS) bzw. Eisessig
4. N,N,N'N'-Tetramethyl-äthylendiamin (TEMED)
5. Riboflavin
6. 1 N HCl bzw. 1 N KOH
7. Ammoniumpersulfat
8. Glycin bzw. β-Alanin
9. Saccharose

Für die Gewinnung des viel verwandten 7%igen anionischen Gels geht man von folgenden, mehrere Monate haltbaren Grundlösungen aus:

A)	1 N HCl	48 m*l*
	TRIS	36,6 g
	TEMED	0,23 m*l*
	mit Wasser auf 100 m*l* gefüllt, pH 8,9.	

B)	1 N HCl (ca. 48 m*l* zur Einstellung des pH)	
	TRIS	5,98 g
	TEMED	0,46 m*l*
	mit Wasser auf 100 m*l* gefüllt, pH 6,7.	
C)	Acrylamid	28,0 g
	BIS	0,735 g
	mit Wasser auf 100 m*l* gefüllt.	
D)	Acrylamid	10,0 g
	BIS	2,5 g
	mit Wasser auf 100 m*l* gefüllt.	
E)	Riboflavin	4 mg
	mit Wasser auf 100 m*l* gefüllt.	
F)	Saccharose	40 g
	mit Wasser auf 100 m*l* gefüllt.	

Die nachfolgend beschriebenen Arbeitslösungen werden am Tag der Anwendung hergestellt, mit Ausnahme der Ammoniumpersulfatlösung, die im Kühlschrank 7 Tage lang aufbewahrt werden kann:

Lösung Nr. 1 zur Bereitung des feinporigen Trenngels:
1 Teil *A*
2 Teile *C*
1 Teil Wasser
pH 8,9 (8,8—9,0)
Lösung Nr. 2 zur Bereitung des feinporigen Trenngels:
Ammoniumpersulfat 0,14 g
mit Wasser auf 100 m*l* gefüllt
Lösung zur Bereitung des grobporigen Sammelgels:
1 Teil *B*
2 Teile *D*
1 Teil *E*
4 Teile *F*
pH 6,7 (6,6—6,8)
Puffer für die Elektrodengefäße:
TRIS 6,0 g
Glycin 28,8 g
mit Wasser auf 1 Liter gefüllt, pH 8,3
(wird in zehnfacher Verdünnung verwendet).

Die Grundlösungen *A* bis *F*, sowie die Lösung Nr. 2 zur Bereitung des feinporigen Gels werden vor Gebrauch auf Zimmertemperatur erwärmt.

Zur Aufnahme der Probe wird folgendes *Substanzgel* bereitet:

0,15 bis 0,20 m*l* der »grobporigen Lösung« und 3 bis 4 μl einer höchstens 200 μg Proteine enthaltenden Probelösung werden gründlich vermischt. Dieses Gemisch wird in eine Gummikappe gefüllt, in die dann das Trennröhrchen genau senkrecht eingelassen wird.

Aus einer Injektionsspritze oder Pipette wird nun Wasser 3 bis 4 mm hoch über die Gellösung geschichtet. Nachher wird das Röhrchen für 30 bis 45 Minuten einer UV-Bestrahlung ausgesetzt. Bereits nach 5 Minuten deutet eine beginnende Opaleszenz die Polymerisation an. Nach beendeter Polymerisation werden die Röhrchen umgedreht, wobei das Wasser und unpolymerisierte Reste der Gellösung abrinnen. Nach entsprechendem Waschen wird das sog. Sammelgel (in welchem die Konzentrierung der Probe erfolgen wird) aus 0,15 ml der »grobporigen« Lösung auf ähnliche Weise hergestellt wie das Substanzgel, nur dauert die Bestrahlung in diesem Falle 20 bis 30 Minuten. Nachher wird das Röhrchen abermals umgedreht und gewaschen.

Zur Bereitung des Trenngels werden die »feinporigen« Lösungen Nr. 1 und Nr. 2 im Verhältnis 1 : 1 gemischt. Insgesamt 20 m*l* genügen zum Waschen und Füllen von 12 Röhrchen. Sofort nach Bereitung des Gemisches werden die Röhrchen mit demselben zweimal gewaschen und dann ganz gefüllt. Das obere Ende wird luftblasenfrei mit einer Kunststoff-Folie bedeckt. Die Röhrchen werden 30 Minuten vor starkem Licht geschützt aufbewahrt. Nach dieser Zeit kann die Elektrophorese vorgenommen werden. Das Trenngel geliert bereits in 15 bis 20 Minuten, deshalb müssen die vorhergehenden Arbeitsphasen in höchstens 10 Minuten durchgeführt sein.

Ein *kationisches Gelsystem* mit einem 15%igen Trenngel für Trennungen bei pH 3,8 wird nach REISFELD u. Mitarb. [27] aus folgenden Komponenten bereitet:

Grundlösungen:

A)	1 N KOH	48 m*l*
	Eisessig	17,2 m*l*
	TEMED	4,0 m*l*
	Wasser ad 100 m*l*, pH 4,3	
B)	1 N KOH	48 m*l*
	Eisessig	2,87 m*l*
	TEMED	0,46 m*l*
	Wasser ad 100 m*l*, pH 6,7	
C)	Acrylamid	60 g
	BIS	0,40 g
	Wasser ad 100 m*l*	
D)	Acrylamid	10 g
	BIS	2,5 g
	Wasser ad 100 m*l*	
E)	Riboflavin 4 mg/100 m*l* Wasser	

Arbeitslösungen:

Lösung Nr. 1 zur Bereitung des feinporigen Trenngels:
1 Teil *A*
2 Teile *C*
1 Teil Wasser

Lösung Nr. 2 zur Bereitung des feinporigen Trenngels:
0,28 g Ammoniumpersulfat, mit Wasser auf 100 m*l* gefüllt.
Für das Trenngel werden die Lösungen Nr. 1 und Nr. 2 im Verhältnis 1 : 1 verwendet.

Lösung zur Bereitung des grobporigen Sammelgels:
1 Teil *B*
2 Teile *D*
1 Teil *E*

4 Teile Wasser
Puffer für die Elektrodengefäße:

β-Alanin	31,2 g
Eisessig	8,0 ml

mit Wasser auf 1 Liter gefüllt, pH 4,5

Die Herstellung der Gele erfolgt ähnlich der oben gegebenen Vorschrift.

Allgemeine Richtlinien zur Wahl von Puffersystemen werden von WILLIAMS und REISFELD [26] gegeben. Die Anforderungen für die Disk-Elektrophorese werden von diesen Autoren wie folgt zusammengefaßt:

1. Die Beweglichkeit des Leit-Ions soll unabhängig vom pH und höher sein als die sämtlichen übrigen Komponenten. Bei den in der Kolonne herrschenden pH-Verhältnissen soll es dasselbe Ladungsvorzeichen haben wie die Probe.
2. Das Folge-Ion soll eine Aminosäure oder eine schwache Säure oder Base sein, welche in dissoziiertem Zustand dasselbe Ladungsvorzeichen trägt wie das Leit-Ion. Im Substanz- und Sammelgel soll es weniger dissoziiert sein als im Trenngel.
3. Die Beweglichkeit des Folge-Ions muß von der pH-Diskontinuität zwischen dem Sammel- und dem Trenngel entsprechend geregelt werden.
4. Der Puffer muß Glycinionen bzw. einen anderen Ampholyten enthalten, um die elektrische Neutralität zu sichern und die Kolonne abzupuffern. Folglich muß er eine schwache Säure oder Base mit einem dem Leit-Ion entgegengesetzten Ladungsvorzeichen sein. Der pH der höchsten Pufferleistung soll dem pH des Trenngels nahestehen.

An Hand dieser Regeln werden einige praktische Hinweise für die Zusammenstellung weiterer anionischer und kationischer Disk-Elektrophorese-Systeme gegeben:

Anionische Systeme: Bei dem pH-Wert des Trenngels sollen sämtliche zu trennenden Substanzen dasselbe Ladungsvorzeichen haben. Der pH-Wert während der Trennung ist gewöhnlich um etwa 0,5 pH-Einheiten höher als der Anfangs-pH des Trenngels. Als Leit-Ion sollte Chlorid gewählt werden. Das Folge-Ion muß eine schwache Säure oder Aminosäure sein, deren pK_a-Wert bis zu einer pH-Einheit über dem pH des Trenngels liegt. Der pH des Substanz- und des Sammelgels soll um 2 bis 3 pH-Einheiten unter dem pK_a-Wert des Folge-Ions sein. Der Puffer soll eine Base sein, deren pK_a-Wert bis zu einer pH-Einheit niedriger ist als der pH des Trenngels. Der pH-Wert der Substanz darf von dem des Puffers möglichst nicht mehr als 1,5 Einheiten abweichen. Der pH-Wert in dem Elektrodengefäß entspricht dem pK_a-Wert des Puffers. Zur Herstellung der Grundlösungen *A* u. *B* für das Trenn- und Substanzgel gibt man zu jeweils 48 m*l* 1 N HCl und 0,46 m*l* TEMED den Puffer zur Einstellung des gewünschten pH und füllt auf 100 m*l* auf.

Kationische Systeme: Hier gelten dieselben Prinzipien wie bei den anionischen Systemen mit folgenden Abweichungen: Der pH-Wert während der Trennung ist etwa 0,5 pH-Einheiten niedriger als der Anfangs-pH-Wert des Trenngels. Anstelle von Chlorid soll K^+ verwendet werden. Das Folge-Ion ist eine schwache Base oder Aminosäure, deren pK_a bis zu einer pH-Einheit niedriger liegt als der pH-Wert des Trenngels. Der pH-Wert des Substanz- und Sammelgels soll um 2 bis 3 pH-Einheiten höher liegen als der pK_a-Wert des Folge-Ions. Der pK_a-Wert des Puffers soll bis zu einer pH-Einheit höher liegen als der des Trenngels. Anstelle von 1 N HCl wird 1 N KOH verwendet.

Von mehreren Autoren wird das Einpolymerisieren der zu trennenden Substanz in das Gel für nachteilig gehalten, da sich während der Polymerisation die Proteine verändern können. Auch könnten die Proteine Substanzen enthalten, welche die Polymerisation hemmen [3]. CLARKE [25] benutzt deshalb ein ebenfalls in Röhrchen polymerisiertes homogenes Trenngel von 5% Gesamtkonzentration und 3 Mol% Vernetzung. Die Substanz wird in einer 2 bis 5%igen Harnstoff- oder Saccharoselösung aufgetragen. Mit dem Tris-Glycin-HCl-Puffer, pH 8,1 wird überschichtet.

Um den Fortgang der Trennung verfolgen zu können, kann ein schnell wandernder Farbstoff, z. B. 0,05 *ml* einer 0,5%igen Bromphenolblau-Lösung in 1%iger Essigsäure je 100 *ml* Puffer zugesetzt werden.

Die Anordnung von CLARKE gestattet zusätzlich, in einem Röhrchen zwei Proben auf einmal nebeneinander zu trennen, wodurch Vergleiche erleichtert werden.

Mehrere Autoren [28, 29] machen darauf aufmerksam, daß die unvollständige Entfernung von Ammoniumpersulfat zur Bildung von »Artefacts« (d. h. zusätzlichen Zonen, welche keinem Protein entsprechen) führen. Biologisch aktive Proteine können dadurch inaktiviert werden. In solchen Fällen wird zur Bereitung des Trenngels die Photopolymerisation mittels Riboflavin empfohlen.

6.7.2.3. Geräte zur analytischen Disk-Elektrophorese und spezielle Techniken

Geräte für die analytische Disk-Elektrophorese sind im Eigenbau sehr einfach herzustellen. Z. B. verwendete DAVIS [3] als unteren und oberen Puffertank zwei zylindrische Polystyrolgefäße von etwa 10–14 cm Durchmesser. In den Boden des oberen Gefäßes wurden in gleichen Abständen radial 12 Löcher geschnitten, in welche die Gelröhrchen eingelassen wurden. Die Platinelektroden werden in der Mitte der Puffergefäße senkrecht angebracht.

Ein analytisches Trenngerät für die Disk-Elektrophorese, der Acrylophor 140 ist in Abb. 63 zu sehen. (Die Abb. zeigt das Gehäuse mit den Öffnungen für 8 Trennrohre 50×6 mm ∅ im oberen Puffertank.) Das Gehäuse hat die Abmessungen 205×100 mm ∅. Der untere Puffertank ist für 300, der obere für 150 m*l* Pufferlösung bemessen. Ein ähnliches Gerät der Fa. Shandon Labortechnik G.m.b.H., Frankfurt am Main, ist im Handel. Die von der Firma REANAL, Budapest hergestellte analytische Disk-Elektrophorese-Apparatur hat viereckige Puffertanks aus Plexiglas, ist mit Graphitelektroden und mit 12 Röhrchen, 100×6 mm ∅ ausgestattet. Ein auf demselben Prinzip beruhendes präparatives Gerät der Fa Pleuger, der Acrylophor 141 ist für 6 Trennrohre (100×12,5 mm∅) bestimmt. In den unteren Puffertank können 300, in den oberen 350 m*l* Puffer gefüllt werden.

Das vertikale Trenngerät für ein diskontinuierliches Flachbett-System nach ALLEN und MOORE [30] soll die Vorteile der RAYMOND-

Abb. 63: Gehäuse und Puffertanks des analytischen Polyacrylamidgel-Elektrophoresegeräts »Acrylophor 140« (nach BLOEMENDAL) der Fa. Pleuger S. A., Wijnegem, Belgien

schen Technik mit denen der Disk-Elektrophorese vereinigen. Die flachen Gele werden in TISELIUS-Zellen (3×25×85 mm) gegossen. Die Wanderungsgeschwindigkeiten und die Diffusion der Zonen können während der Trennung mit Hilfe einer Schlieren-Optik beobachtet werden.

AKROYD [31] erzielte in Gelstäben eine bessere Auftrennung der Serumproteine als im Gelblock nach RAYMOND, doch war die Reproduzierbarkeit bzw. die Wanderungsgeschwindigkeit der Zonen in den einzelnen Gelzylindern etwas unterschiedlich. Deshalb stellte er zwischen Glasplatten ein Gel vom Format 210×65×2 mm her, in welchem mehrere Serumproteinproben nebeneinander in 100 Minuten bei 80 mA getrennt werden konnten. Falls die Kammer mit einem Kühlmantel versehen wird, kann mit Stromstärken bis zu 150 mA gearbeitet werden. Die Zelle steht senkrecht im unteren Puffertrog, mit dem oberen ist sie durch einen Filterpapierbogen verbunden. Kontinuierliche und diskontinuierliche Gele können in dieser Zelle gleichsam eingesetzt werden. Zum Auftragen der Proben werden 5 mm lange Schlauchstücke mit 1,5 mm innerem Durchmesser am oberen Gelende angebracht, in welche je 10 μl der mit 20%iger Saccharoselösung gemischten Probe mittels einer Mikropipette zugeführt werden. Bis zum völligen Eintritt der Probelösungen in das Gel (etwa 10 Minuten) werden 20 mA angelegt, danach werden die Schlauchstücke entfernt. Ein kontinuierlicher Tris (1,0%)-Dinatrium-Äthylendiamintetraacetat (0,1%)-Borsäure (2,7%)-Puffer vom pH 7,0 wurde verwendet. Das Spannungsgefälle in der Gelplatte betrug 3,5 V/cm.

Ein im Prinzip sowohl von der Gelelektrophorese nach RAYMOND, als auch von der Disk-Elektrophorese abweichendes Verfahren entwickelten MARGOLIS und KENRICK [32], indem sie Polyacrylamidgelblöcke oder -zylinder mit einem linearen Gel-Konzentrationsgradienten herstellten. In dem Gel kontinuierlich zunehmender Konzentration wandern Proteine elektrophoretisch bis zu einem Endpunkt, an dem sie von den Gelporen aufgehalten werden. Auf diese Weise können unmittelbar Informationen über Größe und Form von Proteinmolekülen erhalten werden. Die Auftrennung kann sowohl längs als auch quer zum Molekularsieb durchgeführt werden. Das System ermöglicht auch zweidimensionale Trennungen.

6.7.2.4. Präparative Disk-Elektrophorese

Verschiedene präparative Disk-Elektrophoresegeräte sind bekannt. Ein Teil dieser Geräte, wie auch der schon erwähnte Acrylophor 141, sind im Prinzip den analytischen Geräten ähnlich. Sie unterscheiden sich von diesen lediglich durch die größeren Abmessungen. Am Ende der Trennung werden aus den Gelrohren die Gele entfernt und daraus die getrennten Substanzen gewonnen. In einem anderen Typ der präparativen Geräte werden die getrennten Substanzen im Laufe der Elektrophorese kontinuierlich eluiert.

PETERSON [33] benutzte Gelrohre von 11,4 cm Länge und 22 mm Durchmesser für ein 15%iges Gel. Nach seinen Erfahrungen können in präparativen Ansätzen bessere Trennungen erzielt bzw. mehr Fraktionen erhalten werden, da infolge der größeren aufgetragenen Menge auch die in relativ geringen Mengen anwesenden Komponenten zum Vorschein kommen.

Ein einfaches präparatives Gerät für 4 Gelsäulen wird von SULITZEANU u. Mitarb. [36] beschrieben. Die Säulen werden mit einem Trenn- und einem Sammelgel gefüllt und die Proben (1 bis 3 m*l*) mit Sephadex G 200 in 20% Saccharose gemischt aufgetragen. Die getrennten Substanzen werden nach der Elektrophorese aus den Gel-Abschnitten eluiert.

Die präparative Disk-Elektrophorese-Apparatur von JOVIN u. Mitarb. [34] enthält ein mit Kühlmantel versehenes Glasrohr zur Herstellung des diskontinuierlichen Gelsystems. Die Kühlung ermöglicht das Anlegen höherer Spannungen und somit schnellere Trennungen. In der Mitte des Gelrohres befindet sich eine Glaskapillare. Am unteren Ende der Gelsäule eluiert ein von außen nach dem Mittelpunkt gerichteter Pufferstrom kontinuierlich die getrennten Substanzen, indem er sie durch die Kapillare aufwärts drängt. Die am oberen Ende austretenden Substanzen gelangen über ein UV-Registriergerät in einen Fraktionensammler. In dem verwendeten Gelsystem beträgt die Gesamtkonzentration des Acrylamids 13% mit 2,5% BIS-Gehalt. Das Gel wird mit 0,37 M Tris-Puffer, pH 8,6 bereitet. In den Elektrodengefäßen und zur Elution wird ein Puffer niedriger Molarität (0,05 M Borat, pH 9,2) verwendet, wodurch eine besondere Verstärkung der Zonen herbeigeführt wird. In 24 Stunden können Substanzen mit etwa 50% der Beweglichkeit des Albumins vollständig getrennt werden.

Eine Variante dieses Geräts wird von GORDON und LOUIS [35] beschrieben. Sie befestigen am unteren Ende des Gelrohres eine über ein Perspex- bzw. Plexiglas-Gitter gespannte Cellophanmembran, welche das Abfließen der hochmolekularen Substanzen in den unteren Puffertank verhindert.

Ein präparatives Gerät mit kontinuierlicher Elution wird von der Fa. Shandon Labortechnik G.m.b.H., Frankfurt/Main hergestellt. Es besteht aus fünf Teilen:

1. der oberen Pufferkammer mit Elektrode im Deckel und Schliffansatz zur Verbindung mit der eigentlichen Trennkammer,
2. der Trennkammer mit Kühlmantel und Kühlfinger,
3. der ringförmigen Elutionskammer mit Ein- und Auslaufröhren aus Teflon,
4. der unteren Gel-Säule und
5. der unteren Pufferkammer mit Anode.

Der Querschnitt des Gerätes ist in Abb. 64, die gesamte Apparatur mit Netzgerät, UV-Analysator (254 nm), Fraktionensammler und Schreiber in Abb. 65 zu sehen.

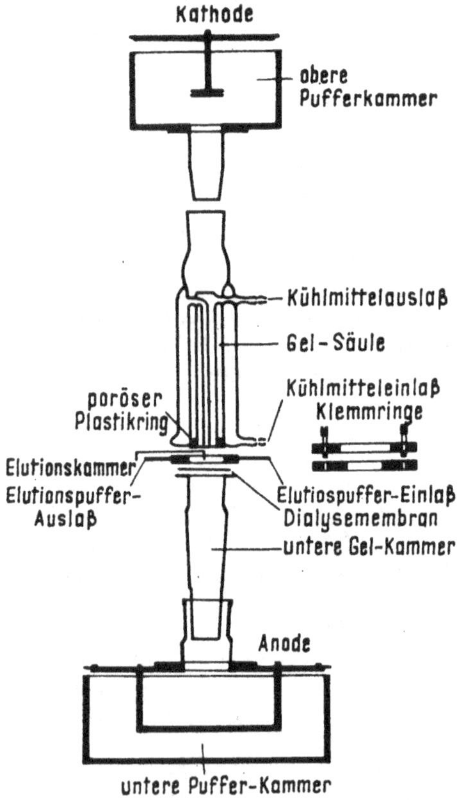

Abb. 64: Querschnitt des präparativen Acrylamid-Säulenelektrophoresegerätes der Fa. Shandon Labortechnik G.m.b.H., Frankfurt/Main

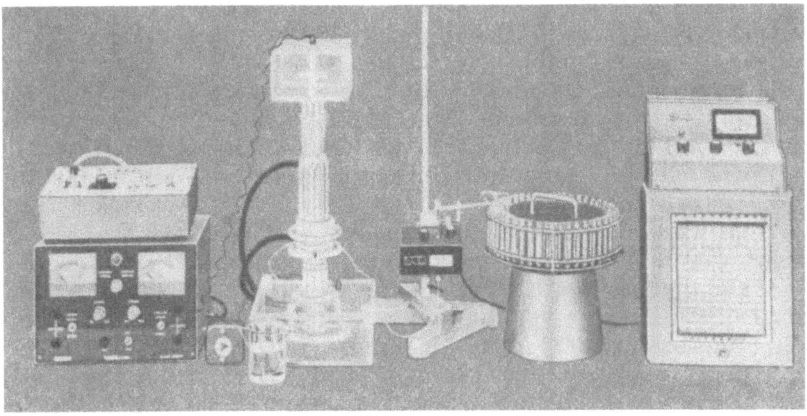

Abb. 65: Arbeitsbereite Gerätegruppe zur Durchführung der präparativen Acrylamidgel-Elektrophorese in der Trennsäule der Fa. Shandon Labortechnik G.m.b.H., Frankfurt/Main

Im Gerät von BROWNSTONE [37] werden 4,5 cm lange Gelzylinder mit 9,0 cm Durchmesser verwendet, welche in einer separaten Form gegossen werden. Die Elution erfolgt am unteren Ende der Gelsäule durch einen pulsierenden Pufferstrom, wodurch der Pufferbedarf stark herabgesetzt werden kann.

6.7.3. Nachweis und quantitative Auswertung

Nach beendeter Elektrophorese wird der Strom ausgeschaltet und die Pufferlösungen abdekantiert. Die Trennung von Serumproteinen dauert in der Apparatur von ORNSTEIN und DAVIS bei 5 mA/Gelröhrchen ungefähr 30 Minuten. Bei wiederholter Verwendung der Pufferlösungen darf nicht umgepolt werden. Die Entfernung des Gels aus dem Glas- oder Kunststoff-Röhrchen geschieht durch Lösen von der Rohrwand mittels eines Drahtes im Wasserstrom bzw. durch Wasserinjektion mit Hilfe einer langen, dünnen Kanüle. Dabei muß darauf geachtet werden, daß das Gel nicht beschädigt wird.

Angefärbt wird nach DAVIS [3] mit einer Lösung von 1 g Amidoschwarz in 100 *ml* 7%iger Essigsäure. Jedes Gel soll in wenigstens 2 *ml* dieser Lösung eine Stunde verbleiben. Danach wird es in Leitungswasser einige Minuten gespült.

Der ungebundene Farbstoff wird durch elektrophoretische Entfärbung im Elektrophoresegerät entfernt. Dazu wird das Gel in ein Rohr gefüllt, das sich nach unten verjüngt. Das Gel soll fest in das untere, schmalere Ende passen. Das Rohr wird nun mit der Waschlösung (7%ige Essigsäure) gefüllt. 200 bis 300 m*l* derselben Lösung kommen in die Puffertanks. Die obere Elektrode wird als Kathode geschaltet und die Elektrophorese eine Stunde fortgesetzt. Der ungebundene Farbstoff verläßt das Gel und sammelt sich im unteren Puffertank an. Die Entfärbungszeit kann durch Anlegen von 15 mA auf 20 Minuten herabgesetzt werden.

Schrauwen [39] fand, daß bei diesem Verfahren die Zonen nachträglich durch Diffusion etwas an Schärfe verlieren. Deshalb legte er die Spannung bei der Entfärbung senkrecht zur Trennrichtung an. Bei einer Stromstärke von 200 mA je Gelröhrchen ist die Entfärbung in 30 Minuten beendet. Auch von Prusik [40] wird dasselbe Prinzip empfohlen. Burger und Wardrip [41] benutzten eine 0,5%ige Essigsäure in einer extra für die Entfärbung gebauten, einfachen Elektrophoresezelle mit senkrechter Gelanordnung.

Anstatt Amidoschwarz wird von Crambach u. Mitarb. [42] für das Anfärben der Proteinzonen ein anderer Farbstoff, »Coomassie Brilliant Blue R 250« empfohlen, da sich in diesem Falle das Entfärben erübrigt. Die getrennten Zonen werden zuerst durch Eintauchen (30 Minuten) in ein 10 bis 40faches Volumen 12,5%iger Trichloressigsäure im Gel fixiert und danach für 30 Minuten bis eine Stunde in die Farblösung getaucht. Die Lösung wird aus einem Teil einer 1%igen wäßrigen Lösung des Farbstoffes und 20 Teilen einer 12,5%igen Trichloressigsäure frisch bereitet. Danach werden die gefärbten Gele mit 10%iger Trichloressigsäure bedeckt photographiert.

Zur Endgruppenanalyse von Proteinen kann das Gel unmittelbar mit 2,4-Dinitrofluorbenzol behandelt, aufgeschnitten, die DNP-Proteine hydrolysiert und die N-terminalen DNP-Aminosäuren chromatographisch identifiziert werden [43].

Zur Aufbewahrung von Gel-Präparaten

Um Dauerpräparate herzustellen, oder um die Radioaktivität getrennter markierter Substanzen zu bestimmen, können die Gele getrocknet werden. Dies kann in Vakuum bei 55 °C erfolgen [44] oder durch das langsame Trocknen bei Zimmertemperatur (12—14 Std.), nachdem das Gel luftblasenfrei zwischen zwei gespannte Cellophan-Folien gelegt wurde [45]. Nach Herrick und Lawrence [46] soll das gefärbte und ausgewaschene Gel für 15 Minuten in die 0,02%ige wäßrige Lösung eines nicht-ionischen Detergenz in 0,3%igem Glycerin getaucht, dann kurz ausgewaschen und auf eine Plexiglasplatte gelegt, luftblasenfrei in ein Stück Dialysierschlauch gesteckt werden. Die ganze Anordnung wird über Nacht bei 70 °C getrocknet. Mit dem Plexiglas nach oben wird der Dialysierschlauch auf der einen Seite aufgeschnitten und mitsamt Platte entfernt. Die freie obere Gelseite eignet sich zur Radioaktivitätsmessung. Die getrockneten Gele können z. B. in Briefmarken-Steckalben aufbewahrt werden. Das Gel kann auch in eine 10—15% Glycerin und 5% Essigsäure enthaltende wäßrige Lösung eingetaucht, zwischen zwei in dieselbe Lösung getauchte Dialysiermembranen luftblasenfrei auf einigen Bogen Filterpapier mit Klammern befestigt und in 24 bis 48 Stunden getrocknet werden. Das Gel kann zwischen diesen Membranen aufbewahrt werden [47].

Die quantitative Auswertung erfolgt mittels Direkt-Densitometrie im UV-Bereich. DRAVID u. Mitarb. [48] beschreiben hierzu ein einfaches Verfahren. Der Probewechsler und Detektor eines UV-Spektralphotometers werden durch ein zum Auswerten von Chromatogrammen geeignetes Gerät ersetzt. Das Gel wird im Quarzrohr hergestellt, und nach der Elektrophorese wird die Extinktion bei 280 nm gemessen. Für Albumin besteht im Bereich zwischen 1 und 50 μg ein linearer Zusammenhang zwischen der Konzentration und den Größen der bei 280 nm geschriebenen Flächen unter dem Extinktions-Maximum. Im selben Gerät können auch angefärbte Gele bei 550 nm ausgewertet werden.

Die Ausrüstung eines UV-Spektralphotometers mit einem empfindlichen Abtastgerät und Schreiber zur direkten Densitometrie von Polyacrylamidgelen wird von GRESSEL beschrieben [49]. Das automatische Mikrodensitometer von ALLEN und JAMIESON [50] besteht aus einem Mikroskop mit Photometer, Integrator und Schreiber. Banden von nur 35 μ Breite können noch mit hinreichender Genauigkeit ausgewertet werden.

Zur Bestimmung der Radioaktivität, Enzymaktivität usw. der getrennten Substanzen muß oftmals eine Zerteilung der Gele in Segmente erfolgen. Zu diesem Zwecke bedient man sich verschiedener Vorrichtungen, welche mit ausgespannten Stahldrähten oder Rasierklingen arbeiten [51, 52]. Mikrotome werden ebenfalls eingesetzt [53, 54].

Die Radioaktivität markierter Substanzen wird entweder an getrockneten Gelen direkt oder nach Depolymerisation der getrockneten Gele mit H_2O_2 und Zusatz der Scintillationsflüssigkeit durchgeführt. Die Aktivitätsausbeuten liegen um 90% [53, 55]. Um die Gele leichter depolymerisieren zu können, wird das Vernetzungsmittel BIS durch einen Diester, z. B. Äthylendiacrylat ersetzt [56, 57].

6.7.4. Anwendung der Polyacrylamidgel-Elektrophorese

Wie bereits gesagt, wird die Polyacrylamidgel-Elektrophorese für die Trennung der verschiedensten Proteine und auch Nukleinsäuren eingesetzt. Zuerst wurden auch hier die Trennverfahren für Serumproteine erarbeitet und daran die Technik entwickelt [1—6]. Hinsichtlich der eingehenden und systematischen Behandlung der einzelnen Anwendungsgebiete sei auf die Monographie von MAURER [24] verwiesen. Hier sollen nur einige Beispiele erwähnt werden, um die Vielseitigkeit der Einsatzmöglichkeiten der Polyacrylamidgel-Elektrophorese zu veranschaulichen.

Mit der Fraktionierung der Lipoproteine von Seren befaßten sich RAYMOND [58] sowie NARAYAN u. Mitarb. [59, 60, 61]. Erster benutzte zur Trennung der vorgefärbten Lipoproteine ein 3%iges Gel mit einem Tris-ÄDTA-Puffer, pH 9,0, 150 V und 2,5 Stunden. Letztere Autoren erhielten in einem 3,75%igen Gel mit der Disk-Elektrophorese 7 Lipoproteinbanden. Die Unterschiede zwischen menschlichen und Ratten-Serumlipoproteinen wurden an grobporigen Gelen (3,75, 3,0, 2,5, 2,0 und 1,5%) nachgewiesen. Ein neues Reagenz, Jodlösung in Essigsäure, wurde zum Anfärben mit Erfolg angewandt.

Glycoproteine des Serums wurden in Polyacrylamidgel-Blöcken nach RAYMOND getrennt. Ein 7%iges Gel wurde verwendet, das Tetramethyläthylendiamin enthielt [62]. In Tris-Puffer, pH 8,9 wurden bei 300 V in 75 Minuten getrennt, danach der Gelblock 10 Minuten in 95%igen Äthylalkohol, 10 Minuten in Methanol-Eisessig-Wasser (8 : 10 : 1) getaucht und dann die Glycoproteine mittels einer modifizierten PAS-Reaktion nachgewiesen. (Vgl. Kap. 4.2.9.9.) Auf ähnliche Weise wurde die Seromucoid-Fraktion des Serums getrennt, nur dauerte hier die Elektrophorese bei 200 V 45 Minuten [63].

Gehirnproteine wurden mit der Disk-Elektrophorese in 4, 6, 7,5 und 15%igen Polyacrylamidgelen in 22 bis 25 Fraktionen getrennt [64]. Gehirn- und Zirbeldrüsenproteine wurden mittels einer Mikro-Disk-Elektrophorese in einer vertikalen Mikrozelle in 19 zur Anode wandernde Komponenten getrennt. Das System ermöglicht ~~die Arbeit~~ mit Proben von sehr geringem Proteingehalt in relativ großen, leicht zu handhabenden Volumina. Gewebe von 1 mg Gewicht oder weniger, wie sie aus Gehirnteilen einzelner Ratten erhalten werden, können auf diese Weise untersucht werden [65].

Ribosomenproteine aus fünf verschiedenen Geweben von Säugetieren ergaben in der Disk-Elektrophorese bei pH 4,5 je 24 Banden mit sehr ähnlicher Bandenlage. Die Proteine der Ribosomen von E. coli liefern unter diesen Bedingungen 29 Banden und bei pH 8,3 8 Banden, während in Säugetiere-Ribosomen keine sauren Proteine nachgewiesen werden konnten [66].

Histone wurden vielfach mit der Polyacrylamidgel-Elektrophorese untersucht. SHEPHERD und GURLEY [67, 68] entwickelten hierzu ein modifiziertes Disk-Elektrophorese-Verfahren.

Eine 60%ige Lösung von umkristallisiertem Acrylamid in destilliertem Wasser sowie eine 1,2%ige Lösung von N,N'-Methylenbisacrylamid sowie eine täglich frisch bereitete 1%ige Ammoniumpersulfat-Lösung in destilliertem Wasser wurden zur Gelbereitung verwendet. Die TEMED-Puffer-Lösung enthielt 2,24 g Kaliumacetat und 4,0 m*l* TEMED, wurde mit Eisessig auf den pH-Wert von 2,9 titriert, auf 1 Liter verdünnt und der pH-Wert auf 2,9 korrigiert. 1 Vol. Monomerlösung, 1 Vol. TEMED-Puffer-Lösung, 0,6 Vol. BIS-Lösung und 0,4 Vol. Persulfat-Katalysator wurden zur Polymerisation eingesetzt. Der obere (Anoden-) Puffer bestand aus 0,30 M Valin, pH 4,0, der untere aus 0,30 M Glycin, pH 4,0. Die Probe wurde in 0,04 M Kaliumacetatpuffer, pH 2,9, 1 molar an Saccharose, gelöst und aufgetragen. Die Elektrophorese wurde in Glasrohren $7 \times 0{,}5$ cm durchgeführt. Von 4 mg Protein in 1 m*l* Puffer wurden 15 bis 100 μl Probe je Gelrohr aufgetragen. Die Trennung erfolgte bei 4 mA je Gelrohr in 60 bis 90 Minuten.

Wenigstens 34 Komponenten der Kalbsthymus-Histone konnten nachgewiesen werden. VAN DE WOUDE und DAVIS [69] gebrauchten eine von unten mit zirkulierendem Wasser gekühlte horizontale Trennkammer und ein 10%iges Gel mit 8 M Harnstoff (9,5 g Acrylamid, 0,5 g BIS, 48 g Harnstoff mit 0,1 M Acetatpuffer, pH 4,0 auf 100 m*l* gefüllt).

Zu 100 m*l* Stammlösung wurden 1 m*l* 10%iges Ammoniumpersulfat und 0,1 mg Riboflavin zugesetzt, das Gemisch in die $150 \times 60 \times 2$ mm Gelform gegossen und für 5 bis 10 Minuten ultraviolettem Licht ausgesetzt. Sofort nach der Polymerisation wurden die Gele in die Trennkammer übertragen und mittels Flanellstreifen mit dem Puffertank verbunden. 10 μl einer 5%igen Kalbsthymuslösung wurden mit Puffer verdünnt in einen 1×15 mm Papierstreifen (Whatman Nr. 1) aufgesogen, welcher auf das Gel gelegt wurde. Die Elektrophorese dauerte bei 5 V/cm 16 Stunden. Die Histonfraktionen f_1, f_{2a}, f_{2b} und f_3 wurden einzeln fraktioniert.

BAUER und THOMASSON [70] gebrauchten ein diskontinuierliches System mit 5,4 M Harnstoff. Sie betonten, daß in Gegenwart von Harnstoff keine Aggregation der Histone erfolgt, und deswegen weniger Komponenten mit niedrigen Beweglichkeiten erhalten wurden als ohne Harnstoffzusatz. Mit oder ohne Sammelgel wurden dieselben Ergebnisse erzielt.

Von den biochemischen Anwendungen der Polyacrylamidgel-Elektrophorese seien an erster Stelle die Enzymtrennungen erwähnt. Zum quantitativen Nachweis von Cytochromoxydase muß das Enzym bereits während der Trennung mit der Inkubationslösung in Kontakt gebracht werden. Das Sammelgel der Disk-Elektrophorese wird mit dem Inkubationsgemisch versetzt: 15 mg p-Aminodiphenylamin + 15 mg 4-Methoxy-4'-aminodiphenylamin in 5 m*l* Äthanol + 35 m*l* Wasser + einige Tropfen Chloroform. Die trübe Suspension soll geschüttelt und filtriert werden. Trenngel und Substanzgel enthalten beide 7,5% Acrylamid. Die Polymerisation des Substanzgels sowie die Trennung werden bei 2 °C durchgeführt (35 Minuten, 6 mA/Säule, Puffer nach ORNSTEIN und DAVIS). Nach der Elektrophorese werden die bereits schwach sichtbaren Banden 10 Minuten mit Cobaltacetat-Formaldehyd-Acetatpuffer (5 g $Co(C_2H_3O_2)_2 \cdot 4H_2O$ in 50 m*l* 10%iger Formaldehydlösung + 5 m*l* Acetatpuffer, 0,2 M, pH 5,2) behandelt. Danach werden die Gele 15 Minuten in fließendem Wasser gewaschen. Auf schwach rot gefärbtem Hintergrund erscheinen die Cytochromoxydase-Banden undurchsichtig opaleszent. Cytochrom-c, Cytochromoxydoreduktase und Succinindehydrogenase ergaben keine Banden [71].

Zur Auftrennung der 5 Isoenzyme der Milchsäuredehydrogenase aus Serum wurde ein modifiziertes Disk-Elektrophoresesystem mit einem 5,5%igen Trenngel verwendet. Substanz- und Sammelgel wurden weggelassen, die Proben in 40%iger Saccharoselösung aufgetragen. Die Trennung dauerte bei 50 V und 2,5 mA/Gelsäule ca. 45 Minuten [72].

Der Nachweis von Apfelsäuredehydrogenase, α-Glycerophosphatdehydrogenase und nicht-spezifischen Esterasen von Drosophila-Arten nach der Trennung in Polyacrylamidgel wird von SIMS [73], der von Peroxydase, Milchsäure- und Apfelsäuredehydrogenase von SCHRAUWEN [74] beschrieben.

Die Komponenten entgegengesetzter Ladung von Myeloperoxydase wurden mittels eines modifizierten Disk-Elektrophoreseverfahrens getrennt, bei welchem die Proben in der Mitte der Gelsäule entweder in 40%iger Saccharose, oder bei Gelen mit 8 M Harnstoff in 8 M Harnstofflösung aufgetragen wurden. In einem 0,17 M K_2HPO_4-Trennpuffer mit 8 M Harnstoff konnten nach 6,5 Stunden bei 260 V und 25 mA in einer 13×1,7 cm Gelsäule wenigstens 10 grüne Enzymbanden entdeckt werden [75].

Amylasen wurden in stärkehaltigen, Phosphorylasen in glykogenhaltigen Polyacrylamidgelen getrennt [76].

Das Gel wird aus 5% Acrylamid, 0,3% N,N'-Methylenbisacrylamid und 0,1% löslicher Stärke bzw. Glykogen im Puffer bereitet. Zur Polymerisation von 100 m*l* werden 190 μ*l* Dimethylaminopropionitril und 160 mg Ammoniumpersulfat verwendet. Als Puffer wird 0,042 M Tris, pH 8,2 bzw. 0,038 M Borsäure, pH 8,2, verwendet. Die Trennung wird bei −3 °C durchgeführt und dauert im Trispuffer (150 mA, 300 V) 70 bis 80 Minuten, mit dem Boratpuffer (150 mA, 150 V) 140 Minuten. Zum Nachweis der Amylase werden die Gele nach der Trennung in Acetatpuffer inkubiert und dann mit Jodlösung behandelt, wobei sich die aktiven Zonen nicht anfärben. Zum Nachweis der Phosphorylase wurden die glykogenhaltigen Gele nach der Trennung mit Glucose-1-phosphat bebrütet und die entstandene Stärke durch Jodlösung nachgewiesen.

Menschliche Speichelamylase wurde in 5%igen Gelblöcken in die Isoenzyme getrennt. Als Gelpuffer wurde Tris-Zitrat-LiOH-Borat, als Trennpuffer LiOH-Borat verwendet. Die Isoenzyme bewegten sich zur Anode [77]. Glucoamylase-Isoenzyme wurden von Kupke und Ruttloff [78] sowie von Ruttloff u. Mitarb. [79] mit der Disk-Elektrophorese getrennt. Das Trenngel wurde mit einem Puffer, pH 8,9, das Sammelgel mit einem Puffer, pH 6,8 hergestellt. Als Elektrodenlösung diente 3,75 g Glycin, 2,92 g NaCl und 2,0 g NaOH in 1000 ml Wasser. Die Enzymlösung wurde mit Sorbit gesättigt aufgetragen und die Trennung bei 4 °C und 100—200 V (5 mA je Röhrchen) durchgeführt. Dauer 16 Stunden.

Desoxyribonuklease wurde in Gelen mit Ribonukleinsäure-Einschluß getrennt und mit einer Genauigkeit von 5% bestimmt [80].

Die Reinigung von Rinder-Somatotropin und Prolactin wurde mittels präparativer Polyacrylamidgel-Elektrophorese im Apparat nach Jovin u. Mitarb. [34] durchgeführt [81]. Der Einfluß von Jod auf die Beweglichkeiten der Komponenten wurde dabei studiert.

Die Wirkung der Hitzedenaturierung auf die Milchproteine studierte Nishikawa mittels Polyacrylamidgel-Elektrophorese [82]. Die Trennung von Casein erfolgte in 7%igem Acrylamid mit 4,5 M Harnstoffgehalt bei pH 9,1 im Tris-ÄDTA-Puffer, die von Molkeneiweiß in 8%igem Acrylamid im Boratpuffer, pH 8,6. Bei der Erhitzung von Magermilch bzw. Molkeneiweiß auf 120 °C (20 Minuten) entstanden nichtwandernde Proteinaggregate. Die β- und $\varkappa$-Caseinkomponenten von Ziegenmilch wurden ebenfalls studiert [83], sowie der Caseinabbau im Laufe der Käsereifung [84].

Bei der Disk-Elektrophorese von wasserlöslichen Muskel-Extrakten aus Hühnerbrust wurden 2 bis 4 schwache Banden hoher Beweglichkeit erhalten, deren Intensität mit der post mortem Alterung zunahm. Bei Salz- bzw. Harnstoffextrakten wurde eine solche Veränderung nicht beobachtet [85].

Die Disk-Elektrophorese von nativem Tropokollagen (100 V, 5—7 mA/Röhrchen, 1,5 Stunden, Temperatur unter 10 °C) liefert eine scharfe Bande. Nach einstündiger Denaturierung in 1 N Essigsäure bei 38 °C erhält man 3 Hauptbanden und insgesamt 5 bis 7 Banden [86].

Die Gifte verschiedener asiatischer und afrikanischer Schlangen wurden einesteils im 7,5%igen basischen Gel nach Ornstein und Davis (20 V/cm, 150 Minuten), anderenteils im 15%igen sauren Gel nach Reisfeld u. Mitarb. (20 V/cm, 150 Minuten) getrennt. Die verschiedenen Schlangengifte ergaben 17 bis 23 Fraktionen, während mit der Agargel-Elektrophorese im Phosphatpuffer, pH 7,0 ($\mu = 0,1$) nur 3 bis 7 Fraktionen erhalten werden konnten [87].

Besonders bedeutend ist der Einsatz der Polyacrylamid-Elektrophorese für das Studium pflanzlicher Proteine, welche mittels Papierelektrophorese kaum getrennt worden sind. Bei der Disk-Elektrophorese löslicher pflanzlicher Proteine ist die Extraktionsmethode ausschlaggebend. Mit photopolymerisierten Gelen wurden bessere Ergebnisse erzielt als mit chemisch polymerisierten. Die Trennung der löslichen Proteine der Cichorienrübe ergab 19 Proteinfraktionen, davon bis zu 10 Esterasen, 4 bis 5 Phosphatasen, 1 bis 2 Glutaminsäuredehydrogenasen und eine Leucinaminopeptidase. Bei Geweben aus Erbsenkeimlingen mußten die Extrakte gegen Mercaptoäthanol dyalisiert werden, um eine vollständige Desaggregation und somit reproduzierbare Ergebnisse zu erzielen. Peroxydase konnte bei Erbsen nur in älteren Gewebeextrakten nachgewiesen werden, während Malatdehydrogenase in allen Proben zugegen war [89].

Die Proteine verschiedener Gewebeteile von Zitrusfrüchten wurden in anionischen und kationischen Disk-Elektrophoresesystemen studiert [90, 91]. Für anionische Gelelektrophoresesysteme war das Extraktionsmittel 0,1 M Phosphatpuffer, pH 7,5 mit 25% Saccharose und 5×10^{-5} M ÄDTA-Gehalt geeignet. 0,5 g Früchtepulver wurden mit 7,5 ml Puffer vermischt und 1 bis 2 Stunden bei 0 °C aufbewahrt, 30 Minuten bei 20 000 g zentrifugiert, der Überstand (0,01 bis 0,30 ml) unmittelbar auf das Sammelgel gegeben und die Spannung angelegt. Für kationische Gele bewährte sich zur Extraktion der Phosphatpuffer, pH 5,8 besser.

Weizenmehlproteine wurden in modifizierten Disk-Elektrophoresesystemen bei pH 9,5 und 2,3 studiert. Die erhaltenen Proteinmuster änderten sich bei Harnstoffzugabe, wahrscheinlich infolge Dissoziation [92]. Gerstenproteine wurden in einem 7,5%igen Gel bei pH 4,3 am besten fraktioniert [93]. Zur Extraktion der Proteine wurden dreierlei Lösungsmittel verwendet: Na-pyrophosphat, 0,01 M, pH 7,0, Essigsäure 0,05 N, pH 3,5 und 2 M Harnstoff. Die Wahl des Lösungsmittels beeinflußte die Trennung der Proteine. Die Proteine aus Reis wurden nach dem Verfahren von RAYMOND fraktioniert. Die Albumine und Globuline wurden in dem Gelpuffer (Tris-Zitrat, pH 8,65), die Prolamine und Gluteline in 2,5 M Harnstoff gelöst und in einem 2 M harnstoffhaltigen 5%igen Gel getrennt. Die Trennungsbedingungen waren für ein Gel vom Format 130 × 21 mm: 100—120 V (9—10 V/cm), 10—12 mA, 1,5 bis 2 Stunden und pH 8,6. Die Albumine ergaben 9 bis 11 Komponenten, von denen 1 bis 2 zur Kathode, alle anderen zur Anode wanderten. Die Globuline ergaben 3, die Prolamine 2 und die Gluteline 1 negativ geladenen Komponenten [94]. Erdnuß- [95, 96] sowie Hirsenproteine [97] wurden ebenfalls untersucht.

In der Mikrobiologie wird die Trennung der Proteine von Mikroorganismen zu taxonomischen Studien eingesetzt [98, 99].

Niedermolekulare (lösliche) Ribonukleinsäuren wurden von RICHARDS und Coll [100] mittels Disk-Elektrophorese in 8×0,8 cm Röhrchen getrennt.

In 10%igem Trenngel und 5%igem Sammelgel wurde die Elektrophorese bei pH 8,9 durchgeführt. Die Probe ließ man in Filterpapier aufsaugen. Als Pufferfront-Indikator wurden maximal 200 µg Bromphenolblau auf eine zweite Papierscheibe gegeben, welche dann auf der ersten Scheibe Platz fand. Der noch freie obere Teil des Rohres wurde mit in Puffer suspendiertem Sand ausgefüllt. Bei 6 mA/Röhrchen genügte während der Trennung die Kühlung mit einem Ventilator. Die Elektrophorese wurde solange fortgesetzt, bis die Anionenfront 2/3 der Strecke im Trenngel zurückgelegt hatte. Nach Beendigung der Trennung werden die Zonen in La-Acetat(1%)-Acridin-Orange (2%)-Essigsäure(15%)-Lösung sofort fixiert und gefärbt. Entfärbt wird elektrophoretisch in 20 Minuten bei 50 mA.

Die Beweglichkeit der niedermolekularen Ribonukleinsäuren hängt vom Molekulargewicht ab. Ein Zusammenhang zwischen dem Sedimentationskoeffizienten und der Beweglichkeit war nachzuweisen. In allen Proben wurde eine große Anzahl von Komponenten gefunden, welche niedrigere bzw. höhere Beweglichkeiten als die Hauptfraktion hatten.

Grossbach und Weinstein [101] trennten Gewebe-Ribonukleinsäuren von hohem und niedrigem Molekulargewicht in Polyacrylamidgelen verschiedener Monomerkonzentrationen (2,5 bis 10% in 6, 5 bzw. 10×0,5 cm-Röhrchen) im Puffersystem von Williams und Reisfeld:

Das Trenngel enthielt Tris-HCl-Puffer, pH 7,5, das Sammelgel Tris-HCl, pH 5,5. Der Elektrodenpuffer war Tris-Veronal, pH 7,0. Die Probe (5 bis 100 µg Ribonukleinsäure) wurde in 10 bis 200 µl 20%iger Saccharose, 0,01 M Acetatpuffer, pH 5,1 und 10^{-4} M $MgCl_2$ nach Mischen mit dem gleichen Volumen Sammelgelpuffer doppelter Stärke aufgetragen. Die Elektrophorese wurde bei 4 °C und 1 mA eine Stunde und dann bei 2 mA noch weitere 1 bis 3 Stunden fortgesetzt. Nach der Elektrophorese wurden die Gele aus den Röhrchen entfernt, über Nacht in 15%iger Essigsäure mit 1% Lanthanacetatgehalt fixiert und 24 Stunden in einer frisch bereiteten Gallocyanin-Chromalum-Lösung (pH 1,6) angefärbt. Entfärbung erfolgte in 2 bis 3 Tagen durch Spülen in Lanthanacetat-Lösung. In dieser Lösung wurden die Gele auch photographiert. Die beste Auftrennung wurde in Gelschichten zunehmender Acrylamidkonzentration, d. h. abnehmender Porengröße erzielt.

Peacock und Dingman [102, 103, 104] verwendeten zur Trennung von hochmolekularen Nukleinsäuren aus Rattenleber, Niere und Hirn das Verfahren von Raymond mit Gelen von 3,5% bzw. 10% Acrylamid-Monomerkonzentration. Das Verhältnis von Acrylamid zu BIS war 19 : 1. Ein Tris—Dinatrium-ÄDTA—Borsäurepuffer, pH 8,3 wurde angewandt. Die Trennung erfolgte bei 200 V (ca. 10 V/cm) bzw. 50 mA bei 0 °C. Mit 3,5%igen Gelen dauerte sie 1,5 Stunden, mit 10%igen 4 Stunden. Nach der Trennung wurde das Gel 10 bis 15 Minuten in 1 M Essigsäure gewaschen, um den pH-Wert für die Färbung herabzusetzen. Mit einer 0,2%igen Farbstofflösung (in den meisten Fällen Methylenblau) in 0,4 M Na-acetat-0,4 M Essigsäure (1 : 1), pH 4,7 wurde eine Stunde angefärbt und in Leitungswasser bis zu 8 Stunden entfärbt. Zur Bestimmung der Radioaktivität von ^3H- und ^{14}C-markierten Proben setzte man mit Äthylendiacrylsäureestern vernetzte Gele ein. Zum Studium von Ribonukleinsäuren sehr hohen Molekulargewichts wurden grobporige Gele mit Konzentrationen unter 3,5% angewandt. Da diese wegen ihrer geringen mechanischen Festigkeit schwer zu handhaben sind, wurden sie mit 0,5% Agarose verstärkt.

Homologe Oligodesoxynukleotide vom Polymerisationsgrad von 6 bis 40 wurden sowohl analytisch wie auch präparativ getrennt [105].

Literatur

[1] Raymond, S., Weintraub, L. S.: Science *130* (1959), 711
[2] Ornstein, L.: Ann. N. Y. Acad. Sci. *121* (1964), 321
[3] Davis, B. J.: Ann. N. Y. Acad. Sci. *121* (1964), 404
[4] Raymond, S.: Ann. N. Y. Acad. Sci. *121* (1964), 350
[5] Zwaan, J.: Analyt. Biochem. *21* (1967), 155
[6] Tombs, M. P.: Analyt. Biochem. *13* (1965), 121
[7] Raymond, S., Nakamichi, M.: Analyt. Biochem. *3* (1962), 23
[8] Peterson, R. F.: J. Dairy Sci. *46* (1963), 1136
[9] Ingram, L., Tombs, M. P., Hurst, A.: Analyt. Biochem. *20* (1967), 24
[10] Hjertén, S., Jerstedt, S., Tiselius, A.: Analyt. Biochem. *27* (1969), 108
[11] Hori, J.: Clin. Chim. Acta *13* (1966), 642
[12] Woodworth, R. C., Clark, L. G.: Analyt. Biochem. *18* (1967), 295
[13] Reid, M. S., Bieleski, R. L.: Analyt. Biochem. *22* (1968), 374
[14] Tichy, H.: Analyt. Biochem. *17* (1966), 320
[15] Blattler, D. B.: Analyt. Biochem. *27* (1969), 73
[16] Bosman, T.: Lab. Pract. *15* (1966), 49
[17] Akroyd, P.: Analyt. Biochem. *19* (1967), 399
[18] Zwisler, O., Biel, H.: Z. klin. Chem. *4* (1966), 58
[19] DeVillez, E. J.: Analyt. Biochem. *9* (1964), 485
[20] Poulik, M. D.: Nature [London] *180* (1957), 1477
[21] Hjertén, S.: J. Chromatogr. *11* (1963), 66
[22] Hjertén, S., Jerstedt, S., Tiselius, A.: Analyt. Biochem. *11* (1965), 211
[23] Bont, W. S., Geels, J., Rezelman, G.: Analyt. Biochem. *27* (1969), 99
[24] Maurer, H. R.: *»Disk-Elektrophorese. Theorie und Praxis der diskontinuierlichen Polyacrylamidgel-Elektrophorese«*, Walter de Gruyter und Co., Berlin, 1968
[25] Clarke, J. T.: Ann. N. Y. Acad. Sci. *121* (1964), 428
[26] Williams, D. E., Reisfeld, R. A.: Ann. N. Y. Acad. Sci. *121* (1964), 373
[27] Reisfeld, R. A., Lewis, U. J., Williams, D. E.: Nature [London] *195* (1962), 281
[28] Schyns, R.: J. Chromatogr. *36* (1968), 549
[29] Brewer, J. M.: Science *156* (1967), 256
[30] Allen, R. C., Moore, D. J.: Analyt. Biochem. *16* (1966), 457
[31] Akroyd, P.: Analyt. Biochem. *19* (1967), 399
[32] Margolis, J., Kenrick, K. G.: Analyt. Biochem. *25* (1968), 347

[33] Peterson, R. C.: J. pharm. Sci. *56* (1967), 1489
[34] Jovin, T., Chrambach, A., Naughton, M. A.: Analyt. Biochem. *9* (1964), 351
[35] Gordon, A. H., Louis, L. N.: Analyt. Biochem. *21* (1967), 190
[36] Sulitzeanu, D., Slavin, M., Yecheskeli, E.: Analyt. Biochem. *21* (1967), 57
[37] Brownstone, A. D.: Analyt. Biochem. *27* (1969), 25
[38] Schuster, L., Schrier, B. K.: Analyt. Biochem. *19* (1967), 280
[39] Schrauwen, J. A. M.: J. Chromatogr. *15* (1964), 256
[40] Prusik, Z.: J. Chromatogr. *32* (1968), 191
[41] Burger, W. C., Wardrip, W. O.: Analyt. Biochem. *13* (1965), 580
[42] Crambach, A., Reisfeld, R. A., Wyckoff, M., Zacchari, J.: Analyt. Biochem. *20* (1967), 150
[43] Catsimpoolas, N.: Analyt. Biochem. *19* (1967), 592
[44] Borris, D. P., Aronson, J. N.: Analyt. Biochem. *22* (1968), 546
[45] Gabe, F., Pastner, D.: Clin. chim. Acta *13* (1966), 753
[46] Herrick, H. E., Lawrence, J. M.: Analyt. Biochem. *12* (1965), 400
[47] Smith, I., Weiss, J. B.: J. Chromatogr. *28* (1967), 494
[48] Dravid, A. R., Fredén, H., Larsson, S.: J. Chromatogr. *41* (1969), 53
[49] Gressel, J., Wolowelsky, J.: Analyt. Biochem. *24* (1968), 157
[50] Allen, R. C., Jamieson, G. R.: Analyt. Biochem. *16* (1966), 450
[51] Chrambach, A.: Analyt. Biochem. *15* (1966), 544
[52] Aronson, J. N., Borris, D. P.: Analyt. Biochem. *18* (1967), 27
[53] Gray, R. H., Steffenson, D. M.: Analyt. Biochem. *24* (1968), 44
[54] Gressel, J., Wolowelsky, J.: Analyt. Biochem. *22* (1968), 352
[55] Tishler, P. V., Epstein, Ch. J.: Analyt. Biochem. *22* (1968), 89
[56] Choules, G. L., Zimm, B. H.: Analyt. Biochem. *13* (1965), 336
[57] Cain, D. F., Pitney, R. E.: Analyt. Biochem. *22* (1968), 11
[58] Raymond, S., Miles, J. L., Lee, J. C. J.: Science *151* (1966), 346
[59] Narayan, K. A., Dudacek, W. E., Kummerow, F. A.: Biochim. biophys. Acta *125* (1966), 581
[60] Narayan, K. A.: Analyt. Biochem. *18* (1967), 582
[61] Narayan, K. A., Kummerow, F. A.: Clin. chim. Acta *13* (1966), 532
[62] Keyser, J. W.: Analyt. Biochem. *9* (1964), 249
[63] Keyser, J. W.: Analyt. Biochem. *12* (1965), 395
[64] Vos, J., van der Helm, H. J.: J. Neurochem. *11* (1964), 209
[65] Pun, J. Y., Lombrozo, L.: Analyt. Biochem. *9* (1964), 9
[66] Low, R. B., Wool, I. G.: Science *155* (1967), 330
[67] Shepherd, G. R., Gurley, L. R.: Analyt. Biochem. *14* (1966), 356
[68] Gurley, L. R., Shepherd, G. R.: Analyt. Biochem. *14* (1966), 364
[69] Van de Woude, G. F., Davis, F. F.: Analyt. Biochem. *12* (1965), 444
[70] Bauer, R. D., Thomasson, W. A.: J. Chromatogr. *22* (1966), 496
[71] Stumm-Tegethoff, B.: J. Chromatogr. *30* (1967), 284
[72] Dietz, A. A., Lubrano, T.: Analyt. Biochem. *20* (1967), 246
[73] Sims, M.: Nature [London] *207* (1965), 757
[74] Schrauwen, J.: J. Chromatogr. *23* (1966), 177
[75] Felberg, N., Schultz, J.: Analyt. Biochem. *23* (1968), 241
[76] Siepmann, R., Stegemann, H.: Z. Naturforschung *22 b* (1967), 949
[77] Boettcher, B., De La Lande, A. F.: Analyt. Biochem. *28* (1969), 510
[78] Kupke, G., Ruttloff, H.: Die Nahrung *11* (1967), 733
[79] Ruttloff, H., Friese, R., Kupke, G., Täufel, A.: Z. allg. Mikrobiol. *9* (1969), 39
[80] Boyd, J. B., Mitchell, H. K.: Analyt. Biochem. *13* (1965), 28
[81] Lewis, U. J., Cheever, E. V., Seavey, B. K.: Analyt. Biochem. *24* (1968), 162

[82] NISHIKAWA, I., ABE, N., SAITO, K.: Nippon Nogeikagaku Kaishi *41* (1967), 675; Ref.: Agric. Biol. Chem. *32* (1968), Nr. 1, A3
[83] ZITTLE, C. A., CUSTER, J. H.: J. Dairy Sci. *49* (1966), 788
[84] LEDFORD, R. A., O'SULLIVAN, A. C., NATH, K. R.: J. Dairy Sci. *49* (1966), 1098
[85] MAIER, G. E., FISCHER, R. L.: J. Food Sci. *31* (1966), 482
[86] REICH, G., LEGUTKE, H.: Z. Chem. *3* (1963), 436
[87] DELORI, P., GILLO, L.: J. Chromatogr. *34* (1968), 531
[88] STEWARD, F. C., BARBER, J. T.: Ann. N. Y. Acad. Sci. *121* (1964), 525
[89] BESEMER, J., CLAUSS, H.: Z. Naturforschung *23 b* (1968), 707
[90] CLEMENTS, R. L.: Analyt. Biochem. *13* (1965), 390
[91] CLEMENTS, R. L.: Phytochemistry *5* (1966), 243
[92] NARAYAN, K. A., VOGEL, M., LAWRENCE, J. M.: Analyt. Biochem. *12* (1965), 526
[93] BROWN, D., BOYD, W. J. R.: J. Inst. Brew. *72* (1966), 541
[94] SILAEW, A. B., LE SOAN SIEN, SAFONOW, W. I.: Priklad. Biochim. Mikrobiol. (russ.) *1* (1965), 250
[95] TOMBS, M. P.: Biochem. J. *96* (1965), 119
[96] EVANS, W. J., CARNEY, W. B., DECHARY, J. M., ALTSCHUL, A. M.: Arch. Biochem. Biophys. *96* (1962), 233
[97] SASTRY, L. V. S., VIRUPAKSHA, T. K.: Analyt. Biochem. *19* (1967), 505
[98] BENT, K. J.: J. gen. Microbiol. *49* (1967), 195
[99] GOTTLIEB, D., HEPDEN, P. M.: J. gen. Microbiol. *44* (1966), 95
[100] RICHARDS, E. G., COLL, J. A.: Analyt. Biochem. *12* (1965), 452
[101] GROSSBACH, U., WEINSTEIN, I. B.: Analyt. Biochem. *22* (1968), 311
[102] PEACOCK, A. C., DINGMAN, C. W.: Biochemistry *6* (1967), 1818
[103] DINGMAN, C. W., PEACOCK, A. C.: Biochemistry *7* (1968), 659
[104] PEACOCK, A. C., DINGMAN, C. W.: Biochemistry *7* (1968), 668
[105] ELSON, E., JOVIN, T. M.: Analyt. Biochem. *27* (1969), 193

7. BIBLIOGRAPHISCHE HINWEISE

7.1. Englische und russische Übersetzung einiger wichtiger Fachausdrücke auf dem Gebiete der Papierelektrophorese

	englisch	russisch
Austauscherpapier	ion exchange paper	ионитная бумага
Dielektrizitätskonstante	dielectric constant	диэлектрическая постоянная
Diffusionskonstante	diffusion coefficient	диффузионная константа
Dissoziationsgrad	degree of dissociation	степень диссоциации
Dissoziationskonstante	dissociation constant	константа диссоциации
Dünnschichtelektrophorese	thin layer electrophoresis	электрофорез в тонком слое
elektrischer Strom	electric current	электрический ток
elektrisches Feld	electric field	электрическое поле
Elektrolyt	electrolyte	электролит
Elektroosmose	electroosmosis	электро-осмос
elektrophoretische Beweglichkeit	electrophoretic mobility	подвижность
Feldstärke	field strength	величина электрического поля
feuchte Kammer	moist chamber	влажная камера
Filterpapier	filter paper	фильтровальная бумага
Glasfaserpapier	glass fibre paper	стеклянная бумага
Gleichrichter	rectifier	выпрямитель
Hochspannungselektrophorese, HVE	high voltage electrophoresis	высоковольтный электрофорез
Ionenstärke	ionic strength	ионная сила
isoelektrischer Punkt	isoelectric point	изоэлектрическая точка
Komplexbildner	complexing agent	комплексообразующий реагент
kontinuierliche Elektrophorese	continuous electrophoresis	непрерывный электрофорез
Ladung	charge	заряд
Leitfähigkeit	conductance	электропроводность
Papierstreifen	paper strip	бумажная полоса
Puffer	buffer	буферный раствор
Spannung	voltage	напряжение
spezifische Leitfähigkeit	specific conductance, conductivity	удельная электропроводность

	englisch	russisch
Stromstärke	current intensity	сила тока
Träger	support	стабилизирующая среда
Trennung	separation	разделение
Wanderung	migration	миграция
Wanderungsrichtung	direction of migration	направление миграции
Wanderungsgeschwindigkeit	migration velocity	скорость миграции
Wärmeentwicklung	heat generation	теплообразование
Widerstand	resistance	сопротивление
zweidimensionale Elektrochromatographie	two-dimensional electrochromatography	двухмерная электрохроматография

7.2. Einige Fachbücher über Papierelektrophorese und verwandte Gebiete

»*Anfärbereagenzien für Dünnschicht- und Papier-Chromatographie*«, E. Merck A. G. Darmstadt

Antweiler, H. J.: »*Die quantitative Elektrophorese in der Medizin*«, Springer Verlag, Berlin—Göttingen—Heidelberg, 1957

Backhausz, R.: »*Immunodiffusion und Immunoelektrophorese. Grundlagen, Methoden und Ergebnisse*«, VEB Gustav Fischer Verlag, Jena, 1967

Bailey, R. A.: "*Paper Chromatographic and Electromigration Techniques in Radiochemistry,*" Washington, D. C., U. S. Dept. of Commerce, Office of Technical Services, 1962

Belitz, H. D.: »*Elektrophorese*«, in: »*Handbuch der Lebensmittelchemie*«, Band II, Teil 1. (Schriftleitung: J. Schormüller), Springer Verlag, Berlin—Heidelberg—New York, 1965

Bier, M.: "*Electrophoresis: Theory, Methods and Applications*", Academic Press Inc. Publishers, New York, 1959

Block, R. J., Durrum, E. L., Zweig, G.: "*A Manual of Paper Chromatography and Paper Electrophoresis*", II. Aufl., Academic Press Inc. Publishers, New York, 1958

Bloemendal, H.: "*Zone Electrophoresis in Blocks and Columns,*" Elsevier Publishing Company, Amsterdam 1963

Clotten, R., Clotten, A.: »*Hochspannungselektrophorese*«, Thieme-Verlag, Stuttgart, 1962

Dawson, R. M. C., Elliott, D. C., Elliott, W. H., Jones, K. M.: "*Data for Biochemical Research*", Oxford, at the Clarendon Press, 1962

Dittmer, A.: »*Papierelektrophorese. Grundlagen — Methodik — Klinik*«, II. Aufl., VEB Gustav Fischer Verlag, Jena, 1960

Lederer, M.: "*An Introduction to Paper Electrophoresis and Related Methods*", Elsevier Publishing Company, Amsterdam 1957

Lederer, M., Michl, H., Schloegl, K., Siegel, A.: »*Anorganische chromatographische Methoden: Anorganische Chromatographie und Elektrophorese*«, (»*Handbuch der mikrochemischen Methoden*«, Band III), Springer Verlag, Berlin—Göttingen—Heidelberg, 1961

MAURER, H. R.: »*Disk-Elektrophorese. Theorie und Praxis der diskontinuierlichen Polyacrylamidgel-Elektrophorese*«, Walter de Gruyter & Co., Berlin, 1968

RIBEIRO, L. P., MITIDIERI, E., AFFONSO, O. R.: "*Paper Electrophoresis*", Elsevier Publishing Company, Amsterdam 1961

SMITH, I.: "*Chromatographic and Electrophoretic Techniques*", Vol. II: "*Zone Electrophoresis*", William Heinemann Medical Books Ltd., London and Interscience Publishers, Inc., New York, 1960

WUNDERLY, CH.: »*Die Papierelektrophorese*«, II. Aufl. H. R. Sauerländer & Co., Aarau und Frankfurt am Main, 1959

ZWEIG, G., WHITAKER, J.: "*Paper Chromatography and Electrophoresis*", Vol. I: "*Electrophoresis in Stabilizing Media*", Academic Press, New York and London, 1967

8. NACHTRAG ZUM LITERATURVERZEICHNIS

ADRIAANSE, A., ROBBERS, J. E.: "*Characterization and fractionation studies on seed proteins of some of the leguminosae by starch-gel electrophoresis.*" J. Sci. Food Agric. *21* (1970), 126

AHLROTH, A., MUTT, V.: "*Polyacrylamide gel electrophoresis of polypeptides from the intestinal wall, with countermigration of dye.*" Anal. Biochem. *37* (1970), 125

AHRENS, H., KORYTNYK, W.: "*Pyridoxine chemistry XXI. Thin-layer chromatography and thin-layer electrophoresis of compounds in the Vitamin B_6 group.*" Anal. Biochem. *30* (1969), 413

ALBERTI, G., ALLULLI, S., PALAZZESCHI, L.: "*Chromatography and zone electrophoresis of inorganic ions dissolved in fused salts. V. Electrophoretic behaviour of some metal ions dissolved in molten perchlorates.*" J. Chromatogr. *44* (1969), 141

ARCUS, A. C.: "*Protein analysis by electrophoretie molecular sieving in a gel of graded porosity.*" Anal. Biochem. *37* (1970), 53

BERKING, S.: "*Series disc electrophoresis. Its application to enzyme research.*" Anal. Biochem. *36* (1970), 227

BOETTCHER, B., DE LA LANDE, F. A.: "*On the electrophoresis of amylase in gels containing starch.*" Anal. Biochem. *34* (1970), 1

BIRNBOIM, H. C., GLICKMAN, J.: "*Fractionation of oligonucleotide isopliths by electrophoresis on polyacrylamide gels.*" J. Chromatogr. *44* (1969), 581

BLATTLER, D. P., REITHEL, F. J.: "*Molecular weight determination of gel density, protein charges and protein shape in polyacrylamide gel electrophoresis.*" J. Chromatogr. *46* (1970), 286

DE LA LANDE, F. A., BOETTCHER, B.: "*Electrophoretic examination of human serum amylase isoenzymes.*" Enzymologia (1969), 335

DUBKIN, M. S., SCHKANTOVA, N. G.: "*Frakzionirowanje gemizellulos i xylana pschenjitschnoj solomi metodom elektroforesa.*" Zhurn. Prikl. Chimii *43* (1970), 206

ELDRIDGE, A. C., KALBRENER, J. E., WOLF., W. J.: "*Soybean trypsin inhibitor: a reference protein for gel electrophoretic studies of soybean proteins.*" Cereal Chem. *47* (1970), 167

EL-NEGOUMY, A. M., VIA, H.: "*A convenient migration chamber for electrophoresis in solid gels.*" J. Chromatogr. *23* (1966), 325

FARKAS, J.: „*Akrilamid gélelektroforézis alkalmazása élelmiszerfehérjék vizsgálatánál.*" *(Die Anwendung der Acrylamid-Gelelektrophorese bei der Prüfung von Lebensmittelproteinen.)* Élelmiszervizsg. Közl. (Mitt. Lebensmittelunters., ung.) *16* (1970), 155

FELGENHAUER, K., WEIS, A., GLENNER, G. G.: "*The demonstration of tryptophan, tyrosine and carbohydrate-containing proteins in disc electrophoresis gels.*" J. Chromatogr. *46* (1970), 116

FLORINI, J. R., BRIVIO, R. P.: "*Disc electrophoresis of myosin derivatives in dilute polyacrylamide gels.*" Anal. Biochem. *30* (1969), 358

FRAHN, J. L.: "*Limitations of some common indicators of electroendosmosis in paper electrophoresis (including interactions between carbohydrates and inorganic phosphate).*" J. Chromatogr. *48* (1970), 577

Freimuth, U., Krause, W.: »*Nachweis von Fremdproteinen in Fleischerzeugnissen. Nachweis und Bestimmung von Sojaeiweiß in Polyacrylamidgel.*« Die Nahrung *14* (1970), 19

Freimuth, U., Krause, W., Meisegeier, B.: »*Nachweis von Fremdproteinen in Brühwürsten mittels Elektrophorese in Polyacrylamidgel.*« Die Nahrung *14* (1970), 13

Goldberger, R. F.: "*A new device for slicing polyacrylamide gels.*" Anal. Biochem. *25* (1968), 46

Götze, U.: »*Elektrophoretische Untersuchungen von Fleischsaft verschiedener Schlachttierarten.*« Die Fleischwirtschaft *2* (1970), 203

Hartman, B. K., Udenfried, S.: "*A method for immediate visualization of proteins in acrylamide gels and its use for preparation of antibodies to enzymes.*" Anal. Biochem. *30* (1969), 291

Hayashi, K., Yoshida, T.: "*Studies on agar-gel electrophoresis (Note).*" Agriculture *44* (1970), 7

Hedrick, J. L., Alan, J. S.: "*Size and charge isomer separation of molecular weights of proteins by disc gel electrophoresis.*" Arch. Biochem. Biophys. *126* (1968), 155

Hedrick, J. L., Smith, A. J., Bruening, G. E.: "*Characterization of the aggregated states of glycogen phosphorylases by gel electrophoresis.*" Biochemistry *8* (1969), 4012

Herrick, H. E., Lawrence, J. M.: "*Use of C-labeled flour proteins to assess the effect of dough mixing on their mobility in gel electrophoresis.*" Cereal Chem. *47* (1970), 607

Iandolo, J. J.: "*Device for slicing polyacrylamide gels.*" Anal. Biochem. *36* (1970), 6

Jeffrey, P. D.: "*Measurement of molecular weights of proteins by polyacrylamide gel electrophoresis: a comparison of two methods of evaluating results.*" Proc. Austral. Biochem. Soc. *3* (1970), 16

Jodlbauer, D.: »*Trennung von Weizengliadin durch Polyacrylamidgelelektrophorese.*« Getreide und Mehl *19* (1969), 47

Kingsbury, N., Masters, C. J.: "*On the determination of component molecular weights in complex protein mixtures by means of disc electrophoresis.*" Anal. Biochem. *36* (1970), 144

Koppikar, S. V., Fatterpaker, P., Sreenivasan, A.: "*Sephadex sandwich disc electrophoresis.*" Anal. Biochem. *33* (1970), 366

Knudsen, F. U., Knudsen, H. E., Gormsen, J.: "*Temperature in polyamide disc electrophoresis: influence on LDH isoenzymes.*" Anal. Biochem. *36* (1970), 192

Lawrence, J. M., Grant, D. R., Herrick, H. E.: "*Apparatus for vertical polyacrylamide gel electrophoresis.*" Cereal Chem. *47* (1970), 91

Lawrence, J. M., Herrick, H. E., Grant, D. R.: "*Analysis of wheat flour proteins by polyacrylamide gel electrophoresis.*" Cereal Chem. *47* (1970), 98

Lawrence, J. M., Liu, S. C., Grant, D. R.: "*Dye-binding capacity and amino acid content of wheat-protein gel-electrophoresis bands.*" Cereal Chem. *47* (1970), 110

Learson, R. J.: "*Collaborative study of a rapid electrophoretic method for fish species identification.*" J. Assoc. Offic. Agric. Chemists *52* (1969), 703

Litvak, S., Boeckx, R. L. O., Dakshinamurti, K.: "*Identification of Biocytin in Biotin proteins using high-voltage electrophoresis.*" Anal. Biochem. *30* (1969), 470

Macko, V., Stegemann, H.: "*Free electrofocusing in a coil of polyethylene tubing.*" Anal. Biochem. *37* (1970), 186

Margolis, J., Kenrick, K. G.: "*Polyacrylamide gel electrophoresis in a continuous molecular sieve gradient.*" Anal. Biochem. *25* (1968), 347

Mayer, H., Westphal, O.: *»Elektrophoretische Trennungen von Hexosamin- und Hexuronsäurederivaten als Molybdatkomplexe.«* J. Chromatogr. *33* (1968), 514
McEwen, B. S.: *"Combustion analysis of radioactivity and densitometry of protein in polyacrylamide gels."* Anal. Biochem. *25* (1968), 172
Mesrob, B. K., Kancheva, V.: *"Analytical separation of hordein and its fractions by disc electrophoresis on acrylamide gel."* J. Chromatogr. *46* (1970), 94
Murphy, P. M., Masterson, C. L.: *"Determination of multiple forms of esterases in Rhizobium by paper electrophoresis."* J. Gen. Microbiology *61* (1970), 121
Ney, K. H., Wirotama, I. P. G.: *»Elektrophoretischer Nachweis von Gelatine-Zusatz in Joghurt.«* Z. Lebensm. Unters. Forschung *143* (1970), 21
Ney, K. H., Wirotama, I. P. G.: *»Veränderungen der Käseproteine durch den Schmelzprozeß; Untersuchungen mit konventionellen und elektrophoretischen Methoden.«* Z. Lebensm. Unters. Forschung *142* (1970), 288
Obara, T., Kimura-Kobayashi, M., Kobayashi, T., Watanabe, Y.: *"Heterogeneity of soybean trypsin-inhibitor. I. Chromatographic fractionation and polyacrylamide gel electrophoresis."* Cereal Chem. *47* (1970), 597
Olered, R., Jönsson, G.: *"Electrophoretic studies of alpha-amylase in wheat."* II. J. Sci. Food Agric. *21* (1970), 285
Olsman, W. J., Houtepen, W. H. C., van Leeuwen, C.: *»Elektrophoretischer Nachweis von fleischfremden Eiweißen in Fleischerzeugnissen.«* Z. Lebensm. Unters. Forschung *141* (1969), 254
Papadopoulos, N. M., Kintzios, J. A.: *"Determination of human serum lipoprotein patterns by agarose gel electrophoresis."* Anal. Biochem. *30* (1969), 421
Parish, C. R., Marchalonis, J. J.: *"A simple and rapid acrylamide gel method for estimating the molecular weights of proteins and protein subunits."* Anal. Biochem. *34* (1970), 436
Peterson, J. I.: *"Gel electrophoresis destaining apparatus."* Anal. Biochem. *25* (1968), 257
Polter, C., Müller-Stoll, W. R.: *"Über den Einfluß des Redoxzustandes der löslichen Proteine von Hordeum vulgare auf deren elektrophoretische Trennung in Acrylamid-Gel."* Z. Naturforschung *25* b (1967), 695
Prokopová, E.: *"The electrophoretic analysis of polyconjugated systems."* Coll. Czech. Chem. Comm. *33* (1968), 4395
Quast, R.: *"The electroosmotic flow in agarose gels and the value of agarose as stabilizing agent in gel electrofocusing."* J. Chromatogr. *54* (1971), 405
Robinson, I. A., Churchill, C. L., White, L. L.: *"Electrophoretic analysis of twenty-four specimens of human pancreatic juice."* Biochim. Biophys. Acta *222* (1970), 390
Rodbard, D., Chrambach, A.: *"Unified theory for gel electrophoresis and gel filtration."* Proc Nat. Acad. Sci. *65* (1970), 970
Sajgó, M.: *"Identification of 1-dimethylamino-naphthalene-5-sulfonyl amino acids by thin layer electrophoresis."* Acta Biochim. Biophys. Acad. Sci. Hung. *5* (1970), 231
Schenkein, I., Levy, M., Weis, P.: *"Apparatus for preparative electrophoresis through gels."* Anal. Biochem. *25* (1968), 387
Schyns, R.: *»Détermination de l'acide aminé N-terminal d'une protéine par application de la méthode d'Edman au matériel fixé sur gel de polyacrylamide.«* J. Chromatogr. *44* (1969), 201
Simon, J., Brisbois, L., Gillo, L.: *"Fractionation of cobra venom by electrofocusing."* J. Chromatogr. *44* (1969), 209
Smeds, S.: *"Analysis of thyroid proteins by means of micro disc electrophoresis."* J. Chromatogr. *44* (1969), 148
Smith, J. K., Moss, D. W.: *"A new apparatus for preparative gel electrophoresis."* Anal. Biochem. *25* (1968), 500

Sparkes, R. S., Baluda, M. C., Townsend, D. E.: "*Detection of glucose-6-phosphate dehydrogenase by fluorescence after cellulose acetate electrophoresis.*" Anal. Biochem. *30* (1969), 289

St. Cyr, M. J.: "*Electrophoresis of hexuronic acids.*" J. Chromatogr. *47* (1970), 284

Stegemann, H.: »*Protein-mapping, Schnell-Dialyse und Molekulargewichtsbestimmung im Mikrogramm-Bereich.*« Z. anal. Chem. *252* (1970), 165

Svendsen, P. J.: "*A laboratory-scale preparative column electrophoresis apparatus for powder-stabilized supporting media.*" Anal. Biochem. *25* (1968), 236

Tritsch, G. L., Moriarty, C. L.: "*The separation of iso-asparagine from asparagine.*" J. Chromatogr. *14* (1969), 425

Wachter, H., Gütter, W., Hausen, A., Sallaberger, G.: »*Eine universelle Direkt-Transfertechnik für mehrdimensionale Chromatographie und Elektrophorese.*« Z. anal. Chem. *248* (1969), 331

Ward, S.: "*An improved transverse destaining apparatus for acrylamide gels.*" Anal. Biochem. *33* (1970), 259

Watkin, J. E., Miller, R. A.: "*Quantitative measurement of protein in disc electrophoresis by direct ultraviolet absorbance.*" Anal. Biochem. *34* (1970), 424

Williams, P. C., Butler, C.: "*Characterization of wheat flour proteins by differential solubility in conjunction with disc electrophoresis.*" Cereal Chem. *47* (1970), 626

9. AUTORENVERZEICHNIS

E

F

H

I

J

K

L

N

O

P

T

Y

Z

10. SACHVERZEICHNIS

A, Ä

B

L

N

O, Ö

P

T

FSC
www.fsc.org
MIX
Papier | Fördert
gute Waldnutzung
FSC® C083411

Kolibri 360 GmbH
Ferdinand-Jühlke-Straße 7
99095 Erfurt, Deutschland
produktsicherheit@kolibri360.de